❰ 이 책을 검토해 주신 선생님 ❱

서울	경기	대전	부산	전남
김부환 압구정정보강북수학학원	**김기석** 수담수학학원	**강수란** 스텝웨이수학학원	**김애랑** 채움학원	**강성우** 포스수학학원
서지연 페르마학원	**김윤헌** 프라매쓰수학학원	**유영석** 수학서당학원	**임경옥** 페르마학원	**윤해진** SK수학학원
심소희 채움학원	**전승환** 공즐학원	**이산하** 정상학원	**전재덕** 제일학원	**전윤정** 라온수학학원
연홍자 강북세일학원	**홍유미** 좋은선택입시학원	**이혜숙** 대동천재학원	**홍형석** 청어람학원	
이경미 바른스터디학원				
최혜인 하이매쓰엠엑스단과전문학원				

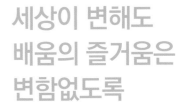

세상이 변해도
배움의 즐거움은
변함없도록

시대는 빠르게 변해도
배움의 즐거움은
변함없어야 하기에

어제의 비상은
남다른 교재부터
결이 다른 콘텐츠
전에 없던 교육 플랫폼까지

변함없는 혁신으로
교육 문화 환경의 새로운 전형을
실현해왔습니다.

비상은 오늘, 다시 한번
새로운 교육 문화 환경을 실현하기 위한
또 하나의 혁신을 시작합니다.

오늘의 내가 어제의 나를 초월하고
오늘의 교육이 어제의 교육을 초월하여
배움의 즐거움을 지속하는 혁신,

바로, 메타인지 기반 완전 학습을.

상상을 실현하는 교육 문화 기업 비상

메타인지 기반 완전 학습
초월을 뜻하는 meta와 생각을 뜻하는 인지가 결합한 메타인지는
자신이 알고 모르는 것을 스스로 구분하고 학습계획을 세우도록 하는
궁극의 학습 능력입니다. 비상의 메타인지 기반 완전 학습 시스템은
잠들어 있는 메타인지를 깨워 공부를 100% 내 것으로 만들도록 합니다.

01 / 소인수분해 8~19쪽

0001 소수 0002 합성수 0003 소수 0004 합성수

0005 ○ 0006 ○ 0007 × 0008 × 0009 밑: 5, 지수: 3

0010 밑: $\frac{1}{2}$, 지수: 4 0011 7^5 0012 $\left(\frac{1}{5}\right)^4$

0013 $\left(\frac{1}{3}\right)^2 \times \left(\frac{2}{5}\right)^3$ 0014 $2^2 \times 3^3$ 0015 $2^3 \times 3^2 \times 5$

0016 $\frac{1}{5 \times 7^4}$ 0017 2, 2, 3/2, 2, 3, 5/$2^2 \times 3 \times 5$

0018 $2^2 \times 5$, 소인수: 2, 5

0019 $2^2 \times 3 \times 7$, 소인수: 2, 3, 7

0020 $3^2 \times 13$, 소인수: 3, 13 0021 $2^2 \times 3^4$, 소인수: 2, 3

0022

×	1	5	5^2
1	1	5	25
2	2	10	50
2^2	4	20	100

1, 2, 4, 5, 10, 20, 25, 50, 100

0023 1, 3, 5, 9, 15, 45

0024 1, 2, 3, 4, 6, 9, 12, 18, 27, 36, 54, 108

0025 1, 2, 4, 7, 8, 14, 28, 56

0026 1, 2, 4, 7, 14, 28, 49, 98, 196 0027 12 0028 24

0029 12 0030 20

0031 2개 0032 ④ 0033 3개 0034 ④ 0035 ④ 0036 ①, ⑤

0037 다은 0038 ④ 0039 2 0040 ⑤ 0041 ④ 0042 ④

0043 5 0044 ④ 0045 ③ 0046 ④ 0047 ④ 0048 ③

0049 ④ 0050 14 0051 24 0052 ④ 0053 ⑤ 0054 ③

0055 18 0056 ④ 0057 ④ 0058 ④ 0059 ④ 0060 ③

0061 ④ 0062 ⑤ 0063 16개 0064 ⑤ 0065 ② 0066 2

0067 ① 0068 9 0069 ② 0070 6 0071 24

0072 ② 0073 6개 0074 ②, ⑤ 0075 ③ 0076 ㄴ, ㅁ

0077 ① 0078 ③ 0079 90 0080 189 0081 ㄱ, ㄹ, ㅁ

0082 8개 0083 ③, ④ 0084 ⑤ 0085 ③ 0086 ②

0087 ④ 0088 4개 0089 9

0090

×	1	7	7^2
1	1	7	$7^2(=49)$
2	2	$2 \times 7(=14)$	$2 \times 7^2(=98)$

1, 2, 7, 14, 49, 98

0091 10개

0092 ① 0093 12 0094 5개 0095 ②

02 / 최대공약수와 최소공배수 20~31쪽

0096 (1) 1, 2, 3, 4, 6, 8, 12, 24

(2) 1, 2, 3, 5, 6, 10, 15, 30

(3) 1, 2, 3, 6 (4) 6

0097 1, 2, 5, 10 0098 × 0099 ○ 0100 ○ 0101 ×

0102 6 0103 15 0104 28 0105 90 0106 14 0107 10

0108 6 0109 8

0110 (1) 9, 18, 27, 36, ... (2) 12, 24, 36, 48, ...

(3) 36, 72, 108, 144, ... (4) 36

0111 10, 20, 30, 40 0112 200 0113 405 0114 420 0115 1050

0116 90 0117 320 0118 180 0119 160 0120 16 0121 36

0122 42

0123 ③ 0124 ③ 0125 6 0126 ③ 0127 28 0128 ⑤

0129 12개 0130 ⑤ 0131 ④ 0132 5개 0133 ①, ③

0134 ④ 0135 ⑤ 0136 ④ 0137 ⑤ 0138 ⑤ 0139 ①

0140 4개 0141 15 0142 40 0143 8 0144 5 0145 4

0146 ④ 0147 18, 36, 54, 72 0148 ⑤ 0149 135 0150 ⑤

0151 ① 0152 126 0153 108 0154 ① 0155 ① 0156 14

0157 ④ 0158 ④ 0159 22 0160 120 0161 ① 0162 36

0163 162 0164 ② 0165 53 0166 $\frac{35}{4}$

0167 ① 0168 ④ 0169 ⑤ 0170 ⑤ 0171 ② 0172 540

0173 99 0174 12 0175 ① 0176 75 0177 60 0178 ③

0179 ⑤ 0180 359 0181 ② 0182 ① 0183 15 0184 422

0185 8개

0186 12, 36, 60 0187 ⑤ 0188 ② 0189 24

03 / 정수와 유리수 32~47쪽

0190 +12층, −3층 0191 −10000원, +5000원

0192 −10 ℃, +20 ℃ 0193 +100 m, −200 m

0194 +4.2, $\frac{1}{3}$ 0195 −6, −0.8 0196 +8, $+\frac{4}{2}$, 10

0197 −1 0198 −1, +8, 0, $+\frac{4}{2}$, 10

0199 +8, 2.2, $+\frac{4}{2}$, 10 0200 −1, $-\frac{1}{5}$, −9.1

0201 2.2, $-\frac{1}{5}$, −9.1 0202 ○ 0203 ○ 0204 ○

0205 × 0206 × 0207 × 0208 $-\frac{7}{2}$ 0209 $-\frac{1}{4}$

0210 +2 0211 $+\frac{10}{3}$

0212

06 / 일차방정식　　　　　　　90~103쪽

0642 ㄱ, ㄴ　　**0643** $3x+1=5x$　　**0644** $x-16=13$
0645 $500x+700y=4600$　　**0646** $5x=20$　　**0647** ×
0648 ○　　**0649** ○　　**0650** ○　　**0651** ○　　**0652** ○　　**0653** ×
0654 ×　　**0655** 1, 1, 1/3, 3, 1　　**0656** $x=1-2$
0657 $5x-3x=-8$　　**0658** $2x-4x=9+7$　　**0659** ㄱ, ㄴ
0660 $x=-1$　　**0661** $x=4$　　**0662** $x=-6$
0663 $x=4$
0664 ②, ④　　**0665** ③　　**0666** ③　　**0667** ④　　**0668** ⑤
0669 $x=1$　　**0670** ④　　**0671** ⑤　　**0672** -7　　**0673** ④
0674 4　　**0675** $x+2$　　**0676** ④　　**0677** ④　　**0678** 5
0679 (가) ㄱ, (나) ㄹ　　**0680** 11　　**0681** 7　　**0682** ③　　**0683** ④
0684 13　　**0685** ②, ⑤　　**0686** ④　　**0687** $a\neq-3$
0688 ②　　**0689** ⑤　　**0690** 4　　**0691** ①　　**0692** $x=4$
0693 ⑤　　**0694** $x=-\dfrac{2}{7}$　　**0695** ③　　**0696** ⑤　　**0697** ④
0698 $x=-7$　　**0699** -8　　**0700** -6　　**0701** ③　　**0702** ②
0703 ③　　**0704** ④　　**0705** $x=4$　　**0706** ④　　**0707** ④
0708 8　　**0709** ⑤　　**0710** 1, 2　　**0711** ③
0712 ②　　**0713** ④　　**0714** ③　　**0715** ㄱ, ㄷ, ㄹ　　**0716** ①
0717 ⑤　　**0718** ③, ④　　**0719** ㉠　　**0720** ②　　**0721** 2개
0722 $x=2$　　**0723** ④　　**0724** ②　　**0725** ⑤　　**0726** ④
0727 6　　**0728** $x=-3$　　**0729** -9　　**0730** 5
0731 ②　　**0732** ③　　**0733** 5개　　**0734** ④

07 / 일차방정식의 활용　　　　　104~119쪽

0735 (1) $2(x+6)+4=20$　(2) $x=2$　(3) 2
0736 (1) x, $x+1$, $x+2$　(2) $x+(x+1)+(x+2)=21$
　　　(3) $x=6$　(4) 6, 7, 8
0737 $2(5+x)=24$, $x=7$　　**0738** $2x+24=36$, $x=6$
0739 $50-11x=6$, $x=4$
0740 $3000-700x=200$, $x=4$
0741 (1)

	갈 때	올 때
거리	x km	x km
속력	시속 4 km	시속 2 km
시간	$\dfrac{x}{4}$시간	$\dfrac{x}{2}$시간

　　(2) $\dfrac{x}{4}+\dfrac{x}{2}=6$　(3) $x=8$　(4) 8 km

0742 (1)

	남학생 수	여학생 수
작년	$380-x$	x
변화량	$-\dfrac{6}{100}(380-x)$	$\dfrac{5}{100}x$

　　(2) $-\dfrac{6}{100}(380-x)+\dfrac{5}{100}x=-3$
　　(3) $x=180$　(4) 180

0743 ③　　**0744** 15 g　　**0745** $\dfrac{133}{8}$　　**0746** 3
0747 181, 183, 185　　**0748** ①　　**0749** 84　　**0750** ④　　**0751** 26
0752 ②　　**0753** 583　　**0754** ②　　**0755** 4켤레
0756 4개, 6개　　**0757** ①　　**0758** ③　　**0759** 46세
0760 43세　　**0761** ⑤　　**0762** 10일 후　　**0763** 6
0764 6 cm　　**0765** $\dfrac{9}{2}$ cm　　**0766** 42 cm
0767 ④　　**0768** 180쪽　　**0769** ③　　**0770** 210쪽
0771 255 km　　**0772** (1) 2 km (2) 6분
0773 $\dfrac{5}{3}$ km　　**0774** ④　　**0775** ②　　**0776** ②　　**0777** 4 km
0778 12분 후　　**0779** ④　　**0780** 800 m
0781 20분 후　　**0782** ④　　**0783** 40분 후
0784 74분 후　　**0785** ④　　**0786** 70 m
0787 600 m　　**0788** ③　　**0789** 9명　　**0790** ④　　**0791** ③
0792 68명　　**0793** ④　　**0794** ②　　**0795** 20 kg
0796 ①　　**0797** (1) 850원 (2) 1090원　　**0798** 500원
0799 4시간　　**0800** 2시간 40분　　**0801** ⑤　　**0802** 4시간
0803 34번째　　**0804** 19
0805 ③　　**0806** 32　　**0807** ④　　**0808** 8골　　**0809** ①
0810 3개월 후　　**0811** 2　　**0812** ③　　**0813** 6 km
0814 ④　　**0815** ③　　**0816** 12분 후　　**0817** ②　　**0818** 14명
0819 ③　　**0820** ⑤　　**0821** 17개　　**0822** 16분 후　　**0823** 166
0824 330명
0825 8 km　　**0826** ②　　**0827** ②　　**0828** ⑤

08 / 좌표와 그래프　　　　　　122~135쪽

0829 A(-4), B$\left(-\dfrac{5}{3}\right)$, C$\left(\dfrac{5}{2}\right)$, D$(5)$
0830

0831 A$(1, 0)$, B$(5, 2)$, C$(-3, 3)$, D$(-4, -4)$,
　　　E$(4, -2)$, F$(0, -3)$

검증된 성적 향상의 이유
중등 1위* 비상교육 온리원

*2014~2022 국가브랜드 [중고등 교재] 부문

10명 중 8명
내신 최상위권

최상위
성적
81.23%

*2023년 2학기 기말고사 기준 전체 성적장학생 중,
모범, 으뜸, 우수상 수상자(평균 93점 이상) 비율 81.23%

특목고 합격생
2년 만에 167% 달성

*특목고 합격생 수 2022학년도 대비
2024학년도 167.4%

성적 장학생
1년 만에 2배 증가

역대최다!

2022년
3,499명*

2023년
6,888명*

*22-1학기: 21년 1학기 중간 - 22년 1학기 중간 누적 /
23-1학기: 21년 1학기 중간 - 23년 1학기 중간 누적

눈으로 확인하는 공부
메타인지 시스템

공부 빈틈을 찾아 채우고
장기 기억화 하는 메타인지 학습

최강 선생님 노하우 집약
내신 전문 강의

검증된 베스트셀러 교재로
인기 선생님이 진행하는 독점 강좌

꾸준히 가능한 완전 학습
리얼타임 메타코칭

학습의 시작부터 끝까지
출결, 성취 기반 맞춤 피드백 제시

100%
당첨

BONUS!
온리원 중등 100% 당첨 이벤트

강좌 체험 시 상품권, 간식 등 100% 선물 받는다!
지금 바로 '온리원 중등' 체험하고 혜택 받자!

N Pay
10,000원

CU
CU 모바일 상품권
5,000원

※ 이벤트는 당사 사정으로 예고 없이 변경 또는 중단될 수 있습니다.

문의 1588-6563 | www.only1.co.kr

유형 만렙

기출로 다지는 필수 유형서

중학 수학

1 / 1

Structure
구성과 특징

A 개념 확인

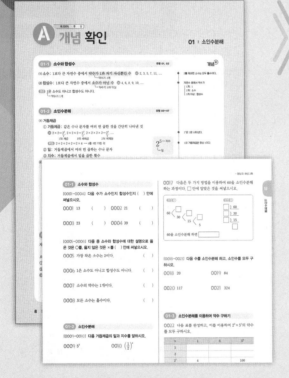

- 교과서 핵심 개념을 중단원별로 제공
- 개념을 익힐 수 있도록 충분한 기본 문제 제공
- 개념 이해를 도울 수 있는 예, 참고, TIP, 개념⁺ 등을 제공

B 유형 완성

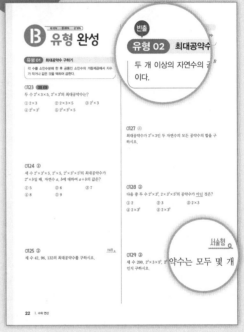

- 학교 기출 문제를 철저하게 분석하여 '개념, 발문 형태, 전략'에 따라 유형을 분류
- 학교 시험에 자주 출제되는 유형을 빈출로 구성
- 유형별로 문제를 해결하는 데 필요한 개념이나 풀이 전략 제공
- 유형별로 실력을 완성할 수 있게 유형 내 문제를 난이도 순서대로 구성
- 서술형으로 출제되는 문제는 답안 작성을 연습할 수 있도록 서술형 문제 구성

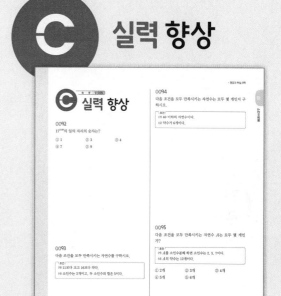

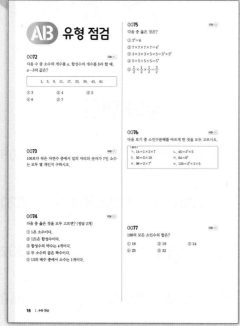

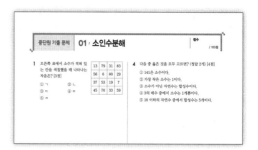

66 꼭 필요한 **핵심 유형, 빈출 유형**으로

실력을 완성하세요. 99

AB 유형 점검

C 실력 향상

- 앞에서 학습한 A, B단계 문제를 풀어 실력 점검
- 틀린 문제는 해당 유형을 다시 점검할 수 있도록 문제마다 유형 제공
- 학교 시험에 자주 출제되는 서술형 문제 제공

- 사고력 문제를 풀어 고난도 시험 문제 대비

기출 BOOK

시험 직전 **기출 230문제**로 실전 대비

- 학교 시험에 자주 출제되는 문제로 실전 대비

Contents
차례

문자와 식

좌표평면과 그래프

+ 기출 BOOK

I

수와 연산

01-1 소수와 합성수　　　　　　　　　　　유형 01, 02

(1) **소수**: 1보다 큰 자연수 중에서 약수가 1과 자기 자신뿐인 수　예 2, 3, 5, 7, 11, …
　└→ 약수가 2개

(2) **합성수**: 1보다 큰 자연수 중에서 소수가 아닌 수　예 4, 6, 8, 9, 10, …
　　　　　　　└→ 약수가 3개 이상

주의 1은 소수도 아니고 합성수도 아니다.
　└→ 약수가 1개

> 2를 제외한 소수는 모두 홀수이다.

> 자연수 중에서 약수가
> 1개: 1
> 2개: 소수
> 3개 이상: 합성수

01-2 소인수분해　　　　　　　　　　　유형 03~07

(1) **거듭제곱**

　① **거듭제곱**: 같은 수나 문자를 여러 번 곱한 것을 간단히 나타낸 것

　　예 $2 \times 2 = 2^2$, $2 \times 2 \times 2 = 2^3$, $2 \times 2 \times 2 \times 2 = 2^4$, …
　　　　　2의 제곱　　　2의 세제곱　　　　2의 네제곱

　　주의 $2 + 2 + 2 + 2 = 2 \times 4$ → 2를 4번 더한 것

　② **밑**: 거듭제곱에서 여러 번 곱하는 수나 문자

　③ **지수**: 거듭제곱에서 밑을 곱한 횟수

$$2^5 \to \text{지수}$$
$$\llcorner \text{밑}$$

> 2^1은 2로 나타낸다.

> 1의 거듭제곱은 항상 1이다.

(2) **소인수분해**

　① **인수**: 자연수 a, b, c에 대하여 $a = b \times c$일 때, a의 약수 b, c를 a의 인수라 한다.

　② **소인수**: 자연수의 인수 중에서 소수인 것
　　　　　　　└→ 약수를 인수라고도 한다.

　　예 $10 = 1 \times 10 = 2 \times 5$이므로 10의 인수는 1, 2, 5, 10이고 이 중에서 소인수는 2, 5이다.

　③ **소인수분해**: 1보다 큰 자연수를 소인수만의 곱으로 나타내는 것

　　예 12를 소인수분해 하기

　　방법 ① 　　 2　　가지의 끝이　　　방법 ② 나누어　2) 12
　　　　12 〈　 　2　모두 소수가　　　　　　 떨어지는　2) 6 ┐몫이 소수가
　　　　　 　6 〈 　　될 때까지　　　　　　　소수로만　　 3 ┘될 때까지
　　　　　　　 3　 뻗어 나간다.　　　　　　 나눈다.　　　　　나눈다.

　　12를 소인수분해 한 결과 $12 = 2^2 \times 3$

> 소인수분해 한 결과는 보통 작은 소인수부터 차례로 쓰고, 같은 소인수의 곱은 거듭제곱으로 나타낸다. 이때 곱의 순서를 생각하지 않는다면 그 결과는 오직 한 가지뿐이다.

01-3 소인수분해를 이용하여 약수 구하기　　　　　유형 08~11

자연수 A가

　　$A = a^m \times b^n$ (a, b는 서로 다른 소수, m, n은 자연수)

으로 소인수분해 될 때

① A의 약수 ➡ (a^m의 약수) × (b^n의 약수) 꼴

② A의 약수의 개수 ➡ $(m+1) \times (n+1)$

예 $18 = 2 \times 3^2$이므로 오른쪽 표에서

　① 18의 약수는 1, 2, 3, 6, 9, 18

　② 18의 약수의 개수는 $(1+1) \times (2+1) = 6$

×	1	3	3^2
1	$1 \times 1 = 1$	$1 \times 3 = 3$	$1 \times 3^2 = 9$
2	$2 \times 1 = 2$	$2 \times 3 = 6$	$2 \times 3^2 = 18$

（위: 3^2의 약수, 왼쪽: 2의 약수, 아래: 18의 약수）

> $a^m \times b^n$의 약수는 a^m의 약수인 1, a, a^2, …, a^m 중 하나와 b^n의 약수인 1, b, b^2, …, b^n 중 하나를 선택하여 곱한 것이다.

> $a^m \times b^n$의 약수를 구할 때, 표를 이용하면 빠짐없이 구할 수 있다.

> a^m의 약수는 1, a, a^2, …, a^m의 $(m+1)$개이다.

01-1 소수와 합성수

[0001~0004] 다음 수가 소수인지 합성수인지 ( ) 안에 써넣으시오.

0001 13 (   )　**0002** 21 (   )

0003 23 (   )　**0004** 39 (   )

[0005~0008] 다음 중 소수와 합성수에 대한 설명으로 옳은 것은 ○를, 옳지 않은 것은 ×를 (   ) 안에 써넣으시오.

0005 가장 작은 소수는 2이다. (   )

0006 1은 소수도 아니고 합성수도 아니다. (   )

0007 소수의 약수는 1개이다. (   )

0008 모든 소수는 홀수이다. (   )

01-2 소인수분해

[0009~0010] 다음 거듭제곱의 밑과 지수를 말하시오.

0009 5^3　　　　　　**0010** $\left(\dfrac{1}{2}\right)^4$

[0011~0016] 다음을 거듭제곱을 이용하여 나타내시오.

0011 $7 \times 7 \times 7 \times 7 \times 7$

0012 $\dfrac{1}{5} \times \dfrac{1}{5} \times \dfrac{1}{5} \times \dfrac{1}{5}$

0013 $\dfrac{1}{3} \times \dfrac{1}{3} \times \dfrac{2}{5} \times \dfrac{2}{5} \times \dfrac{2}{5}$

0014 $2 \times 2 \times 3 \times 3 \times 3$

0015 $2 \times 3 \times 3 \times 5 \times 2 \times 2$

0016 $\dfrac{1}{5 \times 7 \times 7 \times 7 \times 7}$

0017 다음은 두 가지 방법을 이용하여 60을 소인수분해 하는 과정이다. □ 안에 알맞은 것을 써넣으시오.

[0018~0021] 다음 수를 소인수분해 하고, 소인수를 모두 구하시오.

0018 20　　　　　**0019** 84

0020 117　　　　　**0021** 324

01-3 소인수분해를 이용하여 약수 구하기

0022 다음 표를 완성하고, 이를 이용하여 $2^2 \times 5^2$의 약수를 모두 구하시오.

×	1	5	5^2
1			
2			
2^2	4		100

➡ 약수: _____

[0023~0026] 다음 수의 약수를 모두 구하시오.

0023 $3^2 \times 5$　　　　**0024** $2^2 \times 3^3$

0025 56　　　　　　**0026** 196

[0027~0030] 다음 수의 약수의 개수를 구하시오.

0027 $2^3 \times 3^2$　　　　**0028** $2 \times 3^2 \times 5^3$

0029 90　　　　　　**0030** 240

B 유형 완성

유형 01 소수와 합성수

(1) 소수: 1보다 큰 자연수 중에서 약수가 1과 자기 자신뿐인 수
(2) 합성수: 1보다 큰 자연수 중에서 소수가 아닌 수

0031 대표 문제

다음 수 중 소수는 모두 몇 개인지 구하시오.

$$1, \quad 5, \quad 21, \quad 32, \quad 47, \quad 57, \quad 66, \quad 91$$

0032 하

다음 중 소수가 아닌 것은?

① 2   ② 7   ③ 19
④ 33   ⑤ 41

0033 하

다음 수 중 합성수는 모두 몇 개인지 구하시오.

$$1, \quad 19, \quad 27, \quad 29, \quad 53, \quad 61, \quad 81, \quad 92$$

0034 중

30 미만의 자연수 중에서 약수가 2개인 수의 개수는?

① 7   ② 8   ③ 9
④ 10   ⑤ 11

0035 중

20보다 작은 자연수 중에서 가장 큰 소수와 가장 작은 합성수의 합은?

① 20   ② 21   ③ 22
④ 23   ⑤ 24

유형 02 소수와 합성수의 이해

(1) 1은 소수도 아니고 합성수도 아니다.
(2) 2는 가장 작은 소수이고 소수 중 유일한 짝수이다.
(3) 자연수는 1, 소수, 합성수로 이루어져 있다.

0036 대표 문제

다음 중 옳지 않은 것을 모두 고르면? (정답 2개)

① 합성수는 모두 짝수이다.
② 소수의 약수는 2개이다.
③ 2를 약수로 갖는 수 중에서 소수도 있다.
④ 한 자리의 자연수 중에서 소수는 4개이다.
⑤ 자연수는 소수와 합성수로 이루어져 있다.

0037 중

다음 대화에서 바르게 말한 학생을 고르시오.

재호: 두 소수의 곱은 홀수야.
영주: 두 소수의 합은 합성수야.
현우: a, b가 소수이면 $a \times b$도 소수야.
다은: 합성수와 소수의 곱은 합성수야.

유형 03 거듭제곱

$a \times a \times \cdots \times a = a^n$ ➡ 밑: a, 지수: n
└─── n개 ───┘

0038 [대표 문제]

다음 중 옳은 것은?

① $3^3 = 9$

② $5 \times 5 \times 5 = 3^5$

③ $3 + 3 + 3 + 3 = 3^4$

④ $2 \times 2 \times 2 \times 3 \times 3 = 2^3 \times 3^2$

⑤ $\dfrac{1}{5 \times 5 \times 7 \times 7 \times 7} = \dfrac{1}{5^2} + \dfrac{1}{7^3}$

0039 (하)

$2 \times 2 \times 3 \times 5 \times 5 \times 3 \times 5$를 거듭제곱으로 나타내면 $2^a \times b^2 \times 5^c$ 일 때, 자연수 a, b, c에 대하여 $a+b-c$의 값을 구하시오.
(단, b는 소수)

0040 (중)

$2^a = 16$, $3^4 = b$를 만족시키는 자연수 a, b에 대하여 $a+b$의 값은?

① 16　　　　② 20　　　　③ 31

④ 32　　　　⑤ 85

유형 04 소인수분해 하기

(1) 소인수분해: 1보다 큰 자연수를 소인수만의 곱으로 나타내는 것

(2) 소인수분해 하는 방법: 나누어떨어지는 소수로 몫이 소수가 될 때까지 나눈다.

0041 [대표 문제]

다음 중 소인수분해를 바르게 한 것은?

① $48 = 3 \times 4^2$　　　② $72 = 2^3 \times 9$

③ $100 = 10^2$　　　④ $240 = 2^4 \times 3 \times 5$

⑤ $256 = 2^5 \times 8$

0042 (하)

168을 소인수분해 하면?

① $2 \times 7 \times 12$　　　② $3 \times 7 \times 8$

③ $2^2 \times 3^2 \times 7$　　　④ $2^3 \times 3 \times 7$

⑤ $2 \times 3 \times 4 \times 7$

0043 (중)　　　　　　　　　　　서술형

360을 소인수분해 하면 $2^a \times b^2 \times c$일 때, 자연수 a, b, c에 대하여 $a-b+c$의 값을 구하시오.

0044 (상)

$1 \times 2 \times 3 \times \cdots \times 10$을 소인수분해 하면 $2^a \times 3^b \times 5^c \times 7$일 때, 자연수 a, b, c에 대하여 $a+b-c$의 값은?

① 8　　　　② 9　　　　③ 10

④ 12　　　　⑤ 14

유형 05 소인수 구하기

소인수는 어떤 수를 소인수분해 했을 때 밑이 되는 수이다.
➡ $A = a^m \times b^n$ (a, b는 서로 다른 소수, m, n은 자연수)일 때, 자연수 A의 소인수는 a, b
예 $75 = 3 \times 5^2$ ➡ 75의 소인수는 3, 5

0045 대표 문제

60의 소인수를 모두 구한 것은?

① 1, 2, 3, 5   ② 2^2, 3, 5   ③ 2, 3, 5

④ 6, 10   ⑤ 3, 5

0046 하

다음 중 330의 소인수가 아닌 것은?

① 2   ② 3   ③ 5

④ 7   ⑤ 11

0047 중

다음 중 소인수의 개수가 나머지 넷과 다른 하나는?

① 12   ② 30   ③ 72

④ 104   ⑤ 216

0048 중

다음 중 소인수의 합이 가장 큰 수는?

① 28   ② 42   ③ 105

④ 176   ⑤ 225

유형 06 제곱인 수를 만드는 가장 작은 자연수 구하기

(1) 어떤 자연수의 제곱인 수는 소인수분해 했을 때 모든 소인수의 지수가 짝수이다.
예 $6^2 = 36 = 2^2 \times 3^2$, $12^2 = 144 = 2^4 \times 3^2$

(2) 제곱인 수 만들기
❶ 주어진 수를 소인수분해 한다.
❷ 지수가 홀수인 소인수를 찾아 지수가 짝수가 되도록 적당한 자연수를 곱하거나 적당한 자연수로 나눈다.

0049 대표 문제

54에 자연수를 곱하여 어떤 자연수의 제곱이 되도록 할 때, 곱할 수 있는 가장 작은 자연수는?

① 2   ② 3   ③ 4

④ 6   ⑤ 9

0050 중

56을 자연수로 나누어 어떤 자연수의 제곱이 되도록 할 때, 나눌 수 있는 가장 작은 자연수를 구하시오.

0051 중 서술형

$150 \times a = b^2$을 만족시키는 가장 작은 자연수 a, b에 대하여 $b - a$의 값을 구하시오.

0052 ⊗

405를 가능한 한 작은 자연수 a로 나누어 어떤 자연수 b의 제곱이 되도록 할 때, $a+b$의 값은?

① 13   ② 14   ③ 15

④ 16   ⑤ 17

유형 07 제곱인 수를 만드는 여러 가지 수 구하기

$2 \times 3^2 \times a$가 어떤 자연수의 제곱이 되려면
➡ a는 $2 \times$(자연수)^2 꼴이어야 하므로
$a = 2 \times 1^2, \ 2 \times 2^2, \ 2 \times 3^2, \ 2 \times 4^2, \ \cdots$

0053 대표 문제

120에 자연수를 곱하여 어떤 자연수의 제곱이 되도록 할 때, 곱할 수 있는 자연수 중에서 두 번째로 작은 것은?

① 15   ② 30   ③ 60

④ 90   ⑤ 120

0054 ⊗

252에 자연수 a를 곱하여 어떤 자연수의 제곱이 되도록 할 때, 다음 중 a의 값이 될 수 없는 것은?

① 28   ② 63   ③ 84

④ 112   ⑤ 175

0055 ⊗

$72 \times \square$가 어떤 자연수의 제곱일 때, $\square$ 안에 들어갈 수 있는 가장 작은 두 자리의 자연수를 구하시오.

0056 ⊕

32에 자연수 x를 곱하여 5의 배수이면서 어떤 자연수의 제곱이 되도록 할 때, 가장 작은 자연수 x의 값은?

① 10   ② 20   ③ 25

④ 50   ⑤ 200

빈출

유형 08 약수 구하기

자연수 A가
$A = a^m \times b^n$ (a, b는 서로 다른 소수, m, n은 자연수)
으로 소인수분해 될 때, A의 약수는
(a^m의 약수)$\times$(b^n의 약수) 꼴
└→ $1, a, a^2, \cdots, a^m$ └→ $1, b, b^2, \cdots, b^n$

0057 대표 문제

다음 중 $2^3 \times 3^2 \times 7$의 약수가 아닌 것은?

① 3×7 ② $3^2 \times 7$ ③ 3×7^2

④ $2^2 \times 3 \times 7$ ⑤ $2^3 \times 3^2 \times 7$

0058 (하)

다음 중 108의 약수가 <u>아닌</u> 것은?

① 3^2 ② $2^2 \times 3$ ③ $2^3 \times 3$

④ 3^3 ⑤ $2^2 \times 3^2$

0059 (중)

아래 표를 이용하여 500의 약수를 구하려고 할 때, 다음 중 옳은 것은?

×	1	5	5^2	(가)
(나)	1	5	5^2	
2	2	2×5	(다)	
2^2	2^2	$2^2 \times 5$	$2^2 \times 5^2$	

① 500을 소인수분해 하면 $2^2 \times 5^2$이다.

② (가)에 알맞은 수는 5^4이다.

③ (나)에 알맞은 수는 2^1이다.

④ (다)에 알맞은 수는 50이다.

⑤ $2^3 \times 5^2$이 500의 약수임을 알 수 있다.

0060 (중)

$2^3 \times 3^4$의 약수 중에서 두 번째로 큰 수가 $2^a \times 3^b$일 때, 자연수 a, b에 대하여 $a \times b$의 값은?

① 4   ② 6   ③ 8

④ 10   ⑤ 12

유형 09   약수의 개수 구하기

a, b, c는 서로 다른 소수이고 l, m, n은 자연수일 때

(1) a^l의 약수의 개수 ➡ $(l+1)$
    └─ $1, a, a^2, ..., a^l$

(2) $a^l \times b^m$의 약수의 개수 ➡ $(l+1) \times (m+1)$

(3) $a^l \times b^m \times c^n$의 약수의 개수 ➡ $(l+1) \times (m+1) \times (n+1)$

참고 약수의 개수는 소인수의 각 지수에 1을 더한 후 모두 곱하여 구한다.

0061 대표 문제

다음 중 약수의 개수가 가장 많은 것은?

① $2^2 \times 3$ ② $2^2 \times 5^2$ ③ $2 \times 3 \times 7$

④ 60   ⑤ 128

0062 (중)

다음 중 약수의 개수가 나머지 넷과 <u>다른</u> 하나는?

① $2^3 \times 5^2$ ② $3 \times 7^2 \times 11$ ③ 84

④ 220   ⑤ 225

0063 (중)   서술형

$\dfrac{216}{n}$이 자연수가 되도록 하는 자연수 n은 모두 몇 개인지 구하시오.

0064 (상)

280의 약수 중에서 7의 배수는 모두 몇 개인가?

① 3개   ② 4개   ③ 6개

④ 7개   ⑤ 8개

유형 10 약수의 개수가 주어질 때, 지수 구하기

$a^m \times b^n$ (a, b는 서로 다른 소수, m, n은 자연수)의 약수가 k개
이면
$$(m+1) \times (n+1) = k$$
임을 이용하여 m 또는 n의 값을 구한다.

0065 대표 문제

$3^a \times 7^3$의 약수가 12개일 때, 자연수 a의 값은?

① 1   ② 2   ③ 3

④ 4   ⑤ 5

0066 중   서술형

180의 약수의 개수와 $2^2 \times 3 \times 5^x$의 약수의 개수가 같을 때,
자연수 x의 값을 구하시오.

0067 상

$8 \times 5^a \times 7^b$의 약수가 16개일 때, 자연수 a, b에 대하여
$a+b$의 값은?

① 2   ② 3   ③ 4

④ 5   ⑤ 6

유형 11 약수의 개수가 주어질 때, 가능한 수 구하기

$a^m \times \square$ (a는 소수, m은 자연수)의 약수의 개수가 주어지면
➡ (i) $\square$가 a의 거듭제곱 꼴인 경우
   (ii) $\square$가 a의 거듭제곱 꼴이 아닌 경우
로 나누어 생각한다.

참고 보기가 주어진 경우, 그 수를 $\square$ 안에 넣고 약수의 개수를 구하여
비교하는 것이 더 편리하다.

0068 대표 문제

자연수 $2^2 \times \square$의 약수가 9개일 때, $\square$ 안에 들어갈 수 있
는 자연수 중 가장 작은 수를 구하시오.

0069 중

자연수 $81 \times \square$의 약수가 10개일 때, 다음 중 $\square$ 안에 들
어갈 수 없는 수는?

① 2   ② 3   ③ 5

④ 7   ⑤ 11

0070 중

자연수 $3^2 \times \square \times 7$의 약수가 16개일 때, $\square$ 안에 들어갈 수
있는 자연수 중 가장 작은 수를 구하시오.

0071 상

약수가 8개인 자연수 중에서 가장 작은 수를 구하시오.

유형 점검

0072
유형 01

다음 수 중 소수의 개수를 a, 합성수의 개수를 b라 할 때, $a-b$의 값은?

1,	3,	9,	11,	17,	23,	39,	43,	61

① 3   ② 4   ③ 5

④ 6   ⑤ 7

0073
유형 01

100보다 작은 자연수 중에서 일의 자리의 숫자가 7인 소수는 모두 몇 개인지 구하시오.

0074
유형 02

다음 중 옳은 것을 모두 고르면? (정답 2개)

① 1은 소수이다.

② 121은 합성수이다.

③ 합성수의 약수는 4개이다.

④ 두 소수의 곱은 짝수이다.

⑤ 13의 배수 중에서 소수는 1개이다.

0075
유형 03

다음 중 옳은 것은?

① $2^3=6$

② $7 \times 7 \times 7 \times 7 = 4^7$

③ $3 \times 3 \times 3 \times 5 \times 5 = 3^3 \times 5^2$

④ $5+5+5+5 = 5^4$

⑤ $\dfrac{1}{2} \times \dfrac{1}{2} \times \dfrac{1}{2} = \dfrac{3}{2}$

0076
유형 04

다음 보기 중 소인수분해를 바르게 한 것을 모두 고르시오.

보기	
ㄱ. $14 = 1 \times 2 \times 7$	ㄴ. $45 = 3^2 \times 5$
ㄷ. $50 = 5 \times 10$	ㄹ. $64 = 8^2$
ㅁ. $98 = 2 \times 7^2$	ㅂ. $120 = 2^2 \times 3 \times 5$

0077
유형 05

198의 모든 소인수의 합은?

① 16   ② 19   ③ 24

④ 25   ⑤ 32

0078
유형 05

다음 중 소인수가 나머지 넷과 <u>다른</u> 하나는?

① 18   ② 54   ③ 63

④ 72   ⑤ 96

0079
유형 06

120에 가능한 한 작은 자연수 a를 곱하여 어떤 자연수 b의 제곱이 되도록 할 때, $a+b$의 값을 구하시오.

0080
유형 07

84에 자연수를 곱하여 어떤 자연수의 제곱이 되도록 할 때, 곱할 수 있는 자연수 중에서 세 번째로 작은 것을 구하시오.

0081
유형 08

다음 보기 중 $2^4 \times 5^3 \times 7$의 약수를 모두 고르시오.

보기
ㄱ. 1   ㄴ. 26
ㄷ. 42   ㄹ. 112
ㅁ. 200   ㅂ. 490

0082
유형 08

1600의 약수 중에서 어떤 자연수의 제곱이 되는 수는 모두 몇 개인지 구하시오.

0083
유형 03 + 04 + 05 + 08 + 09

다음 중 옳지 <u>않은</u> 것은? (정답 2개)

① 6^2에서 지수는 2이고 밑은 6이다.

② 234를 소인수분해 하면 $2 \times 3^2 \times 13$이다.

③ 25의 소인수는 1, 5, 5^2이다.

④ $3^2 \times 5$의 약수는 3^2, 5이다.

⑤ 600의 약수는 24개이다.

0084
유형 04 + 09

126을 소인수분해 하면 $2 \times 3^a \times b$이고 약수의 개수가 c일 때, 자연수 a, b, c에 대하여 $a+b+c$의 값은?

① 17   ② 18   ③ 19

④ 20   ⑤ 21

0085
유형 09

다음 중 $2 \times 3 \times 5^2$과 약수의 개수가 같은 것은?

① 36 　　　② 66 　　　③ 72

④ 81 　　　⑤ 196

0086
유형 10

$2^a \times 9$의 약수가 15개일 때, 자연수 a의 값은?

① 3 　　　② 4 　　　③ 5

④ 6 　　　⑤ 7

0087
유형 11

자연수 $16 \times \square$의 약수가 15개일 때, 다음 중 $\square$ 안에 들어갈 수 <u>없는</u> 수는?

① 9 　　　② 25 　　　③ 49

④ 81 　　　⑤ 121

0088
유형 11

100 이하의 자연수 중에서 약수가 3개인 자연수는 모두 몇 개인지 구하시오.

서술형

0089
유형 04

90×135를 소인수분해 하면 $a \times 3^b \times 5^c$일 때, 자연수 a, b, c에 대하여 $a+b+c$의 값을 구하시오.

0090
유형 08

소인수분해를 이용하여 98의 약수를 구하려고 한다. 다음 표를 완성하여 98의 약수를 모두 구하시오.

×	1	7	

0091
유형 09

$2^4 \times 5^2$의 약수 중에서 5의 배수는 모두 몇 개인지 구하시오.

0092

17^{2140}의 일의 자리의 숫자는?

① 1   ② 3   ③ 4

④ 7   ⑤ 9

0093

다음 조건을 모두 만족시키는 자연수를 구하시오.

┌ 조건 ┐
㉮ 11보다 크고 16보다 작다.
㉯ 소인수는 2개이고, 두 소인수의 합은 5이다.
└─────┘

0094

다음 조건을 모두 만족시키는 자연수는 모두 몇 개인지 구하시오.

┌ 조건 ┐
㉮ 40 이하의 자연수이다.
㉯ 약수가 6개이다.
└─────┘

0095

다음 조건을 모두 만족시키는 자연수 A는 모두 몇 개인가?

┌ 조건 ┐
㉮ A를 소인수분해 하면 소인수는 2, 5, 7이다.
㉯ A의 약수는 12개이다.
└─────┘

① 2개   ② 3개   ③ 4개

④ 5개   ⑤ 6개

➡ 기출 BOOK 2쪽

개념 ⊕

02-1 공약수와 최대공약수

유형 01, 02, 03, 07, 08, 11, 13

(1) **공약수**: 두 개 이상의 자연수의 공통인 약수

(2) **최대공약수**: 공약수 중에서 가장 큰 수

(3) **최대공약수의 성질**: 두 개 이상의 자연수의 공약수는 그 수들의 최대공약수의 약수이다.

　　예 4와 6의 최대공약수는 2이므로 4와 6의 공약수는 2의 약수인 1, 2이다.

(4) **서로소**: 최대공약수가 1인 두 자연수

　　예 5와 9의 최대공약수는 1이므로 5와 9는 서로소이다.

- 1은 모든 자연수와 서로소이다.
- 서로 다른 두 소수는 항상 서로소이다.

(5) **소인수분해를 이용하여 최대공약수 구하기**

　　❶ 각 수를 소인수분해 한다.

　　❷ 공통인 소인수를 모두 곱한다. 이때 지수가 같으면 그 대로, 지수가 다르면 작은 것을 택하여 곱한다.

$$12 = 2^2 \times 3$$
$$\underline{36 = 2^2 \times 3^2}$$ ←12와 36의 최대공약수
$$2^2 \times 3 = 12$$

- 세 수 이상의 최대공약수를 구할 때도 두 수의 최대공약수를 구할 때와 같은 방법으로 한다.

　　참고 공약수로 나누어 최대공약수를 구할 수도 있다.

　　　　❶ 1이 아닌 공약수로 각 수를 나눈다.

　　　　❷ 몫에 1 이외의 공약수가 없을 때까지 계속 나눈다.

　　　　❸ 나누어 준 공약수를 모두 곱한다.

$$
\begin{array}{r}
2\,)\;12\quad36 \\
2\,)\;\;6\quad18 \\
3\,)\;\;3\quad\;\;9 \\
\hline
1\quad\;\;3
\end{array}
$$ ←공약수가 1뿐이다.

∴ 2×2×3=12

02-2 공배수와 최소공배수

유형 04~07, 09, 12, 13

(1) **공배수**: 두 개 이상의 자연수의 공통인 배수

(2) **최소공배수**: 공배수 중에서 가장 작은 수

(3) **최소공배수의 성질**: 두 개 이상의 자연수의 공배수는 그 수들의 최소공배수의 배수이다.

　　예 4와 3의 최소공배수는 12이므로 4와 3의 공배수는 12의 배수인 12, 24, 36, …이다.

- 서로소인 두 자연수의 최소공배수는 두 자연수의 곱과 같다.

(4) **소인수분해를 이용하여 최소공배수 구하기**

　　❶ 각 수를 소인수분해 한다.

　　❷ 공통인 소인수와 공통이 아닌 소인수를 모두 곱한다. 이때 지수가 같으면 그대로, 지수가 다르면 큰 것을 택하여 곱한다.

$$12 = 2^2 \times 3$$
$$24 = 2^3 \times 3$$
$$\underline{30 = 2 \times 3 \times 5}$$ ←12, 24, 30의 최소공배수
$$2^3 \times 3 \times 5 = 120$$

　　참고 공약수로 나누어 최소공배수를 구할 수도 있다.

　　　　❶ 1이 아닌 공약수로 각 수를 나눈다.

　　　　❷ 세 수의 공약수가 없으면 두 수의 공약수로 나누고, 이때 공약수가 없는 수는 그대로 내려 쓴다.

　　　　❸ 나누어 준 공약수와 마지막 몫을 모두 곱한다.

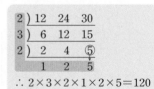

∴ 2×3×2×1×2×5=120

- 세 수 이상의 최소공배수를 구할 때는 어떤 두 수를 택해도 공약수가 1일 때까지 나눈다.

02-3 최대공약수와 최소공배수의 관계

유형 10

두 자연수 A, B의 최대공약수가 G, 최소공배수가 L일 때, $A = a \times G$, $B = b \times G$ (a, b는 서로소)이면 다음이 성립한다.

(1) $L = a \times b \times G$　　　　(2) $A \times B = G \times L$
　　　　　　　　　　　　　　└ (두 수의 곱)=(최대공약수)×(최소공배수)

$$
\begin{array}{r}
G\,)\;A\quad B \\
\hline
a\quad b
\end{array}
$$ ←L

- A, B는 최대공약수 G의 배수이면서 최소공배수 L의 약수이다.

$A \times B = (a \times G) \times (b \times G)$
$\qquad = G \times (a \times b \times G) = G \times L$

02-1 공약수와 최대공약수

0096 두 수 24, 30에 대하여 다음을 구하시오.

(1) 24의 약수

(2) 30의 약수

(3) 24와 30의 공약수

(4) 24와 30의 최대공약수

0097 두 자연수의 최대공약수가 10일 때, 이 두 자연수의 공약수를 모두 구하시오.

[0098~0101] 다음 중 두 수가 서로소인 것은 ◯를, 서로소가 아닌 것은 ×를 ( ) 안에 써넣으시오.

0098 2, 8 ( )   **0099** 6, 35 ( )

0100 13, 47 ( )   **0101** 22, 55 ( )

[0102~0105] 다음 수들의 최대공약수를 구하시오.

0102 2×3^2, $2^3 \times 3$

0103 $3^2 \times 5$, 3×5^4

0104 $2^3 \times 5 \times 7$, $2^2 \times 3 \times 7^3$

0105 $2 \times 3^2 \times 5$, $2^2 \times 3^2 \times 5$, $2^3 \times 3^3 \times 5^2$

[0106~0109] 소인수분해를 이용하여 다음 수들의 최대공약수를 구하시오.

0106 28, 42   **0107** 40, 150

0108 36, 84, 90   **0109** 56, 72, 104

02-2 공배수와 최소공배수

0110 두 수 9, 12에 대하여 다음을 구하시오.

(1) 9의 배수

(2) 12의 배수

(3) 9와 12의 공배수

(4) 9와 12의 최소공배수

0111 두 자연수의 최소공배수가 10일 때, 이 두 자연수의 공배수를 작은 것부터 4개 구하시오.

[0112~0115] 다음 수들의 최소공배수를 구하시오.

0112 $2^2 \times 5^2$, $2^3 \times 5$

0113 $3^2 \times 5$, $3^4 \times 5$

0114 $2 \times 3 \times 5$, $2^2 \times 3 \times 7$

0115 $2 \times 3 \times 5$, $2 \times 5 \times 7$, $3 \times 5^2 \times 7$

[0116~0119] 소인수분해를 이용하여 다음 수들의 최소공배수를 구하시오.

0116 18, 30   **0117** 20, 64

0118 12, 15, 45   **0119** 16, 32, 40

02-3 최대공약수와 최소공배수의 관계

[0120~0122] 다음 빈칸에 알맞은 수를 써넣으시오.

0120

두 자연수	최대공약수	최소공배수
12	4	48

0121

두 자연수의 곱	최대공약수	최소공배수
144	4	

0122

두 자연수의 곱	최대공약수	최소공배수
$2^4 \times 3^5 \times 7$		$2^3 \times 3^4$

B 유형 완성

유형 01 최대공약수 구하기

각 수를 소인수분해 한 후 공통인 소인수의 거듭제곱에서 지수가 작거나 같은 것을 택하여 곱한다.

0123 대표 문제

두 수 $2^2 \times 3 \times 5$, $2^3 \times 3^2$의 최대공약수는?

① 2×3 ② $2 \times 3 \times 5$ ③ $2^2 \times 3$

④ $2^3 \times 3^2$ ⑤ $2^3 \times 3^2 \times 5$

0124 중

세 수 $2^3 \times 3^2 \times 5$, $2^2 \times 5$, $2^3 \times 3^4 \times 5^2$의 최대공약수가 $2^a \times b$일 때, 자연수 a, b에 대하여 $a+b$의 값은?

① 5   ② 6   ③ 7

④ 8   ⑤ 9

0125 중   서술형

세 수 42, 96, 132의 최대공약수를 구하시오.

유형 02 최대공약수의 성질

두 개 이상의 자연수의 공약수는 그 수들의 최대공약수의 약수이다.

0126 대표 문제

두 자연수 A, B의 최대공약수가 40일 때, 다음 중 A, B의 공약수가 아닌 것은?

① 4   ② 5   ③ 6

④ 8   ⑤ 10

0127 하

최대공약수가 $2^2 \times 3$인 두 자연수의 모든 공약수의 합을 구하시오.

0128 중

다음 중 두 수 $2^2 \times 3^3$, $2 \times 3^2 \times 5^2$의 공약수가 아닌 것은?

① 2   ② 3   ③ 2×3

④ 2×3^2 ⑤ 2×3^3

0129 중

세 수 200, $2^3 \times 3 \times 5^3$, $2^3 \times 5^3 \times 7$의 공약수는 모두 몇 개인지 구하시오.

유형 03 서로소

서로소: 최대공약수가 1인 두 자연수
예 7과 11의 최대공약수는 1이므로 7과 11은 서로소이다.

0130 대표 문제

다음 중 두 수가 서로소인 것은?

① 11, 121　　② 23, 46　　③ 24, 36

④ 28, 40　　⑤ 30, 53

0131 하

다음 중 51과 서로소인 것은?

① 39　　② 68　　③ 69

④ 76　　⑤ 85

0132 중　　　　서술형

10보다 크고 20보다 작은 자연수 중에서 63과 서로소인 수는 모두 몇 개인지 구하시오.

0133 중

다음 중 옳은 것을 모두 고르면? (정답 2개)

① 1은 모든 자연수와 서로소이다.
② 서로 다른 두 홀수는 서로소이다.
③ 서로 다른 두 소수는 서로소이다.
④ 두 수가 서로소이면 두 수는 모두 소수이다.
⑤ 서로소인 두 자연수의 공약수는 없다.

유형 04 최소공배수 구하기

각 수를 소인수분해 한 후 공통인 소인수의 거듭제곱에서는 지수가 크거나 같은 것을 택하여 곱하고, 공통이 아닌 소인수도 모두 곱한다.

0134 대표 문제

세 수 $2^3 \times 5 \times 7$, $2^2 \times 3 \times 5^3$, $2^5 \times 3^2 \times 5^2 \times 7$의 최소공배수는?

① $2 \times 3 \times 5 \times 7$　　② $2^3 \times 3 \times 5^2 \times 7$

③ $2^5 \times 3 \times 5^3 \times 7$　　④ $2^5 \times 3^2 \times 5^3 \times 7$

⑤ $2^5 \times 3^2 \times 5^3 \times 7^3$

0135 하

두 수 $2^2 \times 5 \times 7$, 168의 최소공배수는?

① $2^2 \times 5$　　② $2^2 \times 7$

③ $2^3 \times 7$　　④ $2^2 \times 5 \times 7$

⑤ $2^3 \times 3 \times 5 \times 7$

0136 중

세 수 105, 126, 189의 최소공배수는?

① $3^2 \times 7$　　② $2 \times 3^2 \times 5$

③ $3^2 \times 5 \times 7^2$　　④ $2 \times 3^3 \times 5 \times 7$

⑤ $2^2 \times 3 \times 5 \times 7$

유형 05 최소공배수의 성질

두 개 이상의 자연수의 공배수는 그 수들의 최소공배수의 배수이다.

0137 대표 문제

두 자연수 A, B의 최소공배수가 18일 때, 다음 중 A, B의 공배수가 <u>아닌</u> 것은?

① 18 ② 36 ③ 54
④ 72 ⑤ 96

0138 하

어떤 두 자연수의 최소공배수가 24일 때, 이 두 자연수의 공배수 중에서 200에 가장 가까운 수는?

① 180 ② 186 ③ 192
④ 204 ⑤ 216

0139 중

다음 중 두 수 $2^3 \times 3^2$, $2^2 \times 3 \times 7^2$의 공배수가 <u>아닌</u> 것은?

① $2^2 \times 3^2 \times 7^2$ ② $2^3 \times 3^2 \times 7^2$
③ $2^3 \times 3^3 \times 7^2$ ④ $2^3 \times 3^2 \times 5 \times 7^2$
⑤ $2^3 \times 3^3 \times 5 \times 7^2$

0140 중 서술형

세 수 42, 56, 84의 공배수 중에서 700 이하인 수는 모두 몇 개인지 구하시오.

유형 06 최소공배수가 주어질 때, 공통인 인수 구하기

공통인 인수를 사용하여 나타낸 최소공배수와 주어진 최소공배수가 같음을 이용한다.

예 두 수 $2 \times a$, $3 \times a$의 최소공배수가 30일 때,
(최소공배수) $= a \times 2 \times 3 = 30$ ∴ $a = 5$

0141 대표 문제

세 자연수 $3 \times a$, $4 \times a$, $6 \times a$의 최소공배수가 180일 때, 자연수 a의 값을 구하시오.

0142 중

두 자연수의 비가 2 : 7이고 최소공배수가 112일 때, 이 두 자연수의 차를 구하시오.

유형 07 최대공약수 또는 최소공배수가 주어질 때, 밑과 지수 구하기

주어진 수와 최대공약수 또는 최소공배수를 각각 소인수분해 하여 각 소인수의 지수끼리 비교한다.
(1) 최대공약수
  ➡ 공통인 소인수 중 지수가 작거나 같은 것을 택한다.
(2) 최소공배수
  ➡ 공통인 소인수 중 지수가 크거나 같은 것을 택하고, 공통이 아닌 소인수도 모두 택한다.

0143 대표 문제

두 수 $2^a \times 3^b \times 5^2$, $2^3 \times 3^4 \times 7^c$의 최대공약수가 $2^2 \times 3^3$이고 최소공배수가 $2^3 \times 3^4 \times 5^2 \times 7^3$일 때, 자연수 a, b, c에 대하여 $a + b + c$의 값을 구하시오.

0144 하

두 수 $3 \times 5^a \times 7$, $5^2 \times 7^b$의 최소공배수가 $3 \times 5^3 \times 7^2$일 때, 자연수 a, b에 대하여 $a + b$의 값을 구하시오.

0145 ▣

두 수 $2^3 \times 3^a \times 5$, $2^b \times 3 \times 5^c$의 최대공약수가 60이고 최소공배수가 360일 때, 자연수 a, b, c에 대하여 $a \times b \times c$의 값을 구하시오.

0146 ▣

세 수 $2^a \times 3 \times b \times 11^2$, $2^4 \times 3^2 \times 5$, $2^4 \times 3^3 \times 5$의 최대공약수가 120이고 최소공배수가 $2^4 \times 3^c \times 5 \times 11^2$일 때, 자연수 a, b, c에 대하여 $a+b+c$의 값은? (단, b는 소수)

① 8   ② 9   ③ 10

④ 11   ⑤ 12

유형 08   최대공약수가 주어질 때, 어떤 수 구하기

두 자연수 A, B의 최대공약수를 G라 하면
➡ $A=a \times G$, $B=b \times G$ (a, b는 서로소)
➡ A, B는 최대공약수 G의 배수이다.

0147   대표 문제

두 자연수 90, N의 최대공약수가 18일 때, 100 미만의 자연수 중에서 N의 값이 될 수 있는 수를 모두 구하시오.

0148 ▣

두 자연수 $2^4 \times \square$, $2^3 \times 3^5 \times 7$의 최대공약수가 72일 때, 다음 중 $\square$ 안에 들어갈 수 없는 것은?

① 9   ② 18   ③ 36

④ 45   ⑤ 63

유형 09   최소공배수가 주어질 때, 어떤 수 구하기

어떤 수 N을 포함한 두 자연수와 그 최소공배수가 주어질 때
❶ 주어진 수와 최소공배수를 소인수분해 한 후 각 소인수의 지수를 비교하여 N이 반드시 가져야 할 인수를 찾는다.
❷ N도 최소공배수의 약수임을 이용하여 N의 값이 될 수 있는 수를 구한다.

0149   대표 문제

서로 다른 두 자연수 A, 18의 최소공배수가 $2 \times 3^3 \times 5$일 때, A의 값이 될 수 있는 가장 작은 자연수를 구하시오.

0150 ▣

서로 다른 세 자연수 28, 35, N의 최소공배수가 140일 때, 다음 중 N의 값이 될 수 없는 것은?

① 2   ② 4   ③ 5

④ 7   ⑤ 8

빈출
유형 10   최대공약수와 최소공배수의 관계

두 자연수 A, B의 최대공약수가 G, 최소공배수가 L일 때,
$A=a \times G$, $B=b \times G$ (a, b는 서로소)이면
➡ $L=a \times b \times G$
➡ $A \times B=G \times L$

0151   대표 문제

두 자연수 72, N의 최대공약수가 36이고 최소공배수가 216일 때, N의 값은?

① 108   ② 126   ③ 144

④ 162   ⑤ 180

0152 ▣

두 자연수 $2 \times 3^2 \times 5$, N의 최대공약수가 2×3^2이고 최소공배수가 $2 \times 3^2 \times 5 \times 7$일 때, N의 값을 구하시오.

0153 ⑧

어떤 두 자연수의 최대공약수가 12이고 최소공배수가 96일 때, 이 두 자연수의 합을 구하시오.

0154 ⑧

두 자연수 A, B의 최대공약수가 3이고 최소공배수가 105이다. $A > B$이고 $A - B = 6$일 때, $A + B$의 값은?

① 36　　　　② 45　　　　③ 72
④ 108　　　⑤ 216

유형 11　어떤 자연수로 나누는 문제

어떤 수로
- 14를 나누면 나누어떨어진다.: 14의 약수
- 22를 나누면 1이 남는다.: 21의 약수
  └ $(22-1)$을 나누면 나누어떨어진다.
- 26을 나누면 2가 부족하다.: 28의 약수
  └ $(26+2)$를 나누면 나누어떨어진다.

➡ (어떤 수)=(14, 21, 28의 공약수)
➡ (어떤 수 중 가장 큰 수)=(14, 21, 28의 최대공약수)

0155　[대표 문제]

어떤 자연수로 252를 나누면 4가 남고, 190을 나누면 2가 부족하다고 한다. 이와 같은 자연수 중에서 가장 큰 수는?

① 8　　　　② 9　　　　③ 10
④ 11　　　⑤ 12

0156 ⑧

두 수 28, 42를 어떤 자연수로 나누면 모두 나누어떨어진다고 할 때, 어떤 자연수 중에서 가장 큰 수를 구하시오.

0157 ⑧

다음 조건을 모두 만족시키는 자연수 중에서 가장 큰 수는?

┌ 조건 ┐
ㄱ. 35를 이 자연수로 나누면 1이 부족하다.
ㄴ. 56을 이 자연수로 나누면 2가 남는다.
ㄷ. 86을 이 자연수로 나누면 4가 부족하다.
└　　　　　　　　　　　　　　　　　　┘

① 12　　　　② 14　　　　③ 16
④ 18　　　⑤ 20

유형 12　어떤 자연수를 나누는 문제

(1) 나머지가 같은 경우

어떤 수를
- 4로 나눈 나머지는 1　→ (4의 배수)+1
- 5로 나눈 나머지는 1　→ (5의 배수)+1
- 6으로 나눈 나머지는 1　→ (6의 배수)+1

➡ (어떤 수)=(4, 5, 6의 공배수)+1
➡ (어떤 수 중 가장 작은 수)=(4, 5, 6의 최소공배수)+1

(2) 나머지가 다른 경우

어떤 수를
- 4로 나눈 나머지는 2　→ $4-2=2$ ┐
- 5로 나눈 나머지는 3　→ $5-3=2$ ├ 나누어 떨어지려면 2씩 부족하다.
- 6으로 나눈 나머지는 4　→ $6-4=2$ ┘

➡ (어떤 수)=(4, 5, 6의 공배수)−2
➡ (어떤 수 중 가장 작은 수)=(4, 5, 6의 최소공배수)−2

0158　[대표 문제]

어떤 자연수를 6, 10, 16으로 나누면 모두 2가 남는다고 할 때, 이와 같은 자연수 중에서 700에 가장 가까운 수는?

① 600　　　② 602　　　③ 720
④ 722　　　⑤ 840

0159 ⑧

4로 나누면 2가 남고, 6으로 나누면 4가 남고, 8로 나누면 6이 남는 자연수 중에서 가장 작은 수를 구하시오.

0160 ⓐ

다음 조건을 모두 만족시키는 가장 작은 자연수를 구하시오.

┌─ 조건 ─
| ㈎ 12, 30으로 모두 나누어떨어진다.
| ㈏ 세 자리의 자연수이다.
└─

0161 ⓐ

다음 조건을 모두 만족시키는 가장 작은 자연수는?

┌─ 조건 ─
| ㈎ 8로 나누면 5가 남는다.
| ㈏ 10으로 나누면 7이 남는다.
| ㈐ 12로 나누어떨어지려면 3이 부족하다.
└─

① 97   ② 103   ③ 117
④ 120   ⑤ 123

유형 13   **두 분수를 자연수로 만들기**

(1) 두 분수 $\dfrac{a}{n}$, $\dfrac{b}{n}$ 가 자연수가 되도록 하는 자연수 n의 값

  ➡ a와 b의 공약수

(2) 두 분수 $\dfrac{n}{a}$, $\dfrac{n}{b}$ 이 자연수가 되도록 하는 자연수 n의 값

  ➡ a와 b의 공배수

(3) 두 분수 $\dfrac{a}{b}$, $\dfrac{c}{d}$ 의 어느 것에 곱해도 그 결과가 자연수가 되도록 하는 분수

  ➡ $\dfrac{(b와 \ d의 \ 공배수)}{(a와 \ c의 \ 공약수)}$

  ➡ 이 중에서 가장 작은 분수는 $\dfrac{(b와 \ d의 \ 최소공배수)}{(a와 \ c의 \ 최대공약수)}$ ┌ 분모   └ 분자

0162 「대표 문제」

두 분수 $\dfrac{1}{12}$, $\dfrac{1}{18}$ 의 어느 것에 곱해도 그 결과가 자연수가 되도록 하는 수 중에서 가장 작은 자연수를 구하시오.

0163 ⓐ

두 분수 $\dfrac{a}{36}$, $\dfrac{a}{90}$ 가 자연수가 되도록 하는 자연수 a의 값 중에서 가장 작은 수를 A, 두 분수 $\dfrac{36}{b}$, $\dfrac{90}{b}$ 이 자연수가 되도록 하는 자연수 b의 값 중에서 가장 큰 수를 B라 할 때, $A-B$의 값을 구하시오.

0164 ⓐ

세 분수 $\dfrac{48}{n}$, $\dfrac{80}{n}$, $\dfrac{104}{n}$ 가 자연수가 되도록 하는 자연수 n은 모두 몇 개인가?

① 3개   ② 4개   ③ 5개
④ 6개   ⑤ 8개

0165 ⓐ

두 분수 $\dfrac{49}{12}$, $\dfrac{28}{15}$ 의 어느 것에 곱해도 그 결과가 자연수가 되도록 하는 가장 작은 기약분수를 $\dfrac{a}{b}$ 라 할 때, $a-b$의 값을 구하시오.

0166 ⓐ   서술형 ♀

세 분수 $\dfrac{12}{5}$, $\dfrac{4}{7}$, $\dfrac{8}{5}$ 의 어느 것에 곱해도 그 결과가 자연수가 되도록 하는 가장 작은 기약분수를 구하시오.

유형 점검

0167 유형 01

두 수 90, 378의 최대공약수는?

① 2×3^2 ② 2×3^3

③ $2 \times 3^2 \times 5$ ④ $2 \times 3^3 \times 7$

⑤ $2 \times 3^3 \times 5 \times 7$

0168 유형 02

두 자연수 A, B의 최대공약수가 16일 때, 다음 중 A, B의 공약수가 <u>아닌</u> 것은?

① 2   ② 4   ③ 8

④ 14   ⑤ 16

0169 유형 02

다음 중 두 수 $2^3 \times 3^2 \times 7$, $2 \times 3^3 \times 7^2$의 공약수가 아닌 것은?

① 2×3 ② 3×7 ③ 2×3^2

④ $2 \times 3^2 \times 7$ ⑤ $2 \times 3^2 \times 7^2$

0170 유형 03

다음 중 두 수가 서로소가 <u>아닌</u> 것은?

① 2, 3   ② 8, 27   ③ 14, 29

④ 32, 45   ⑤ 49, 98

0171 유형 01 + 04

세 수 $2^2 \times 3^3$, $2^2 \times 3 \times 5^2$, $2 \times 3^2 \times 5$의 최대공약수와 최소공배수는?

	최대공약수	최소공배수
①	2×3	$2 \times 3 \times 5$
②	2×3	$2^2 \times 3^3 \times 5^2$
③	$2^2 \times 3$	$2^3 \times 3^3 \times 5$
④	$2 \times 3 \times 5$	$2^2 \times 3^3 \times 5^2$
⑤	$2^2 \times 3^2 \times 5$	$2^3 \times 3^2 \times 5^2$

0172 유형 05

세 수 $2^2 \times 3$, 45, $2^2 \times 5$의 공배수 중에서 500에 가장 가까운 수를 구하시오.

0173 유형 06

세 자연수 $2 \times a$, $4 \times a$, $5 \times a$의 최소공배수가 $2^2 \times 3^2 \times 5$ 일 때, 이 세 자연수의 합을 구하시오.

0174 유형 07

두 수 $2^a \times 3^2 \times 5^2$, $2^5 \times 3^b \times c$의 최대공약수가 $2^4 \times 3$이고 최소공배수가 $2^5 \times 3^2 \times 5^2 \times 7$일 때, 자연수 a, b, c에 대하여 $a+b+c$의 값을 구하시오.

0175 유형 08

50보다 작은 자연수 중에서 28과의 최대공약수가 14인 자연수는 모두 몇 개인가?

① 2개 ② 3개 ③ 4개
④ 5개 ⑤ 6개

0176 유형 09

서로 다른 세 자연수 5, 16, N의 최소공배수가 $2^4 \times 3 \times 5^2$ 일 때, N의 값이 될 수 있는 수 중에서 가장 작은 수를 구하시오.

0177 유형 10

두 자연수 48, N의 최대공약수가 12이고 최소공배수가 240일 때, N의 값을 구하시오.

0178 유형 10

세 자연수 30, 50, N의 최대공약수는 10이고 최소공배수는 300일 때, N의 값이 될 수 있는 모든 자연수의 합은?

① 180 ② 250 ③ 480
④ 500 ⑤ 710

0179 유형 11

어떤 자연수로 50을 나누면 5가 남고, 71을 나누면 4가 부족하다고 한다. 이와 같은 자연수 중에서 가장 큰 수는?

① 11 ② 12 ③ 13
④ 14 ⑤ 15

0180
유형 12

8로 나누면 7이 남고, 9로 나누면 8이 남고, 10으로 나누면 9가 남는 자연수 중에서 가장 작은 자연수를 구하시오.

0181
유형 13

다음 중 두 분수 $\dfrac{20}{n}$, $\dfrac{30}{n}$이 자연수가 되도록 하는 자연수 n의 값이 <u>아닌</u> 것은?

① 1   ② 2   ③ 4

④ 5   ⑤ 10

0182
유형 13

다음 중 두 분수 $\dfrac{7}{6}$, $\dfrac{21}{5}$의 어느 것에 곱해도 그 결과가 자연수가 되도록 하는 수가 <u>아닌</u> 것은?

① $\dfrac{15}{7}$ ② $\dfrac{30}{7}$ ③ $\dfrac{60}{7}$

④ $\dfrac{90}{7}$ ⑤ 90

서술형

0183
유형 02

세 수 128, 296, 328의 모든 공약수의 합을 구하시오.

0184
유형 12

4, 7, 12 중 어떤 수로 나누어도 나머지가 1인 자연수 중에서 가장 작은 수를 a, 300에 가장 가까운 수를 b라 할 때, $a+b$의 값을 구하시오.

0185
유형 13

두 분수 $\dfrac{1}{4}$, $\dfrac{1}{6}$의 어느 것에 곱해도 그 결과가 자연수가 되도록 하는 수 중에서 100 이하의 자연수는 모두 몇 개인지 구하시오.

하 ···· 중 ···· 상 100%

실력 향상

0186

세 자연수 96, 120, N의 최대공약수가 12일 때, N의 값이 될 수 있는 수를 작은 것부터 차례로 3개 구하시오.

0187

다음 조건을 모두 만족시키는 자연수 n의 값은?

┌─ 조건 ┐
㉮ n과 36의 최대공약수는 12이다.
㉯ n과 40의 최대공약수는 8이다.
㉰ n은 50보다 크고 100보다 작다.
└────────┘

① 56   ② 60   ③ 72
④ 80   ⑤ 96

0188

서로 다른 세 자연수 9, N, 25의 최소공배수가 1350일 때, N의 값이 될 수 있는 자연수는 모두 몇 개인가?

① 2개   ② 3개   ③ 4개
④ 5개   ⑤ 6개

0189

두 자리의 자연수 A, B의 최대공약수가 8이고 A, B의 곱이 640이다. $A < B$일 때, $B - A$의 값을 구하시오.

⊙ 기출 BOOK 6쪽

Ⓐ 개념 **확인**

하100% … 중 … 상

개념⁺

03-1 양수와 음수 유형 01

(1) 양의 부호와 음의 부호

서로 반대되는 성질의 두 수량을 나타낼 때, 어떤 기준을 중심으로 한쪽 수량에는 **양의 부호 ➕**를, 다른 쪽 수량에는 **음의 부호 ➖**를 붙여서 나타낸다.

⟮예⟯ 3 kg 증가를 ➕3 kg으로 나타내면 2 kg 감소는 ➖2 kg으로 나타낼 수 있다.

> 양의 부호 +와 음의 부호 −는 덧셈, 뺄셈의 기호와 모양은 같지만 뜻은 다르다.

(2) 양수와 음수

① **양수**: 0보다 큰 수로 양의 부호 ➕를 붙인 수

⟮예⟯ $+3,\ +\dfrac{1}{2},\ +0.7,\ \dots$

② **음수**: 0보다 작은 수로 음의 부호 ➖를 붙인 수

⟮예⟯ $-5,\ -\dfrac{2}{3},\ -0.1,\ \dots$

> 0은 양수도 아니고 음수도 아니다.

03-2 정수와 유리수 유형 02, 03, 04

(1) 정수

① **양의 정수**: 자연수에 양의 부호 +를 붙인 수

② **음의 정수**: 자연수에 음의 부호 −를 붙인 수

③ 양의 정수, 0, 음의 정수를 통틀어 **정수**라 한다.

> 양의 정수는 자연수와 같고, +를 생략하여 나타내기도 한다.

(2) 유리수

① **양의 유리수**: 분자, 분모가 자연수인 분수에 양의 부호 +를 붙인 수

② **음의 유리수**: 분자, 분모가 자연수인 분수에 음의 부호 −를 붙인 수

③ 양의 유리수, 0, 음의 유리수를 통틀어 **유리수**라 한다.

> 양의 유리수도 양의 정수와 마찬가지로 양의 부호 +를 생략하여 나타낼 수 있다.

> 양의 유리수는 양수이고, 음의 유리수는 음수이다.

(3) 유리수의 분류

$$
\text{유리수}\begin{cases}\text{정수}\begin{cases}\text{양의 정수(자연수): } +1,\ +2,\ +3,\ \dots \\ 0 \\ \text{음의 정수: } -1,\ -2,\ -3,\ \dots\end{cases} \\ \text{정수가 아닌 유리수: } -\dfrac{2}{3},\ -0.3,\ +\dfrac{1}{2},\ 4.5,\ \dots\end{cases}
$$

> 정수는 분수로 나타낼 수 있으므로 모든 정수는 유리수이다.

03-3 수직선 유형 05, 06

직선 위에 기준이 되는 점 O를 잡아 그 점에 수 0을 대응시키고, 점 O의 좌우에 일정한 간격으로 점을 잡아 점 O의 오른쪽 점에는 양의 정수를, 왼쪽 점에는 음의 정수를 차례로 대응시킨다.

이와 같이 수를 대응시킨 직선을 **수직선**이라 하고, 기준이 되는 점 O를 원점이라 한다.

> 수직선에서 $\dfrac{1}{2}$을 나타내는 점은 0과 1을 나타내는 점 사이를 이등분하는 점이고, $-\dfrac{1}{2}$을 나타내는 점은 −1과 0을 나타내는 점 사이를 이등분하는 점이다.

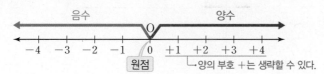

⟮참고⟯ 모든 유리수는 수직선 위의 점에 대응시킬 수 있다.

03-1 양수와 음수

[0190~0193] 다음을 양의 부호 + 또는 음의 부호 −를 사용하여 나타내시오.

0190 지상 12층, 지하 3층

0191 10000원 손해, 5000원 이익

0192 영하 10 ℃, 영상 20 ℃

0193 해발 100 m, 해저 200 m

[0194~0195] 아래 수에 대하여 다음을 구하시오.

$$-6, \quad +4.2, \quad 0, \quad \frac{1}{3}, \quad -0.8$$

0194 양수

0195 음수

03-2 정수와 유리수

[0196~0201] 아래 수에 대하여 다음을 구하시오.

$$-1, \quad +8, \quad 0, \quad 2.2,$$
$$-\frac{1}{5}, \quad +\frac{4}{2}, \quad 10, \quad -9.1$$

0196 양의 정수

0197 음의 정수

0198 정수

0199 양의 유리수

0200 음의 유리수

0201 정수가 아닌 유리수

[0202~0207] 다음 설명 중 옳은 것은 ○를, 옳지 않은 것은 ×를 ( ) 안에 써넣으시오.

0202 모든 정수는 유리수이다. ( )

0203 모든 자연수는 정수이다. ( )

0204 0은 양의 정수도 음의 정수도 아니다. ( )

0205 0은 유리수가 아니다. ( )

0206 정수는 양의 정수와 음의 정수로 이루어져 있다. ( )

0207 양의 유리수가 아닌 유리수는 음의 유리수이다. ( )

03-3 수직선

[0208~0211] 다음 수직선 위의 점에 대응하는 수를 구하시오.

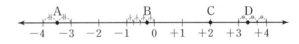

0208 점 A

0209 점 B

0210 점 C

0211 점 D

[0212~0215] 다음 수에 대응하는 점을 수직선 위에 나타내시오.

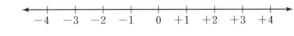

0212 +3

0213 $-\frac{3}{2}$

0214 $+\frac{4}{3}$

0215 −2.5

03-4 절댓값

유형 07~11

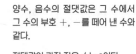

(1) 절댓값

수직선 위에서 원점과 어떤 수에 대응하는 점 사이의 거리를 그 수의 **절댓값**이라 한다.

기호 | |

예 $+2$의 절댓값은 $|+2|=2$
　　-2의 절댓값은 $|-2|=2$

(2) 절댓값의 성질

① $a>0$일 때, $|a|=|-a|=a$이다.

② 0의 절댓값은 0이다. 즉, $|0|=0$이다.

③ 절댓값은 거리를 나타내므로 항상 0 또는 양수이다.

④ 절댓값이 큰 수일수록 수직선 위에서 원점으로
부터 더 멀리 있는 점에 대응한다.

참고 절댓값이 $a\,(a>0)$인 수는 $+a$, $-a$의 2개이다.

● 양수, 음수의 절댓값은 그 수에서 그 수의 부호 $+$, $-$를 떼어 낸 수와 같다.

● 절댓값이 가장 작은 수는 0이다.

절댓값이 커진다.　　절댓값이 커진다.

03-5 수의 대소 관계

유형 12

수직선 위에서 수는 오른쪽으로 갈수록 크고,
왼쪽으로 갈수록 작아진다.

① 양수는 0보다 크고 음수는 0보다 작다.

② 양수는 음수보다 크다.

③ 양수끼리는 절댓값이 큰 수가 크다.

④ 음수끼리는 절댓값이 작은 수가 크다.

예 ① $+3>0$, $-5<0$

② $+1>-3$

③ $|+4|>|+1|$ ➡ $+4>+1$

④ $|-6|>|-2|$ ➡ $-6<-2$

TIP 부호가 같은 두 분수는 분모의 최소공배수로 통분한 후 비교한다.

예 $\dfrac{1}{2}$과 $\dfrac{1}{3}$을 통분하면 $\dfrac{3}{6}$, $\dfrac{2}{6}$이고, $\dfrac{3}{6}>\dfrac{2}{6}$이므로 $\dfrac{1}{2}>\dfrac{1}{3}$이다.

커진다.
작아진다.

절댓값이 클수록 작아진다.　　절댓값이 클수록 커진다.

● (음수)$<0<$(양수)

● 수를 수직선 위에 나타내면 오른쪽에 있는 수가 왼쪽에 있는 수보다 크다.

● 분수와 소수의 대소를 비교할 때는 두 수의 형태를 분수나 소수로 통일한 후 비교한다.

03-6 부등호의 사용

유형 13, 14, 15

$a>b$	$a<b$	$a≥b$	$a≤b$
• a는 b보다 크다. • a는 b 초과이다.	• a는 b보다 작다. • a는 b 미만이다.	• a는 b보다 크거나 같다. • a는 b보다 작지 않다. • a는 b 이상이다.	• a는 b보다 작거나 같다. • a는 b보다 크지 않다. • a는 b 이하이다.

예 ① x는 1보다 크다. ➡ $x>1$

② x는 -2 미만이다. ➡ $x<-2$

③ x는 0보다 크거나 같다. ➡ $x≥0$

④ x는 3보다 크지 않다. ➡ $x≤3$

TIP '초과', '미만'은 등호를 포함하지 않고, '이상', '이하'는 등호를 포함한다.

참고 세 수의 대소 관계를 나타낼 때에도 부등호를 사용할 수 있다.

예 x는 -1보다 크거나 같고 1보다 작다. ➡ $-1≤x<1$

● 부등호 $≥$는 '$>$ 또는 $=$'를 나타내고, $≤$는 '$<$ 또는 $=$'를 나타낸다.

03-4 절댓값

[0216~0219] 다음 수의 절댓값을 구하시오.

0216 $+9$

0217 -6

0218 $-\dfrac{7}{8}$

0219 $+0.4$

[0220~0223] 다음 값을 구하시오.

0220 $|+5|$

0221 $\left|+\dfrac{1}{3}\right|$

0222 $|-2.3|$

0223 $\left|-\dfrac{4}{7}\right|$

[0224~0227] 다음을 모두 구하시오.

0224 절댓값이 1인 수

0225 절댓값이 $\dfrac{1}{2}$인 수

0226 절댓값이 0인 수

0227 절댓값이 5.3인 수

0228 아래 수에 대하여 다음을 구하시오.

$$4.21, \quad -\dfrac{4}{3}, \quad 0, \quad +\dfrac{13}{4}$$

(1) 절댓값이 가장 큰 수
(2) 절댓값이 가장 작은 수

03-5 수의 대소 관계

[0229~0236] 다음 □ 안에 < 또는 >를 써넣으시오.

0229 $+2\ \square\ 0$

0230 $-3\ \square\ 0$

0231 $+6\ \square\ -1$

0232 $-7\ \square\ +1.8$

0233 $+20\ \square\ +25$

0234 $-12\ \square\ -14$

0235 $+\dfrac{2}{3}\ \square\ +\dfrac{3}{4}$

0236 $-2.1\ \square\ -\dfrac{3}{2}$

03-6 부등호의 사용

[0237~0240] 다음을 부등호를 사용하여 나타내시오.

0237 x는 10 이상이다.

0238 x는 -2 초과이다.

0239 x는 $\dfrac{2}{7}$보다 작거나 같다.

0240 x는 -1.4보다 작다.

[0241~0244] 다음을 부등호를 사용하여 나타내시오.

0241 x는 5보다 크거나 같고 8보다 작다.

0242 x는 -1보다 크고 2.6 이하이다.

0243 x는 $-\dfrac{1}{5}$ 이상 7 미만이다.

0244 x는 -9보다 작지 않고 -3.1보다 크지 않다.

유형 완성

유형 01 양수와 음수

서로 반대되는 성질의 두 수량을 나타낼 때, 어떤 기준을 중심으로 한쪽 수량에는 양의 부호인 ➕를, 다른 쪽 수량에는 음의 부호인 ➖를 붙여서 나타낸다.

+	이익	수입	영상	해발	상승	~ 후
−	손해	지출	영하	해저	하락	~ 전

0245 대표 문제

다음 중 양의 부호 + 또는 음의 부호 −를 사용하여 나타낸 것으로 옳은 것은?

① 3점 득점 ➡ −3점 ② 10명 감소 ➡ +10명

③ 7 % 하락 ➡ +7 % ④ 수입 1500원 ➡ −1500원

⑤ 40분 전 ➡ −40분

0246 ⑧

다음은 경수의 일기이다. 밑줄 친 부분을 양의 부호 + 또는 음의 부호 −를 사용하여 나타낸 것으로 옳지 않은 것은?

오늘 선생님께서 두 가지 소식을 전해주셨다. 먼저 수학 시험 결과를 전해주셨는데, 지난번 점수보다 ① 3점이 떨어져서 기분이 좋지 않았다. 그러나 이어진 소풍 소식에 기분이 나아졌다. 소풍은 ② 일주일 후에 놀이공원으로 간다고 하셨다. 일기 예보를 보니 그날은 ③ 영상 24 ℃의 맑은 날씨라 한다. ④ 지상 75 m에서 떨어지는 놀이 기구를 탈 수 있다는 생각에 신이 났다. 집에 왔더니 아버지께서 용돈을 주셨다. 그중에서 ⑤ 5000원만 쓰고 나머지는 저금해야겠다.

① −3점 ② −7일 ③ +24 ℃

④ +75 m ⑤ −5000원

0247 ⑧

다음 중 밑줄 친 부분을 양의 부호 + 또는 음의 부호 −를 사용하여 나타낼 때, 부호가 나머지 넷과 다른 하나는?

① 승호의 키가 작년보다 3 cm 컸다.

② 어느 중학교 1학년 교실은 지상 5층에 있다.

③ 공책 1권의 가격이 작년보다 100원 올랐다.

④ 산이는 몸무게가 2 kg 감소했다.

⑤ 오늘 지각한 학생은 어제보다 4명 늘었다.

유형 02 정수의 분류

정수 { 양의 정수(자연수): +1, +2, +3, ...
        0
        음의 정수: −1, −2, −3, ...

0248 대표 문제

다음 중 정수가 아닌 것을 모두 고르면? (정답 2개)

① −3 ② $\frac{2}{5}$ ③ 2.7

④ 0 ⑤ $-\frac{12}{3}$

0249 ㉮

다음 중 음수가 아닌 정수를 모두 고르면? (정답 2개)

① −6 ② $-\frac{9}{3}$ ③ 0

④ 5.5 ⑤ $\frac{20}{2}$

0250 ⑧

서술형 🔎

다음 수 중 양의 정수의 개수를 a, 음의 정수의 개수를 b라 할 때, $a \times b$의 값을 구하시오.

$$-6, \quad +2, \quad \frac{1}{12}, \quad 0, \quad -3.4, \quad -\frac{28}{4}, \quad 105$$

유형 03 유리수의 분류

유리수 ┬ 정수 ┬ 양의 정수(자연수): $+1$, $+2$, $+3$, ...
　　　　│　　├ 0
　　　　│　　└ 음의 정수: -1, -2, -3, ...
　　　　└ 정수가 아닌 유리수: $+\dfrac{2}{3}$, $-\dfrac{4}{5}$, $+4.5$, -0.2, ...

0251 대표 문제

다음 중 정수가 아닌 유리수는?

① -5　　　　② 2.5　　　　③ $-\dfrac{10}{5}$

④ $+\dfrac{6}{2}$　　　　⑤ 0

0252 중

다음 중 주어진 수에 대한 설명으로 옳은 것을 모두 고르면? (정답 2개)

$$-6, \quad 1.9, \quad -\dfrac{9}{3}, \quad 0, \quad +2, \quad \dfrac{3}{5}$$

① 정수는 3개이다.　　　　② 음의 정수는 없다.

③ 유리수는 6개이다.　　　　④ 양수는 2개이다.

⑤ 정수가 아닌 유리수는 2개이다.

0253 중

서술형

다음 수 중 음의 정수의 개수를 a, 양의 유리수의 개수를 b, 정수가 아닌 유리수의 개수를 c라 할 때, $c-a-b$의 값을 구하시오.

$$-\dfrac{13}{5}, \quad 0.18, \quad \dfrac{1}{3}, \quad 0, \quad -4.3, \quad \dfrac{5}{2}, \quad -1$$

0254 상

유리수 A에 대하여

$$<A>=\begin{cases} 3\ (A\text{가 자연수일 때}) \\ 4\ (A\text{가 자연수가 아닌 정수일 때}) \\ 5\ (A\text{가 정수가 아닌 유리수일 때}) \end{cases}$$

라 할 때, $\left\langle -\dfrac{17}{2} \right\rangle + <0> + \left\langle \dfrac{21}{3} \right\rangle$의 값을 구하시오.

유형 04 정수와 유리수의 이해

정수는 $\dfrac{(\text{정수})}{(0\text{이 아닌 정수})}$ 꼴로 나타낼 수 있으므로 모든 정수는 유리수이다.

0255 대표 문제

다음 보기 중 옳은 것을 모두 고르시오.

보기
ㄱ. 0은 유리수이다.
ㄴ. 0과 1 사이에는 유리수가 없다.
ㄷ. 음의 정수가 아닌 정수는 자연수이다.
ㄹ. 유리수 중에는 정수가 아닌 수도 있다.
ㅁ. 유리수는 양의 유리수와 음의 유리수로 이루어져 있다.

0256 중

다음 중 옳지 <u>않은</u> 것을 모두 고르면? (정답 2개)

① 음의 유리수는 음수이다.

② 모든 양의 유리수는 자연수이다.

③ 모든 정수는 분수 꼴로 나타낼 수 있다.

④ 서로 다른 두 유리수 사이에는 무수히 많은 유리수가 존재한다.

⑤ 음의 유리수는 분자, 분모가 정수인 분수에 음의 부호 $-$를 붙인 수이다.

유형 05 수를 수직선 위에 나타내기

(1) 양수 ➡ 0을 나타내는 점의 오른쪽에 나타낸다.
(2) 음수 ➡ 0을 나타내는 점의 왼쪽에 나타낸다.

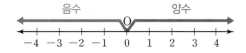

0257 대표 문제

다음 중 아래 수직선 위의 5개의 점 A, B, C, D, E에 대응하는 수로 옳지 <u>않은</u> 것은?

① A: -2.5 ② B: $-\dfrac{1}{2}$ ③ C: $\dfrac{1}{4}$

④ D: 1.5 ⑤ E: 3

0258 하

다음 수를 수직선 위에 나타냈을 때, 왼쪽에서 세 번째에 있는 점에 대응하는 수는?

① -2 ② 0 ③ 4

④ $-\dfrac{10}{3}$ ⑤ $\dfrac{5}{2}$

0259 중

다음 수직선 위의 5개의 점 A, B, C, D, E에 대응하는 수에 대한 설명으로 옳은 것은?

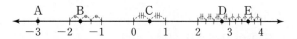

① 정수는 2개이다.
② 음수는 3개이다.
③ 자연수는 1개이다.
④ 점 B에 대응하는 수는 $-\dfrac{3}{2}$이다.
⑤ 점 E에 대응하는 수는 3.6이다.

0260 중

수직선 위에서 $-\dfrac{4}{3}$에 가장 가까운 정수를 a, $\dfrac{11}{5}$에 가장 가까운 정수를 b라 할 때, a, b의 값을 각각 구하면?

① $a=-2$, $b=3$ ② $a=-2$, $b=2$

③ $a=-1$, $b=2$ ④ $a=-1$, $b=3$

⑤ $a=0$, $b=2$

유형 06 수직선 위에서 같은 거리에 있는 점

수직선 위의 두 점으로부터 같은 거리에 있는 점에 대응하는 수
➡ 두 점의 한가운데에 있는 점에 대응하는 수

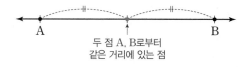

두 점 A, B로부터
같은 거리에 있는 점

0261 대표 문제

수직선 위에서 -6에 대응하는 점을 A, 2에 대응하는 점을 B라 하고 두 점 A, B로부터 같은 거리에 있는 점을 M이라 할 때, 점 M에 대응하는 수는?

① -2 ② -1 ③ 0

④ 1 ⑤ 2

0262 하

수직선 위에서 -1에 대응하는 점으로부터 거리가 3인 점에 대응하는 수를 모두 구하시오.

0263 (종)

수직선 위에서 두 수 a, b에 대응하는 두 점 사이의 거리가 10이고 이 두 점의 한가운데에 있는 점에 대응하는 수가 -2일 때, a, b의 값을 각각 구하시오. (단, $a < 0$)

빈출

유형 07 절댓값

절댓값이 $a(a > 0)$인 수
➡ 수직선에서 원점과의 거리가 a인 점에 대응하는 수
➡ a, $-a$

0264 (대표 문제)

$-\dfrac{13}{2}$의 절댓값을 a, 절댓값이 6인 양수를 b, 절댓값이 $\dfrac{1}{5}$인 음수를 c라 할 때, a, b, c의 값을 각각 구하시오.

0265 (하)

다음 중 옳은 것은?

① $\left|\dfrac{1}{3}\right| = -\dfrac{1}{3}$ ② $|-2| = -2$ ③ $|-4| = 4$

④ $|0| = 1$ ⑤ $\left|-\dfrac{5}{2}\right| = -\left|\dfrac{5}{2}\right|$

0266 (종)

서술형

세 수 $\dfrac{3}{2}$, $-\dfrac{5}{4}$, -1의 절댓값의 합을 구하시오.

0267 (종)

수직선 위에서 절댓값이 5인 두 수에 대응하는 두 점 사이의 거리를 구하시오.

유형 08 절댓값의 성질

(1) $a > 0$일 때, $|a| = |-a| = a$이다.
(2) 절댓값은 항상 0 또는 양수이다.
   ➡ 절댓값이 가장 작은 수는 0이다.
(3) 절댓값이 큰 수일수록 수직선 위에서 원점으로부터 더 멀리 있는 점에 대응한다.

0268 (대표 문제)

다음 보기 중 옳은 것을 모두 고른 것은?

┌ 보기 ┐
ㄱ. 절댓값이 같은 두 수는 서로 같다.
ㄴ. 절댓값이 가장 작은 수는 0이다.
ㄷ. -8과 8의 절댓값은 같다.
ㄹ. 수직선 위에서 오른쪽에 있는 수가 왼쪽에 있는 수보다 절댓값이 항상 크다.

① ㄱ, ㄴ   ② ㄱ, ㄷ   ③ ㄱ, ㄹ
④ ㄴ, ㄷ   ⑤ ㄴ, ㄷ, ㄹ

0269 (종)

다음 중 옳지 <u>않은</u> 것을 모두 고르면? (정답 2개)

① -1과 1의 절댓값이 가장 작다.
② 음수의 절댓값은 양수이다.
③ 절댓값이 같은 수는 항상 2개이다.
④ $|a| = a$이면 a는 0 또는 양수이다.
⑤ 수직선 위에서 절댓값이 같은 두 수에 대응하는 두 점은 원점으로부터 떨어진 거리가 같다.

유형 09 절댓값의 대소 관계

절댓값의 대소 관계
➡ 부호를 뗀 수끼리 대소를 비교한다.

0270 대표 문제

다음 수를 절댓값이 큰 수부터 차례로 나열할 때, 세 번째에 오는 수를 구하시오.

$$-4, \quad -\frac{9}{2}, \quad \frac{1}{2}, \quad 1.2, \quad -0.3$$

0271 ⑥

다음 중 수를 수직선 위에 나타냈을 때, 원점에서 두 번째로 가까운 수는?

① -6 ② $-\dfrac{5}{2}$ ③ -2

④ $+\dfrac{16}{3}$ ⑤ $+7$

0272 ⑥

다음 중 아래 수직선 위의 5개의 점 A, B, C, D, E에 대응하는 수에 대한 설명으로 옳지 <u>않은</u> 것은?

```
        A       B   C D        E
  ←─┼──●─┼──┼──●─┼──●─●─┼──┼──●─┼──┼──→
   -6 -5 -4 -3 -2 -1  0  1  2  3  4  5  6
```

① 점 C에 대응하는 수의 절댓값이 가장 작다.
② 점 B에 대응하는 수의 절댓값이 점 E에 대응하는 수의 절댓값보다 작다.
③ 절댓값이 2보다 큰 수는 2개이다.
④ 점 E에 대응하는 수보다 절댓값이 작은 수에 대응하는 점은 3개이다.
⑤ 두 점 A, D에 대응하는 수의 절댓값의 합은 5이다.

0273 ⑥

서술형

다음 수 중에서 절댓값이 가장 큰 수를 a, 절댓값이 가장 작은 수를 b라 할 때, $|a|+|b|$의 값을 구하시오.

$$-2.3, \quad 0, \quad +3, \quad -\frac{5}{4}, \quad \frac{7}{2}$$

유형 10 절댓값이 같고 부호가 반대인 두 수

절댓값이 같고 부호가 반대인 두 수에 대하여 수직선 위에서 두 수에 대응하는 점 사이의 거리가 a이면

➡ 수직선 위에서 두 수에 대응하는 점은 원점으로부터 서로 반대 방향으로 각각 $\dfrac{a}{2}$만큼 떨어져 있다.

➡ 두 수는 $-\dfrac{a}{2}$, $\dfrac{a}{2}$이다.

0274 대표 문제

절댓값이 같고 부호가 반대인 두 수를 수직선 위에 나타내면 두 수에 대응하는 두 점 사이의 거리는 12이다. 이때 두 수를 구하시오.

0275 ⑥

두 수 a, b는 절댓값이 같고, a는 b보다 10만큼 작다고 한다. 이때 a의 값은?

① -10 ② -5 ③ 2

④ 5 ⑤ 10

유형 11 절댓값의 범위가 주어진 수 찾기

(1) 절댓값이 2보다 작은 정수 → 절댓값이 0, 1인 정수
  ➡ 원점으로부터 거리가 2보다 작은 점에 대응하는 정수

  ➡ -1, 0, 1

(2) 절댓값이 2보다 크고 5보다 작은 정수 → 절댓값이 3, 4인 정수
  ➡ 원점으로부터 거리가 2보다 크고 5보다 작은 점에 대응하는 정수

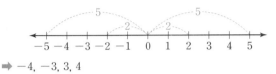

  ➡ -4, -3, 3, 4

0276 대표 문제

절댓값이 4 이하인 정수는 모두 몇 개인가?

① 5개   ② 6개   ③ 7개
④ 8개   ⑤ 9개

0277 중

다음 중 절댓값이 5 이상 8 미만인 정수를 모두 고르면?
(정답 2개)

① -8 ② -7 ③ -4
④ 3   ⑤ 5

0278 중   서술형

수직선 위에서 원점과 정수 a에 대응하는 점 사이의 거리가 $\dfrac{3}{2}$보다 작을 때, a의 값을 모두 구하시오.

 빈출

유형 12 수의 대소 관계

(1) (음수) < 0 < (양수)
(2) 두 양수 ➡ 절댓값이 큰 수가 더 크다.
(3) 두 음수 ➡ 절댓값이 작은 수가 더 크다.

0279 대표 문제

다음 중 두 수의 대소 관계가 옳은 것은?

① $-5 > -2$ ② $0.5 < -\dfrac{3}{2}$

③ $-\dfrac{5}{4} > -\dfrac{4}{3}$ ④ $|-3| < 0$

⑤ $\left|-\dfrac{1}{2}\right| < \left|-\dfrac{1}{3}\right|$

0280 하

다음 중 두 수의 대소 관계에 대한 설명으로 옳지 <u>않은</u> 것은?

① 음수는 항상 0보다 작다.
② 양수끼리는 절댓값이 작은 수가 더 작다.
③ 음수끼리는 절댓값이 작은 수가 더 크다.
④ 부호가 다른 두 수는 절댓값이 큰 수가 더 크다.
⑤ 수직선에서 오른쪽에 있는 수가 왼쪽에 있는 수보다 더 크다.

0281 중

다음 중 □ 안에 알맞은 부등호의 방향이 나머지 넷과 <u>다른</u> 하나는?

① -6 □ $\dfrac{7}{4}$ ② -0.4 □ $-\dfrac{3}{5}$

③ 0 □ $\dfrac{3}{4}$ ④ $\dfrac{1}{4}$ □ $\dfrac{1}{3}$

⑤ $\dfrac{2}{7}$ □ $\left|-\dfrac{4}{5}\right|$

0282 ⑧

다음 수를 작은 수부터 차례로 나열할 때, 두 번째에 오는 수를 구하시오.

$$-\frac{3}{4}, \quad 0, \quad |-4|, \quad \frac{9}{5}, \quad -2.6$$

0283 ⑧

다음 중 주어진 수에 대한 설명으로 옳은 것은?

$$2.5, \quad -3, \quad -\frac{1}{3}, \quad 0.02, \quad 5, \quad -1$$

① 0보다 작은 수는 2개이다.

② 가장 큰 수는 2.5이다.

③ 가장 작은 수는 -1이다.

④ 절댓값이 가장 작은 수는 $-\frac{1}{3}$이다.

⑤ 음수 중 가장 큰 수는 $-\frac{1}{3}$이다.

유형 13 부등호를 사용하여 나타내기

초과	a는 b보다 크다.	$a>b$
미만	a는 b보다 작다.	$a<b$
이상	a는 b보다 크거나 같다. a는 b보다 작지 않다.	$a \geq b$
이하	a는 b보다 작거나 같다. a는 b보다 크지 않다.	$a \leq b$

0284 대표 문제

다음 중 부등호를 사용하여 나타낸 것으로 옳지 <u>않은</u> 것은?

① x는 3보다 작다. ➡ $x<3$

② x는 -3 초과이고 4보다 작거나 같다. ➡ $-3<x\leq4$

③ x는 -1 이상이고 5보다 크지 않다. ➡ $-1\leq x<5$

④ x는 1보다 크고 2 이하이다. ➡ $1<x\leq2$

⑤ x는 3 이상이고 7 미만이다. ➡ $3\leq x<7$

0285 ⑨

'a는 6보다 작지 않다.'를 부등호 또는 등호를 사용하여 나타낸 것은?

① $a>6$　　　② $a=6$　　　③ $a<6$

④ $a\geq6$　　　⑤ $a\leq6$

0286 ⑧

다음 보기 중 $-5\leq x<2$를 나타내는 것을 모두 고르시오.

┌ 보기 ┐

ㄱ. x는 -5 이상이고 2 미만이다.

ㄴ. x는 -5보다 크고 2보다 작거나 같다.

ㄷ. x는 -5보다 작지 않고 2보다 작다.

ㄹ. x는 -5보다 크거나 같고 2보다 크지 않다.

빈출

유형 14 두 수 사이에 있는 정수 찾기

주어진 두 유리수 사이에 있는 정수를 찾을 때, 주어진 유리수가 가분수인 경우 대분수 또는 소수로 고친 후 두 유리수 사이에 있는 정수를 찾는다.

예 -1과 $\frac{7}{2}$ 사이에 있는 정수

➡ $\frac{7}{2}=3\frac{1}{2}$이므로 -1과 $\frac{7}{2}$ 사이에 있는 정수는 0, 1, 2, 3이다.

0287 대표 문제

다음 중 -7 초과이고 3보다 작거나 같은 정수가 <u>아닌</u> 것을 모두 고르면? (정답 2개)

① -7　　　② -6　　　③ -2

④ 3　　　⑤ 4

0288 (종)

$-4 \leq n < \dfrac{4}{3}$ 를 만족시키는 정수 n은 모두 몇 개인가?

① 4개   ② 5개   ③ 6개
④ 7개   ⑤ 8개

0289 (종)

서술형

두 수 $-\dfrac{9}{2}$와 1 사이에 있는 정수 중에서 절댓값이 가장 큰 수를 구하시오.

0290 (종)

다음 조건을 모두 만족시키는 정수 a는 모두 몇 개인지 구하시오.

조건
(가) a는 -6보다 작지 않고 5 이하이다.
(나) $|a| \geq 4$

0291 (상)

두 유리수 $-\dfrac{3}{2}$과 $\dfrac{7}{6}$ 사이에 있는 정수가 아닌 유리수 중에서 분모가 6인 기약분수는 모두 몇 개인가?

① 5개   ② 6개   ③ 7개
④ 8개   ⑤ 9개

유형 15 조건을 만족시키는 수의 대소 관계

주어진 조건을 부등호 또는 등호를 사용하여 나타낸 후 조건을 만족시키는 수를 생각한다.

예 a와 b는 3보다 크다. ➡ $a > 3$, $b > 3$
a와 b의 절댓값의 합이 4이다. ➡ $|a| + |b| = 4$

0292 대표 문제

다음 조건을 모두 만족시키는 세 수 a, b, c의 대소 관계는?

조건
(가) a는 음의 정수이고, $|a| = 3$이다.
(나) b, c는 절댓값이 3보다 큰 양의 정수이다.
(다) c는 b보다 3에 더 가깝다.

① $a < b < c$ ② $a < c < b$ ③ $b < c < a$
④ $c < a < b$ ⑤ $c < b < a$

0293 (종)

다음 조건을 모두 만족시키는 세 수 a, b, c를 작은 것부터 차례로 나열하시오.

조건
(가) a와 b에 대응하는 두 점은 원점으로부터의 거리가 같다.
(나) b는 a와 c보다 작다.
(다) c는 음수이다.

0294 (상)

다음 조건을 모두 만족시키는 네 수 a, b, c, d의 대소 관계를 부등호를 사용하여 나타내시오.

조건
(가) a는 1보다 크고 3.5보다 작은 유리수이다.
(나) b는 $-\dfrac{7}{3} < b < -\dfrac{6}{5}$을 만족시키는 정수이다.
(다) c는 $c < -3.5$를 만족시키는 유리수이다.
(라) d는 $-\dfrac{11}{4}$에 가장 가까운 정수이다.

 유형 점검

0295

유형 01

다음 중 양의 부호 + 또는 음의 부호 −를 사용하여 나타낸 것으로 옳지 <u>않은</u> 것은?

① 0.9 m 하강 ➡ −0.9 m

② 앞으로 10 걸음 ➡ +10 걸음

③ 해발 5000 m ➡ −5000 m

④ 8000원 저축 ➡ +8000원

⑤ 5일 전 ➡ −5일

0296

유형 02

다음 수 중 정수의 개수를 구하시오.

$$-\frac{7}{2}, \quad 0.5, \quad -1, \quad \frac{12}{4}, \quad 0, \quad -\frac{5}{2}, \quad 3.14$$

0297

유형 03

다음과 같이 유리수를 분류할 때, □ 안에 들어갈 수 있는 수를 모두 고르면? (정답 2개)

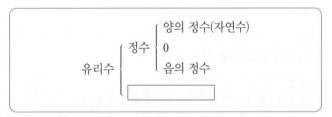

① $-\frac{9}{2}$ ② $-\frac{6}{3}$ ③ 0

④ 1.7   ⑤ $\frac{15}{5}$

0298

유형 04

다음 중 옳지 <u>않은</u> 것을 모두 고르면? (정답 2개)

① 양수는 0보다 큰 수이고 음수는 0보다 작은 수이다.

② 자연수에 음의 부호 −를 붙인 수는 음의 정수이다.

③ 모든 자연수는 유리수이다.

④ 유리수와 유리수 사이에는 항상 정수가 존재한다.

⑤ 모든 유리수는 $\frac{(자연수)}{(자연수)}$ 꼴로 나타낼 수 있다.

0299

유형 05

다음 수직선 위의 5개의 점 A, B, C, D, E에 대응하는 수로 옳지 <u>않은</u> 것은?

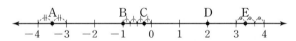

① A: −3.5   ② B: −1   ③ C: $-\frac{7}{4}$

④ D: 2   ⑤ E: $\frac{10}{3}$

0300

유형 06

수직선 위에서 −12, −4, 4에 대응하는 세 점을 각각 A, B, C라 하자. 두 점 A, B로부터 같은 거리에 있는 점을 M, 두 점 B, C로부터 같은 거리에 있는 점을 N이라 할 때, 두 점 M, N으로부터 같은 거리에 있는 점에 대응하는 수를 구하시오.

0301
유형 07

절댓값이 $\dfrac{3}{7}$인 양수를 a, 절댓값이 $\dfrac{1}{2}$인 음수를 b라 할 때, a, b의 값을 각각 구하시오.

0302
유형 09

다음 수를 수직선 위에 나타냈을 때, 원점에서 가장 멀리 떨어진 수를 a, 원점에 가장 가까운 수를 b라 하자. 이때 $|a|+|b|$의 값은?

$$-2, \quad \dfrac{63}{9}, \quad -\dfrac{36}{4}, \quad -\dfrac{7}{3}, \quad +6, \quad -1, \quad \dfrac{3}{2}$$

① 6　　　　　② 7　　　　　③ 8
④ 9　　　　　⑤ 10

0303
유형 10

수직선 위의 두 점 A, B에 대응하는 수를 각각 a, b라 할 때, $|a|=|b|$이고 두 점 A, B 사이의 거리가 $\dfrac{8}{5}$이다. 이때 $|a|$의 값은?

① 0　　　　　② $\dfrac{2}{5}$　　　　　③ $\dfrac{4}{5}$
④ $\dfrac{8}{5}$　　　　　⑤ $\dfrac{16}{5}$

0304
유형 11

다음 중 절댓값이 $\dfrac{9}{4}$ 이상인 수는?

① $-\dfrac{9}{2}$　　　　② -2　　　　③ $-\dfrac{2}{5}$
④ 1.3　　　　⑤ $\dfrac{9}{5}$

0305
유형 08 + 12

다음 중 옳지 않은 것은?

① $a>0$이면 $|-a|=a$이다.
② 절댓값은 항상 0보다 크다.
③ 양수의 절댓값은 자기 자신과 같다.
④ 두 음수에서는 절댓값이 큰 수가 작다.
⑤ 수직선 위에서 원점에서 멀리 떨어질수록 그 점에 대응하는 수의 절댓값이 크다.

0306
유형 12

다음 중 두 수의 대소 관계가 옳은 것은?

① $-1.8<-2$　　　　② $\dfrac{1}{7}<-1$
③ $|-1|<0$　　　　④ $\dfrac{5}{3}<\left|-\dfrac{7}{2}\right|$
⑤ $|-5|<|-3|$

0307

유형 12

다음 중 주어진 수에 대한 설명으로 옳지 <u>않은</u> 것은?

$$-2.5, \quad \frac{38}{5}, \quad \frac{13}{2}, \quad -0.7, \quad -\frac{5}{4}, \quad 8$$

① 가장 작은 수는 -2.5이다.

② -2보다 큰 음수는 3개이다.

③ 절댓값이 가장 큰 수는 8이다.

④ 절댓값이 가장 작은 수는 -0.7이다.

⑤ 두 번째로 작은 수는 $-\frac{5}{4}$이다.

0308

유형 13

다음 중 부등호를 사용하여 나타낸 것으로 옳지 <u>않은</u> 것은?

① a는 2 이하이다. ➡ $a \leq 2$

② a는 7보다 크지 않다. ➡ $a \geq 7$

③ a는 -3 이상 5 미만이다. ➡ $-3 \leq a < 5$

④ a는 -4 초과 1 이하이다. ➡ $-4 < a \leq 1$

⑤ a는 -5보다 작지 않고 3 미만이다. ➡ $-5 \leq a < 3$

0309

유형 15

다음 조건을 모두 만족시키는 세 수 a, b, c를 큰 수부터 차례로 나열하시오.

┌ 조건 ┐
㈎ b와 c는 -5보다 크다.
㈏ c의 절댓값은 -5의 절댓값과 같다.
㈐ a는 5보다 크다.
㈑ b는 c보다 -5에 가깝다.

서술형

0310

유형 05 + 07

수직선 위에서 $-\frac{8}{5}$에 가장 가까운 정수를 a, $\frac{11}{4}$에 가장 가까운 정수를 b라 할 때, $|a| + |b|$의 값을 구하시오.

0311

유형 11

$|x| < \frac{14}{5}$를 만족시키는 정수 x는 모두 몇 개인지 구하시오.

0312

유형 14

두 수 $\frac{5}{4}$와 $\frac{17}{5}$ 사이에 있는 정수의 합을 구하시오.

실력 향상

하 ···· 중 ···· 상100%

0313

수직선 위에 네 점 A, B, C, D가 차례로 일정한 간격으로 놓여 있다. 네 점 A, B, C, D에 대응하는 수가 각각 x, -3, y, 9일 때, x, y의 값을 각각 구하시오.

0314

수직선 위의 두 점 A, B에 대응하는 수를 각각 a, b라 하자. 두 점 A, B로부터 같은 거리에 있는 점에 대응하는 수가 -3이고 a의 절댓값이 4일 때, b의 값이 될 수 있는 수를 모두 구하시오.

0315

세 수 a, b, c가 다음 조건을 모두 만족시킬 때, a, b, c의 값을 각각 구하시오.

조건
(가) $|c|=5$ (나) $|b|=|c|$
(다) $|a|=|c+2|$ (라) $a<b<0<c$

0316

다음 조건을 모두 만족시키는 서로 다른 네 수 a, b, c, d를 작은 수부터 차례로 나열하면?

조건
(가) d는 네 수 중에서 절댓값이 가장 작은 수이다.
(나) c는 음수이다.
(다) a와 b에 대응하는 두 점은 원점으로부터의 거리가 같다.
(라) b는 c보다 작다.

① a, d, c, b ② b, a, c, d
③ b, c, d, a ④ c, a, d, b
⑤ d, b, c, a

◑ 기출 BOOK 10쪽

A 하100% ··· 중 ··· 상 **개념 확인**

04-1 **수의 덧셈** 유형 01, 02, 05~10, 23, 24 개념⁺

(1) 부호가 같은 두 수의 덧셈: 두 수의 절댓값의 합에 공통인 부호를 붙인다.

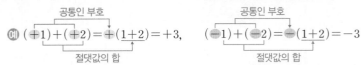

(2) 부호가 다른 두 수의 덧셈: 두 수의 절댓값의 차에 절댓값이 큰 수의 부호를 붙인다.

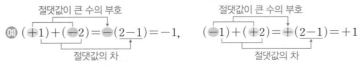

(참고) • 어떤 수와 0의 합은 그 수 자신이다. ➡ $a+0=a$, $0+a=a$

　　　 • 절댓값이 같고 부호가 반대인 두 수의 합은 0이다. ➡ $(+a)+(-a)=0$

(3) 덧셈의 계산 법칙: 세 수 a, b, c에 대하여

　① 덧셈의 교환법칙: $a+b=b+a$

　② 덧셈의 결합법칙: $(a+b)+c=a+(b+c)$

> 분모가 다른 두 분수의 덧셈에서는 분모를 통분하여 계산하고, 소수와 분수의 덧셈에서는 소수를 분수로 고치거나 분수를 소수로 고쳐서 계산한다.

> 서로 다른 두 수의 차는 큰 수에서 작은 수를 뺀 값이다.

> 세 수의 덧셈에서 $(a+b)+c$와 $a+(b+c)$의 계산 결과가 같으므로 괄호 없이 $a+b+c$로 나타낼 수 있다.

04-2 **수의 뺄셈** 유형 03, 05~10, 23, 24

두 수의 뺄셈은 빼는 수의 부호를 바꾸어 덧셈으로 고쳐서 계산한다.

(예) $(+2)-(+5)=(+2)+(-5)=-3$,　$(+2)-(-5)=(+2)+(+5)=+7$

(참고) 어떤 수에서 0을 뺀 값은 그 수 자신이다. ➡ $a-0=a$

(주의) 뺄셈에서는 교환법칙과 결합법칙이 성립하지 않는다.

> □−(양수)=□+(음수)
> □−(음수)=□+(양수)

04-3 **덧셈과 뺄셈의 혼합 계산** 유형 04, 11

(1) 덧셈과 뺄셈의 혼합 계산

　❶ 뺄셈을 덧셈으로 고친다.

　❷ 덧셈의 계산 법칙을 이용하여 계산한다.

(2) 부호가 생략된 수의 덧셈과 뺄셈의 혼합 계산

　❶ 생략된 양의 부호 +를 넣는다.

　❷ 뺄셈을 덧셈으로 고친다.

　❸ 덧셈의 계산 법칙을 이용하여 계산한다.

$$
\begin{aligned}
\text{(예)}\ -7+1-3 &= (-7)+(+1)-(+3) &\cdots\cdots ❶\\
&= (-7)+(+1)+(-3) &\cdots\cdots ❷\\
&= \{(-7)+(-3)\}+(+1) &\cdots\cdots ❸\\
&= (-10)+(+1)\\
&= -9
\end{aligned}
$$

> 양수는 양수끼리, 음수는 음수끼리 모아서 계산하면 편리하다.

04-1 수의 덧셈

[0317~0324] 다음을 계산하시오.

0317 $(+7)+(+3)$

0318 $(-2)+(-6)$

0319 $(+4)+(-8)$

0320 $(-1)+(+10)$

0321 $\left(+\dfrac{1}{2}\right)+\left(+\dfrac{1}{6}\right)$

0322 $\left(+\dfrac{1}{4}\right)+\left(-\dfrac{1}{12}\right)$

0323 $(-2.1)+(-4.7)$

0324 $(-3.5)+(+10.5)$

[0325~0328] 다음을 계산하시오.

0325 $(-3)+(+7)+(+5)$

0326 $(-6)+(+9)+(-2)$

0327 $\left(+\dfrac{1}{12}\right)+\left(-\dfrac{5}{6}\right)+\left(+\dfrac{5}{12}\right)$

0328 $(-4.3)+(+5.2)+(+1.1)$

04-2 수의 뺄셈

[0329~0336] 다음을 계산하시오.

0329 $(+9)-(+2)$

0330 $(+3)-(-7)$

0331 $(-8)-(-6)$

0332 $(-2)-(+11)$

0333 $\left(+\dfrac{1}{5}\right)-\left(-\dfrac{3}{10}\right)$

0334 $\left(-\dfrac{3}{4}\right)-\left(-\dfrac{1}{8}\right)$

0335 $(+1.8)-(+5.6)$

0336 $(-6.7)-(+2.9)$

[0337~0340] 다음을 계산하시오.

0337 $(-1)-(-6)-(-7)$

0338 $(+9)-(+3)-(-2)$

0339 $\left(+\dfrac{1}{3}\right)-\left(-\dfrac{5}{9}\right)-\left(+\dfrac{2}{9}\right)$

0340 $(-2.8)-(+4.3)-(-1.6)$

04-3 덧셈과 뺄셈의 혼합 계산

[0341~0343] 다음을 계산하시오.

0341 $(+7)-(-8)+(-3)$

0342 $\left(-\dfrac{2}{3}\right)+\left(-\dfrac{7}{15}\right)-\left(-\dfrac{3}{5}\right)$

0343 $(-2.9)-(+3.3)+(+6.5)$

[0344~0346] 다음을 계산하시오.

0344 $3-9+1$

0345 $\dfrac{1}{6}+\dfrac{2}{3}-\dfrac{1}{2}$

0346 $-5.4+3.1-1.8$

04-4 수의 곱셈 ・ 유형 12~17, 22, 23, 24

(1) 부호가 같은 두 수의 곱셈: 두 수의 절댓값의 곱에 양의 부호 $+$를 붙인다.

예 $(+4) \times (+3) = +(4 \times 3) = +12,$ $(-4) \times (-3) = +(4 \times 3) = +12$

$$\oplus \times \oplus$$
$$\ominus \times \ominus \Big] \Rightarrow \oplus$$

(2) 부호가 다른 두 수의 곱셈: 두 수의 절댓값의 곱에 음의 부호 $-$를 붙인다.

예 $(+4) \times (-3) = -(4 \times 3) = -12,$ $(-4) \times (+3) = -(4 \times 3) = -12$

$$\oplus \times \ominus$$
$$\ominus \times \oplus \Big] \Rightarrow \ominus$$

참고 어떤 수와 0의 곱은 항상 0이다. $\Rightarrow a \times 0 = 0,\ 0 \times a = 0$

(3) 곱셈의 계산 법칙: 세 수 a, b, c에 대하여

① 곱셈의 교환법칙: $a \times b = b \times a$

② 곱셈의 결합법칙: $(a \times b) \times c = a \times (b \times c)$

세 수의 곱셈에서 $(a \times b) \times c$와 $a \times (b \times c)$의 계산 결과가 같으므로 괄호 없이 $a \times b \times c$로 나타낼 수 있다.

(4) 세 수 이상의 곱셈

❶ 곱의 부호를 정한다. $\Rightarrow$ 곱해진 음수가 $\begin{bmatrix} \text{없거나 짝수 개이면 } \oplus \\ \text{홀수 개이면 } \ominus \end{bmatrix}$

$a > 0$일 때, $(-a)^n$의 계산
① n이 짝수 $\Rightarrow (-a)^n = a^n$
② n이 홀수 $\Rightarrow (-a)^n = -a^n$

❷ 각 수의 절댓값의 곱에 ❶에서 결정된 부호를 붙인다.

(5) 분배법칙: 세 수 a, b, c에 대하여

① $a \times (b+c) = a \times b + a \times c$

② $(a+b) \times c = a \times c + b \times c$

04-5 수의 나눗셈 ・ 유형 18, 19, 22, 23, 24

(1) 부호가 같은 두 수의 나눗셈: 두 수의 절댓값의 나눗셈의 몫에 양의 부호 $+$를 붙인다.

예 $(+6) \div (+2) = +(6 \div 2) = +3,$ $(-6) \div (-2) = +(6 \div 2) = +3$

$$\oplus \div \oplus$$
$$\ominus \div \ominus \Big] \Rightarrow \oplus$$

(2) 부호가 다른 두 수의 나눗셈: 두 수의 절댓값의 나눗셈의 몫에 음의 부호 $-$를 붙인다.

예 $(+6) \div (-2) = -(6 \div 2) = -3,$ $(-6) \div (+2) = -(6 \div 2) = -3$

$$\oplus \div \ominus$$
$$\ominus \div \oplus \Big] \Rightarrow \ominus$$

참고 0을 0이 아닌 수로 나누면 그 몫은 항상 0이다. $\Rightarrow 0 \div a = 0$ (단, $a \neq 0$)

어떤 수를 0으로 나누는 것은 생각하지 않는다.

(3) 역수: 두 수의 곱이 1일 때, 한 수를 다른 수의 **역수**라 한다.

예 $\frac{1}{5} \times 5 = 1 \Rightarrow \frac{1}{5}$의 역수는 5이고, 5의 역수는 $\frac{1}{5}$이다.

0에 어떤 수를 곱해도 1이 될 수 없으므로 0의 역수는 없다.

역수를 구할 때, 부호는 바뀌지 않는다.

(4) 역수를 이용한 수의 나눗셈: 나누는 수의 역수를 곱하여 계산한다.

소수의 역수를 구할 때는 먼저 소수를 분수로 나타낸다.
예 0.2의 역수
$\Rightarrow 0.2 = \frac{1}{5}$이므로 0.2의 역수는 5이다.

04-6 덧셈, 뺄셈, 곱셈, 나눗셈의 혼합 계산 ・ 유형 20, 21, 25, 26, 27

(1) 곱셈과 나눗셈의 혼합 계산

❶ 거듭제곱이 있으면 거듭제곱을 먼저 계산한다.

❷ 나눗셈을 곱셈으로 고친다.

❸ 부호를 결정하고, 각 수의 절댓값의 곱에 결정된 부호를 붙인다.

(2) 덧셈, 뺄셈, 곱셈, 나눗셈의 혼합 계산

❶ 거듭제곱이 있으면 거듭제곱을 먼저 계산한다.

❷ 괄호가 있으면 괄호 안을 먼저 계산한다.

이때 $(\quad) \rightarrow \{\quad\} \rightarrow [\quad]$의 순서로 계산한다.

❸ 곱셈과 나눗셈을 한 후 덧셈과 뺄셈을 한다.

04-4 수의 곱셈

[0347~0352] 다음을 계산하시오

0347 $(+2)\times(+4)$

0348 $(-5)\times(-4)$

0349 $(+9)\times(-3)$

0350 $\left(-\dfrac{1}{3}\right)\times\left(-\dfrac{6}{5}\right)$

0351 $\left(-\dfrac{5}{12}\right)\times\left(+\dfrac{4}{7}\right)$

0352 $(+1.4)\times(+0.4)$

[0353~0355] 다음을 계산하시오.

0353 $(+4)\times(-5)\times(-3)$

0354 $\left(-\dfrac{3}{10}\right)\times\left(+\dfrac{1}{6}\right)\times\left(+\dfrac{5}{4}\right)$

0355 $(-6)\times(+3)\times(-5)\times(-2)$

[0356~0359] 다음을 계산하시오.

0356 $(-2)^2$

0357 -2^2

0358 $(-3)^3$

0359 $\left(-\dfrac{1}{3}\right)^4$

04-5 수의 나눗셈

[0360~0363] 다음을 계산하시오.

0360 $(+20)\div(+5)$

0361 $(-15)\div(-3)$

0362 $(+12)\div(-2)$

0363 $(-36)\div(+18)$

[0364~0367] 다음 수의 역수를 구하시오.

0364 $\dfrac{2}{5}$

0365 7

0366 $-\dfrac{1}{8}$

0367 -0.3

[0368~0371] 다음을 계산하시오.

0368 $\left(+\dfrac{7}{8}\right)\div\left(+\dfrac{3}{4}\right)$

0369 $\left(-\dfrac{3}{2}\right)\div\left(-\dfrac{5}{6}\right)$

0370 $(-5)\div\left(+\dfrac{10}{3}\right)$

0371 $(+2.7)\div\left(-\dfrac{9}{10}\right)$

04-6 덧셈, 뺄셈, 곱셈, 나눗셈의 혼합 계산

[0372~0373] 다음을 계산하시오.

0372 $(+2)\times\left(-\dfrac{3}{8}\right)\div(+3)$

0373 $(-3.5)\div(-5)\times\left(+\dfrac{25}{7}\right)$

[0374~0377] 다음을 계산하시오.

0374 $\dfrac{2}{5}+\dfrac{3}{2}\times\left(-\dfrac{1}{5}\right)^2$

0375 $\{7-(-3)^2\}\div(-2)+1$

0376 $\dfrac{3}{4}\times(-4)+\left(-\dfrac{1}{2}\right)^3\div\left(-\dfrac{5}{6}\right)$

0377 $2-\dfrac{5}{2}\div\left\{\dfrac{1}{2}\times(-2)^4+4\div\dfrac{1}{3}\right\}$

유형 완성

유형 01 수의 덧셈

(1) 부호가 같은 두 수의 덧셈
→ 두 수의 절댓값의 합에 공통인 부호를 붙인다.
(2) 부호가 다른 두 수의 덧셈
→ 두 수의 절댓값의 차에 절댓값이 큰 수의 부호를 붙인다.

0378 대표 문제

다음 중 계산 결과가 옳은 것은?

① $(+1)+(-3)=+2$

② $(-4)+(+13)=-9$

③ $(-2.3)+(+9.8)=-7.5$

④ $\left(-\dfrac{1}{4}\right)+\left(+\dfrac{3}{8}\right)=-\dfrac{1}{8}$

⑤ $\left(-\dfrac{2}{3}\right)+\left(-\dfrac{5}{2}\right)=-\dfrac{19}{6}$

0379 하

다음 수직선으로 설명할 수 있는 덧셈식은?

```
      ←─────────
         ←────────────────→
 ←───────────────────
──┼──┼──┼──┼──┼──┼──┼──┼──┼──┼──→
 -4 -3 -2 -1  0 +1 +2 +3 +4 +5
   ←──────
```

① $(-4)+(+7)=+3$　　② $(-3)+(+4)=+1$

③ $(-3)+(+7)=+4$　　④ $(+4)+(-7)=-3$

⑤ $(+4)+(+7)=+11$

0380 하

다음 중 계산 결과가 가장 작은 것은?

① $(-4)+(-4)$ 　　　② $(+6)+(-2)$

③ $(+5)+(-8)$ 　　　④ $(+1)+(-2)$

⑤ $(+7)+(-7)$

0381 중

수직선 위에서 $-\dfrac{5}{6}$에 가장 가까운 정수를 a, $\dfrac{9}{4}$에 가장 가까운 정수를 b라 할 때, $a+b$의 값은?

① -2 　　　　② -1 　　　　③ 1

④ 2 　　　　　⑤ 3

0382 중

다음 수 중에서 가장 큰 수와 가장 작은 수의 합을 구하시오.

$$-\dfrac{5}{8},\quad +\dfrac{7}{3},\quad -\dfrac{11}{2},\quad -3,\quad +\dfrac{7}{4}$$

유형 02 덧셈의 계산 법칙

(1) 덧셈의 교환법칙 ➡ □+○=○+□
(2) 덧셈의 결합법칙 ➡ (□+○)+△=□+(○+△)

0383 대표 문제

다음 계산 과정에서 ㉠, ㉡에 이용된 덧셈의 계산 법칙을 각각 말하시오.

$$\left(-\dfrac{1}{3}\right)+(-1.5)+\left(+\dfrac{7}{3}\right)+(-2.5)$$
$$=\left(-\dfrac{1}{3}\right)+\left(+\dfrac{7}{3}\right)+(-1.5)+(-2.5) \quad\Big\}㉠$$
$$=\left\{\left(-\dfrac{1}{3}\right)+\left(+\dfrac{7}{3}\right)\right\}+\{(-1.5)+(-2.5)\} \quad\Big\}㉡$$
$$=(+2)+(-4)$$
$$=-2$$

0384 ⑧

다음 계산 과정에서 (가)~(라)에 알맞은 것을 각각 구하시오.

$$\left(-\frac{11}{12}\right)+(-4)+\left(+\frac{5}{12}\right)$$

$$=\left(-\frac{11}{12}\right)+\left(+\frac{5}{12}\right)+(-4)$$ 덧셈의 (가) 법칙

$$=\left\{\left(-\frac{11}{12}\right)+\left(+\frac{5}{12}\right)\right\}+(-4)$$ 덧셈의 (나) 법칙

$$=(\boxed{\text{(다)}})+(-4)$$

$$=\boxed{\text{(라)}}$$

0385 ⑧ 서술형

$\left(-\frac{6}{5}\right)+(+3)+\left(-\frac{4}{5}\right)$ 를 덧셈의 교환법칙과 결합법칙을 이용하여 계산하시오.

빈출

유형 03 수의 뺄셈

두 수의 뺄셈은 빼는 수의 부호를 바꾸어 덧셈으로 고쳐서 계산한다.

➡ $\square-(+\triangle)=\square+(-\triangle)$

$\square-(-\triangle)=\square+(+\triangle)$

0386 대표 문제

다음 중 계산 결과가 가장 큰 것은?

① $(+5)-(+3)$ 　　　② $(+2)-(-1)$

③ $(-2.7)-(-6.1)$ 　　④ $(+3)-\left(-\frac{5}{3}\right)$

⑤ $\left(-\frac{2}{3}\right)-\left(-\frac{5}{2}\right)$

0387 ⑨

다음 중 계산 결과가 나머지 넷과 다른 하나는?

① $(-3)-(+3)$ 　　　② $(-1)-(+5)$

③ $(+3)-(-9)$ 　　　④ $(+6)-(+12)$

⑤ $(-8)-(-2)$

0388 ⑧

다음 수 중에서 절댓값이 가장 큰 수를 a, 절댓값이 가장 작은 수를 b라 할 때, $a-b$의 값은?

$$1.8, \quad \frac{5}{2}, \quad -\frac{10}{3}, \quad \frac{9}{4}, \quad -\frac{1}{2}$$

① $-\frac{23}{6}$ 　　　② $-\frac{17}{6}$ 　　　③ $-\frac{5}{6}$

④ $\frac{23}{10}$ 　　　⑤ $\frac{35}{6}$

0389 ⑧ 서술형

$A=(+2)-(-5)$, $B=\left(-\frac{1}{2}\right)-\left(+\frac{1}{5}\right)$일 때, $|A|-|B|$의 값을 구하시오.

유형 04 덧셈과 뺄셈의 혼합 계산

❶ 부호가 생략된 경우에는 생략된 양의 부호 +를 넣는다.
❷ 뺄셈은 모두 덧셈으로 고친다.
❸ 덧셈의 계산 법칙을 이용하여 계산한다.

0390 대표 문제
다음 중 계산 결과가 가장 작은 것은?

① $(-3)+(-2)-(+4)$

② $(+8)-(-3)+(-9)$

③ $(-4)+\left(-\dfrac{3}{5}\right)-\left(-\dfrac{7}{10}\right)$

④ $\left(+\dfrac{1}{5}\right)+\left(+\dfrac{3}{2}\right)-\left(+\dfrac{9}{5}\right)$

⑤ $(+3.4)-(+2.1)-(-5.3)+(-0.2)$

0391 ⑧
다음 중 계산 결과가 옳은 것은?

① $-9+12-3=-1$

② $-\dfrac{5}{9}+\dfrac{3}{4}-\dfrac{2}{3}=-\dfrac{31}{36}$

③ $\dfrac{1}{4}-2-\dfrac{3}{2}=-\dfrac{11}{4}$

④ $2-3.4+\dfrac{5}{2}=\dfrac{11}{10}$

⑤ $\dfrac{2}{3}+0.4-\dfrac{7}{3}-1.6=-\dfrac{41}{15}$

0392 ⑧
$(+2)+\left(+\dfrac{3}{5}\right)-(-4)-\left(+\dfrac{2}{5}\right)$를 계산하시오.

0393 ⑧
$1-2+3-4+5-\cdots+99-100$을 계산하시오.

유형 05 어떤 수보다 ☐만큼 큰(작은) 수

(1) 어떤 수보다 ☐만큼 큰 수 ➡ (어떤 수)⊕☐

　　예 2보다 1만큼 큰 수는 2⊕1

　　　2보다 −1만큼 큰 수는 2⊕(−1)

(2) 어떤 수보다 ☐만큼 작은 수 ➡ (어떤 수)⊖☐

　　예 2보다 1만큼 작은 수는 2⊖1

　　　2보다 −1만큼 작은 수는 2⊖(−1)

0394 대표 문제
5보다 −2만큼 작은 수를 a, −7보다 10만큼 큰 수를 b라 할 때, $a-b$의 값은?

① -10　　　　② 0　　　　③ 4

④ 20　　　　⑤ 24

0395 ⑧
다음 중 가장 큰 수는?

① 4보다 7만큼 큰 수

② −5보다 −10만큼 큰 수

③ 4보다 $\dfrac{1}{2}$만큼 작은 수

④ $\dfrac{16}{3}$보다 −2만큼 큰 수

⑤ $\dfrac{9}{4}$보다 $-\dfrac{12}{5}$만큼 작은 수

0396 ⑧   서술형
-7보다 $\dfrac{4}{3}$만큼 큰 수를 a, 1보다 $-\dfrac{5}{4}$만큼 작은 수를 b라 할 때, $a<x<b$를 만족시키는 정수 x는 모두 몇 개인지 구하시오.

유형 06 덧셈과 뺄셈 사이의 관계

(1) $\bigcirc + \square = \triangle \Rightarrow \bigcirc = \triangle - \square$
$\square = \triangle - \bigcirc$

(2) $\bigcirc - \square = \triangle \Rightarrow \bigcirc = \triangle + \square$
$\square = \bigcirc - \triangle$

0397 대표 문제

두 수 a, b에 대하여 $a-(-4)=3$, $(-3)+b=5$일 때, $a-b$의 값은?

① -9 　　　② -7 　　　③ 1

④ 7 　　　⑤ 9

0398 중

$\left(-\dfrac{3}{7}\right)-(+2)-\square=1$일 때, $\square$ 안에 알맞은 수는?

① $-\dfrac{24}{7}$ 　　　② $-\dfrac{10}{7}$ 　　　③ $\dfrac{4}{7}$

④ $\dfrac{10}{7}$ 　　　⑤ $\dfrac{24}{7}$

0399 중

두 수 a, b에 대하여 $a+\left(-\dfrac{3}{2}\right)=-2.5$, $2-b=\dfrac{7}{4}$일 때, $a+b$의 값을 구하시오.

유형 07 덧셈과 뺄셈에서 바르게 계산한 답 구하기

어떤 수에 a를 더해야 할 것을 잘못하여 뺐더니 b가 되었다.

➡ (어떤 수)$-a=b$
❶ (어떤 수)$=b+a$
❷ (바르게 계산한 답)=(어떤 수)$+a$

0400 대표 문제

어떤 수에서 $-\dfrac{7}{2}$을 빼야 할 것을 잘못하여 더했더니 13이 되었다. 이때 바르게 계산한 답은?

① 6 　　　② $\dfrac{19}{2}$ 　　　③ 13

④ $\dfrac{33}{2}$ 　　　⑤ 20

0401 중

$-\dfrac{9}{4}$에서 어떤 수 a를 빼야 할 것을 잘못하여 더했더니 $-\dfrac{11}{5}$이 되었다. 이때 a의 값과 바르게 계산한 답을 차례로 구하시오.

0402 중 　　서술형

어떤 수에 $\dfrac{7}{12}$을 더해야 할 것을 잘못하여 뺐더니 $-\dfrac{1}{3}$이 되었다. 다음 물음에 답하시오.

(1) 어떤 수를 구하시오.
(2) 바르게 계산한 답을 구하시오.

$|x|=1$, $|y|=2$이면

$x=-1$ 또는 $x=1$, $y=-2$ 또는 $y=2$

이므로 $x+y$의 값 또는 $x-y$의 값은 다음의 4가지 경우를 모두 생각해야 한다.

(ⅰ) $x=-1$, $y=-2$인 경우   (ⅱ) $x=-1$, $y=2$인 경우

(ⅲ) $x=1$, $y=-2$인 경우   (ⅳ) $x=1$, $y=2$인 경우

참고 $x+y$의 값 중 ┌ 가장 큰 값 ➡ $(+1)+(+2)$
　　　　　　　　　└ 가장 작은 값 ➡ $(-1)+(-2)$

　　　 $x-y$의 값 중 ┌ 가장 큰 값 ➡ $(+1)-(-2)$
　　　　　　　　　└ 가장 작은 값 ➡ $(-1)-(+2)$

0403 대표 문제

두 수 x, y에 대하여 $|x|=2$, $|y|=6$일 때, $x-y$의 값 중 가장 큰 값을 M, 가장 작은 값을 m이라 하자. 이때 $M-m$의 값은?

① 4　　　　　② 8　　　　　③ 12

④ 16　　　　⑤ 24

0404 중

x의 절댓값이 7이고 y의 절댓값이 8일 때, 다음 중 $x-y$의 값이 될 수 <u>없는</u> 것은?

① -15　　　② -1　　　③ 0

④ 1　　　　　⑤ 15

0405 중

x의 절댓값이 $\dfrac{5}{8}$이고 y의 절댓값이 $\dfrac{1}{4}$일 때, $x+y$의 값 중 가장 작은 값을 구하시오.

오른쪽 수직선에서 m, n이 거리를 나타낼 때

(1) 점 A에 대응하는 수 ➡ $a+m$

(2) 점 B에 대응하는 수 ➡ $a-n$

(3) 두 점 A, B 사이의 거리 ➡ $(a+m)-(a-n)=m+n$

0406 대표 문제

다음 수직선 위의 점 A에 대응하는 수는?

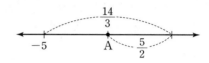

① $-\dfrac{17}{6}$　　　② $-\dfrac{13}{6}$　　　③ $\dfrac{13}{6}$

④ $\dfrac{17}{6}$　　　⑤ $\dfrac{43}{6}$

0407 하

수직선 위의 두 점 A, B에 대응하는 수가 각각 $\dfrac{3}{10}$, -4.7일 때, 두 점 A, B 사이의 거리는?

① 4　　　　　② $\dfrac{23}{5}$　　　③ 5

④ $\dfrac{53}{10}$　　　⑤ $\dfrac{28}{5}$

0408 중　　　　　　　　　　　　　　서술형

수직선 위에서 $-\dfrac{1}{4}$에 대응하는 점과의 거리가 $\dfrac{8}{5}$인 점에 대응하는 서로 다른 두 수의 합을 구하시오.

빈출

유형 10 덧셈과 뺄셈의 활용 (2) – 도형

각 줄에 놓인 수의 합이 모두 같을 때, 빈칸에 알맞은 수를 구하는 문제는 다음과 같은 순서로 해결한다.
❶ 합을 알 수 있는 줄의 합을 구한다.
❷ 빈칸이 있는 줄을 찾아 그 합을 구하는 식을 세운다.
❸ ❶, ❷의 계산 결과가 같음을 이용하여 빈칸에 알맞은 수를 구한다.

0409 대표 문제

오른쪽 그림에서 가로, 세로, 대각선에 놓인 세 수의 합이 모두 같을 때, a, b의 값을 각각 구하시오.

-1		1
0	a	-4
-5	b	

0410 중

오른쪽 그림에서 삼각형의 각 변에 놓인 네 수의 합이 모두 같을 때, $a-b$의 값을 구하시오.

서술형

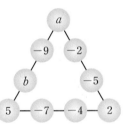

0411 중

오른쪽 그림의 전개도를 접어서 정육면체를 만들 때, 마주 보는 면에 적힌 두 수의 합이 -1이라고 한다. 이때 $A-B+C$의 값은?

	B		
A	$\frac{1}{2}$	$-\frac{1}{3}$	C
	1		

① $-\dfrac{4}{3}$ ② $-\dfrac{2}{3}$ ③ $-\dfrac{1}{6}$

④ $\dfrac{1}{3}$ ⑤ $\dfrac{3}{2}$

유형 11 덧셈과 뺄셈의 활용 (3) – 실생활

주어진 상황을 식으로 나타낸 후 수의 덧셈과 뺄셈을 이용하여 구하려는 값을 구한다.

참고 주어진 상황을 식으로 나타낼 때
• 기준보다 증가하거나 커지면 ➡ $+$
• 기준보다 감소하거나 작아지면 ➡ $-$

0412 대표 문제

다음 표는 준이가 운동을 시작한 후 자신의 몸무게의 변화를 지난주와 비교하여 나타낸 것이다. 준이가 77 kg일 때 운동을 시작했다면 5주 후 준이의 몸무게는?

1주째	2주째	3주째	4주째	5주째
1 kg 감소	2 kg 증가	1 kg 증가	4 kg 감소	3 kg 감소

① 69 kg   ② 70 kg   ③ 71 kg

④ 72 kg   ⑤ 73 kg

0413 중

1달러를 사는 데 필요한 우리나라 돈의 액수를 원/달러 환율이라 한다. 다음 표는 어느 해 4월 9일부터 4월 12일까지 원/달러 환율을 전날과 비교하여 상승했으면 부호 $+$, 하락했으면 부호 $-$를 사용하여 나타낸 것이다. 4월 12일의 원/달러 환율이 1270원일 때, 4월 8일의 원/달러 환율은?

날짜	환율의 변화(원)
4월 9일	$+0.5$
4월 10일	-1
4월 11일	$+2.5$
4월 12일	$+2$

① 1266원   ② 1267.5원   ③ 1268원

④ 1268.5원   ⑤ 1274원

유형 12 수의 곱셈

각 수의 절댓값의 곱에 다음과 같이 부호를 붙인다.

(1) 두 수의 곱셈

두 수의 부호가 $\begin{cases} 같으면 \Rightarrow \oplus \\ 다르면 \Rightarrow \ominus \end{cases}$

(2) 세 수 이상의 곱셈

음수가 $\begin{cases} 없거나\ 짝수\ 개이면 \Rightarrow \oplus \\ 홀수\ 개이면 \Rightarrow \ominus \end{cases}$

0414 대표 문제

다음 중 계산 결과가 옳은 것은?

① $(+3) \times (-4) = +12$

② $\left(-\dfrac{5}{3}\right) \times 0 = -\dfrac{5}{3}$

③ $\left(-\dfrac{10}{11}\right) \times \left(+\dfrac{2}{5}\right) = -\dfrac{4}{11}$

④ $\left(+\dfrac{1}{3}\right) \times (-0.75) \times \left(+\dfrac{8}{7}\right) = -\dfrac{1}{7}$

⑤ $\left(+\dfrac{5}{13}\right) \times \left(-\dfrac{26}{9}\right) \times (-3) = -\dfrac{10}{3}$

0415 중

다음 보기를 계산 결과가 작은 것부터 차례로 나열하면?

보기
ㄱ. $(+6) \times (-2)$
ㄴ. $\left(-\dfrac{6}{5}\right) \times \left(+\dfrac{5}{3}\right)$
ㄷ. $(-3) \times \left(+\dfrac{3}{4}\right)$
ㄹ. $\left(-\dfrac{5}{3}\right) \times (-9)$

① ㄱ, ㄷ, ㄴ, ㄹ
② ㄴ, ㄷ, ㄹ, ㄱ
③ ㄷ, ㄴ, ㄱ, ㄹ
④ ㄷ, ㄴ, ㄹ, ㄱ
⑤ ㄹ, ㄱ, ㄴ, ㄷ

0416 중

3보다 -5만큼 큰 수를 a, $-\dfrac{2}{3}$보다 $-\dfrac{3}{4}$만큼 작은 수를 b라 할 때, $a \times b$의 값을 구하시오.

0417 중

$\dfrac{1}{2} \times \left(-\dfrac{2}{3}\right) \times \dfrac{3}{4} \times \left(-\dfrac{4}{5}\right) \times \cdots \times \left(-\dfrac{98}{99}\right) \times \dfrac{99}{100}$ 를 계산하면?

① $-\dfrac{99}{200}$
② $-\dfrac{1}{100}$
③ $\dfrac{1}{100}$

④ $\dfrac{99}{100}$
⑤ 1

유형 13 곱셈의 계산 법칙

(1) 곱셈의 교환법칙 ➡ $\square \times \bigcirc = \bigcirc \times \square$
(2) 곱셈의 결합법칙 ➡ $(\square \times \bigcirc) \times \triangle = \square \times (\bigcirc \times \triangle)$

0418 대표 문제

다음 계산 과정에서 (가)~(라)에 알맞은 것을 각각 구하시오.

$\left(-\dfrac{2}{3}\right) \times (-2.6) \times \left(+\dfrac{3}{2}\right)$
$= (-2.6) \times \left(-\dfrac{2}{3}\right) \times \left(+\dfrac{3}{2}\right)$ ⟵ 곱셈의 (가) 법칙
$= (-2.6) \times \left\{\left(-\dfrac{2}{3}\right) \times \left(+\dfrac{3}{2}\right)\right\}$ ⟵ 곱셈의 (나) 법칙
$= (-2.6) \times (\ (다)\ )$
$= (라)$

0419 중

서술형

다음을 곱셈의 교환법칙과 결합법칙을 이용하여 계산하시오.

$$(-12) \times \dfrac{1}{7} \times \left(+\dfrac{1}{4}\right) \times 14$$

유형 14 수를 뽑아 곱이 가장 큰(작은) 수 만들기

(1) 서로 다른 세 수를 뽑아 곱할 때, 가장 큰 수 만들기
→ 절댓값이 가장 큰 양수가 되도록 한다.
→ 음수를 뽑지 않거나 절댓값이 큰 음수를 짝수 개 뽑는다.

(2) 서로 다른 세 수를 뽑아 곱할 때, 가장 작은 수 만들기
→ 절댓값이 가장 큰 음수가 되도록 한다.
→ 절댓값이 큰 음수를 홀수 개 뽑는다.

0420 대표 문제

네 수 $-\dfrac{3}{5}$, $\dfrac{2}{7}$, 2, $-\dfrac{10}{3}$ 중에서 서로 다른 세 수를 뽑아 곱한 값 중 가장 큰 수와 가장 작은 수를 차례로 구하시오.

0421 중 ꞏ서술형

네 수 $-\dfrac{8}{3}$, $-\dfrac{3}{2}$, 0.5, -6 중에서 서로 다른 세 수를 뽑아 곱한 값 중 가장 큰 수를 a, 가장 작은 수를 b라 할 때, $a-b$의 값을 구하시오.

0422 상

다음 유리수 중에서 서로 다른 세 수를 뽑아 곱한 값 중 가장 큰 수와 가장 작은 수를 차례로 구하시오.

$$-\dfrac{2}{5}, \quad \dfrac{3}{4}, \quad -5, \quad 8, \quad \dfrac{2}{9}$$

유형 15 거듭제곱의 계산

(1) 양수의 거듭제곱의 부호 ➡ 항상 ⊕

(2) 음수의 거듭제곱의 부호 ➡ 지수가 [짝수이면 ⊕
                                        홀수이면 ⊖

주의 $(-3)^2$과 -3^2을 혼동하지 않도록 한다.
➡ $(-3)^2=(-3)\times(-3)=9$, $-3^2=-(3\times3)=-9$

0423 대표 문제

다음 중 계산 결과가 가장 작은 것은?

① -2^2 ② -2^3 ③ $-(-2)^3$

④ $(-2)^4$ ⑤ $-(-2)^4$

0424 하

다음 중 계산 결과가 옳은 것은?

① $(-2)^5=32$ ② $-3^2=9$

③ $\left(-\dfrac{1}{3}\right)^2=-\dfrac{1}{9}$ ④ $-\dfrac{1}{5^2}=\dfrac{1}{25}$

⑤ $-\left(-\dfrac{1}{4}\right)^3=\dfrac{1}{64}$

0425 중

다음 중 계산 결과가 가장 작은 것은?

① $10-(-3^2)$ ② $(-4^2)\times\left(-\dfrac{1}{2}\right)^4$

③ $(-5)^2\times\left(-\dfrac{2}{5}\right)^2$ ④ $(-3)^2\times(-2^3)\times\left(-\dfrac{1}{4}\right)^2$

⑤ $(-6)\times\left(-\dfrac{1}{2}\right)\times\left(\dfrac{4}{3}\right)^2$

0426 중

$(-3)^2\times\left\{-\left(-\dfrac{2}{3}\right)\right\}^2\times\left(-\dfrac{1}{2}\right)^3$을 계산하시오.

$(-1)^n$에서 지수 n이 $\begin{cases} \text{짝수이면} \Rightarrow (-1)^n = 1 \\ \text{홀수이면} \Rightarrow (-1)^n = -1 \end{cases}$

예 · $(-1)^{100} = (-1)^{80} = (-1)^2 = 1$
· $(-1)^{99} = (-1)^{21} = (-1)^3 = -1$

0427 대표 문제

$(-1) + (-1)^2 + (-1)^3 + \cdots + (-1)^{49}$을 계산하시오.

0428 ㈜

$(-1)^{15} + (-1)^{30} - (-1)^{57}$을 계산하면?

① -12 ② -2 ③ -1

④ 0 ⑤ 1

0429 ㈜   서술형

n이 짝수일 때, $(-1)^n + (-1)^{n+1} - (-1)^{n+2} + (-1)^{n+3}$을 계산하시오.

빈출

유형 17 분배법칙

(1) $\square \times (\bigcirc + \triangle) = \square \times \bigcirc + \square \times \triangle$

(2) $(\square + \bigcirc) \times \triangle = \square \times \triangle + \bigcirc \times \triangle$

0430 대표 문제

$4.56 \times 114 + 4.56 \times (-14)$를 계산하면?

① 45.6 ② 100 ③ 456

④ 1000 ⑤ 4560

0431 ㈏

다음 계산 과정에서 분배법칙이 이용된 곳은?

$$12 \times \left\{ \frac{5}{4} + \left(-\frac{1}{6}\right) + \left(-\frac{3}{4}\right) \right\}$$

$$= 12 \times \left\{ \left(-\frac{1}{6}\right) + \frac{5}{4} + \left(-\frac{3}{4}\right) \right\} \quad ①② $$

$$= 12 \times \left[\left(-\frac{1}{6}\right) + \left\{ \frac{5}{4} + \left(-\frac{3}{4}\right) \right\} \right] \quad ③ $$

$$= 12 \times \left\{ \left(-\frac{1}{6}\right) + \left(+\frac{1}{2}\right) \right\} \quad ④ $$

$$= 12 \times \left(-\frac{1}{6}\right) + 12 \times \left(+\frac{1}{2}\right) \quad ⑤ $$

$$= -2 + 6 = 4$$

0432 ㈏

분배법칙을 이용하여 $21 \times \left(-\frac{11}{3} + \frac{13}{7}\right)$을 계산하시오.

0433 ㈜

세 수 a, b, c에 대하여 $a \times c = \dfrac{5}{6}$, $(a+b) \times c = -2$일 때, $b \times c$의 값을 구하시오.

0434 ㈜

다음 식을 만족시키는 두 수 a, b에 대하여 $a+b$의 값은?

$$1.52 \times (-32) + 1.52 \times (-68) = 1.52 \times a = b$$

① -252 ② -152 ③ 52

④ 152 ⑤ 252

유형 18 역수

○×△=1이면 ○와 △는 서로 역수이다.

➡ $\dfrac{b}{a}$ ($a\neq0,\ b\neq0$)의 역수는 $\dfrac{a}{b}$이다.

0435 [대표 문제]

$-\dfrac{5}{16}$의 역수를 a라 하고 4의 역수를 b라 할 때, $a\times b$의 값은?

① $-\dfrac{8}{5}$ 　② $-\dfrac{5}{4}$ 　③ $-\dfrac{4}{5}$

④ $-\dfrac{5}{8}$ 　⑤ $\dfrac{5}{4}$

0436 [중]

다음 중 두 수가 서로 역수 관계가 <u>아닌</u> 것은?

① $-5,\ -0.2$ 　② $-\dfrac{7}{3},\ -\dfrac{3}{7}$ 　③ $-\dfrac{1}{3},\ -3$

④ $0.5,\ \dfrac{1}{2}$ 　⑤ $1,\ 1$

0437 [중] 　　　　　　　서술형

a의 역수가 $1\dfrac{1}{4}$이고 b의 역수가 -1.5일 때, $a+b$의 값을 구하시오.

유형 19 수의 나눗셈

(1) 각 수의 절댓값의 나눗셈의 몫에 다음과 같이 부호를 붙인다.

　두 수의 부호가 $\begin{bmatrix} 같으면 & ⟹ & + \\ 다르면 & ⟹ & - \end{bmatrix}$

(2) 역수를 이용한 수의 나눗셈
　나누는 수의 역수를 곱하여 계산한다.

➡ $a\div\dfrac{c}{b}=a\times\dfrac{b}{c}$ (단, $b\neq0,\ c\neq0$)

0438 [대표 문제]

다음 중 계산 결과가 나머지 넷과 <u>다른</u> 하나는?

① $(-18)\div(+3)$

② $(+9)\div\left(-\dfrac{3}{2}\right)$

③ $\left(+\dfrac{20}{3}\right)\div\left(-\dfrac{10}{9}\right)$

④ $\left(+\dfrac{7}{2}\right)\div\left(-\dfrac{1}{16}\right)\div(+7)$

⑤ $\left(-\dfrac{9}{5}\right)\div\left(-\dfrac{3}{14}\right)\div\left(-\dfrac{7}{5}\right)$

0439 [중]

$a=(-12)\div(-3)$, $b=15\div\left(-\dfrac{5}{4}\right)$일 때, $b\div a$의 값을 구하시오.

0440 [중]

$-\dfrac{5}{3}$보다 2만큼 작은 수를 a, 12의 역수를 b라 할 때, $a\div b$의 값을 구하시오.

04 정수와 유리수의 계산

0441 ㉥

다음을 계산하시오.

$$\left(-\frac{1}{2}\right) \div \left(+\frac{2}{3}\right) \div \left(-\frac{3}{4}\right) \div \left(+\frac{4}{5}\right) \div \cdots \div \left(+\frac{98}{99}\right) \div \left(-\frac{99}{100}\right)$$

유형 20 곱셈과 나눗셈의 혼합 계산

❶ 거듭제곱이 있으면 거듭제곱을 먼저 계산한다.
❷ 나눗셈을 곱셈으로 고친다.
❸ 부호를 결정하고, 각 수의 절댓값의 곱에 결정된 부호를 붙인다.

0442 대표 문제

다음 중 계산 결과가 옳지 <u>않은</u> 것은?

① $(-16) \div (-2)^2 \times (-1)^3 = 4$

② $10 \times (-4)^3 \div 8 = -15$

③ $(-4)^2 \times (-5) \div (-8) = 10$

④ $6 \times (-24) \div (-2)^3 = 18$

⑤ $14 \div (-2) \times (-3)^2 = -63$

0443 ㉥

서술형

오른쪽 그림의 전개도를 접어서 정육
면체를 만들 때, 마주 보는 면에 적힌
두 수가 서로 역수라고 한다. 이때
$a^2 \div b \times c$의 값을 구하시오.

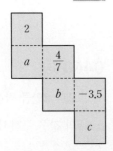

0444 ㉥

두 수 x, y에 대하여 $x = \left(-\frac{8}{3}\right) \div \frac{4}{7} \div \left(-\frac{4}{3}\right)$,

$y = (-2)^3 \times \frac{3}{4} \div \left(-\frac{3}{2}\right)^2$일 때, $x \times y$의 값을 구하시오.

유형 21 곱셈과 나눗셈 사이의 관계

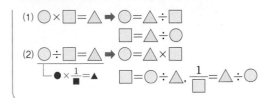

(1) ○ × □ = △ ➡ ○ = △ ÷ □
　　　　　　　　　□ = △ ÷ ○

(2) ○ ÷ □ = △ ➡ ○ = △ × □
　┗● × $\frac{1}{■}$ = ▲　□ = ○ ÷ △,　$\frac{1}{□}$ = △ ÷ ○

0445 대표 문제

$\left(-\frac{1}{6}\right) \times \frac{12}{5} \div \square = -\frac{4}{5}$일 때, $\square$ 안에 알맞은 수를 구하
시오.

0446 ㉥

$\frac{5}{6} \div \left(-\frac{2}{3}\right)^2 \times \square = -\frac{3}{2}$일 때, $\square$ 안에 알맞은 수를 구하
시오.

0447 ㉥

두 수 a, b에 대하여 $a \div \left(-\frac{1}{2}\right) = -4$, $b \times (-3) = 12$일
때, $a \div b$의 값은?

① -8　　　　② -4　　　　③ -2

④ $-\frac{1}{2}$　　　　⑤ $-\frac{1}{4}$

유형 22 곱셈과 나눗셈에서 바르게 계산한 답 구하기

어떤 수를 a로 나누어야 할 것을 잘못하여 곱했더니 b가 되었다.
➡ (어떤 수)$\times a=b$
❶ (어떤 수)$=b \div a$
❷ (바르게 계산한 답)$=$(어떤 수)$\div a$

0448 대표 문제

어떤 수를 $-\dfrac{3}{4}$으로 나누어야 할 것을 잘못하여 곱했더니 $\dfrac{15}{8}$가 되었다. 어떤 수와 바르게 계산한 답을 차례로 구하시오.

0449 중

어떤 수에 $\dfrac{3}{2}$을 곱해야 할 것을 잘못하여 나누었더니 $-\dfrac{5}{6}$가 되었다. 이때 바르게 계산한 답은?

① $-\dfrac{15}{8}$ ② $-\dfrac{5}{4}$ ③ $-\dfrac{5}{6}$

④ $\dfrac{5}{4}$ ⑤ $\dfrac{15}{8}$

0450 중

$\dfrac{6}{5}$을 어떤 수로 나누어야 할 것을 잘못하여 곱했더니 $-\dfrac{18}{7}$이 되었다. 이때 바르게 계산한 답은?

① $-\dfrac{15}{7}$ ② $-\dfrac{25}{14}$ ③ $-\dfrac{14}{25}$

④ $\dfrac{7}{15}$ ⑤ $\dfrac{15}{7}$

유형 23 문자로 주어진 수의 부호(1)

(1) (양수)+(양수) ➡ (양수),   (음수)+(음수) ➡ (음수)
   (양수)+(음수)
   (음수)+(양수) ⎵ ➡ 절댓값이 큰 쪽의 부호를 따른다.

(2) (양수)−(음수) ➡ (양수),   (음수)−(양수) ➡ (음수)
   ↳ (양수)+(양수)   ↳ (음수)+(음수)

(3) (양수)$\times$(양수) ➡ (양수),   (음수)$\times$(음수) ➡ (양수)
   (양수)$\times$(음수) ➡ (음수),   (음수)$\times$(양수) ➡ (음수)

(4) (양수)$\div$(양수) ➡ (양수),   (음수)$\div$(음수) ➡ (양수)
   (양수)$\div$(음수) ➡ (음수),   (음수)$\div$(양수) ➡ (음수)

0451 대표 문제

두 수 a, b에 대하여 $a<0$, $b>0$일 때, 다음 중 항상 양수인 것은?

① $a+b$ ② $a-b$ ③ $b-a$

④ $a\times b$ ⑤ $a \div b$

0452 중

두 수 a, b에 대하여 $a>0$, $b<0$일 때, 다음 중 부호가 나머지 넷과 다른 하나는?

① $a-b$ ② $-a+b$ ③ $\dfrac{a}{b}$

④ $a^2\times b$ ⑤ $-a\times(-b)$

0453 중

세 수 a, b, c에 대하여 $a>0$, $b<0$, $c>0$일 때, 다음 중 항상 옳은 것은?

① $a+b+c>0$ ② $a+b-c>0$

③ $a-b+c>0$ ④ $a\times b\times c>0$

⑤ $-a\div b\times c<0$

(1) $a \times b > 0$ 또는 $a \div b > 0$
  ➡ 두 수 a, b는 같은 부호
  ➡ $a > 0$, $b > 0$ 또는 $a < 0$, $b < 0$
(2) $a \times b < 0$ 또는 $a \div b < 0$
  ➡ 두 수 a, b는 다른 부호
  ➡ $a > 0$, $b < 0$ 또는 $a < 0$, $b > 0$

0454 대표 문제

세 수 a, b, c에 대하여 $a - c > 0$, $b \div a > 0$, $a \times c < 0$일 때, 다음 중 옳은 것은?

① $a < 0$, $b < 0$, $c < 0$ ② $a < 0$, $b < 0$, $c > 0$

③ $a > 0$, $b < 0$, $c < 0$ ④ $a > 0$, $b > 0$, $c < 0$

⑤ $a > 0$, $b > 0$, $c > 0$

0455 ⑤

두 수 a, b에 대하여 $a \times b > 0$, $a + b < 0$이고 $|a| = 3$, $|b| = 4$일 때, $a - b$의 값은?

① -7 ② -4 ③ -1

④ 1 ⑤ 7

0456 ⑤

두 수 a, b에 대하여 $a < b$, $a \times b < 0$일 때, 다음 중 가장 작은 것은?

① a ② b ③ $|a| + b$

④ $a - b$ ⑤ $b - a$

❶ 거듭제곱이 있으면 거듭제곱을 먼저 계산한다.
❷ ( ) → { } → [ ]의 순서로 계산한다.
❸ 곱셈, 나눗셈을 한 후 덧셈, 뺄셈을 한다.

0457 대표 문제

$1 - \left[\dfrac{1}{2} + (-1)^3 \div \left\{ 4 \times \left(-\dfrac{1}{2} \right) + 6 \right\} \right]$을 계산하시오.

0458 ⑤   서술형 o

다음 식에 대하여 물음에 답하시오.

$$2 + \dfrac{4}{3} \times \left\{ 1 - \left(-\dfrac{5}{2} \right)^2 \div \dfrac{15}{4} \right\}$$
  ↑   ↑   ↑   ↑   ↑
  ㉠   ㉡   ㉢   ㉣   ㉤

(1) 주어진 식의 계산 순서를 차례로 나열하시오.
(2) 주어진 식을 계산하시오.

0459 ⑤

다음 중 계산 결과가 가장 작은 것은?

① $5 - \{ (-3)^2 + 2 \times 4 \}$

② $9 + \{ 4 + (-6)^2 \} \div (-2)$

③ $\left\{ 12 - 8 \div \left(-\dfrac{2}{3} \right)^2 \right\} \times \dfrac{5}{6}$

④ $11 \div \left\{ 9 \times \left(\dfrac{2}{9} - \dfrac{5}{12} \right) - 1 \right\}$

⑤ $(-2)^2 \div \dfrac{1}{10} + (-5)^2 \div \left(-\dfrac{1}{2} \right)$

유형 26 덧셈, 뺄셈, 곱셈, 나눗셈의 혼합 계산의 활용(1) – 수직선

(1) 점 P가 두 점 A, B의 한가운데에 있을 때

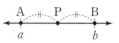

① 두 점 A, B 사이의 거리 ➡ $b-a$

② 두 점 A, P 사이의 거리 ➡ $(b-a) \times \dfrac{1}{2}$

③ 점 P에 대응하는 수 ➡ $a+(b-a) \times \dfrac{1}{2}$

└ 또는 $b-(b-a) \times \dfrac{1}{2}$

(2) 점 Q가 두 점 A, B 사이의 거리를 1 : 2로 나누는 점일 때

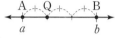

① 두 점 A, B 사이의 거리 ➡ $b-a$

② 두 점 A, Q 사이의 거리 ➡ $(b-a) \times \dfrac{1}{3}$

③ 점 Q에 대응하는 수 ➡ $a+(b-a) \times \dfrac{1}{3}$

└ 또는 $b-(b-a) \times \dfrac{2}{3}$

0460 대표 문제

수직선 위에서 두 수 $-\dfrac{17}{3}$과 3에 대응하는 두 점으로부터 같은 거리에 있는 점에 대응하는 수는?

① $-\dfrac{11}{6}$ ② $-\dfrac{4}{3}$ ③ $-\dfrac{2}{3}$

④ $\dfrac{1}{6}$ ⑤ $\dfrac{5}{3}$

0461 상

다음 수직선 위의 점 C는 두 점 A, B 사이의 거리를 1 : 2로 나누는 점일 때, 점 C에 대응하는 수를 구하시오.

유형 27 덧셈, 뺄셈, 곱셈, 나눗셈의 혼합 계산의 활용(2) – 실생활

주어진 상황을 식으로 나타낸 후 수의 덧셈, 뺄셈, 곱셈, 나눗셈을 이용하여 구하려는 값을 구한다.

0462 대표 문제

정호와 민지가 계단에서 게임을 하는데 이기면 3칸 올라가고, 지면 2칸 내려가기로 하였다. 처음 위치를 0으로 생각하고 1칸 올라가는 것을 +1, 1칸 내려가는 것을 −1이라 하자. 두 사람이 같은 위치에서 시작하여 게임을 8번 한 결과 정호가 6번 이겼다고 할 때, 정호와 민지의 위치의 차를 구하시오. (단, 비기는 경우는 없고, 계단의 칸은 오르내리기에 충분하다.)

0463 중

찬호가 한 문제를 맞히면 3점을 얻고, 틀리면 2점을 잃는 낱말 퀴즈를 풀었다. 기본 점수 30점에서 시작하여 총 7문제를 푼 결과가 다음 표와 같을 때, 찬호의 점수를 구하시오. (단, 맞히면 ○, 틀리면 ×로 표시한다.)

1번	2번	3번	4번	5번	6번	7번
×	○	○	×	○	×	○

0464 중 서술형

어느 중학교에서 1학년 학생들끼리 축구 시합을 하는데 각 반이 다른 반과 한 번씩 경기를 하여 이기면 +3점, 무승부는 +1점, 지면 −2점을 얻어 점수의 총합으로 순위를 가리려고 한다. 1반, 2반의 승패 기록이 다음 표와 같을 때, 1반과 2반의 점수 차를 구하시오.

	승	무	패
1반	5	2	1
2반	3	1	4

AB 유형 점검

0465
유형 01

다음 중 계산 결과가 옳지 <u>않은</u> 것은?

① $(+3)+(-5)=-2$

② $(+0.37)+(-0.37)=0$

③ $\left(-\dfrac{1}{3}\right)+\left(+\dfrac{10}{3}\right)=+3$

④ $\left(+\dfrac{3}{2}\right)+\left(-\dfrac{3}{5}\right)=-\dfrac{21}{10}$

⑤ $\left(-\dfrac{1}{4}\right)+\left(-\dfrac{5}{2}\right)=-\dfrac{11}{4}$

0466
유형 02

다음 계산 과정에서 ㉠, ㉡에 이용된 덧셈의 계산 법칙을 각각 말하시오.

$$
\begin{aligned}
&(-6)+(+2)+(-4) \quad \left.\right\}㉠\\
&=(+2)+(-6)+(-4) \quad \left.\right\}㉡\\
&=(+2)+\{(-6)+(-4)\}\\
&=(+2)+(-10)\\
&=-(10-2)=-8
\end{aligned}
$$

0467
유형 01 + 03

다음 중 계산 결과가 나머지 넷과 <u>다른</u> 하나는?

① $(+5)+(-9)$

② $(+4)-(+8)$

③ $(-2)-(+2)$

④ $\left(-\dfrac{1}{3}\right)+\left(-\dfrac{11}{3}\right)$

⑤ $(-1.2)-(-5.2)$

0468
유형 04

$\dfrac{4}{3}-\dfrac{7}{12}+2-\dfrac{3}{4}$ 을 계산하시오.

0469
유형 07

어떤 수에 -5를 더해야 할 것을 잘못하여 뺐더니 -2가 되었다. 이때 바르게 계산한 답을 구하시오.

0470
유형 08

두 수 x, y에 대하여 $|x|=3$, $|y|=5$일 때, $x+y$의 값 중 가장 큰 값을 a, 세 번째로 큰 값을 b라 하자. 이때 $a+b$의 값은?

① -10 ② -6 ③ 0

④ 6 ⑤ 10

0471
유형 09

다음 수직선 위의 점 A에 대응하는 수를 구하시오.

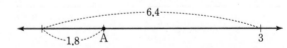

0472

유형 11

다음 표는 4월 11일부터 14일까지 어느 지역의 최고 미세 먼지 농도를 전날과 비교하여 높아졌으면 부호 +, 낮아졌으면 부호 −를 사용하여 나타낸 것이다. 4월 10일의 최고 미세 먼지 농도가 21 μg/m³일 때, 13일의 최고 미세 먼지 농도를 구하시오.

날짜	11일	12일	13일	14일
농도 변화(μg/m³)	−3	+1	−2	−1

0473

유형 12

$a=\left(-\dfrac{16}{3}\right)\times\left(-\dfrac{9}{4}\right)$, $b=\left(+\dfrac{5}{8}\right)\times\left(-\dfrac{2}{5}\right)$일 때, $a\times b$ 의 값을 구하시오.

0474

유형 14

네 수 $\dfrac{3}{4}$, -8, $-\dfrac{2}{9}$, 3 중에서 서로 다른 세 수를 뽑아 곱한 값 중 가장 큰 수를 a, 가장 작은 수를 b라 할 때, $a+b$ 의 값을 구하시오.

0475

유형 05 + 15

-2보다 4만큼 큰 수를 a, -2보다 3만큼 작은 수를 b라 할 때, b^a의 값은?

① -27 ② 2 ③ 9

④ 25 ⑤ 32

0476

유형 16

다음을 계산하면?

$$(-1)^{60}-(-1)^{59}-(-1)^{58}-\cdots-(-1)^{2}-(-1)$$

① -2 ② -1 ③ 0

④ 1 ⑤ 2

0477

유형 17

분배법칙을 이용하여 $23\times\left(-\dfrac{2}{3}\right)+7\times\left(-\dfrac{2}{3}\right)$를 계산하시오.

0478

유형 18

$\dfrac{3}{4}$의 역수와 $-\dfrac{7}{3}$의 역수의 곱을 구하시오.

0479

유형 06 + 19

두 수 a, b에 대하여 $a+(-3)=8$, $b-\left(-\dfrac{1}{4}\right)=-\dfrac{2}{3}$일 때, $a\div b$의 값은?

① $-\dfrac{132}{5}$ ② -12 ③ $-\dfrac{60}{11}$

④ $-\dfrac{55}{12}$ ⑤ $-\dfrac{1}{12}$

0480

유형 20

$\dfrac{5}{6} \div \left(-\dfrac{2}{3} \right)^2 \times \left(-\dfrac{4}{5} \right)$를 계산하시오.

0481

유형 21

$\square \div \left(-\dfrac{1}{8} \right) = \dfrac{16}{5}$일 때, $\square$ 안에 알맞은 수는?

① -10　　② $-\dfrac{8}{5}$　　③ $-\dfrac{2}{5}$

④ $-\dfrac{3}{20}$　　⑤ $\dfrac{5}{2}$

0482

유형 23

두 수 a, b에 대하여 $a>0$, $b<0$일 때, 다음 보기 중 항상 음수인 것은 모두 몇 개인가?

보기
ㄱ. $a+b$　　ㄴ. $a-b$　　ㄷ. $b-a$
ㄹ. $a \times (-b)$　　ㅁ. $a^2 \div b$

① 1개　　② 2개　　③ 3개
④ 4개　　⑤ 5개

0483

유형 25

$\left(-\dfrac{2}{3} \right) \div \left(-\dfrac{1}{3} \right)^3 - (-14) \times \left\{ \dfrac{60}{7} + (-2)^3 \right\}$을 계산하시오.

서술형

0484

유형 05

4보다 5만큼 작은 수를 a라 하고, -3보다 -3만큼 큰 수를 b, b보다 -1만큼 작은 수를 c라 할 때, $a-b-c$의 값을 구하시오.

0485

유형 22

어떤 수를 $-\dfrac{3}{2}$으로 나누어야 할 것을 잘못하여 곱했더니 $\dfrac{5}{2}$가 되었다. 이때 바르게 계산한 답을 구하시오.

0486

유형 27

해준이와 은영이가 기차가 다니지 않는 철길에서 게임을 하여 이기면 2칸 앞으로 가고, 지면 1칸 뒤로 가기로 하였다. 처음 위치를 0으로 생각하고 1칸 앞으로 가는 것을 $+1$, 1칸 뒤로 가는 것을 -1이라 하자. 두 사람이 같은 위치에서 시작하여 게임을 7번 한 결과 해준이가 4번 이겼다고 할 때, 두 사람 중 누가 몇 칸 더 앞에 있는지 구하시오. (단, 비기는 경우는 없다.)

C 실력 향상

하 중 상100%

0487

다음은 4개의 건물 A, B, C, D의 높이에 대한 설명이다. 이때 가장 높은 건물과 가장 낮은 건물의 높이의 차를 구하시오.

- 건물 B는 건물 A보다 높이가 $\frac{15}{2}$m 낮다.
- 건물 C는 건물 B보다 높이가 $\frac{29}{3}$m 높다.
- 건물 D는 건물 C보다 높이가 4m 높다.

0488

다음 조건을 모두 만족시키는 두 정수 a, b에 대하여 $b-a$의 값은?

조건
(가) $a<0<b$
(나) $|a-4|=6$
(다) $|a|=|b|-3$

① 3 ② 5 ③ 7
④ 10 ⑤ 15

0489

오른쪽 그림에서 사각형의 각 변에 놓인 세 수의 곱이 모두 같을 때, $a\div b\times c$의 값을 구하시오.

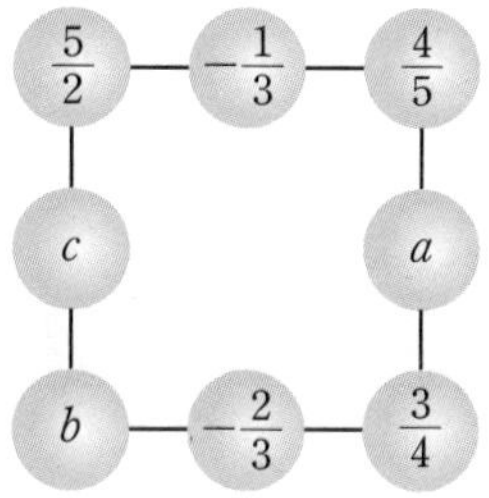

0490

다음과 같이 계산되는 3개의 프로그램 A, B, C가 있다. -5를 프로그램 A에 입력하여 나온 값을 프로그램 B에 입력하고, 이때 나온 값을 다시 프로그램 C에 입력했을 때, 마지막에 나온 값을 구하시오.

프로그램 A: 입력된 수에서 2를 뺀 후 $\frac{3}{5}$을 곱한다.
프로그램 B: 입력된 수를 $\frac{3}{4}$으로 나눈다.
프로그램 C: 입력된 수에 $\frac{21}{10}$을 더한 후 $\frac{1}{2}$로 나눈다.

0491

한 변의 길이가 20 cm인 정사각형에서 가로의 길이는 30 % 줄이고 세로의 길이는 20 % 늘여서 만든 직사각형의 넓이는?

① 320 cm^2 ② 336 cm^2 ③ 342 cm^2
④ 356 cm^2 ⑤ 360 cm^2

기출 BOOK 14쪽

II

문자와 식

05-1 **문자를 사용한 식**　　　　　　　　　　　　유형 02, 03, 04, 08　　　　개념⁺

(1) 문자를 사용한 식

문자를 사용하면 수량이나 수량 사이의 관계를 간단한 식으로 나타낼 수 있다.

(2) 문자를 사용하여 식으로 나타내기

❶ 문제의 뜻을 파악하여 수량 사이의 규칙을 찾는다.

❷ 문자를 사용하여 ❶의 규칙에 맞도록 식으로 나타낸다.

> **참고** 문자를 사용한 식에 자주 쓰이는 수량 사이의 관계
>
> ① (물건의 가격)＝(물건 1개의 가격)×(물건의 개수)
>
> ② (거리)＝(속력)×(시간), (속력)＝$\dfrac{(거리)}{(시간)}$, (시간)＝$\dfrac{(거리)}{(속력)}$
>
> ③ (소금물의 농도)＝$\dfrac{(소금의 양)}{(소금물의 양)}$×100(%), (소금의 양)＝$\dfrac{(소금물의 농도)}{100}$×(소금물의 양)

> **주의** 식을 세울 때 단위에 주의하고, 답을 쓸 때 단위를 반드시 쓴다.

$a\% = \dfrac{a}{100}$

$b분 = \dfrac{b}{60}시간$

$x\,\text{cm} = \dfrac{x}{100}\,\text{m}$

05-2 **곱셈 기호와 나눗셈 기호의 생략**　　　　　　　　유형 01~04

(1) 곱셈 기호의 생략

(수)×(문자), (문자)×(문자)에서 곱셈 기호 ×를 생략하고 다음과 같이 나타낸다.

① (수)×(문자)에서 수는 문자 앞에 쓴다.　　**예** $3×a=3a,\ x×(-2)=-2x$

② 1×(문자), (−1)×(문자)에서 1은 생략한다.　　**예** $1×a=a,\ -1×a=-a$

③ (문자)×(문자)에서 문자는 보통 알파벳 순서로 쓴다.　　**예** $a×c×b=abc$

④ 같은 문자의 곱은 거듭제곱으로 나타낸다.　　**예** $a×a×b=a^2b$

⑤ 괄호가 있을 때는 수를 괄호 앞에 쓴다.　　**예** $(a+1)×2=2(a+1)$

(2) 나눗셈 기호의 생략

나눗셈 기호 ÷를 생략하고 분수 꼴로 나타내거나 나눗셈을 역수의 곱셈으로 고쳐서 곱셈 기호를 생략한다.

예 $x÷2=\dfrac{x}{2}$ 또는 $x÷2=x×\dfrac{1}{2}=\dfrac{1}{2}x$

$0.1×a$는 $0.a$로 쓰지 않고
$0.1a$ 또는 $\dfrac{1}{10}a$로 쓴다.

05-3 **대입과 식의 값**　　　　　　　　　　　　유형 05~08

(1) 대입: 문자를 사용한 식에서 문자에 어떤 수를 바꾸어 넣는 것

(2) 식의 값: 문자를 사용한 식에서 문자에 어떤 수를 대입하여 계산한 결과

(3) 식의 값 구하기

① 문자에 수를 대입할 때는 생략된 곱셈 기호를 다시 쓴다.

② 문자에 음수를 대입할 때는 반드시 괄호를 사용한다.

③ 분모에 분수를 대입할 때는 생략된 나눗셈 기호를 다시 쓴다.

예 ① $x=2$일 때, $3x-1$의 값 ➡ $3x-1=3×2-1=5$

　② $x=-3$일 때, $-6x+1$의 값 ➡ $-6x+1=-6×(-3)+1=19$

　③ $x=\dfrac{1}{3}$일 때, $\dfrac{3}{x}$의 값 ➡ $\dfrac{3}{x}=3÷x=3÷\dfrac{1}{3}=3×3=9$

대입(代:대신하다, 入: 넣다)은 문자 대신 주어진 수를 넣는 것을 말한다.

05-1 문자를 사용한 식

[0492~0495] 다음을 문자를 사용한 식으로 나타내시오.

0492 하루 중 낮의 길이가 x시간일 때, 밤의 길이

0493 한 변의 길이가 a cm인 정삼각형의 둘레의 길이

0494 자동차가 시속 x km로 7시간 동안 달린 거리

0495 농도가 x %인 소금물 300 g에 들어 있는 소금의 양

05-2 곱셈 기호와 나눗셈 기호의 생략

[0496~0499] 다음 식을 곱셈 기호를 생략하여 나타내시오.

0496 $a \times b \times 0.01$

0497 $(-2) \times a \times b \times a$

0498 $(-1) \times x + y \times 3$

0499 $x \times (-3) \times (a+b)$

[0500~0503] 다음 식을 곱셈 기호를 사용하여 나타내시오.

0500 $5a^2$　　　　**0501** $-3ab^2$

0502 $0.2ab(x-y)$　　**0503** $\dfrac{1}{4}xyz^2$

[0504~0507] 다음 식을 나눗셈 기호를 생략하여 나타내시오.

0504 $a \div (-8)$　　**0505** $3 \div (a-b)$

0506 $x + y \div (-2)$　　**0507** $x \div y \div 7$

[0508~0511] 다음 식을 나눗셈 기호를 사용하여 나타내시오.

0508 $\dfrac{3}{a}$　　　　**0509** $\dfrac{b}{2a}$

0510 $\dfrac{x-y}{6}$　　　**0511** $-\dfrac{5}{x+y}$

[0512~0515] 다음 식을 곱셈 기호와 나눗셈 기호를 생략하여 나타내시오.

0512 $a \times b \div (-3)$　　**0513** $a \div (b-c) \times 2$

0514 $2 \times x - 5 \div y$　　**0515** $(x + 4 \div y) \times (-8)$

05-3 대입과 식의 값

[0516~0519] 다음 식의 값을 구하시오.

0516 $a=3$일 때, $2a-4$의 값

0517 $b=-2$일 때, $5-3b$의 값

0518 $x=\dfrac{1}{5}$일 때, $\dfrac{2}{x}-6$의 값

0519 $y=-4$일 때, $2y^2+3y-4$의 값

[0520~0523] 다음 식의 값을 구하시오.

0520 $a=2$, $b=3$일 때, $4a-3b$의 값

0521 $a=-2$, $b=4$일 때, $2a^2+b^2$의 값

0522 $x=\dfrac{1}{2}$, $y=-\dfrac{1}{4}$일 때, $4x^2-16xy$의 값

0523 $x=\dfrac{1}{3}$, $y=2$일 때, $\dfrac{y}{x}-xy$의 값

05-4 다항식과 일차식 유형 09, 10

개념⊕

(1) **항**: 수 또는 문자의 곱으로 이루어진 식

(2) **상수항**: 문자 없이 수만으로 이루어진 항

(3) **계수**: 항에서 문자에 곱해진 수

(4) **다항식**: 한 개 또는 두 개 이상의 항의 합으로 이루어진 식 　예 $2a$, 3, b^2+3b, $x-3y^2$

(5) **단항식**: 다항식 중에서 항이 한 개뿐인 식

(6) **항의 차수**: 어떤 항에서 문자가 곱해진 개수

(7) **다항식의 차수**: 다항식에서 차수가 가장 큰 항의 차수

예 다항식 $4x^3-2x+5$에 대하여

- 항: $4x^3$, $-2x$, 5 ─상수항
- x^3의 계수: 4, x의 계수: -2
- $-4x^3$의 차수: 3, $-2x$의 차수: 1, 다항식의 차수: 3

(8) **일차식**: 차수가 1인 다항식 　예 $2x+1$, $-\dfrac{3}{5}a$

> ● $\dfrac{1}{x}$, $\dfrac{3}{x-2}$과 같이 분모에 문자가 있는 식은 다항식이 아니다.
>
> ● 단항식은 다항식 중에서 한 개의 항으로만 이루어진 식이므로 단항식도 모두 다항식이다.
>
> ● 상수항의 차수는 0이다.
>
> ● 주어진 식을 정리하여 $ax+b$ (a, b는 상수, $a\neq0$) 꼴로 나타낼 수 있으면 일차식이다.

05-5 일차식과 수의 곱셈, 나눗셈 유형 11

(1) **단항식과 수의 곱셈, 나눗셈**

　① (수)×(단항식), (단항식)×(수): 수끼리 곱하여 문자 앞에 쓴다.

　　예 $2x\times3=6x$

　② (단항식)÷(수): 나누는 수의 역수를 곱한다.

　　예 $4x\div2=4x\times\dfrac{1}{2}=2x$

(2) **일차식과 수의 곱셈, 나눗셈**

　① (수)×(일차식), (일차식)×(수): 분배법칙을 이용하여 일차식의 각 항에 수를 곱한다.

　　예 $3(x-2)=3\times x+3\times(-2)=3x-6$

　② (일차식)÷(수): 분배법칙을 이용하여 일차식의 각 항에 나누는 수의 역수를 곱한다.

　　예 $(6x+9)\div3=(6x+9)\times\dfrac{1}{3}=6x\times\dfrac{1}{3}+9\times\dfrac{1}{3}=2x+3$

> ● 분배법칙
> $\Rightarrow a(b+c)=ab+ac$
> 　$(a+b)c=ac+bc$

05-6 일차식의 덧셈, 뺄셈 유형 12~18

(1) **동류항**: 문자가 같고 차수도 같은 항

　예 x^2과 $2x$ ➡ 동류항이 아니다. → 문자는 같지만 차수가 다르다.

　　$3x$와 $3y$ ➡ 동류항이 아니다. → 차수는 같지만 문자가 다르다.

　　$2x$와 $5x$ ➡ 동류항이다. 　　　→ 문자가 같고 차수도 같다.

(2) **동류항의 덧셈과 뺄셈**

분배법칙을 이용하여 동류항의 계수끼리 더하거나 뺀 후 문자 앞에 쓴다.

　예 $3a+2a=(3+2)a=5a$, 　　$5a-2a=(5-2)a=3a$

(3) **일차식의 덧셈과 뺄셈**

❶ 괄호가 있으면 분배법칙을 이용하여 괄호를 푼다.

　이때 괄호는 ( ) → { } → [ ]의 순서로 푼다.

❷ 동류항끼리 모아서 계산한다.

　예 $(2x+1)-(3x-4)=2x+7-3x+4=(2-3)x+(7+4)=-x+11$

> ● 상수항끼리는 모두 동류항이다.
>
> ● 동류항이 아닌 항끼리는 덧셈과 뺄셈을 할 수 없다.
>
> ● 분배법칙을 이용하여 괄호를 풀 때, 괄호 앞에 −가 있는 경우에는 괄호 안에 있는 모든 항의 부호를 반대로 바꾼다.

05-4 다항식과 일차식

[0524~0525] 다음 표를 완성하시오.

0524

	$x-2y+6$	$\dfrac{x}{8}-0.1y-\dfrac{3}{7}$
(1) 항		
(2) 상수항		
(3) x의 계수		
(4) y의 계수		

0525

	x^2+4x-9	$-\dfrac{1}{2}x^2+5x+0.8$
(1) 항		
(2) 상수항		
(3) x의 계수		
(4) x^2의 계수		

[0526~0529] 다음 다항식의 차수를 구하시오.

0526 a

0527 $x-x^2+2$

0528 $-5x+y$

0529 $10b+0.6$

[0530~0535] 다음 중 일차식인 것은 ○를, 일차식이 아닌 것은 ×를 ( ) 안에 써넣으시오.

0530 -1 ( )

0531 $0 \times a+1$ ( )

0532 $\dfrac{b-3}{5}$ ( )

0533 $3-\dfrac{1}{x}$ ( )

0534 y^2+1 ( )

0535 $0.1a+1$ ( )

05-5 일차식과 수의 곱셈, 나눗셈

[0536~0539] 다음을 계산하시오.

0536 $4a \times 3$

0537 $(-3ab) \times \dfrac{5}{9}$

0538 $\dfrac{21}{8}x \div (-7)$

0539 $(-4y) \div \left(-\dfrac{2}{5}\right)$

[0540~0543] 다음을 계산하시오.

0540 $3(2a+1)$

0541 $-2(3-4b)$

0542 $(6x+9) \div (-3)$

0543 $(-5y-3) \div \dfrac{1}{6}$

05-6 일차식의 덧셈, 뺄셈

[0544~0545] 다음 식에서 동류항을 모두 말하시오.

0544 $2x-y+\dfrac{1}{3}x+4y$

0545 $a^2-\dfrac{1}{2}+x^2+1$

[0546~0549] 다음을 계산하시오.

0546 $2a+5a$

0547 $-3b-11b$

0548 $-0.4x+3+0.7x-10$

0549 $\dfrac{1}{2}y+1-\dfrac{1}{3}y+\dfrac{1}{4}$

[0550~0553] 다음을 계산하시오.

0550 $(a+7)-(3-2a)$

0551 $2(3b-1)+3(-4b+2)$

0552 $\dfrac{1}{3}(9x-6)-\dfrac{3}{2}(-8x-4)$

0553 $\dfrac{y+5}{4}-\dfrac{2y-1}{3}$

유형 완성

하 10% ···· 중 80% ···· 상 10%

빈출

유형 01 곱셈 기호와 나눗셈 기호의 생략

(1) 곱셈 기호 ×의 생략
  ① (수)×(문자): 수를 문자 앞에 쓴다.
  ② 1×(문자), (−1)×(문자): 1을 생략한다.
  ③ (문자)×(문자): 알파벳 순서로 쓴다.
  ④ 같은 문자의 곱: 거듭제곱으로 나타낸다.

(2) 나눗셈 기호 ÷의 생략
  나눗셈 기호를 생략하고 분수 꼴로 나타내거나 나눗셈을 역수의 곱셈으로 고쳐서 곱셈 기호를 생략한다.

0554 대표 문제

다음 중 기호 ×, ÷를 생략하여 나타낸 것으로 옳지 <u>않은</u> 것을 모두 고르면? (정답 2개)

① $a \div 5 \times b = \dfrac{ab}{5}$

② $a \times b \div \dfrac{2}{3}c = \dfrac{3abc}{2}$

③ $(-1) \times (a+b) = -(a+b)$

④ $a \times 3 + 4 \div (b-c) = 3a + \dfrac{4}{b-c}$

⑤ $0.1 \times a \times c \times a \times b = 0.a^2 bc$

0555 하

다음 식을 기호 ×, ÷를 생략하여 나타내시오.

$$(-1) \times a \div b - 7 \div (x+y)$$

0556 중

다음 중 기호 ×, ÷를 생략하여 나타낼 때, 나머지 넷과 <u>다른</u> 하나는?

① $a \div (b \div c)$ ② $a \times \left(\dfrac{1}{b} \div \dfrac{1}{c} \right)$ ③ $a \div b \div \dfrac{1}{c}$

④ $a \div \left(b \times \dfrac{1}{c} \right)$ ⑤ $a \times b \div c$

유형 02 문자를 사용한 식 (1) – 단위, 수

(1) $x\,\% \Rightarrow \dfrac{x}{100}$, x시간 $\Rightarrow 60x$분, x m $\Rightarrow 100x$ cm

(2) 두 수 a, b의 평균 $\Rightarrow \dfrac{a+b}{2}$

(3) 백의 자리의 숫자가 a, 십의 자리의 숫자가 b, 일의 자리의 숫자가 c인 세 자리의 자연수 $\Rightarrow 100a + 10b + c$

0557 대표 문제

다음 중 옳은 것은?

① 십의 자리의 숫자가 a, 일의 자리의 숫자가 b인 두 자리의 자연수는 ab이다.

② x L짜리 물통에 12 L의 물이 들어 있을 때, 이 물통에 더 넣을 수 있는 물의 양은 $(x+12)$ L이다.

③ 수학 점수는 a점, 영어 점수는 b점일 때, 두 과목의 평균 점수는 $\dfrac{a+b}{2}$점이다.

④ 남학생이 11명이고 여학생이 x명인 반의 전체 학생 수는 $11x$이다.

⑤ 배를 3명에게 x개씩 나누어 주고 2개가 남았을 때, 배의 전체 개수는 $3x-2$이다.

0558 하

다음을 문자를 사용한 식으로 나타내시오.

쪽지 시험에서 3점짜리 문제 x개와 5점짜리 문제 y개를 맞혔을 때, 쪽지 시험 점수

0559 중

다음 중 옳은 것을 모두 고르면? (정답 2개)

① a분 b초 $\Rightarrow (60a+b)$초

② a시간 b분 $\Rightarrow (12a+b)$분

③ a m b cm $\Rightarrow (a+100b)$ cm

④ a km b m $\Rightarrow (1000a+b)$ m

⑤ a L b mL $\Rightarrow (100a+b)$ mL

0560 (상) 서술형

어느 중학교의 전체 학생이 a명이고, 그중에서 여학생이 $b\%$일 때, 남학생은 모두 몇 명인지 문자를 사용한 식으로 나타내시오.

0563 (중)

오른쪽 그림과 같은 사각형의 넓이를 a, b를 사용한 식으로 나타내면?

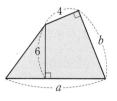

① $2a+3b$　　② $3a+2b$

③ $4a+6b$　　④ $6a+4b$

⑤ $ab+24$

유형 03 문자를 사용한 식(2) – 도형

(1) (직사각형의 둘레의 길이)$=2\times\{$(가로의 길이)$+$(세로의 길이)$\}$

(2) 다각형의 넓이

① (삼각형의 넓이)$=\dfrac{1}{2}\times$(밑변의 길이)$\times$(높이)

② (직사각형의 넓이)$=$(가로의 길이)$\times$(세로의 길이)

③ (사다리꼴의 넓이)

$=\dfrac{1}{2}\times\{$(윗변의 길이)$+$(아랫변의 길이)$\}\times$(높이)

빈출 유형 04 문자를 사용한 식(3) – 가격, 속력, 농도

(1) 정가가 x원인 물건을 $a\%$ 할인하여 판매할 때의 가격

➡ (정가)$-$(할인 금액)$=x-x\times\dfrac{a}{100}=x-\dfrac{ax}{100}$(원)

(2) (거리)$=$(속력)$\times$(시간), (속력)$=\dfrac{\text{(거리)}}{\text{(시간)}}$, (시간)$=\dfrac{\text{(거리)}}{\text{(속력)}}$

(3) (소금물의 농도)$=\dfrac{\text{(소금의 양)}}{\text{(소금물의 양)}}\times100(\%)$

(소금의 양)$=\dfrac{\text{(소금물의 농도)}}{100}\times$(소금물의 양)

0561 대표 문제

다음 중 옳은 것은?

① 가로의 길이가 $a\,\mathrm{cm}$, 세로의 길이가 $b\,\mathrm{cm}$인 직사각형의 둘레의 길이는 $2(a+b)\,\mathrm{cm}$이다.

② 한 변의 길이가 $a\,\mathrm{cm}$인 정삼각형의 둘레의 길이는 $a^3\,\mathrm{cm}$이다.

③ 밑변의 길이가 $a\,\mathrm{cm}$, 높이가 $b\,\mathrm{cm}$인 평행사변형의 넓이는 $\dfrac{ab}{2}\,\mathrm{cm}^2$이다.

④ 한 모서리의 길이가 $a\,\mathrm{cm}$인 정육면체의 부피는 $3a\,\mathrm{cm}^3$이다.

⑤ 한 변의 길이가 $x\,\mathrm{cm}$인 정사각형의 넓이는 $4x\,\mathrm{cm}^2$이다.

0564 대표 문제

지점 A에서 출발하여 $280\,\mathrm{km}$ 떨어진 지점 B를 향하여 시속 $70\,\mathrm{km}$로 x시간 동안 갔을 때, 남은 거리를 문자를 사용한 식으로 나타내시오. (단, $x<4$)

0565 (중)

한 권에 a원인 공책 2권과 5자루에 b원인 볼펜 3자루를 사고 10000원을 냈을 때의 거스름돈을 문자를 사용한 식으로 나타내면?

① $\left(10000-\dfrac{a}{2}-\dfrac{b}{5}\right)$원　　② $(10000-2a+3b)$원

③ $(10000-2a-3b)$원　　④ $\left(10000-2a+\dfrac{3b}{5}\right)$원

⑤ $\left(10000-2a-\dfrac{3b}{5}\right)$원

0562 (중)

오른쪽 그림과 같이 윗변의 길이가 $a\,\mathrm{cm}$, 아랫변의 길이가 $b\,\mathrm{cm}$, 높이가 $h\,\mathrm{cm}$인 사다리꼴의 넓이를 a, b, h를 사용한 식으로 나타내시오.

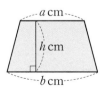

0566 ⊛

정가가 15000원인 물건을 $a\%$ 할인하여 판매한 가격을 문자를 사용한 식으로 나타내면?

① $(15000-a)$원 ② $(15000-100a)$원

③ $(15000-150a)$원 ④ $(15000-1000a)$원

⑤ $(15000-1500a)$원

0567 ⊛

김치를 담그는 데 필요한 소금물의 농도는 $x\%$이다. 이 소금물 5 kg에 들어 있는 소금의 양은 몇 g인지 문자를 사용한 식으로 나타내시오.

0568 ⊛

다음 중 옳지 <u>않은</u> 것은?

① 3000원으로 한 권에 500원인 공책 x권을 사고 남은 돈은 $(3000-500x)$원이다.

② 한 명의 영화 관람료가 9000원일 때, x명의 영화 관람료는 $9000x$원이다.

③ x시간 동안 500 km를 갔을 때의 속력은 시속 $\dfrac{500}{x}$ km 이다.

④ 농도가 $x\%$인 소금물 y g에 들어 있는 소금의 양은 $\dfrac{100}{xy}$ g이다.

⑤ a송이에 7000원인 장미 b송이의 가격은 $\dfrac{7000b}{a}$ 원이다.

유형 05 대입과 식의 값(1)

(1) 문자에 수를 대입할 때 ➡ 생략된 곱셈 기호를 다시 쓴다.
(2) 문자에 음수를 대입할 때 ➡ 반드시 괄호를 사용한다.

0569 대표 문제

$a=2$, $b=-\dfrac{1}{3}$일 때, 다음 중 식의 값이 가장 큰 것은?

① a^2-3b ② $a+9b^2$ ③ $\dfrac{1}{a^2}+b$

④ $\dfrac{1}{a}-b$ ⑤ a^3-18b^2

0570 ⊛

$a=-3$일 때, 다음 중 식의 값이 나머지 넷과 <u>다른</u> 하나는?

① $-3a$ ② a^2 ③ $(-a)^2$

④ $6+a$ ⑤ $18-a^2$

0571 ⊛

$x=-2$, $y=-4$, $z=3$일 때, $\dfrac{x+y}{z}+\dfrac{x^2}{y}$의 값은?

① -1 ② -2 ③ -3

④ -4 ⑤ -5

유형 06 대입과 식의 값(2)
— 분모에 분수를 대입하는 경우

분모에 분수를 대입할 때 ➡ 생략된 나눗셈 기호를 다시 쓴다.

예 $x=\dfrac{1}{2}$일 때, $\dfrac{5}{x}$의 값 ➡ $\dfrac{5}{x}=5\div x=5\div\dfrac{1}{2}=5\times 2=10$

0572 대표 문제

$x=-\dfrac{1}{3}$, $y=\dfrac{1}{2}$일 때, 다음 중 식의 값이 가장 큰 것은?

① $-6xy$　　　　② $9x^2+4y^2$　　　　③ $\dfrac{2}{x}+\dfrac{3}{y}$

④ $\dfrac{x+y}{xy}$　　　　⑤ $\dfrac{1}{x^2}-\dfrac{1}{y^2}$

0573 ⑧

$a=-\dfrac{1}{3}$일 때, 다음 중 식의 값이 가장 작은 것은?

① $-a$　　　　② a^2　　　　③ $(-a)^3$

④ $\dfrac{1}{a}$　　　　⑤ $\dfrac{1}{a^2}$

0574 ⑧

$x=\dfrac{1}{4}$, $y=\dfrac{1}{3}$, $z=-\dfrac{1}{2}$일 때, $\dfrac{4}{x}-\dfrac{3}{y}+\dfrac{2}{z}$의 값을 구하시오.

유형 07 식의 값의 활용(1) – 식이 주어진 경우

식이 주어진 경우에는 문자에 수를 대입하여 식의 값을 구한다.

0575 대표 문제

온도를 나타내는 방법 중에는 섭씨온도(℃)와 화씨온도 (℉)가 있다. 화씨 x℉는 섭씨 $\dfrac{5}{9}(x-32)$℃일 때, 화씨 50℉는 섭씨 몇 ℃인지 구하시오.

0576 ⑧

이상적인 체중을 표준 체중이라 하고, 키가 a cm인 사람의 표준 체중은 다음 식을 이용하여 구할 수 있다고 한다. 이 때 키가 165 cm인 사람의 표준 체중은?

$$0.9(a-100)\ \text{kg}$$

① 49.5 kg　　　　② 50.4 kg　　　　③ 56.7 kg

④ 58.5 kg　　　　⑤ 59.4 kg

0577 ⑧　　　　서술형 ⓞ

기온이 a ℃일 때, 공기 중에서 소리의 속력은 초속 $(0.6a+331)$ m라 한다. 기온이 15 ℃일 때, 지우는 천둥이 친 지 3초 후에 천둥소리를 들었다고 한다. 지우가 있는 곳에서 천둥이 친 곳까지의 거리는 몇 m인지 구하시오.

유형 08 식의 값의 활용(2) – 식이 주어지지 않은 경우

식이 주어지지 않은 경우에는 주어진 상황을 문자를 사용한 식으로 나타낸 후 문자에 수를 대입하여 식의 값을 구한다.

0578 대표 문제

수온은 해수면에서 10 m 깊어질 때마다 1 ℃씩 낮아진다고 한다. 해수면의 수온이 17 ℃일 때, 다음 물음에 답하시오. (단, 수온은 일정한 비율로 낮아진다.)

⑴ 해수면에서 깊이가 x m인 곳의 수온을 x를 사용한 식으로 나타내시오.

⑵ 해수면에서 깊이가 35 m인 곳의 수온을 구하시오.

0579 ㉞

어느 중학교의 축구 경기 예선에서 한 경기마다 승리하면 2점, 무승부이면 1점, 패하면 0점의 점수를 주기로 하였다. A팀의 경기 결과가 x승 y무 3패였을 때, 다음 물음에 답하시오.

(1) A팀의 득점을 x, y를 사용한 식으로 나타내시오.
(2) $x=5$, $y=2$일 때, A팀의 득점을 구하시오.

0580 ㉞

서술형

승현이가 삼겹살 a kg을 사려고 정육점에 갔더니 삼겹살의 가격이 100 g당 b원이었다. 다음 물음에 답하시오.

(1) 승현이가 지불해야 할 금액을 a, b를 사용한 식으로 나타내시오.
(2) $a=2$, $b=2800$일 때, 승현이가 지불해야 할 금액을 구하시오.

빈출

유형 09 다항식

㉠ 다항식 $-2x^3+7x^2-8$에 대하여
  ① 항: $-2x^3$, $7x^2$, -8
  ② 상수항: -8
  ③ x^3의 계수: -2, x^2의 계수: 7
  ④ $-2x^3$의 차수: 3, $7x^2$의 차수: 2
  ⑤ 다항식의 차수: 3

0581 대표 문제

다음 중 다항식 $\dfrac{x^2}{2}+x-4$에 대한 설명으로 옳지 <u>않은</u> 것은?

① 항은 3개이다.   ② 상수항은 -4이다.
③ x^2의 계수는 2이다.   ④ x의 차수는 1이다.
⑤ 다항식의 차수는 2이다.

0582 ㉮

다음 중 단항식인 것을 모두 고르면? (정답 2개)

① $\dfrac{5}{x}$ ② -1 ③ $3y^2+7$

④ x^2y ⑤ $x-y$

0583 ㉞

다항식 $-5x^2+10x-3$에서 다항식의 차수를 a, x의 계수를 b, 상수항을 c, 항의 개수를 d라 할 때, $a+b+c+d$의 값을 구하시오.

0584 ㉞

다음 중 옳은 것은?

① $\dfrac{2}{x}$는 다항식이다.

② $\dfrac{x}{3}+1$에서 x의 계수는 3이다.

③ $xy+z$에서 항은 3개이다.

④ $7-x$에서 상수항은 7이다.

⑤ x^2-3x+1의 차수는 1이다.

0585 ㉞

다음 중 아래 조건을 모두 만족시키는 다항식은?

조건
㈎ 다항식의 차수는 2이다.
㈏ 항은 3개이다.
㈐ x의 계수는 3이다.
㈑ x의 계수와 상수항의 곱은 음수이다.

① $-2x^2+3x+4$ ② $3x^2-2x+6$
③ $3x^2-5x$ ④ $4x^2+3x-5$
⑤ x^3-3x+1

유형 10 일차식

일차식: 차수가 1인 다항식

➡ $ax+b$ (a, b는 상수, $a \neq 0$) 꼴

주의 $\dfrac{2}{x}$와 같이 분모에 문자가 있는 식은 다항식이 아니므로 일차식이 아니다.

0586 대표 문제

다음 보기 중 일차식의 개수는?

> 보기
> ㄱ. $3x+5$
> ㄴ. x^2+x-8
> ㄷ. $-2x$
> ㄹ. $\dfrac{x}{3}+1$
> ㅁ. $7-0.4x$
> ㅂ. $\dfrac{6}{x}-1$

① 1 　　　② 2 　　　③ 3
④ 4 　　　⑤ 5

0587 ㈜ 　　　서술형

x의 계수가 -3이고 상수항이 5인 x에 대한 일차식에 대하여 $x=2$일 때의 식의 값을 a, $x=-4$일 때의 식의 값을 b라 할 때, $a+b$의 값을 구하시오.

0588 ㈜

다음 중 다항식 $(3+a)x^2+(b-4)x+3$이 x에 대한 일차식이 되도록 하는 상수 a, b의 조건으로 알맞은 것은?

① $a=-3$
② $a=-3$, $b \neq -4$
③ $a=-3$, $b \neq 4$
④ $a \neq -3$, $b \neq 4$
⑤ $a \neq -3$, $b=4$

유형 11 일차식과 수의 곱셈, 나눗셈

(1) (수)×(일차식), (일차식)×(수)
　➡ 분배법칙을 이용하여 일차식의 각 항에 수를 곱한다.
(2) (일차식)÷(수)
　➡ 분배법칙을 이용하여 일차식의 각 항에 나누는 수의 역수를 곱한다.

0589 대표 문제

다음 중 옳지 않은 것을 모두 고르면? (정답 2개)

① $4x \times \left(-\dfrac{3}{2}\right) = -6x$

② $(2x-3) \times (-4) = -8x+12$

③ $-\dfrac{1}{2}(6x-8) = -3x-4$

④ $\left(-\dfrac{4}{3}x\right) \div \left(-\dfrac{2}{3}\right) = 2x$

⑤ $(4x-10) \div (-6) = -\dfrac{2}{3}x - \dfrac{5}{3}$

0590 ㈦

$(8x-12) \div \left(-\dfrac{4}{3}\right)$를 계산하면 $ax+b$일 때, 상수 a, b에 대하여 ab의 값을 구하시오.

0591 ㈜

다음 중 계산 결과가 $-3(x-2)$와 같은 것은?

① $(x-2) \times 3$
② $(x-2) \div (-3)$
③ $(x-2) \div \left(-\dfrac{1}{3}\right)$
④ $(2x-1) \div \dfrac{1}{3}$
⑤ $-2(3x+1)$

유형 12 동류항

(1) 동류항: 문자가 같고 차수도 같은 항

  예 x^2과 $3x^2$, y와 $-2y$

(2) 상수항끼리는 모두 동류항이다.

0592 대표 문제

다음 중 동류항끼리 짝 지어진 것은?

① 2, $2x$ 　　② $2a$, $\frac{1}{2}a^2$ 　　③ $\frac{3}{y}$, $3y$

④ $5x$, $5y$ 　　⑤ $0.1y$, $-y$

0593 ⓗ

다음 중 $4x$와 동류항인 것은?

① $\frac{2}{x}$ 　　② xy 　　③ $-\frac{1}{2}x^2$

④ $3y$ 　　⑤ $-\frac{x}{5}$

0594 ⓢ

다음 보기 중 동류항끼리 짝 지어진 것을 모두 고른 것은?

┌─ 보기 ─────────────────────
│ ㄱ. $3y$, $3y^2$ 　　　ㄴ. $-b$, $-2b$
│ ㄷ. $-4x$, $\frac{4}{x}$ 　　　ㄹ. 5, $\frac{1}{2}$
│ ㅁ. $2x^2$, $2y^2$ 　　　ㅂ. $2xy^2$, x^2y
└──────────────────────────

① ㄱ, ㄴ 　　　　② ㄴ, ㄹ

③ ㄷ, ㄹ 　　　　④ ㄱ, ㄴ, ㅂ

⑤ ㄴ, ㄹ, ㅁ

유형 13 일차식의 덧셈과 뺄셈

❶ 괄호가 있으면 분배법칙을 이용하여 괄호를 푼다.

  이때 괄호는 ( ) → { } → [ ]의 순서로 푼다.

❷ 동류항끼리 모아서 계산한다.

주의 괄호를 풀 때, 부호에 주의한다.

➡ 괄호 앞에 ┌ ＋가 있으면 괄호 안의 부호를 그대로
　　　　　 └ －가 있으면 괄호 안의 부호를 반대로

0595 대표 문제

$3(1-2x)-\frac{1}{4}(4x-20)$을 계산하면 $ax+b$일 때, 상수 a, b에 대하여 $a-b$의 값을 구하시오.

0596 ⓗ

$2x-(y-3)-4x+6y-4$를 계산하시오.

0597 ⓢ

다음 중 옳지 않은 것은?

① $-6x+9+5x-11=-x-2$

② $(3x+7)+(2x-4)=5x+3$

③ $(4x+1)-(3x-5)=x+6$

④ $\frac{1}{2}(2x-4)-3+x=2x-5$

⑤ $8\left(6x-\frac{3}{4}\right)-9\left(\frac{2}{3}x-2\right)=42x+24$

0598 ⓢ　　　　　　　　　　　　서술형 ⓠ

$(ax+7)-(2x+b)$를 계산하면 x의 계수는 2, 상수항은 6일 때, 상수 a, b에 대하여 $a-b$의 값을 구하시오.

0599 ⓒ

다음을 계산하면?

$$3x-[5x-2\{-x+2(-x+4)\}]$$

① $-8x-16$ ② $-8x+16$ ③ $2x+16$
④ $4x-16$ ⑤ $4x+8$

0600 ⓒ

오른쪽 보기와 같이 아래의 이웃하는 두 칸의 식을 더한 것이 바로 위 칸의 식이 된다고 할 때, 다음 그림에서 ㉠에 알맞은 식을 구하시오.

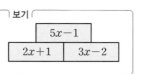

보기

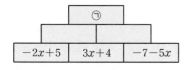

빈출
유형 14 분수 꼴인 일차식의 덧셈과 뺄셈

❶ 분모의 최소공배수로 통분한다.
❷ 동류항끼리 모아서 계산한다.

0601 대표 문제

$\dfrac{2(x-3)}{3}-\dfrac{1-x}{2}$를 계산하면?

① $\dfrac{7}{6}x-4$ ② $\dfrac{7}{6}x-\dfrac{11}{3}$ ③ $\dfrac{7}{6}x-\dfrac{5}{2}$
④ $\dfrac{3}{4}x+2$ ⑤ $\dfrac{3}{4}x+\dfrac{7}{2}$

0602 ⓒ

$\dfrac{3x-1}{5}-0.3\left(2x+\dfrac{5}{3}\right)$를 계산하면 $ax+b$일 때, 상수 a, b에 대하여 $b-a$의 값은?

① $-\dfrac{7}{10}$ ② $-\dfrac{3}{10}$ ③ 0
④ $\dfrac{3}{10}$ ⑤ $\dfrac{7}{10}$

0603 ⓢ   서술형

$\dfrac{3x-5y}{2}-\dfrac{2x-y}{4}+\dfrac{x+y}{6}$를 계산하였을 때, x의 계수와 y의 계수의 합을 구하시오.

유형 15 일차식의 덧셈과 뺄셈의 활용

❶ 주어진 상황을 일차식으로 나타낸다.
❷ 분배법칙을 이용하여 괄호를 푼다.
❸ 동류항끼리 모아서 계산한다.

0604 대표 문제

다음 그림과 같은 도형의 둘레의 길이와 넓이를 차례로 a를 사용한 식으로 나타내시오.

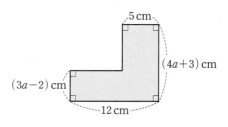

0605 하

수연이네 학교에서는 두 자선 단체 A, B에 학용품을 보내려고 한다. 자선 단체 A에는 한 상자에 $(x+3)$ kg인 학용품 20상자를, 자선 단체 B에는 한 상자에 $(2x-1)$ kg인 학용품 15상자를 보낸다고 할 때, 두 자선 단체에 보낼 학용품의 전체 무게를 x를 사용한 식으로 나타내면?

① $(3x+2)$ kg   ② $(3x+37)$ kg

③ $(30x+20)$ kg   ④ $(50x+45)$ kg

⑤ $(55x+30)$ kg

0606 중

다음 그림과 같이 한 변의 길이가 8 cm인 정사각형에서 가로의 길이를 x cm만큼, 세로의 길이를 $(2x-3)$ cm만큼 줄였더니 직사각형이 되었다. 이 직사각형의 둘레의 길이를 x를 사용한 식으로 나타내시오.

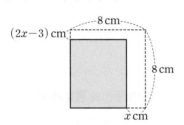

0607 상

오른쪽 그림의 직사각형에서 색칠한 부분의 넓이를 x를 사용한 식으로 나타내시오.

서술형

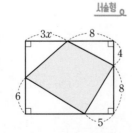

유형 16 문자에 일차식 대입하기

문자에 일차식을 대입할 때는 괄호를 사용한다.
이때 구하는 식이 복잡하면 그 식을 먼저 간단히 한다.

예 $A=3x+1$, $B=-x+7$일 때, $3A-B$를 계산하면

$$3A-B=3\times(3x+1)-(-x+7)$$
$$=9x+3+x-7$$
$$=10x-4$$

0608 대표 문제

$A=-2x-5$, $B=x-2$일 때, $3A-2(A-B)$를 계산하면?

① -9 ② $-4x-7$ ③ $-4x-1$

④ $2x+5$ ⑤ $4x+9$

0609 하

$A=-3x+2$, $B=2x-3$일 때, $2A-3B$를 계산하였더니 $ax+b$가 되었다. 이때 상수 a, b에 대하여 $a+b$의 값은?

① -17 ② -7 ③ -1

④ 1 ⑤ 11

0610 중

$A=\dfrac{-x+2}{3}$, $B=\dfrac{3x-5}{8}$일 때, $-A+4B$를 계산하면?

① $\dfrac{5x-9}{6}$ ② $\dfrac{11x-11}{6}$ ③ $\dfrac{11x-19}{6}$

④ $\dfrac{19x-28}{3}$ ⑤ $\dfrac{19x-32}{3}$

유형 17 어떤 식 구하기

(1) 어떤 다항식에 다항식 A를 더했더니 B가 되었다.
  ➡ (어떤 다항식)$+A=B$
  ∴ (어떤 다항식)$=B-A$
(2) 어떤 다항식에서 다항식 A를 뺐더니 B가 되었다.
  ➡ (어떤 다항식)$-A=B$
  ∴ (어떤 다항식)$=B+A$

0611 대표 문제

어떤 다항식에 $5x-3y$를 더했더니 $-3x-y$가 되었다. 이때 어떤 다항식을 구하시오.

0612 하

다음 ☐ 안에 알맞은 식은?

$$(-4x+1)-\boxed{}=3x-2$$

① $-7x-1$ ② $-7x+3$ ③ $-x-1$
④ $-x+3$ ⑤ $x+3$

0613 중

오른쪽 그림에서 위 칸의 식이 바로 아래 이웃하는 두 칸의 식을 더한 것과 같을 때, $A-B$를 x를 사용한 식으로 나타내시오.

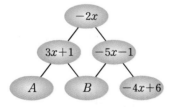

0614 상

다음 조건을 모두 만족시키는 두 일차식 A, B에 대하여 $2A-(3A-2B)$를 계산하시오.

┌ 조건 ┐
(가) A에서 $3x-5$를 빼면 B이다.
(나) B에 $-4x+3$을 더하면 $9x+4$이다.

유형 18 바르게 계산한 식 구하기

어떤 다항식에 A를 더해야 할 것을 잘못하여 뺐더니 B가 되었다.
  ➡ (어떤 다항식)$-A=B$
  ❶ (어떤 다항식)$=B+A$
  ❷ (바르게 계산한 식)$=$(어떤 다항식)$+A$

0615 대표 문제

어떤 다항식에 $5a-2$를 더해야 할 것을 잘못하여 뺐더니 $3a-2$가 되었다. 이때 바르게 계산한 식은?

① $-7a+2$ ② $3a-6$ ③ $3a-2$
④ $7a-2$ ⑤ $13a-6$

0616 중   서술형

$3x-6$에서 어떤 다항식을 빼야 할 것을 잘못하여 더했더니 $x+5$가 되었다. 이때 바르게 계산한 식의 x의 계수와 상수항의 합을 구하시오.

0617 상

어떤 다항식에서 $3x-15$를 3배 하여 빼야 할 것을 잘못하여 $\dfrac{1}{3}$배 하여 더했더니 $3x+4$가 되었다. 이때 바르게 계산한 식을 구하시오.

유형 점검

0618

유형 01

다음 보기 중 옳은 것을 모두 고른 것은?

보기
ㄱ. $3 \times x = x^3$
ㄴ. $a \times a \times b \times a \times b \times (-1) = -6ab$
ㄷ. $a - b \times c \div 2 = a - \dfrac{bc}{2}$
ㄹ. $2 \times (a+b) \div 5 = \dfrac{2(a+b)}{5}$
ㅁ. $x \div y \div (-3z) = -\dfrac{3xz}{y}$

① ㄱ, ㄴ   ② ㄴ, ㄷ   ③ ㄷ, ㄹ

④ ㄱ, ㅁ   ⑤ ㄹ, ㅁ

0619

유형 02 + 03 + 04

다음 중 옳은 것을 모두 고르면? (정답 2개)

① 물 10 L가 들어 있는 물통에서 1분에 d L씩 물이 새어 나갈 때, 3분 후에 물통에 남아 있는 물의 양은 $(10 - 3d)$ L이다.

② 밑변의 길이가 a cm, 높이가 h cm인 삼각형의 넓이는 ah cm²이다.

③ 100원짜리 동전 a개와 500원짜리 동전 b개를 합한 금액은 $(100a + 500b)$원이다.

④ 15명이 a원씩 내서 b원짜리 생일 케이크 2개를 사고 남은 돈은 $(2b - 15a)$원이다.

⑤ 자전거를 타고 시속 13 km로 x시간 동안 달린 거리는 $\dfrac{13}{x}$ km이다.

0620

유형 05

$x = -2$, $y = 3$일 때, $3x^2 - \dfrac{2y}{x}$의 값을 구하시오.

0621

유형 06

$x = \dfrac{1}{2}$, $y = -\dfrac{6}{5}$일 때, $\dfrac{5}{x} - \dfrac{2}{y}$의 값은?

① 5   ② $\dfrac{20}{3}$ ③ $\dfrac{25}{3}$

④ 10   ⑤ $\dfrac{35}{3}$

0622

유형 07

지면에서 초속 20 m로 똑바로 위로 던져 올린 물체의 t초 후의 높이는 $(20t - 5t^2)$ m라 한다. 이 물체의 3초 후의 높이는?

① 15 m   ② 18 m   ③ 21 m

④ 24 m   ⑤ 27 m

0623

유형 08

사람의 머리카락은 보통 하루에 0.4 mm씩 자란다고 한다. 선우의 머리카락의 길이가 현재 50 cm일 때, x일 후의 선우의 머리카락의 길이는 몇 mm인지 x를 사용한 식으로 나타내고, 지금으로부터 25일 후의 선우의 머리카락의 길이를 구하시오.

• 정답과 해설 42쪽

0624 유형 09

다음 중 다항식 $5x^2 - \dfrac{2}{3}x - 1$에 대한 설명으로 옳지 <u>않은</u> 것을 모두 고르면? (정답 2개)

① 항은 3개이다.
② 다항식의 차수는 2이다.
③ x^2의 계수는 5이다.
④ x의 계수는 $\dfrac{2}{3}$이다.
⑤ 상수항은 1이다.

0625 유형 10

다음 중 일차식인 것을 모두 고르면? (정답 2개)

① $3 - \dfrac{x}{7}$ ② $1 - 3a + 3a$ ③ $\dfrac{4}{x} + 7$

④ $0 \times y^2 + y$ ⑤ 2

0626 유형 11

다음 중 옳은 것은?

① $9x \times \left(-\dfrac{2}{3} \right) = -12x$

② $(-2) \times (3x - 1) = -6x - 1$

③ $\dfrac{1}{3}(9x - 2) = 3x - 2$

④ $8x \div \left(-\dfrac{4}{5} \right) = -10x$

⑤ $(6x - 4) \div (-2) = -3x + 8$

0627 유형 12

다음 중 동류항끼리 짝 지어진 것은?

① $-\dfrac{2}{3}a,\ b$ ② $xy,\ x^2$ ③ $-a,\ -7a^2$

④ $2x,\ \dfrac{x}{2}$ ⑤ $-y,\ -1$

0628 유형 13

$(4x - 2) \div \left(-\dfrac{2}{5} \right) + \dfrac{1}{3}(6x - 12)$를 계산하시오.

0629 유형 14

$\dfrac{2a - 1}{3} - \dfrac{a - 4}{4}$를 계산하였을 때, a의 계수와 상수항을 차례로 구하시오.

0630 유형 15

오른쪽 그림과 같이 직사각형 모양의 화단의 둘레에 폭이 일정한 산책로를 만들었다. 이 산책로의 넓이를 a를 사용한 식으로 나타내시오.

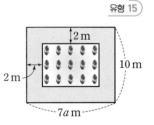

0631 유형 16

$A=2x+3$, $B=-3x+5$일 때, $2A-B$를 간단히 하였더니 $ax+b$가 되었다. 이때 상수 a, b에 대하여 $a+b$의 값은?

① 0　　　　② 8　　　　③ 12

④ 15　　　　⑤ 18

0632 유형 17

어떤 다항식에서 $4x-9$를 뺐더니 $-2x-8$이 되었을 때, 어떤 다항식을 구하시오.

0633 유형 17

다음 그림은 아래 이웃하는 두 칸의 식을 더하면 바로 위 칸의 식이 되도록 블록을 쌓아 올린 것이다. 이때 $A+B$를 x를 사용한 식으로 나타내시오.

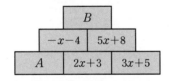

0634 유형 18

어떤 다항식에서 $-6x+7$을 빼야 할 것을 잘못하여 더했더니 $4x-1$이 되었다. 이때 바르게 계산한 식을 구하시오.

서술형

0635 유형 02 + 03

다음을 기호 ×, ÷를 생략한 식으로 나타내시오.

⑴ 딸기를 5명에게 x개씩 나누어 주었더니 3개가 남았을 때, 처음에 가지고 있던 딸기의 개수

⑵ 두 대각선의 길이가 a, $3b$인 마름모의 넓이

0636 유형 11

$\dfrac{2}{3}(6x-21)$을 계산하였을 때 x의 계수를 a라 하고, $\left(\dfrac{x}{2}-\dfrac{5}{3}\right)\div\left(-\dfrac{1}{6}\right)$을 계산하였을 때 상수항을 b라 하자. 이때 $a+b$의 값을 구하시오.

0637 유형 13

$x-[3+x-\{2-(x-1)\}]$을 계산하였을 때, x의 계수를 a라 하고 상수항을 b라 하자. 이때 $a-b$의 값을 구하시오.

실력 향상

0638

다음 표는 멸치와 다시마의 100 g당 마그네슘 함량을 나타낸 것이다. 지연이가 멸치 x g과 다시마 y g을 섭취하였을 때, 섭취한 마그네슘의 양을 x, y를 사용한 식으로 나타내시오.

식품	마그네슘(mg)
멸치	300
다시마	750

0639

다음 그림과 같은 도형의 넓이를 a를 사용한 식으로 나타내시오.

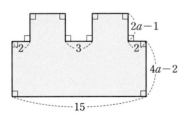

0640

다음 그림과 같이 성냥개비를 사용하여 정사각형을 만들 때, 정사각형을 10개 만드는 데 필요한 성냥개비는 모두 몇 개인지 구하시오.

0641

한 변의 길이가 10 cm인 정사각형 모양의 종이 n장을 다음 그림과 같이 이웃하는 종이끼리 2 cm만큼 겹치도록 이어 붙여서 직사각형을 만들려고 한다. 이때 완성된 직사각형의 둘레의 길이를 n을 사용한 식으로 나타내시오.

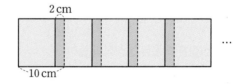

🔗 기출 BOOK 18쪽

06-1 방정식과 항등식

유형 01~04

개념⁺

(1) 등식: 등호(=)를 사용하여 수량 사이의 관계를 나타낸 식

> **참고** 등호의 왼쪽 부분을 좌변, 오른쪽 부분을 우변이라 하고, 좌변과 우변을 통틀어 양변이라 한다.

$$\underset{\text{좌변} \quad \text{우변}}{x+3=4}$$
$$\underset{\text{양변}}{}$$

> **예** $3x-7=15,\ 4x+x=5x$ ➡ 등식이다.
> $8x+1,\ 9x+1<10x-12$ ➡ 등식이 아니다.

(2) 방정식: 문자의 값에 따라 참이 되기도 하고 거짓이 되기도 하는 등식

① **미지수:** 방정식에 있는 문자

② **방정식의 해(근):** 방정식을 참이 되게 하는 미지수의 값

➡ 방정식의 해를 모두 구하는 것을 방정식을 푼다고 한다.

> **예** 등식 $x+3=5$는 $x=2$일 때 $2+3=5$이므로 참이 되고, $x=3$일 때 $3+3\ne5$이므로 거짓이 된다.
> ➡ $x+3=5$는 방정식이고, $x=2$는 이 방정식의 해(근)이다.

(3) 항등식: 미지수에 어떤 값을 대입하여도 항상 참이 되는 등식

> **예** 등식 $2x+3x=5x$는 x에 어떤 값을 대입하여도 항상 참이므로 항등식이다.

● 등식에서 등호가 성립하면 참, 등호가 성립하지 않으면 거짓이라 한다.

● $x=a$가 x에 대한 방정식의 해인지 확인할 때는 $x=a$를 그 방정식에 대입하여 (좌변)=(우변)인지 확인한다.

● 어떤 등식이 항등식인지 확인할 때는 좌변과 우변을 각각 정리하여 (좌변)=(우변)인지 확인한다.

06-2 등식의 성질

유형 05, 06

(1) 등식의 성질

① 등식의 양변에 같은 수를 더하여도 등식은 성립한다. ➡ $a=b$이면 $a+c=b+c$이다.

② 등식의 양변에서 같은 수를 빼어도 등식은 성립한다. ➡ $a=b$이면 $a-c=b-c$이다.

③ 등식의 양변에 같은 수를 곱하여도 등식은 성립한다. ➡ $a=b$이면 $ac=bc$이다.

④ 등식의 양변을 0이 아닌 같은 수로 나누어도 등식은 성립한다.

➡ $a=b$이고 $c\ne0$이면 $\dfrac{a}{c}=\dfrac{b}{c}$이다.

(2) 등식의 성질을 이용한 방정식의 풀이

등식의 성질을 이용하여 주어진 방정식을 $x=(\text{수})$ 꼴로 고쳐서 해를 구한다.

> **예** $x+2=5 \xrightarrow[\text{2를 빼면}]{\text{양변에서}} x+2-2=5-2 \quad \therefore\ x=3$
> (방정식의 해)

● 양변에서 같은 수 c를 빼는 것은 양변에 같은 수 $-c$를 더하는 것과 같다.

● $ac=bc$라 해서 반드시 $a=b$인 것은 아니다.
> **예** $a=1, b=2, c=0$이면 $ac=bc$이지만 $a\ne b$이다.

● 양변을 0이 아닌 같은 수 c로 나누는 것은 양변에 $\dfrac{1}{c}$을 곱하는 것과 같다.

06-3 일차방정식의 풀이

유형 07~16

(1) 이항: 등식의 성질을 이용하여 등식의 어느 한 변에 있는 항을 그 항의 부호를 바꾸어 다른 변으로 옮기는 것

> **예** $\underset{\text{이항}}{x-2=7 \ ➡\ x=7+2}$

(2) 일차방정식: 등식의 모든 항을 좌변으로 이항하여 정리한 식이 (x에 대한 일차식)$=0$, 즉 $ax+b=0\,(a\ne0)$ 꼴로 나타나는 방정식을 x에 대한 **일차방정식**이라 한다.

(3) 일차방정식의 풀이

❶ 괄호가 있으면 분배법칙을 이용하여 괄호를 먼저 푼다.

❷ 일차항은 좌변으로, 상수항은 우변으로 각각 이항하고 $ax=b\,(a\ne0)$ 꼴로 만든다.

❸ 양변을 x의 계수로 나누어 $x=(\text{수})$ 꼴로 고쳐서 해를 구한다.

● 이항은 '등식의 양변에 같은 수를 더하거나 양변에서 같은 수를 빼어도 등식은 성립한다.'는 등식의 성질을 이용한 것이다.

● 계수가 소수인 일차방정식은 양변에 10, 100, 1000, …을 곱하고, 계수가 분수인 일차방정식은 양변에 분모의 최소공배수를 곱하여 계수를 모두 정수로 고쳐서 푼다.

06-1 방정식과 항등식

0642 다음 보기 중 등식인 것을 모두 고르시오.

> **보기**
> ㄱ. $5+7=10$
> ㄴ. $x+2x=3x$
> ㄷ. $1-6x$
> ㄹ. $4x+3>9$

[0643~0646] 다음 문장을 등식으로 나타내시오.

0643 어떤 수 x의 3배에 1을 더한 것은 x의 5배와 같다.

0644 길이가 x cm인 실에서 8 cm씩 2번 잘라내면 13 cm가 남는다.

0645 한 개에 500원인 지우개 x개와 한 자루에 700원인 연필 y자루의 합은 4600원이다.

0646 가로의 길이가 5 cm, 세로의 길이가 x cm인 직사각형의 넓이는 20 cm²이다.

[0647~0650] 다음 중 항등식인 것은 ○를, 항등식이 아닌 것은 ×를 ( ) 안에 써넣으시오.

0647 $3x=9$ ( )

0648 $-7x=-7x$ ( )

0649 $2x=6x-4x$ ( )

0650 $2(x-1)=2x-2$ ( )

06-2 등식의 성질

[0651~0654] 다음 중 옳은 것은 ○를, 옳지 않은 것은 ×를 ( ) 안에 써넣으시오.

0651 $a=b$이면 $a+3=b+3$이다. ( )

0652 $2a+1=b+1$이면 $2a=b$이다. ( )

0653 $\dfrac{a}{2}=4b$이면 $a=2b$이다. ( )

0654 $3a=2b$이면 $a=\dfrac{3}{2}b$이다. ( )

0655 등식의 성질을 이용하여 다음 □ 안에 알맞은 수를 써넣으시오.

$$3x-1=2$$
$$3x-1+\boxed{}=2+\boxed{} \quad \text{양변에 } \boxed{} \text{을 더한다.}$$
$$3x=\boxed{}$$
$$\therefore x=\boxed{} \quad \text{양변을 } \boxed{} \text{으로 나눈다.}$$

06-3 일차방정식의 풀이

[0656~0658] 다음 등식에서 밑줄 친 항을 이항하시오.

0656 $x\underline{+2}=1$

0657 $5x=\underline{3x}-8$

0658 $2x\underline{-7}=9\underline{+4x}$

0659 다음 보기 중 일차방정식인 것을 모두 고르시오.

> **보기**
> ㄱ. $6x-7=5$
> ㄴ. $3x+7=x-1$
> ㄷ. $x+1<1$
> ㄹ. $x^2+4=-2x$

[0660~0663] 다음 일차방정식을 푸시오.

0660 $9x+3=6x$

0661 $2(x-7)=-(x+2)$

0662 $0.1x+2.3=1.7$

0663 $\dfrac{3}{2}x+3=-\dfrac{1}{4}x+10$

유형 완성

유형 01 등식

등식: 등호(=)를 사용하여 수량 사이의 관계를 나타낸 식
예 $2x+5=10$, $3x+2x=5x$ ➡ 등식이다.
$5x+2$, $8x-3 \geq 1$ ➡ 등식이 아니다.

0664 대표 문제

다음 중 등식인 것을 모두 고르면? (정답 2개)

① $-2x+5$ ② $x-4=7$ ③ $4x-5<7$

④ $4+6=10$ ⑤ $5x \leq 2x+3$

0665 하

'어떤 수 x와 20의 합은 x의 4배보다 9만큼 작다.'를 등식으로 바르게 나타낸 것은?

① $x-20=4x-9$ ② $x-20=4x+9$

③ $x+20=4x-9$ ④ $x+20=4x+9$

⑤ $x+20=4(x+9)$

0666 중

다음 중 문장을 등식으로 나타낸 것으로 옳은 것은?

① 한 변의 길이가 x cm인 정삼각형의 둘레의 길이는 51 cm이다. ➡ $x+3=51$

② 시속 x km로 4시간 동안 간 거리는 12 km이다.
➡ $\dfrac{x}{4}=12$

③ 사탕 20개를 x명에게 3개씩 똑같이 나누어 주었더니 2개가 남았다. ➡ $3x+2=20$

④ 100 g에 x원인 돼지고기 800 g의 가격은 12000원이다.
➡ $800x=12000$

⑤ 가로의 길이가 x cm, 세로의 길이가 5 cm인 직사각형의 넓이는 40 cm²이다. ➡ $x+5=40$

유형 02 방정식의 해

$x=a$가 방정식의 해이다.
➡ $x=a$를 방정식에 대입하면 참이다.
➡ $x=a$를 방정식에 대입하면 (좌변)=(우변)이다.

0667 대표 문제

다음 방정식 중 해가 $x=-10$인 것은?

① $x+2=10$ ② $-2x+5=4$

③ $-x+9=2x+6$ ④ $\dfrac{x}{10}+8=-2x-13$

⑤ $\dfrac{x}{3}+11=\dfrac{2}{7}x-4$

0668 하

다음 중 [ ] 안의 수가 주어진 방정식의 해가 <u>아닌</u> 것은?

① $-3x-2=7$ $[-3]$

② $1-x=x+1$ $[\ 0\ ]$

③ $3x-5=15-2x$ $[\ 4\ ]$

④ $2(x-1)=-x+4$ $[\ 2\ ]$

⑤ $3x=5(x+1)-3$ $[\ 1\ ]$

0669 중   서술형

x의 값이 -1 이상 3 미만의 정수일 때, 일차방정식 $\dfrac{3}{2}(x+1)=2x+1$의 해를 구하시오.

유형 03 항등식

(1) 항등식: 미지수에 어떤 값을 대입하여도 항상 참이 되는 등식
(2) 항등식 찾기
→ 좌변과 우변을 각각 정리한 후 (좌변)=(우변)인지 확인한다.
예 등식 $4x+6x=10x$에서
(좌변)=$10x$, (우변)=$10x$
따라서 (좌변)=(우변)이므로 등식 $4x+6x=10x$는 항등식이다.

0670 대표 문제

다음 중 항등식인 것은?

① $3x-4=4-3x$

② $4x-x=2x$

③ $-(x+1)=x+1$

④ $2(x-1)=x-2$

⑤ $3x+5=(2x+3)+(x+2)$

0671 중

다음 보기 중 x의 값에 관계없이 항상 참인 등식을 모두 고른 것은?

보기
ㄱ. $x+2x=3$
ㄴ. $5x-x=x+3x$
ㄷ. $2x-1=1$
ㄹ. $2(x-3)=2x-6$
ㅁ. $2(3x-2)=4\left(\dfrac{3}{2}x-1\right)$

① ㄱ, ㄷ   ② ㄱ, ㅁ   ③ ㄴ, ㄹ

④ ㄱ, ㄴ, ㄷ   ⑤ ㄴ, ㄹ, ㅁ

유형 04 항등식이 되기 위한 조건

등식 $ax+b=cx+d$가 x에 대한 항등식이다.
→ x의 계수끼리 같고 상수항끼리 같다.
→ $a=c$, $b=d$

0672 대표 문제

등식 $-2x+a=2(bx-3)$이 x에 대한 항등식일 때, 상수 a, b에 대하여 $a+b$의 값을 구하시오.

0673 하

등식 $4x+a=2bx+7$이 모든 x의 값에 대하여 항상 참일 때, 상수 a, b에 대하여 ab의 값은?

① 6   ② 7   ③ 10

④ 14   ⑤ 21

0674 중   서술형

등식 $6x+2=a(1+2x)+b$가 x에 대한 항등식일 때, 상수 a, b에 대하여 $a-b$의 값을 구하시오.

0675 중

다음 등식이 x의 값에 관계없이 항상 성립할 때, 일차식 A를 구하시오.

$$-3x+2(3x+1)=2x+A$$

유형 05 등식의 성질

$a=b$이면

① $a+c=b+c$
② $a-c=b-c$
③ $ac=bc$
④ $\dfrac{a}{c}=\dfrac{b}{c}$ (단, $c\neq0$)

0676 대표 문제

다음 중 옳지 <u>않은</u> 것은?

① $\dfrac{x}{2}=y$이면 $x=2y$이다.

② $-x=y$이면 $3-x=y+3$이다.

③ $x=y$이면 $1-x=1-y$이다.

④ $3x=2y$이면 $\dfrac{x}{2}=\dfrac{y}{3}$이다.

⑤ $x=3y$이면 $x-3=3(y-3)$이다.

0677

$a=2b$일 때, 다음 중 옳지 <u>않은</u> 것은?

① $\dfrac{3}{2}a=3b$

② $5a+1=10b+1$

③ $a-6=2(b-3)$

④ $-2a+2=-4b+4$

⑤ $\dfrac{a}{2}-5=b-5$

0678

등식의 성질을 이용하여 다음 등식이 성립하도록 할 때, ☐ 안에 알맞은 수를 구하시오.

$$3(a-2)=3b+3이면 a-8=b-\boxed{}$$

유형 06 등식의 성질을 이용한 방정식의 풀이

등식의 성질을 이용하여 주어진 방정식을 $x=$(수) 꼴로 고쳐서 해를 구한다.

예 $10x+6=16 \xrightarrow[\text{6을 뺀다.}]{\text{양변에서}} 10x=10 \xrightarrow[\text{10으로 나눈다.}]{\text{양변을}} \therefore x=1$

0679 대표 문제

다음은 등식의 성질을 이용하여 방정식 $5x-3=17$을 푸는 과정이다. 이때 (가), (나)에서 이용된 등식의 성질을 보기에서 고르시오.

$$5x-3=17 \xrightarrow{\text{(가)}} 5x=20 \xrightarrow{\text{(나)}} \therefore x=4$$

보기

$a=b$이고 c는 자연수일 때

ㄱ. $a+c=b+c$
ㄴ. $a-c=b-c$
ㄷ. $ac=bc$
ㄹ. $\dfrac{a}{c}=\dfrac{b}{c}$

0680

다음은 등식의 성질을 이용하여 방정식 $\dfrac{1}{2}x+3=5$를 푸는 과정이다. 이때 (가)~(라)에 알맞은 수들의 합을 구하시오.

$$\dfrac{1}{2}x+3=5$$
$$\dfrac{1}{2}x+3-\boxed{\text{(가)}}=5-\boxed{\text{(가)}}$$
$$\dfrac{1}{2}x=\boxed{\text{(나)}}$$
$$\dfrac{1}{2}x\times\boxed{\text{(다)}}=\boxed{\text{(나)}}\times\boxed{\text{(다)}}$$
$$\therefore x=\boxed{\text{(라)}}$$

0681

다음은 등식의 성질을 이용하여 방정식 $4x+3=15$를 푸는 과정이다. 이때 $a+b$의 값을 구하시오.

$$\begin{array}{l}4x+3=15 \\ 4x=12 \\ \therefore x=3\end{array}$$
등식의 양변에서 a를 빼도 등식은 성립한다.
등식의 양변을 b로 나누어도 등식은 성립한다.

유형 07 이항

이항: 등식의 성질을 이용하여 등식의 어느 한 변에 있는 항을 그 항의 부호를 바꾸어 다른 변으로 옮기는 것

➡ $+○$을 이항하면 $-○$

➡ $-□$를 이항하면 $+□$

0682 대표 문제

다음 중 밑줄 친 항을 바르게 이항한 것은?

① $x\underline{-4}=3 \Rightarrow x=3-4$

② $2x=\underline{-x}+4 \Rightarrow 2x-x=4$

③ $5x\underline{+4}=3x-7 \Rightarrow 5x=3x-7-4$

④ $3x\underline{-2}=2x-5 \Rightarrow 3x+2x=-5+2$

⑤ $4\underline{-x}=2x\underline{-1} \Rightarrow 4+1=2x-x$

0683 하

다음은 방정식에서 밑줄 친 항을 이항한 것이다. 이때 이용된 등식의 성질은? (단, $c>0$)

$$-5x\underline{-7}=2 \Rightarrow -5x=2+7$$

① $a=b$이면 $\dfrac{a}{c}=\dfrac{b}{c}$이다.

② $a=b$이면 $ac=bc$이다.

③ $a=b$이면 $a-c=b-c$이다.

④ $a=b$이면 $a+c=b+c$이다.

⑤ $a=b$이면 $a+b=b+a$이다.

0684 중

서술형

등식 $6x-8=3x+2$를 이항만을 이용하여 $ax=b\,(a>0)$ 꼴로 고쳤을 때, 상수 a, b에 대하여 $a+b$의 값을 구하시오.

유형 08 일차방정식

x에 대한 일차방정식

➡ (x에 대한 일차식)$=0$ 꼴

➡ $ax+b=0\,(a\ne0)$ 꼴

0685 대표 문제

다음 중 일차방정식인 것을 모두 고르면? (정답 2개)

① $\dfrac{3}{x}-1=4$

② $x^2+x=x^2+3$

③ $2(x-1)=2x-2$

④ $x+(-x)=0$

⑤ $x^2-8x+1=x(7+x)$

0686 중

다음 중 문장을 등식으로 나타낼 때, 일차방정식이 <u>아닌</u> 것은?

① x의 3배에 5를 더하면 40이 된다.

② 한 변의 길이가 $x\,\mathrm{cm}$인 정사각형의 넓이는 $36\,\mathrm{cm}^2$이다.

③ 시속 $x\,\mathrm{km}$로 5시간 동안 달린 거리는 $250\,\mathrm{km}$이다.

④ 가로의 길이가 세로의 길이 $x\,\mathrm{cm}$보다 $3\,\mathrm{cm}$ 긴 직사각형의 둘레의 길이는 $50\,\mathrm{cm}$이다.

⑤ 한 사람당 관람료가 12000원인 영화를 x명이 같이 보았더니 관람료가 총 84000원이었다.

0687 중

등식 $2x+1=4-(a+1)x$가 x에 대한 일차방정식이 되기 위한 상수 a의 조건을 구하시오.

유형 09 일차방정식의 풀이

❶ 괄호가 있으면 분배법칙을 이용하여 괄호를 푼다.

❷ $ax=b\,(a\neq0)$ 꼴로 만든다.

❸ 양변을 x의 계수 a로 나누어 해 $x=\dfrac{b}{a}$를 구한다.

0688 대표 문제

일차방정식 $3(2x-3)=2(x-1)+1$을 풀면?

① $x=1$ ② $x=2$ ③ $x=3$

④ $x=4$ ⑤ $x=5$

0689 ㉱

다음 중 일차방정식 $x-4(3x+1)=7$과 해가 같은 것은?

① $x-2=-1$ ② $2x+13=3x$

③ $3(x+2)=2x+1$ ④ $-5x+7=4(x-5)$

⑤ $2(x+6)=-(x-9)$

0690 ㉱

서술형 🖋

일차방정식 $2x-\{x-(4x+3)\}=7$의 해가 $x=a$일 때,
$-\dfrac{5}{4}a+5$의 값을 구하시오.

유형 10 계수가 소수인 일차방정식의 풀이

계수가 소수인 일차방정식은 양변에 10, 100, 1000, … 중 적당한 수를 곱하여 계수를 모두 정수로 고쳐서 푼다.

예 일차방정식 $0.1x+1=0.3x+0.4$의 양변에 10을 곱하면
$$x+10=3x+4$$
$$-2x=-6 \qquad \therefore x=3$$

0691 대표 문제

일차방정식 $0.3(x-2)=0.4(x+2)+1.5$를 풀면?

① $x=-29$ ② $x=-27$ ③ $x=-25$

④ $x=26$ ⑤ $x=28$

0692 ㉯

일차방정식 $0.05x-0.2=-0.03x+0.12$를 푸시오.

0693 ㉱

일차방정식 $0.1x-0.2=-2.4(x-2)$의 해를 $x=a$, 일차방정식 $-0.2(x+1)=0.8x-3.2$의 해를 $x=b$라 할 때, ab의 값은?

① 2   ② 3   ③ 4

④ 5   ⑤ 6

유형 11 계수가 분수인 일차방정식의 풀이

계수가 분수인 일차방정식은 양변에 분모의 최소공배수를 곱하여 계수를 모두 정수로 고쳐서 푼다.

> ◉ 일차방정식 $\dfrac{x+1}{3}-1=\dfrac{x}{4}$의 양변에 분모 3, 4의 최소공배수인 12를 곱하면
>
> $4(x+1)-12=3x$
>
> $4x+4-12=3x$ ∴ $x=8$

0694 대표 문제

일차방정식 $\dfrac{x+2}{3}-\dfrac{3}{2}x=1$을 푸시오.

0695 ⓗ

다음은 일차방정식 $\dfrac{x}{5}=\dfrac{2-x}{2}+6$을 푸는 과정이다. ㉠, ㉡, ㉢에 알맞은 수를 모두 더하면?

양변에 ㉠ 을 곱하면	$2x=5(2-x)+$ ㉡
괄호를 풀면	$2x=10-5x+$ ㉡
$-5x$를 이항하면	$2x+5x=10+$ ㉡
양변을 정리하면	$x=$ ㉢

① 60   ② 70   ③ 80
④ 90   ⑤ 100

0696 ⓢ

다음 일차방정식 중 해가 나머지 넷과 <u>다른</u> 하나는?

① $3x=-x-4$
② $x-5=3(x-1)$
③ $\dfrac{7}{2}(x-1)=2x-5$
④ $\dfrac{3}{2}x+1=\dfrac{x}{5}-\dfrac{3}{10}$
⑤ $\dfrac{x+5}{2}-3=\dfrac{2-2x}{3}$

유형 12 소수인 계수와 분수인 계수가 모두 있는 일차방정식의 풀이

소수인 계수와 분수인 계수가 모두 있는 일차방정식은 일반적으로 소수를 분수로 고친 후 푸는 것이 편리하다.

> ◉ 일차방정식 $0.5x-1.5=\dfrac{1}{6}-\dfrac{1}{3}x$에서
>
> 소수를 분수로 고치면 $\dfrac{1}{2}x-\dfrac{3}{2}=\dfrac{1}{6}-\dfrac{1}{3}x$
>
> 양변에 분모 2, 6, 3의 최소공배수인 6을 곱하면
>
> $3x-9=1-2x$
>
> $5x=10$ ∴ $x=2$

0697 대표 문제

일차방정식 $\dfrac{2}{3}x+3=0.5x+\dfrac{11}{3}$을 풀면?

① $x=-4$ ② $x=-3$ ③ $x=3$
④ $x=4$ ⑤ $x=5$

0698 ⓢ

일차방정식 $\dfrac{1}{5}(1.4x-1.7)=\dfrac{2}{5}x+\dfrac{1}{2}$을 푸시오.

0699 ⓢ   서술형

일차방정식 $0.1(7x-1)=\dfrac{x+3}{2}$의 해를 $x=a$, 일차방정식 $\dfrac{2}{3}(x+1)=1.5-\dfrac{2-x}{2}$의 해를 $x=b$라 할 때, ab의 값을 구하시오.

유형 13 비례식으로 주어진 일차방정식의 풀이

비례식 $a:b=c:d$가 주어지면 $ad=bc$임을 이용하여 일차방 정식을 세운다.

$$\Rightarrow \underset{\text{내항}}{a:\overset{\text{외항}}{b=c}:d} \Rightarrow \underset{\text{↳ 외항의 곱은 내항의 곱과 같다.}}{ad=bc}$$

0700 대표 문제

비례식 $(3x-6):(7x+2)=3:5$를 만족시키는 x의 값 을 구하시오.

0701 ⊛

비례식 $(x+3):4=\dfrac{3x-1}{2}:2$를 만족시키는 x의 값은?

① 0 　　　② 1 　　　③ 2

④ 3 　　　⑤ 4

0702 ⊛

다음을 만족시키는 x의 값 중 가장 큰 것은?

① $2(x+5)=-x-5$

② $0.3x=0.5x-1.4$

③ $2-3x=\dfrac{3-x}{2}+3$

④ $\dfrac{x-6}{4}-1.5x=-1$

⑤ $(x+2):(4x-7)=2:3$

유형 14 일차방정식의 해가 주어질 때, 상수 구하기

일차방정식의 해가 주어진 경우, 그 해를 주어진 일차방정식에 대입하여 상수의 값을 구한다.

0703 대표 문제

x에 대한 일차방정식 $-\dfrac{1}{2}x+a=\dfrac{2}{5}x+\dfrac{17}{10}$의 해가 $x=-1$일 때, 상수 a의 값은?

① $\dfrac{2}{5}$ 　　　② $\dfrac{3}{5}$ 　　　③ $\dfrac{4}{5}$

④ 1 　　　⑤ $\dfrac{6}{5}$

0704 ⊛

x에 대한 일차방정식 $ax+6=4(x-1)$의 해가 $x=5$일 때, 상수 a에 대하여 $2a^2-a+3$의 값은?

① 6 　　　② 7 　　　③ 8

④ 9 　　　⑤ 10

0705 ⊛　　　　　　　　　　　　　서술형

x에 대한 일차방정식 $a(2x-1)+5x=-x-7$의 해가 $x=3$일 때, x에 대한 일차방정식 $2.4x+a=1.7x-2.2$의 해를 구하시오. (단, a는 상수)

유형 15 두 일차방정식의 해가 서로 같을 때, 상수 구하기

❶ 해를 구할 수 있는 방정식의 해를 먼저 구한다.
❷ ❶에서 구한 해를 다른 방정식에 대입하여 상수의 값을 구한다.

0706 대표 문제

x에 대한 두 일차방정식 $0.2x+0.5=0.7x+2.5$, $\dfrac{x}{2}-\dfrac{x-2a}{4}=1$의 해가 서로 같을 때, 상수 a의 값은?

① 1 　　　② 2 　　　③ 3
④ 4 　　　⑤ 9

0707 하

x에 대한 두 일차방정식 $x-1=3x-7$, $ax-2=4x+1$의 해가 서로 같을 때, 상수 a의 값은?

① 3 　　　② 4 　　　③ 5
④ 6 　　　⑤ 7

0708 중

다음 x에 대한 세 일차방정식의 해가 모두 같을 때, 상수 a, b에 대하여 $a+b$의 값을 구하시오.

$$6(2x+3)=ax-3$$
$$0.2(x-b)=x+1.8$$
$$\frac{x-1}{4}=x+2$$

유형 16 일차방정식의 해의 조건이 주어질 때, 상수 구하기

❶ 주어진 일차방정식의 해를 $x=(a$를 사용한 식$)$으로 나타낸다.
❷ 해의 조건을 만족시키는 a의 값을 구한다.

0709 대표 문제

x에 대한 일차방정식 $2(7-x)=a$의 해가 자연수가 되도록 하는 모든 자연수 a의 값의 합은?

① 22 　　　② 30 　　　③ 36
④ 40 　　　⑤ 42

0710 중 　　　　　　　　　　서술형

x에 대한 일차방정식 $x+2a=3x+6$의 해가 음의 정수가 되도록 하는 자연수 a의 값을 모두 구하시오.

0711 중

x에 대한 일차방정식 $4(x-3)=8-a$의 해가 자연수가 되도록 하는 자연수 a는 모두 몇 개인가?

① 2개 　　　② 3개 　　　③ 4개
④ 5개 　　　⑤ 6개

유형 점검

0712

유형 01

다음 보기 중 등식인 것은 모두 몇 개인가?

> **보기**
> ㄱ. $2-7=-5$ ㄴ. $x+4$
> ㄷ. $5+4>8$ ㄹ. $x-5\geq4$
> ㅁ. $x+5=3x-1$ ㅂ. $x+y+3$
> ㅅ. $2x+1\leq3$ ㅇ. $3+7=10$

① 2개   ② 3개   ③ 4개

④ 5개   ⑤ 6개

0713

유형 01

다음 중 문장을 등식으로 나타낸 것으로 옳지 <u>않은</u> 것은?

① 어떤 수 x에서 7을 뺀 것은 x의 6배에 1을 더한 것과 같다. ➡ $x-7=6x+1$

② 시속 2 km로 a시간 동안 간 거리는 10 km이다.
➡ $2a=10$

③ 한 변의 길이가 x cm인 정사각형의 둘레의 길이는 16 cm이다. ➡ $4x=16$

④ 300원짜리 볼펜 x자루를 사고 2000원을 냈더니 거스름 돈이 500원이었다. ➡ $300x-2000=500$

⑤ 밑변의 길이가 $2a$ cm, 높이가 $3b$ cm인 삼각형의 넓이는 20 cm²이다. ➡ $3ab=20$

0714

유형 02

다음 중 [ ] 안의 수가 주어진 방정식의 해인 것은?

① $-3x-2=5$ [3]

② $x-5=5+2x$ [0]

③ $\dfrac{x+1}{2}=\dfrac{x}{5}-1$ [-5]

④ $2(x-1)=-x+4$ [-2]

⑤ $3x+1=4(x+1)-3$ [1]

0715

유형 03

다음 보기 중 항등식인 것을 모두 고르시오.

> **보기**
> ㄱ. $5x+2x=7x$
> ㄴ. $x-3=2x-3$
> ㄷ. $-(x+3)=-3-x$
> ㄹ. $6-3x=x+6-4x$

0716

유형 04

등식 $(a-3)x+24=4(x+3b)+5x$가 x에 대한 항등식일 때, 상수 a, b에 대하여 $b-a$의 값은?

① -10 ② -5 ③ -4

④ 1   ⑤ 2

0717 · 유형 05

$5a-15=10(b+3)$일 때, $a+2b$와 같은 것은?

① 6   ② 9   ③ $2b+9$

④ $4b+6$ ⑤ $4b+9$

0718 · 유형 05

다음 중 옳은 것을 모두 고르면? (정답 2개)

① $ac=bc$이면 $a=b$이다.

② $a=b$이면 $\dfrac{a}{c}=\dfrac{b}{c}$이다.

③ $5a=4b$이면 $\dfrac{a}{4}=\dfrac{b}{5}$이다.

④ $a=b$이면 $7-a=7-b$이다.

⑤ $a=2b$이면 $a-2=2(b-2)$이다.

0719 · 유형 06

오른쪽은 등식의 성질을 이용하여 방정식 $\dfrac{2}{3}x+2=4$를 푸는 과정이다. 이때 등식의 성질 '$a=b$이면 $ac=bc$이다.'를 이용한 곳을 고르시오. (단, c는 자연수)

$$\begin{array}{ll} \dfrac{2}{3}x+2=4 & \\ 2x+6=12 & \text{㉠} \\ 2x=6 & \text{㉡} \\ \therefore\ x=3 & \text{㉢} \end{array}$$

0720 · 유형 07

다음 중 밑줄 친 항을 이항한 것으로 옳지 <u>않은</u> 것은?

① $2+3x=8 \Rightarrow 3x=8-2$

② $4x-3=9 \Rightarrow 4x=9-3$

③ $-2x=7x+8 \Rightarrow -2x-7x=8$

④ $3x+1=6x-5 \Rightarrow 3x-6x=-5-1$

⑤ $x+6=5-3x \Rightarrow x+3x=5-6$

0721 · 유형 08

다음 보기 중 일차방정식인 것은 모두 몇 개인지 구하시오.

┌ 보기 ─────────────────────
ㄱ. $5x-3$ ㄴ. $\dfrac{x}{2}=4$

ㄷ. $\dfrac{5}{x}-3=4$ ㄹ. $x^2-1=x+1$

ㅁ. $2x^2-2=3x+2x^2$ ㅂ. $3(2x-2)=2(3x-3)$
└──────────────────────────

0722 · 유형 09

일차방정식 $2(x+2)-3(2-x)=8$을 푸시오.

0723 · 유형 10

일차방정식 $0.4(x+3)-0.3x=1.3$을 풀면?

① $x=-2$ ② $x=-1$ ③ $x=0$

④ $x=1$ ⑤ $x=2$

0724 유형 11

일차방정식 $\dfrac{x+3}{2}-1=\dfrac{2x-1}{5}$ 을 풀면?

① $x=-9$ ② $x=-7$ ③ $x=-5$

④ $x=7$ ⑤ $x=9$

0725 유형 09 + 10 + 11 + 12

다음 일차방정식 중 해가 가장 큰 것은?

① $1.8x-0.6=\dfrac{1}{5}(x-4)$

② $-5(x-3)=2x+1$

③ $0.3x+3.5=x+0.7$

④ $\dfrac{x}{6}-\dfrac{1}{4}=\dfrac{x}{3}+\dfrac{3}{4}$

⑤ $\dfrac{x-2}{3}=\dfrac{2}{5}x-1$

0726 유형 14

x에 대한 일차방정식 $5-\dfrac{x-a}{3}=2a-x$의 해가 $x=5$일 때, 상수 a의 값은?

① 1 ② 2 ③ 3

④ 4 ⑤ 5

0727 유형 16

x에 대한 일차방정식 $3(8-2x)=a$의 해가 자연수가 되도록 하는 가장 작은 자연수 a의 값을 구하시오.

서술형

0728 유형 12

일차방정식 $0.1(x-3)=\dfrac{1}{6}(x+1)$의 해가 $x=a$일 때, x에 대한 일차방정식 $ax-21=0$을 푸시오.

0729 유형 10 + 13

$0.2x+0.77=-0.17x-0.34$의 해를 $x=a$, 비례식 $(x-8):2=(4x+3):3$을 만족시키는 x의 값을 b라 할 때, $a+b$의 값을 구하시오.

0730 유형 15

x에 대한 두 일차방정식 $2(x+3)=-(x-12)$, $ax+\dfrac{2}{3}=\dfrac{4-x}{2}$의 해가 서로 같을 때, 상수 a에 대하여 $6a+4$의 값을 구하시오.

하 …… 중 …… 상100%

실력 향상

0731
x에 대한 일차방정식 $a-2x=b-3x$의 해가 $x=2a$일 때, 상수 a, b에 대하여 $\dfrac{b-a}{2b-5a}$의 값은? (단, $a \neq 0$)

① 1   ② 2   ③ 3

④ 4   ⑤ 5

0732
x에 대한 두 일차방정식 $5-2x=2(x-1)+1$, $12x-2=4x+2a$의 해의 절댓값이 서로 같을 때, 모든 상수 a의 값의 합은?

① -6 ② -4 ③ -2

④ 0   ⑤ 2

0733
x에 대한 일차방정식 $x+8=\dfrac{1}{7}(a-x)$의 해가 자연수가 되도록 하는 두 자리의 자연수 a는 모두 몇 개인지 구하시오.

0734
일차방정식 $2x+5=5x-7$에서 우변의 x의 계수 5를 잘못 보고 풀었더니 해가 $x=3$이었다. 이때 5를 어떤 수로 잘못 본 것인가?

① 2   ② 3   ③ 4

④ 6   ⑤ 7

◑ 기출 BOOK 22쪽

07-1 **일차방정식의 활용 문제**   유형 01~08, 14, 17, 18

일차방정식의 활용 문제는 다음과 같은 순서로 해결한다.
❶ 문제의 뜻을 이해하고, 구하려는 값을 미지수로 놓는다.
❷ 문제의 뜻에 맞게 일차방정식을 세운다.
❸ 일차방정식을 푼다.
❹ 구한 해가 문제의 뜻에 맞는지 확인한다.
주의 문제의 답을 구할 때, 반드시 단위를 쓴다.
참고 수에 관한 문제에서 미지수는 다음과 같이 정한다.

• 연속하는 세 자연수 ➡ $x-1$, x, $x+1$ 또는 x, $x+1$, $x+2$
• 연속하는 세 짝수(홀수) ➡ $x-2$, x, $x+2$ 또는 x, $x+2$, $x+4$
• 십의 자리의 숫자가 x, 일의 자리의 숫자가 y인 두 자리의 자연수 ➡ $10x+y$
• 백의 자리의 숫자가 x, 십의 자리의 숫자가 y, 일의 자리의 숫자가 z인 세 자리의 자연수
    ➡ $100x+10y+z$

개념+

일반적으로 구하려는 값을 미지수로 놓지만, 식을 간단하게 하는 것을 미지수로 놓기도 한다.

미지수 정하기
↓
방정식 세우기
↓
방정식 풀기
↓
확인하기

07-2 **거리, 속력, 시간에 대한 문제**   유형 09~13

거리, 속력, 시간에 대한 문제는 다음 관계를 이용하여 방정식을 세운다.

$$(\text{거리})=(\text{속력})\times(\text{시간}), \quad (\text{속력})=\frac{(\text{거리})}{(\text{시간})}, \quad (\text{시간})=\frac{(\text{거리})}{(\text{속력})}$$

예 • 시속 3 km로 x시간 동안 간 거리 ➡ $3x$ km

• x m를 30분 동안 갔을 때의 속력 ➡ 분속 $\dfrac{x}{30}$ m

• 10 km를 시속 x km로 갔을 때 걸린 시간 ➡ $\dfrac{10}{x}$ 시간

참고 주어진 단위가 다를 경우, 방정식을 세우기 전에 먼저 단위를 통일한다.

➡ 1 km$=1000$ m, 1 m$=\dfrac{1}{1000}$ km, 1시간$=60$분, 1분$=\dfrac{1}{60}$ 시간

07-3 **증가, 감소에 대한 문제**   유형 15, 16

증가, 감소에 대한 문제는 다음을 이용하여 방정식을 세운다.
(1) x가 $a\%$ **증가**할 때

① 변화량 ➡ $+\dfrac{a}{100}x$ ② 증가한 후의 양 ➡ $x+\dfrac{a}{100}x$

(2) y가 $b\%$ **감소**할 때

① 변화량 ➡ $-\dfrac{b}{100}y$ ② 감소한 후의 양 ➡ $y-\dfrac{b}{100}y$

(3) (A의 변화량)+(B의 변화량)=(A, B 전체의 변화량)

예 x가 $a\%$ 증가하고 y가 $b\%$ 감소할 때, 전체의 변화량 ➡ $\dfrac{a}{100}x-\dfrac{b}{100}y$

07-1 일차방정식의 활용 문제

0735 어떤 수에 6을 더하여 2배 한 후 4를 더하면 20이 될 때, 어떤 수를 구하려고 한다. 다음 물음에 답하시오.

(1) 어떤 수를 x로 놓고 일차방정식을 세우시오.

(2) (1)에서 세운 방정식을 푸시오.

(3) 어떤 수를 구하시오.

0736 연속하는 세 자연수의 합이 21일 때, 세 자연수를 구하려고 한다. 다음 물음에 답하시오.

(1) 제일 작은 자연수를 x라 할 때, 연속하는 세 자연수를 x를 사용하여 나타내시오.

(2) (1)을 이용하여 주어진 조건에 맞게 방정식을 세우시오.

(3) (2)에서 세운 방정식을 푸시오.

(4) 연속하는 세 자연수를 구하시오.

[0737~0740] 다음 문장을 방정식으로 나타내고, 방정식을 푸시오.

0737 가로의 길이가 5 cm, 세로의 길이가 x cm인 직사각형의 둘레의 길이는 24 cm이다.

0738 농구 시합에서 2점짜리 슛을 x개, 3점짜리 슛을 8개 넣어 36점을 얻었다.

0739 연필 50자루를 11명에게 x자루씩 나누어 주었더니 6자루가 남았다.

0740 한 개에 700원인 음료수를 x개 사고 3000원을 냈더니 200원을 거슬러 받았다.

07-2 거리, 속력, 시간에 대한 문제

0741 두 지점 A, B 사이를 왕복하는데 갈 때는 시속 4 km로, 올 때는 시속 2 km로 걸었더니 총 6시간이 걸렸다. 두 지점 A, B 사이의 거리를 구하려고 할 때, 다음 물음에 답하시오.

(1) 두 지점 A, B 사이의 거리를 x km라 할 때, 다음 표를 완성하시오.

	갈 때	올 때
거리	x km	
속력		시속 2 km
시간	$\frac{x}{4}$ 시간	

(2) 두 지점 A, B 사이를 왕복하는 데 걸린 시간을 이용하여 방정식을 세우시오.

(3) (2)에서 세운 방정식을 푸시오.

(4) 두 지점 A, B 사이의 거리를 구하시오.

07-3 증가, 감소에 대한 문제

0742 어느 중학교의 작년 1학년 전체 학생은 380명이었다. 올해에는 작년에 비해 남학생 수가 6 % 감소하고, 여학생 수가 5 % 증가하여 전체 학생이 3명 감소했다고 할 때, 작년의 여학생 수를 구하려고 한다. 다음 물음에 답하시오.

(1) 작년의 여학생 수를 x라 할 때, 다음 표를 완성하시오.

	남학생 수	여학생 수
작년	$380-x$	x
변화량		$\frac{5}{100}x$

(2) 변화량을 이용하여 방정식을 세우시오.

(3) (2)에서 세운 방정식을 푸시오.

(4) 작년의 여학생 수를 구하시오.

B 유형 완성

하 10% ···· 중 80% ···· 상 10%

유형 01 수의 연산에 대한 문제

어떤 수를 x로 놓고 문제의 뜻에 맞게 방정식을 세운다.

0743 대표 문제

어떤 수의 2배에 6을 더한 수는 어떤 수의 5배보다 6만큼 작을 때, 어떤 수는?

① 2   ② 3   ③ 4

④ 5   ⑤ 6

0744 하

오른쪽 그림과 같이 각각 똑같은 공과 추를 여러 개 올려놓은 접시저울이 평형을 이루고 있다. 추 한 개의 무게가 30 g일 때, 공 1개의 무게를 구하시오.

0745 중

다음은 고대 이집트의 수학책인 "아메스 파피루스"에 실려 있는 문제이다. 이때 아하의 값을 구하시오.

> 아하와 아하의 7분의 1의 합이
> 19가 되는 아하를 구하라.

0746 중   서술형

어떤 수의 4배에서 5를 빼야 할 것을 잘못하여 어떤 수의 5배에서 4를 뺐더니 처음 구하려고 했던 수의 2배가 되었다. 이때 처음 구하려고 했던 수를 구하시오.

빈출

유형 02 연속하는 자연수에 대한 문제

(1) 연속하는 두 자연수
   ➡ $x-1$, x 또는 x, $x+1$
(2) 연속하는 세 자연수
   ➡ $x-1$, x, $x+1$ 또는 x, $x+1$, $x+2$
(3) 연속하는 세 짝수(홀수)
   ➡ $x-2$, x, $x+2$ 또는 x, $x+2$, $x+4$

0747 대표 문제

연속하는 세 홀수의 합이 549일 때, 세 홀수를 구하시오.

0748 중

연속하는 두 자연수의 합이 두 자연수 중 작은 수의 $\frac{1}{2}$보다 28만큼 크다고 한다. 이때 두 자연수의 합은?

① 37   ② 55   ③ 57

④ 81   ⑤ 83

0749 중

연속하는 세 자연수의 합이 126일 때, 세 자연수 중 가장 큰 수와 가장 작은 수의 합을 구하시오.

유형 03 자리의 숫자에 대한 문제

(1) 십의 자리의 숫자가 x, 일의 자리의 숫자가 y인 두 자리의 자연수 ➡ $10x+y$

　주의　십의 자리의 숫자가 x, 일의 자리의 숫자가 y인 두 자리의 자연수를 xy로 놓지 않도록 주의한다.

(2) 백의 자리의 숫자가 x, 십의 자리의 숫자가 y, 일의 자리의 숫자가 z인 세 자리의 자연수 ➡ $100x+10y+z$

(3) 두 자리의 자연수 $10x+y$의 십의 자리의 숫자와 일의 자리의 숫자를 바꾼 수 ➡ $10y+x$

0750 대표 문제

일의 자리의 숫자가 3인 두 자리의 자연수가 있다. 이 자연수의 십의 자리의 숫자와 일의 자리의 숫자를 바꾼 수는 처음 수보다 36만큼 작다고 할 때, 처음 수는?

① 43　　　　② 53　　　　③ 63

④ 73　　　　⑤ 83

0751 ⑧

일의 자리의 숫자가 6인 두 자리의 자연수가 있다. 이 자연수는 각 자리의 숫자의 합의 3배보다 2만큼 크다고 할 때, 이 자연수를 구하시오.

0752 ⑧

십의 자리의 숫자가 일의 자리의 숫자보다 4만큼 큰 두 자리의 자연수가 있다. 이 자연수는 각 자리의 숫자의 합의 9배보다 3만큼 작다고 할 때, 이 자연수는?

① 40　　　　② 51　　　　③ 62

④ 73　　　　⑤ 84

0753 ⑧

백의 자리의 숫자가 5인 세 자리의 자연수가 있다. 십의 자리의 숫자는 일의 자리의 숫자의 3배보다 1만큼 작고, 백의 자리의 숫자와 십의 자리의 숫자를 바꾼 수는 처음 수보다 270만큼 크다고 할 때, 처음 수를 구하시오.

유형 04 개수의 합이 일정한 문제

A, B의 개수의 합이 a로 주어진 경우

➡ A가 x개 있다고 하면 B는 $(a-x)$개가 있음을 이용한다.

0754 대표 문제

우리 안에 소와 닭이 합하여 15마리가 있다. 다리의 수의 합이 44일 때, 소는 모두 몇 마리 있는가?

① 6마리　　　② 7마리　　　③ 8마리

④ 9마리　　　⑤ 10마리

0755 ⑧

양말 가게에서 1켤레에 1000원인 흰 양말과 1켤레에 1500원인 검은 양말을 합하여 총 14켤레를 사는데 20000원을 냈더니 4000원을 거슬러 받았다. 이때 검은 양말은 모두 몇 켤레 샀는지 구하시오.

0756 ⑧   서술형 ♀

편의점에서 1개에 500원인 과자와 1개에 700원인 아이스크림을 합하여 10개를 사고, 1개에 600원인 초콜릿을 3개 샀더니 전체 금액이 8000원이었다. 이때 과자와 아이스크림을 각각 몇 개 샀는지 차례로 구하시오.

유형 05 나이에 대한 문제

(1) 올해 나이가 a세, b세인 두 사람의 x년 후의 나이
  ➡ $(a+x)$세, $(b+x)$세
(2) 나이의 합이 c세인 두 사람의 나이
  ➡ x세, $(c-x)$세

0757 대표 문제

올해 어머니의 나이는 42세이고 딸의 나이는 9세이다. 어머니의 나이가 딸의 나이의 4배가 되는 것은 몇 년 후인가?

① 2년 후　　　　② 3년 후　　　　③ 4년 후
④ 5년 후　　　　⑤ 6년 후

0758 ⑧

올해 진아의 이모의 나이는 진아의 나이의 4배이다. 7년 후에는 진아의 이모의 나이가 진아의 나이의 3배가 될 때, 올해 진아의 나이는?

① 12세　　　　② 13세　　　　③ 14세
④ 15세　　　　⑤ 16세

0759 ⑧

현재 아버지와 딸의 나이의 합은 60세이고, 2년 후에는 아버지의 나이가 딸의 나이의 3배가 된다고 한다. 이때 현재 아버지의 나이를 구하시오.

0760 ⑧

다음은 올해 수영이네 다섯 가족의 나이에 대한 설명일 때, 올해 아버지의 나이를 구하시오.

⑺ 수영이는 두 명의 쌍둥이 동생이 있고, 수영이의 나이는 쌍둥이 동생보다 4세 더 많다.
⑷ 어머니의 나이는 쌍둥이의 나이의 4배이다.
⑸ 아버지를 제외한 네 가족의 나이를 모두 더하면 74세이다.
⑹ 15년 후에는 아버지의 나이가 수영이의 나이의 2배가 된다.

유형 06 예금에 대한 문제

현재 예금액이 a원이고, 다음 달부터 매달 b원씩 예금하면
➡ (x개월 후의 예금액)
  =(현재 예금액)+(매달 예금하는 금액)$\times x$
  =$a+bx$(원)

0761 대표 문제

현재 형과 동생의 통장에는 각각 20000원, 40000원이 예금되어 있다. 앞으로 형은 매달 8000원씩, 동생은 매달 3000원씩 예금할 때, 형의 예금액이 동생의 예금액의 2배가 되는 것은 몇 개월 후인가? (단, 이자는 생각하지 않는다.)

① 10개월 후　　　② 15개월 후　　　③ 20개월 후
④ 25개월 후　　　⑤ 30개월 후

0762 ⑧

현재 시하와 건우의 통장에는 각각 70000원, 50000원이 예금되어 있다. 앞으로 시하는 매일 5000원씩, 건우는 매일 3000원씩 각자 자신의 통장에서 돈을 찾아 쓸 때, 시하와 건우의 예금액이 같아지는 것은 며칠 후인지 구하시오.
(단, 이자는 생각하지 않는다.)

유형 07 도형에 대한 문제

도형의 둘레의 길이나 넓이에 대한 공식을 이용하여 방정식을 세운다.

(1) (직사각형의 둘레의 길이)
 $=2 \times \{(가로의 길이)+(세로의 길이)\}$

(2) (사다리꼴의 넓이)
 $=\dfrac{1}{2} \times \{(윗변의 길이)+(아랫변의 길이)\} \times (높이)$

0763 대표 문제

오른쪽 그림과 같이 가로, 세로의 길이가 각각 6 cm, 8 cm인 직사각형의 가로의 길이를 x cm만큼, 세로의 길이를 4 cm만큼 늘였더니 넓이가 처음 직사각형의 넓이의 3배가 되었다. 이때 x의 값을 구하시오.

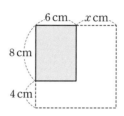

0764 하

어떤 정사각형의 가로의 길이를 7 cm만큼 늘이고 세로의 길이를 2배로 늘였더니 둘레의 길이가 50 cm가 되었다. 이때 처음 정사각형의 한 변의 길이를 구하시오.

0765 중

오른쪽 그림과 같이 아랫변의 길이가 윗변의 길이보다 3 cm 더 길고 높이가 4 cm인 사다리꼴이 있다. 이 사다리꼴의 넓이가 24 cm²일 때, 윗변의 길이를 구하시오.

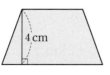

0766 중 　　　　　　　　　　　　　서술형

길이가 112 cm인 철사를 구부려 가로의 길이와 세로의 길이의 비가 3 : 1인 직사각형을 만들려고 할 때, 이 직사각형의 가로의 길이를 구하시오.

(단, 철사는 겹치는 부분이 없도록 모두 사용한다.)

0767 상

오른쪽 그림과 같이 둘레의 길이가 24 cm인 직사각형 5개를 이어 붙여 정사각형을 만들었을 때, 이 정사각형의 넓이는?

① 25 cm²　　　　② 36 cm²
③ 64 cm²　　　　④ 100 cm²
⑤ 144 cm²

유형 08 비율에 대한 문제

비율에 대한 문제는 전체 양을 x로 놓고 모든 부분의 합이 전체 양과 같음을 이용하여 방정식을 세운다.

➡ 전체 양의 $\dfrac{n}{m}$은 $x \times \dfrac{n}{m}$

0768 대표 문제

서진이가 책 한 권을 읽는데 첫째 날에는 전체의 $\dfrac{1}{3}$, 둘째 날에는 전체의 $\dfrac{1}{2}$, 셋째 날에는 30쪽을 읽어 책 한 권을 다 읽었다고 할 때, 이 책은 모두 몇 쪽인지 구하시오.

0769 (중)

어느 동호회에서 놀이공원으로 소풍을 갔다. 전체 회원의 $\frac{1}{6}$은 롤러코스터를, 전체 회원의 $\frac{1}{4}$은 바이킹을, 전체 회원의 $\frac{1}{3}$은 회전목마를 타러 갔다. 남겨진 회원 3명은 동물원에 갔다고 할 때, 회전목마를 타러 간 회원은 몇 명인가?

① 2명   ② 3명   ③ 4명

④ 5명   ⑤ 6명

0770 (상)

주원이는 소설책을 읽고 있다. 다음 글을 읽고 주원이가 읽고 있는 소설책은 모두 몇 쪽인지 구하시오.

> 어제는 전체의 $\frac{3}{7}$을 읽었고, 오늘은 남은 양의 $\frac{2}{3}$를 읽었다. 내일 10쪽을 읽고 나면 전체의 $\frac{1}{7}$이 남는다.

빈출

유형 09   거리, 속력, 시간에 대한 문제(1)
         – 전체 걸린 시간이 주어진 경우

각 구간에서의 속력이 다르고 전체 걸린 시간이 주어진 경우 시간에 대한 방정식을 세운다.
➡ (각 구간에서 걸린 시간의 합)=(전체 걸린 시간)

0771 대표 문제

두 도시 A, B를 왕복하는데 갈 때는 시속 240 km로 달리는 기차를 탔고, 올 때는 시속 80 km로 달리는 버스를 타서 총 4시간 15분이 걸렸다. 이때 두 도시 A, B 사이의 거리를 구하시오.

0772 (중)

규식이가 친구들과 레일바이크를 타고 두 지점 A, B를 왕복하는데 지점 A에서 지점 B로 갈 때는 시속 12 km로, 올 때는 시속 20 km로 이동하여 총 16분이 걸렸다. 다음 물음에 답하시오.

(1) 두 지점 A, B 사이의 거리를 구하시오.

(2) 지점 B에서 지점 A로 오는 데 걸린 시간은 몇 분인지 구하시오.

0773 (중)

서술형

찬혁이는 집에서 학교까지 5 km의 거리를 자전거로 다닌다. 어느 날 시속 20 km로 자전거를 타고 등교하다가 중간에 바퀴에 펑크가 나서 시속 5 km로 자전거를 끌고 갔더니 집에서 학교까지 총 30분이 걸렸다. 이때 자전거를 끌고 간 거리를 구하시오.

0774 (중)

예안이가 등산을 하는데 올라갈 때는 시속 2 km로 걸어서 정상에 도착하였다. 정상에서 40분 동안 머무르다가 내려올 때는 올라갈 때보다 2 km가 더 긴 길을 시속 3 km로 걸어서 내려왔더니 총 5시간이 걸렸다고 할 때, 내려온 거리는?

① 4.2 km   ② 4.4 km   ③ 4.6 km

④ 6.4 km   ⑤ 6.6 km

유형 10 거리, 속력, 시간에 대한 문제(2)
　　　　– 시간 차가 생기는 경우

같은 거리를 가는데 속력이 달라 시간 차가 생기는 경우 시간에 대한 방정식을 세운다.

➡ $\left(\begin{array}{c}느린\ 속력으로\\이동한\ 시간\end{array}\right)-\left(\begin{array}{c}빠른\ 속력으로\\이동한\ 시간\end{array}\right)=$(시간 차)

0775 [대표 문제]

지호가 집에서 학교까지 가는데 시속 12 km로 자전거를 타고 가면 시속 4 km로 걸어가는 것보다 1시간 일찍 도착한다고 한다. 이때 집과 학교 사이의 거리는?

① 5 km　　　② 6 km　　　③ 7 km
④ 8 km　　　⑤ 9 km

0776 ⑧

두 지점 A, B 사이를 자동차로 왕복하는데 갈 때는 시속 45 km로, 올 때는 시속 30 km로 달렸더니 올 때는 갈 때보다 40분 더 걸렸다. 이때 두 지점 A, B 사이의 거리는?

① 55 km　　　② 60 km　　　③ 65 km
④ 70 km　　　⑤ 75 km

0777 ⑧

준우가 집에서 공연장까지 가는데 시속 4 km로 걸어서 가면 공연 시각보다 15분 늦고, 시속 6 km로 뛰어서 가면 공연 시각보다 5분 일찍 도착한다고 한다. 이때 집에서 공연장까지의 거리를 구하시오.

유형 11 거리, 속력, 시간에 대한 문제(3)
　　　　– 시간 차를 두고 출발하는 경우

A, B 두 사람이 시간 차를 두고 출발하여 만나는 경우 거리에 대한 방정식을 세운다.

➡ (A가 이동한 거리)=(B가 이동한 거리)

0778 [대표 문제]

여진이가 학교에서 출발한 지 8분 후에 승우가 여진이를 따라나섰다. 여진이는 분속 60 m로 걷고, 승우는 분속 100 m로 걸을 때, 승우가 학교에서 출발한 지 몇 분 후에 여진이를 만나는지 구하시오.

0779 ⑧

정우와 효원이가 함께 있다가 여행을 가는데 정우가 먼저 자동차를 타고 시속 60 km로 출발했다. 정우가 출발한 지 40분 후에 효원이가 다른 자동차를 타고 시속 70 km로 따라갔을 때, 효원이는 출발한 지 몇 시간 후에 정우를 마주치는가?

① 1시간 후　　　② 2시간 후　　　③ 3시간 후
④ 4시간 후　　　⑤ 5시간 후

0780 ⑧　　　　　　　　　　　　　　　　서술형

인선이와 의준이가 방과 후에 떡볶이를 먹으러 가기로 했는데 의준이가 인선이보다 6분 늦게 출발했다. 인선이는 분속 50 m로 걷고 의준이는 분속 80 m로 걸어서 두 사람이 떡볶이집에 동시에 도착하였을 때, 학교에서 떡볶이집까지의 거리를 구하시오.

유형 12 거리, 속력, 시간에 대한 문제(4)
— 마주 보고 걷거나 둘레를 도는 경우

거리에 대한 방정식을 세운다.
(1) 두 사람이 서로 다른 지점에서 마주 보고 걷다가 만나는 경우
➡ (두 사람이 이동한 거리의 합)=(두 지점 사이의 거리)
(2) 두 사람이 호수 둘레를 반대 방향으로 돌다가 만나는 경우
➡ (두 사람이 이동한 거리의 합)=(호수 둘레의 길이)
(3) 두 사람이 호수의 둘레를 같은 방향으로 돌다가 만나는 경우
➡ (두 사람이 이동한 거리의 차)=(호수 둘레의 길이)

0781 대표 문제

둘레의 길이가 1400 m인 호수가 있다. 이 호수의 둘레를 대윤이와 선영이가 같은 지점에서 동시에 출발하여 서로 반대 방향으로 걸어갔다. 대윤이는 분속 40 m로, 선영이는 분속 30 m로 걸었다면 두 사람은 출발한 지 몇 분 후에 처음으로 다시 만나는지 구하시오.

0782 (중)

미연이와 효빈이네 집 사이의 거리는 6 km이다. 오후 2시에 미연이는 시속 5 km로, 효빈이는 시속 3 km로 각자의 집에서 출발하여 서로 상대방의 집을 향하여 걸어갔다. 이때 두 사람이 만나는 시각은?

① 오후 2시 15분 ② 오후 2시 20분
③ 오후 2시 30분 ④ 오후 2시 45분
⑤ 오후 3시

0783 (중)

둘레의 길이가 600 m인 트랙이 있다. 분속 45 m로 걷는 형과 분속 30 m로 걷는 동생이 이 트랙의 둘레를 같은 지점에서 동시에 출발하여 같은 방향으로 걷기 시작하였다. 이때 형과 동생이 처음으로 다시 만나게 되는 것은 두 사람이 출발한 지 몇 분 후인지 구하시오.

0784 (상) 서술형

둘레의 길이가 22 km인 성의 둘레를 운주와 선화가 같은 지점에서 출발하여 서로 반대 방향으로 자전거를 타고 가려고 한다. 운주가 시속 12 km로 출발한 지 20분 후에 선화가 시속 8 km로 출발하였다면 두 사람은 운주가 출발한 지 몇 분 후에 처음으로 다시 만나는지 구하시오.

유형 13 거리, 속력, 시간에 대한 문제(5)
— 기차가 터널 또는 다리를 지나는 경우

기차가 터널을 완전히 통과하는 데 걸리는 시간은 기차의 맨 앞이 터널에 들어가기 시작할 때부터 기차의 맨 뒤가 터널을 벗어날 때까지의 시간을 말한다.
(1) (기차가 터널을 완전히 통과할 때 이동한 거리)
= (터널의 길이)+(기차의 길이)
(2) (기차의 속력)= $\dfrac{(터널의 길이)+(기차의 길이)}{(터널을 완전히 통과하는 데 걸린 시간)}$

0785 대표 문제

일정한 속력으로 달리는 기차가 길이가 600 m인 터널을 완전히 통과하는 데 5분이 걸리고, 길이가 900 m인 터널을 완전히 통과하는 데 7분이 걸린다고 할 때, 이 기차의 길이는?

① 120 m ② 130 m ③ 140 m
④ 150 m ⑤ 160 m

0786 (중)

초속 27 m로 달리는 기차가 길이가 875 m인 다리를 완전히 통과하는 데 35초가 걸린다고 할 때, 기차의 길이를 구하시오.

0787 (중)

길이가 240 m인 기차 A와 길이가 100 m인 기차 B가 어떤 철교를 완전히 통과하는 데 기차 A는 30초, 기차 B는 25초가 걸렸다. 두 기차 A, B의 속력이 같을 때, 철교의 길이를 구하시오.

0788 (상)

일정한 속력으로 달리는 전철이 길이가 360 m인 철교를 완전히 통과하는 데 36초가 걸렸고, 길이가 1260 m인 터널을 통과할 때는 72초 동안 보이지 않았다. 이때 전철의 길이는?

① 160 m   ② 170 m   ③ 180 m

④ 190 m   ⑤ 200 m

유형 14   과부족에 대한 문제

(1) 사람들에게 물건을 나누어 주는 경우
- ❶ 사람 수를 x로 놓는다.
- ❷ 어떤 방법으로 나누어 주어도 물건의 전체 개수는 일정함을 이용하여 x에 대한 방정식을 세운다.

(2) 긴 의자에 앉는 경우
- ❶ 의자의 수를 x로 놓는다.
- ❷ 어떤 방법으로 앉아도 전체 사람 수는 일정함을 이용하여 x에 대한 방정식을 세운다.

0789 (대표 문제)

아침 걷기 운동에 참여한 학생들에게 물통을 나누어 주려고 한다. 물통을 3개씩 나누어 주면 12개가 남고, 5개씩 나누어 주면 6개가 모자란다고 할 때, 물통을 받을 학생은 모두 몇 명인지 구하시오.

0790 (중)

음악실에 있는 긴 의자에 학생들이 앉는데 한 의자에 4명씩 앉았더니 3명이 앉지 못했다. 자리를 좁혀서 한 의자에 5명씩 앉았더니 남는 의자는 없었고, 마지막 의자에는 2명이 앉았다. 이때 음악실에 있는 의자는 모두 몇 개인가?

① 3개   ② 4개   ③ 5개

④ 6개   ⑤ 7개

0791 (중)

태영이가 친구들에게 초콜릿을 나누어 주려고 한다. 초콜릿을 8개씩 주면 10개가 남고, 9개씩 주면 마지막 친구는 8개만 줄 수 있다고 할 때, 태영이가 처음에 가지고 있던 초콜릿의 개수는?

① 96   ② 97   ③ 98

④ 99   ⑤ 100

0792 (상)   서술형

손님이 한 명도 없던 어느 식당에 단체 손님이 들어와서 모든 식탁에 앉는데 한 식탁에 6명씩 앉으면 2명이 앉지 못하고, 한 식탁에 8명씩 앉으면 빈 식탁 2개가 남고 마지막 식탁에는 4명이 앉는다고 한다. 이때 단체 손님은 모두 몇 명인지 구하시오.

(A의 변화량)+(B의 변화량)=(A, B 전체의 변화량)임을 이용하여 방정식을 세운다.

(1) x가 $a\%$ 증가 ┌ 변화량 ➡ $+\dfrac{a}{100}x$
  └ 증가한 후의 양 ➡ $x+\dfrac{a}{100}x$

(2) y가 $b\%$ 감소 ┌ 변화량 ➡ $-\dfrac{b}{100}y$
  └ 감소한 후의 양 ➡ $y-\dfrac{b}{100}y$

0793 대표 문제

비상중학교의 작년 전체 학생은 1600명이었다. 올해에는 작년에 비해 여학생 수가 5% 감소하고, 남학생 수가 3% 증가하여 전체 학생이 8명 감소했다. 이때 올해 남학생 수는?

① 618 ② 721 ③ 824
④ 927 ⑤ 1030

0794 (중)

지난달 형과 동생의 휴대 전화 요금을 합한 금액은 6만 원이었다. 이번 달 휴대 전화 요금은 지난달에 비해 형의 요금이 5% 감소하고, 동생의 요금이 20% 증가하여 형과 동생의 휴대 전화 요금의 합이 10% 증가했다. 이때 이번 달 형의 휴대 전화 요금은?

① 21600원 ② 22800원 ③ 24000원
④ 28400원 ⑤ 32000원

0795 (상)

지난달 어머니의 몸무게는 딸의 몸무게보다 40 kg이 더 나갔다. 현재는 지난달에 비해 어머니의 몸무게가 4% 줄고, 딸의 몸무게가 2% 늘어서 두 사람의 몸무게의 합이 78 kg이다. 이때 지난달 딸의 몸무게를 구하시오.

(1) 원가가 x원인 물건에 $a\%$의 이익을 붙여서 정한 정가
  ➡ (정가)=(원가)+(이익)=$x+\dfrac{a}{100}x$(원)

(2) 정가가 y원인 물건을 $b\%$ 할인할 때, 판매 가격
  ➡ (판매 가격)=(정가)-(할인액)=$y-\dfrac{b}{100}y$(원)

(3) (실제 이익)=(판매 가격)-(원가)

0796 대표 문제

문구점에서 어떤 필통의 원가에 25%의 이익을 붙여서 정가를 정했는데 실제로 팔 때는 정가에서 1200원을 할인하여 팔았더니 필통 1개당 원가의 5%의 이익을 얻었다. 이때 필통의 원가는?

① 6000원 ② 6200원 ③ 6500원
④ 7000원 ⑤ 7200원

0797 (중)
서술형

어떤 스티커의 원가에 40%의 이익을 붙여서 정가를 정한 후에 정가에서 100원을 할인하여 팔았더니 1개를 팔 때마다 240원의 이익이 생겼다. 다음 물음에 답하시오.

(1) 스티커의 원가를 구하시오.
(2) 스티커의 판매 가격을 구하시오.

0798 (상)

아이스크림 가게에서 아이스크림의 원가에 60%의 이익을 붙여서 정가를 정했다가 아이스크림이 잘 팔리지 않아 정가에서 30%를 할인해서 팔았더니 1개를 팔 때마다 60원의 이익을 얻었다. 이때 아이스크림의 원가를 구하시오.

유형 17 일에 대한 문제

일에 대한 문제는 **전체 일의 양을 1**로 놓고 방정식을 세운다.
➡ 어떤 일을 혼자서 완성하는 데 a일이 걸린다.

(1) 하루 동안 하는 일의 양은 $\dfrac{1}{a}$

(2) x일 동안 하는 일의 양은 $\dfrac{1}{a}x$

0799 [대표 문제]

일정한 넓이의 벽을 전부 칠하는 작업을 하는 데 지원이는 8시간, 도준이는 16시간이 걸린다고 한다. 처음에 지원이가 혼자 2시간 동안 작업하고 난 후에 둘이 함께 작업하여 벽을 전부 칠했다면 둘이 함께 몇 시간 동안 작업했는지 구하시오.

0800 [중]

서술형

어떤 문서를 컴퓨터로 입력하는 작업을 하는 데 재현이는 4시간, 동욱이는 8시간이 걸린다고 한다. 재현이와 동욱이가 함께 입력하면 이 작업을 완성하는 데 몇 시간 몇 분이 걸리는지 구하시오.

0801 [중]

스웨터 한 벌을 짜는 데 언니는 10일, 동생은 15일이 걸린다고 한다. 처음에 언니가 혼자 2일 동안 스웨터를 짠 후에 나머지는 동생이 혼자 완성했다면 동생이 스웨터를 짠 기간은?

① 8일   ② 9일   ③ 10일
④ 11일   ⑤ 12일

0802 [상]

어떤 물통에 두 호스 A, B로 물을 가득 채우는 데 각각 3시간, 6시간이 걸리고, 가득 찬 물을 호스 C로 내보내는 데 4시간이 걸린다고 한다. 이때 세 호스 A, B, C를 동시에 사용하여 물통에 물을 가득 채우는 데 걸리는 시간을 구하시오. (단, 두 호스 A, B는 물을 채우는 데만, 호스 C는 물을 내보내는 데만 사용한다.)

유형 18 규칙을 찾는 문제

(1) 바둑돌이나 성냥개비를 이용하여 도형을 만드는 문제
  ➡ 도형을 만들 때 이용된 바둑돌이나 성냥개비의 개수를 각각 구하여 규칙을 찾는다.
(2) 달력에서 날짜를 찾는 문제
  ➡ 날짜가 배열된 규칙을 찾는다.

0803 [대표 문제]

다음 그림과 같이 스티커를 ×자 모양으로 계속해서 붙여 나갈 때, 스티커 133개를 사용하는 것은 몇 번째인지 구하시오.

[1번째]   [2번째]   [3번째]   [4번째]   ...

0804 [중]

오른쪽 그림은 어느 달의 달력이다. 이 달력에서 오른쪽 그림과 같이 사각형을 그려 그 안에 들어가는 4개의 수의 합이 92가 되도록 할 때, 4개의 수 중 가장 작은 수를 구하시오.

일	월	화	수	목	금	토
1	2	3	4	5	6	7
8	9	10	11	12	13	14
15	16	17	18	19	20	21
22	23	24	25	26	27	28
29	30	31				

유형 점검

0805 유형 01

서로 다른 두 자연수의 차는 7이고, 큰 수는 작은 수의 3배 보다 5만큼 작다. 이때 작은 수는?

① 4   ② 5   ③ 6

④ 7   ⑤ 8

0806 유형 02

연속하는 세 짝수의 합이 102일 때, 세 짝수 중 가장 작은 수를 구하시오.

0807 유형 03

십의 자리의 숫자가 2인 두 자리의 자연수가 있다. 이 자연 수의 십의 자리의 숫자와 일의 자리의 숫자를 바꾼 수는 처음 수의 2배보다 10만큼 크다고 할 때, 바꾼 수는?

① 12   ② 32   ③ 42

④ 62   ⑤ 82

0808 유형 04

어느 농구 시합에서 한 선수가 2점짜리 슛과 3점짜리 슛을 합하여 총 17골을 넣고 43점을 얻었다. 이때 2점짜리 슛은 모두 몇 골 넣었는지 구하시오.

0809 유형 05

올해 아버지의 나이는 46세이고 아들의 나이는 12세이다. 아버지의 나이가 아들의 나이의 3배가 되는 것은 몇 년 후 인가?

① 5년 후   ② 6년 후   ③ 7년 후

④ 8년 후   ⑤ 9년 후

0810 유형 06

현재 언니와 동생의 통장에는 각각 21000원, 15000원이 예 금되어 있다. 앞으로 언니는 매달 1000원씩, 동생은 매달 3000원씩 예금할 때, 언니와 동생의 예금액이 같아지는 것 은 몇 개월 후인지 구하시오. (단, 이자는 생각하지 않는다.)

0811 유형 07

가로의 길이가 8 cm, 세로의 길이가 4 cm인 직사각형에서 세로의 길이를 x cm만큼 늘인 직사각형의 넓이는 처음 직 사각형의 가로의 길이를 x cm만큼 줄인 직사각형의 넓이 의 2배와 같을 때, x의 값을 구하시오.

0812
유형 08

민준이네 학교 학생들이 수학여행을 가려고 한다. 계획표를 보니 전체의 $\frac{1}{4}$은 잠자는 시간이고 전체의 $\frac{1}{6}$은 이동하는 시간이며 전체의 $\frac{2}{5}$는 관광 시간이었다. 나머지 시간은 7시간의 식사 시간과 4시간의 장기 자랑 시간이었을 때, 계획표에서 관광 시간은 모두 몇 시간인가?

① 18시간　　　② 20시간　　　③ 24시간
④ 30시간　　　⑤ 36시간

0813
유형 09

등산을 하는데 올라갈 때는 시속 3 km로 걷고, 내려올 때는 올라갈 때보다 2 km가 더 긴 다른 등산로를 시속 4 km로 걸어서 총 4시간이 걸렸다고 한다. 올라갈 때 걸은 등산로의 길이를 구하시오.

0814
유형 10

두 지점 A, B 사이를 자전거를 타고 시속 15 km로 가면 자동차를 타고 시속 45 km로 가는 것보다 56분이 더 걸린다. 이때 지점 A에서 지점 B까지 자전거를 타고 가는 데 걸리는 시간은?

① 52분　　　② 64분　　　③ 76분
④ 84분　　　⑤ 92분

0815
유형 11

동생이 집에서 출발한 지 5분 후에 형이 동생을 따라나섰다. 동생은 분속 60 m로 걷고, 형은 분속 80 m로 걸을 때, 형은 집에서 출발한 지 몇 분 후에 동생을 만나는가?

① 10분 후　　　② 12분 후　　　③ 15분 후
④ 18분 후　　　⑤ 20분 후

0816
유형 12

유열이와 영수가 현재 1.5 km 떨어져 있다. 두 사람이 동시에 출발하여 유열이는 분속 50 m로, 영수는 분속 75 m로 서로 마주 보고 걸을 때, 두 사람은 출발한 지 몇 분 후에 만나는지 구하시오.

0817
유형 13

일정한 속력으로 달리는 기차가 길이가 1056 m인 터널을 완전히 통과하는 데 48초가 걸리고, 길이가 480 m인 다리를 완전히 통과하는 데 24초가 걸린다고 한다. 이때 기차의 속력은?

① 초속 20 m　　　② 초속 24 m　　　③ 초속 28 m
④ 초속 32 m　　　⑤ 초속 36 m

0818
유형 14

어느 모임 학생들에게 활동 도구를 나누어 주려고 한다. 한 학생에게 4개씩 나누어 주면 8개가 남고, 6개씩 나누어 주면 20개가 모자란다고 할 때, 이 모임의 학생은 모두 몇 명인지 구하시오.

0819
유형 16

어떤 상품을 원가에 30 %의 이익을 붙여서 정가를 정한 후에 정가에서 300원을 할인하여 팔았더니 1개를 팔 때마다 180원의 이익을 얻었다. 이때 상품의 원가는?

① 1200원   ② 1400원   ③ 1600원

④ 1800원   ⑤ 2000원

0820
유형 17

어느 공장에서 똑같은 기계 24대로 10시간을 작업해야 끝나는 일이 있다. 이 일을 똑같은 기계로 작업한다고 할 때, 6시간만에 일을 끝내는 데 필요한 기계의 대수는?

① 32   ② 34   ③ 36

④ 38   ⑤ 40

0821
유형 18

다음 그림과 같이 성냥개비를 사용하여 일정한 규칙으로 정육각형 모양이 이어진 도형을 만들려고 한다. 이때 86개의 성냥개비를 사용하여 만들 수 있는 정육각형은 모두 몇 개인지 구하시오.

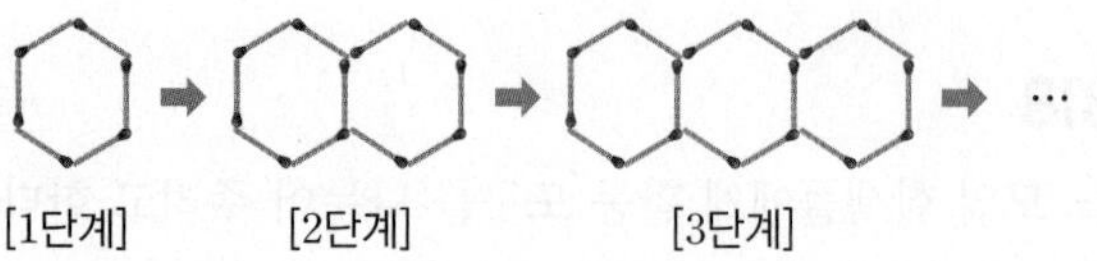

[1단계]   [2단계]   [3단계]

서술형

0822
유형 12

둘레의 길이가 3 km인 호수의 둘레를 동생과 언니가 같은 지점에서 출발하여 서로 반대 방향으로 가려고 한다. 동생이 분속 60 m로 걷기 시작한 지 10분 후에 언니가 반대 방향으로 분속 90 m로 걸었다면 언니는 출발한 지 몇 분 후에 처음으로 다시 동생을 만나는지 구하시오.

0823
유형 14

야영을 하기 위해 설치한 텐트에 학생들을 배정하려고 한다. 한 텐트에 6명씩 배정하면 5명이 남고, 한 텐트에 7명씩 배정하면 텐트 2개가 비고 마지막 텐트에는 3명만 배정된다고 한다. 텐트의 개수를 a, 학생 수를 b라 할 때, $a+b$의 값을 구하시오.

0824
유형 15

어느 중학교의 작년 전체 학생은 520명이었다. 올해에는 작년에 비해 남학생이 4명 감소하고, 여학생 수가 10 % 증가하여 전체 학생 수가 5 % 증가했다. 이때 올해 여학생은 모두 몇 명인지 구하시오.

0825

흐르는 강물 위의 두 지점 A, B 사이를 시속 6 km인 배를 타고 왕복했더니 3시간이 걸렸다고 한다. 강물은 지점 A에서 지점 B를 향하여 시속 2 km로 흐른다고 할 때, 두 지점 A, B 사이의 거리를 구하시오.

0826

어느 빵집에서 신제품인 빵의 반죽 150개를 만드는 데 사장님은 1시간이 걸리고 수제자는 1시간 30분이 걸린다고 한다. 이때 사장님과 수제자가 함께 빵 반죽 500개를 만드는 데 걸리는 시간은?

① 1시간 50분   ② 2시간   ③ 2시간 15분
④ 3시간 30분   ⑤ 4시간 10분

0827

한 변의 길이가 10인 정사각형 모양의 색종이를 다음 그림과 같이 이어 붙이려고 한다. 이웃하는 색종이끼리 겹쳐지는 부분이 한 변의 길이가 5인 정사각형 모양일 때, 색종이 몇 장을 이어 붙이면 둘레의 길이가 400이 되겠는가?

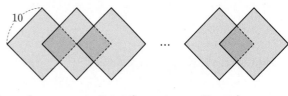

① 18장   ② 19장   ③ 20장
④ 21장   ⑤ 22장

0828

재현이가 친구들과 농구를 하려고 집을 나설 때 시계를 보니 7시와 8시 사이에 시계의 시침과 분침이 일치하고 있었다. 이때 재현이가 농구를 하러 나간 시각은?

① 7시 $\dfrac{340}{11}$ 분   ② 7시 $\dfrac{360}{11}$ 분   ③ 7시 $\dfrac{380}{11}$ 분

④ 7시 $\dfrac{400}{11}$ 분   ⑤ 7시 $\dfrac{420}{11}$ 분

◯ 기출 BOOK 26쪽

Ⅲ

좌표평면과 그래프

08-1 순서쌍과 좌표

유형 01~04

개념⊕

(1) 수직선 위의 점의 좌표

수직선 위의 한 점에 대응하는 수를 그 점의 **좌표**라 한다.

[기호] 점 P의 좌표가 a이면 ➡ P(a)

[참고] 원점은 기호로 O(0)과 같이 나타낸다.

● 좌표를 나타내는 점은 보통 A, B, C, …와 같이 알파벳 대문자를 써서 나타낸다.

(2) 좌표평면

두 수직선을 점 O에서 서로 수직으로 만나도록 그릴 때

① **x축**: 가로의 수직선 ⎫
　y축: 세로의 수직선 ⎭ ➡ **좌표축**

② **원점**: 두 좌표축이 만나는 점 O

③ **좌표평면**: 좌표축이 정해져 있는 평면

(3) 좌표평면 위의 점의 좌표

① **순서쌍**: 순서를 정하여 두 수를 짝 지어 나타낸 것

② 좌표평면 위의 한 점 P에서 x축, y축에 각각 수선을 긋고 이 수선이 x축, y축과 만나는 점에 대응하는 수를 각각 a, b라 할 때, 순서쌍 (a, b)를 점 P의 좌표라 한다.

이때 a를 점 P의 **x좌표**, b를 점 P의 **y좌표**라 한다.

[기호] 점 P의 좌표가 (a, b)이면 ➡ P(a, b)

● $a \neq b$일 때, 순서쌍 (a, b)와 순서쌍 (b, a)는 서로 다르다.

● 좌표평면에서 원점 O의 좌표는 $(0, 0)$이다.

● x축 위의 점의 좌표 ➡ (x좌표, 0)
　y축 위의 점의 좌표 ➡ (0, y좌표)

08-2 사분면

유형 05~08

(1) 사분면

좌표평면은 좌표축에 의하여 네 부분으로 나누어지는데, 그 네 부분을 각각 제1사분면, 제2사분면, 제3사분면, 제4사분면이라 한다.

(2) 사분면 위의 점의 좌표의 부호

① 제1사분면 ➡ $(+, +)$

② 제2사분면 ➡ $(-, +)$

③ 제3사분면 ➡ $(-, -)$

④ 제4사분면 ➡ $(+, -)$

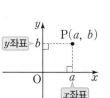

● 사분면은 4개로 나누어진 면을 말한다.

● 원점과 좌표축 위의 점은 어느 사분면에도 속하지 않는다.

● 점 (a, b)와 대칭인 점의 좌표
① x축에 대하여 대칭
　➡ $(a, -b)$
② y축에 대하여 대칭
　➡ $(-a, b)$
③ 원점에 대하여 대칭
　➡ $(-a, -b)$

08-3 그래프와 그 해석

유형 09~11

(1) 변수: x, y와 같이 여러 가지로 변하는 값을 나타내는 문자

[예] 드론이 움직인 지 x초 후의 높이를 y m라 하면 x, y의 값이 각각 변하므로 x, y는 변수이다.

(2) 그래프: 두 변수 x, y의 순서쌍 (x, y)를 좌표로 하는 점 전체를 좌표평면 위에 나타낸 것

[참고] 그래프는 점, 직선, 꺾은 선, 곡선 등으로 나타낼 수 있다.

(3) 그래프를 통해 두 변수 사이의 증가와 감소, 두 변수 사이의 변화의 빠르기 등을 파악할 수 있다.

● 변수와는 달리 일정한 값을 나타내는 수나 문자를 상수라 한다.

08-1 순서쌍과 좌표

0829 다음 수직선 위의 네 점 A, B, C, D의 좌표를 각각 기호로 나타내시오.

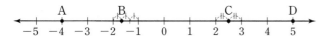

0830 다음 점을 수직선 위에 각각 나타내시오.

$$A\left(\frac{7}{2}\right), \quad B(2), \quad C\left(-\frac{4}{3}\right), \quad D\left(-\frac{9}{2}\right)$$

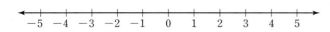

0831 오른쪽 좌표평면 위의 여섯 개의 점 A, B, C, D, E, F의 좌표를 각각 기호로 나타내시오.

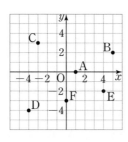

0832 다음 점을 오른쪽 좌표평면 위에 나타내시오.

$A(-3, 0),$ $\quad B(1, 5),$
$C(-4, -2),$ $\quad D(3, -4),$
$E(-5, 2),$ $\quad F(0, 1)$

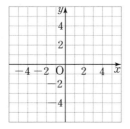

08-2 사분면

[0833~0836] 다음 점은 제몇 사분면 위의 점인지 구하시오.

0833 $(2, 5)$ **0834** $(-6, -6)$

0835 $(-10, 1)$ **0836** $(5, -7)$

[0837~0842] $a>0$, $b>0$일 때, 다음 점은 제몇 사분면 위의 점인지 구하시오.

0837 (a, b) **0838** $(a, -b)$

0839 $(-a, b)$ **0840** $(-a, -b)$

0841 (b, a) **0842** $(-b, a)$

[0843~0845] 점 $(-3, 1)$에 대하여 다음 점의 좌표를 구하시오.

0843 x축에 대하여 대칭인 점

0844 y축에 대하여 대칭인 점

0845 원점에 대하여 대칭인 점

08-3 그래프와 그 해석

[0846~0849] 오른쪽 그래프는 어느 지역의 하루 동안의 기온을 나타낸 것이다. x시일 때의 기온을 y℃라 할 때, 다음 설명 중 옳은 것은 ○를, 옳지 않은 것은 ×를 ( ) 안에 써넣으시오.

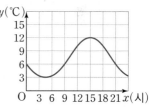

0846 21시일 때의 기온은 6 ℃이다. ( )

0847 6시에서 12시 사이에는 기온이 계속 증가한다. ( )

0848 12시에서 18시 사이에는 기온이 계속 감소한다. ( )

0849 이날 하루 중 12시일 때의 기온이 가장 높다. ( )

하 10% ···· 중 80% ···· 상 10%

유형 01 순서쌍

(1) 두 순서쌍 (a, b), (c, d)가 서로 같으면
  $\Rightarrow a=c,\ b=d$
(2) $a \neq b$일 때, 순서쌍 (a, b)와 순서쌍 (b, a)는 서로 다르다.

0850 대표 문제

두 순서쌍 $(3a-2,\ b+4)$, $(2a+2,\ 3b-3)$이 서로 같을 때, $a-b$의 값은?

① $-\dfrac{17}{2}$　　② -2　　③ $-\dfrac{3}{2}$

④ $\dfrac{1}{2}$　　⑤ 2

0851 하

두 수 a, b에 대하여 a의 값은 3 또는 5이고 $|b|=1$일 때, 순서쌍 (a, b)를 모두 구하시오.

0852 중

두 주사위 A, B를 던져서 나오는 눈의 수를 각각 a, b라 할 때, 두 눈의 수의 합이 7이 되는 순서쌍 (a, b)를 모두 구하시오.

빈출
유형 02 좌표평면 위의 점의 좌표

좌표평면 위의 한 점 P에 대하여
(1) 점 P의 x좌표: a
(2) 점 P의 y좌표: b
(3) 점 P의 좌표가 (a, b) ➡ P(a, b)

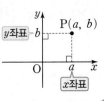

0853 대표 문제

다음 중 오른쪽 좌표평면 위의 다섯 개의 점 A, B, C, D, E의 좌표를 나타낸 것으로 옳지 <u>않은</u> 것은?

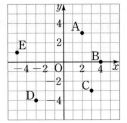

① A$(2, 3)$
② B$(0, 4)$
③ C$(3, -3)$
④ D$(-3, -4)$
⑤ E$(-5, 1)$

0854 하

다음 점 A, B, C, D, E를 오른쪽 좌표평면 위에 나타낸 것 중 옳지 <u>않은</u> 것은?

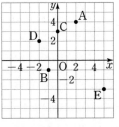

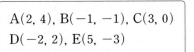
A$(2, 4)$, B$(-1, -1)$, C$(3, 0)$
D$(-2, 2)$, E$(5, -3)$

① A　　② B　　③ C
④ D　　⑤ E

0855 중

세 점 A$(0, 1)$, B$(3, -2)$, C$(6, 1)$을 꼭짓점으로 하는 정사각형 ABCD의 꼭짓점 D의 좌표는?

① $(2, 3)$　　② $(2, 4)$　　③ $(3, 3)$
④ $(3, 4)$　　⑤ $(4, 4)$

유형 03 *x*축 또는 *y*축 위의 점의 좌표

(1) *x*축 위의 점의 좌표 ➡ *y*좌표가 0 ➡ (*x*좌표, 0)
(2) *y*축 위의 점의 좌표 ➡ *x*좌표가 0 ➡ (0, *y*좌표)

0856 대표 문제

점 $(a+3, a-3)$은 *x*축 위의 점이고 점 $(8-2b, b+4)$는 *y*축 위의 점일 때, a, b의 값을 각각 구하시오.

0857 하

다음 중 *y*축 위에 있고, *y*좌표가 -3인 점은?

① $(-3, 0)$ ② $(3, 0)$ ③ $(0, -3)$
④ $(0, 3)$ ⑤ $(-3, 3)$

0858 중

두 점 $A(3a-2, 1+2a)$, $B(b+5, 4-b)$가 모두 *x*축 위의 점일 때, ab의 값을 구하시오.

0859 중 서술형

두 점 $A(a+4, b-3)$, $B(-4a+8, 2b+2)$가 각각 *x*축, *y*축 위의 점일 때, 점 A와 *x*좌표가 같고 점 B와 *y*좌표가 같은 점의 좌표를 구하시오.

유형 04 좌표평면 위의 도형의 넓이

좌표평면 위의 도형의 넓이는 다음과 같은 순서로 구한다.
❶ 도형의 꼭짓점을 좌표평면 위에 나타낸다.
❷ 점을 선분으로 연결하여 도형을 그린다.
❸ 공식을 이용하여 도형의 넓이를 구한다.

0860 대표 문제

세 점 $A(2, 2)$, $B(-2, -4)$, $C(2, -4)$를 꼭짓점으로 하는 삼각형 ABC의 넓이는?

① 6 ② 8 ③ 10
④ 12 ⑤ 14

0861 중

네 점 $A(-4, 2)$, $B(-4, -3)$, $C(3, -3)$, $D(3, 2)$를 꼭짓점으로 하는 사각형 ABCD의 넓이는?

① 24 ② 28 ③ 30
④ 35 ⑤ 36

0862 상

세 점 $A(-1, 1)$, $B(2, -2)$, $C(a, 1)$을 꼭짓점으로 하는 삼각형 ABC의 넓이가 9일 때, 양수 a의 값을 구하시오.

(1) 각 사분면 위의 점의 좌표의 부호
    ① 제1사분면 ➡ $(+, +)$
    ② 제2사분면 ➡ $(-, +)$
    ③ 제3사분면 ➡ $(-, -)$
    ④ 제4사분면 ➡ $(+, -)$
(2) 원점, x축, y축 위의 점은 어느 사분면에도 속하지 않는다.

0863 대표 문제

다음 중 좌표평면에 대한 설명으로 옳은 것은?

① 점 $(0, 0)$은 모든 사분면에 속한다.
② x축 위에 있는 점의 y좌표는 0이다.
③ 점 $(0, -3)$은 제4사분면에 속한다.
④ 두 점 $(-1, 2)$, $(2, -1)$은 같은 사분면 위에 있다.
⑤ 제1사분면과 제4사분면 위의 점의 x좌표는 음수이다.

0864 하

다음 중 제2사분면 위의 점은?

① $(-1, 9)$　　② $(-5, 0)$　　③ $(6, -8)$
④ $\left(\dfrac{3}{2}, 2\right)$　　⑤ $(-0.2, -4)$

0865 중

점 $(7, -1)$은 제a사분면 위의 점이고 점 $(-3, -8)$은 제b사분면 위의 점일 때, $a+b$의 값은?

① 4　　② 5　　③ 6
④ 7　　⑤ 8

점 (a, b)가 속하는 사분면이 주어질 때
➡ a, b의 부호를 먼저 판별한 후 이를 이용하여 구하는 점이 속하는 사분면을 판단한다.

0866 대표 문제

점 $\mathrm{P}(b, a)$가 제3사분면 위의 점일 때, 점 $\mathrm{Q}\left(\dfrac{a}{b}, -b\right)$는 제몇 사분면 위의 점인가?

① 제1사분면　　　　② 제2사분면
③ 제3사분면　　　　④ 제4사분면
⑤ 어느 사분면에도 속하지 않는다.

0867 중

점 (a, b)가 제1사분면 위의 점일 때, 다음 중 점 $(-a-b, 3a)$와 같은 사분면 위에 있는 점은?

① $(1, -5)$　　② $(0, -2)$　　③ $(6, 10)$
④ $(-4, 8)$　　⑤ $(-7, -1)$

0868 중

점 (a, b)가 제4사분면 위의 점일 때, 다음 중 제2사분면 위의 점은?

① $(-b, -a)$　　② $(-b, a)$　　③ $(a, -ab)$
④ $(b-a, b)$　　⑤ $(ab, a-b)$

0869 ⑧

점 $(x, -y)$가 제2사분면 위의 점일 때, 다음 보기 중 항상 옳은 것을 모두 고른 것은?

> 보기
> ㄱ. $x+y<0$　　　　　　ㄴ. $xy<0$
> ㄷ. $\dfrac{x}{y}>0$　　　　　　ㄹ. $y-x>0$

① ㄱ, ㄴ　　　　② ㄱ, ㄷ　　　　③ ㄴ, ㄹ
④ ㄱ, ㄷ, ㄹ　　　⑤ ㄴ, ㄷ, ㄹ

0870 ⑧

점 (a, b)는 제1사분면 위의 점이고 점 (c, d)는 제3사분면 위의 점일 때, 다음 중 점이 속하는 사분면이 나머지 넷과 다른 하나는?

① (bd, ad)　　　　　② $(d-a, c)$
③ $(ac, ac+bd)$　　　④ $(ad+bc, c-a)$
⑤ $(bc, a-d)$

유형 07　사분면의 판단 ⑵

(1) $ab<0$이면 a와 b의 부호는 다르다. 이때
　(ⅰ) $a-b>0$이면 $a>0$, $b<0$ → 점 (a, b)는 제4사분면 위의 점
　(ⅱ) $a-b<0$이면 $a<0$, $b>0$ → 점 (a, b)는 제2사분면 위의 점
(2) $ab>0$이면 a와 b의 부호는 같다. 이때
　(ⅰ) $a+b>0$이면 $a>0$, $b>0$ → 점 (a, b)는 제1사분면 위의 점
　(ⅱ) $a+b<0$이면 $a<0$, $b<0$ → 점 (a, b)는 제3사분면 위의 점

0871 　대표 문제

$a-b<0$, $ab<0$일 때, 점 (a, b)는 제몇 사분면 위의 점인가?

① 제1사분면　　　　　② 제2사분면
③ 제3사분면　　　　　④ 제4사분면
⑤ 어느 사분면에도 속하지 않는다.

0872 ⑧　　　서술형

점 $\left(2a, -\dfrac{b}{a}\right)$가 제4사분면 위의 점일 때, 점 $(-a-b, ab)$는 제몇 사분면 위의 점인지 구하시오.

0873 ⑧

$\dfrac{y}{x}<0$, $y-x>0$일 때, 다음 보기 중 점 $(2, -8)$과 같은 사분면 위에 있는 점은 모두 몇 개인가?

> 보기
> ㄱ. $(-x, x^2)$　　　　　ㄴ. $(y^2, -y)$
> ㄷ. $(3xy, y+8)$　　　　ㄹ. $(x-y, -2x)$
> ㅁ. $\left(-xy, \dfrac{xy}{5}\right)$

① 1개　　　　② 2개　　　　③ 3개
④ 4개　　　　⑤ 5개

0874 ⑧

점 $(a+b, ab)$가 제2사분면 위의 점이고 $|a|>|b|$일 때, 다음 중 제3사분면 위에 있는 점은?

① $(-ab, a-b)$　　　　② $(b-a, a)$
③ $(a+b, -a)$　　　　④ $(-b, -a-b)$
⑤ $\left(b, \dfrac{a}{b}\right)$

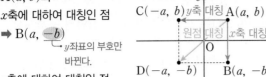

점 A(a, b)와
(1) x축에 대하여 대칭인 점
➡ B$(a, -b)$
└─ y좌표의 부호만 바뀐다.
(2) y축에 대하여 대칭인 점
➡ C$(-a, b)$
└─ x좌표의 부호만 바뀐다.
(3) 원점에 대하여 대칭인 점 ➡ D$(-a, -b)$
└─ x좌표, y좌표의 부호가 모두 바뀐다.

0875 대표 문제

두 점 A$(a, 1)$, B$(-2, b-1)$이 y축에 대하여 대칭일 때, ab의 값은?

① -4 ② -2 ③ 1

④ 2 ⑤ 4

0876 하

다음 중 점 $(4, -3)$과 원점에 대하여 대칭인 점은?

① $(-4, -3)$ ② $(-4, 3)$ ③ $(-3, -4)$

④ $(-3, 4)$ ⑤ $(4, 3)$

0877 중

서술형

점 $(a+2, -1)$과 x축에 대하여 대칭인 점의 좌표와 점 $(3, 1-b)$와 원점에 대하여 대칭인 점의 좌표가 같을 때, $b-a$의 값을 구하시오.

0878 상

점 A$(3, 2)$와 x축에 대하여 대칭인 점을 P, y축에 대하여 대칭인 점을 Q, 원점에 대하여 대칭인 점을 R라 할 때, 삼각형 PQR의 넓이를 구하시오.

유형 09 그래프의 해석

㉘ 다음 그래프는 드론의 높이를 시간에 따라 나타낸 것이다.

➡ 시간에 따라 높이가 증가하다가 변함없이 유지된다.

➡ 시간에 따라 높이가 증가와 감소를 같은 형태로 반복한다. (주기적 변화)

0879 대표 문제

태민이 어머니가 자동차를 타고 일정한 속력으로 가다가 태민이를 태우기 위해 잠시 멈추고 다시 출발하여 이전과 같은 일정한 속력으로 움직였을 때, 다음 그래프 중 이 상황을 가장 잘 나타낸 것은?

①

②

③

④

⑤

0880 ⑧

효섭이가 우유를 사서 약간 마시고 책상에 두었다가 잠시 후에 다시 그 우유를 마셨더니 우유의 양이 처음의 절반이 되었다. 다음 보기 중 이 상황에 알맞은 그래프를 고르시오.

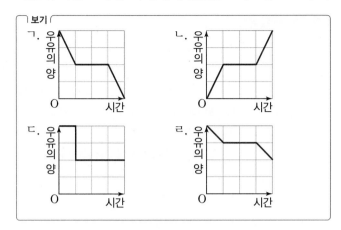

유형 10 용기의 모양과 그래프

어떤 용기에 일정한 속력으로 물을 넣을 때
(1) 용기의 폭이 일정하면
　➡ 물의 높이는 일정하게 증가한다.
(2) 용기의 폭이 위로 갈수록 넓어지면
　➡ 물의 높이는 점점 느리게 증가한다.
(3) 용기의 폭이 위로 갈수록 좁아지면
　➡ 물의 높이는 점점 빠르게 증가한다.

0882 대표 문제

오른쪽 그림과 같은 용기에 일정한 속력으로 물을 계속 넣을 때, 다음 보기 중 물의 높이를 시간에 따라 나타낸 그래프로 알맞은 것을 고르시오.

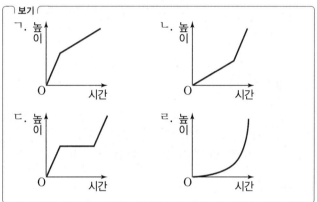

0881 ⑧

오른쪽 그래프는 어느 시기에 알래스카에서 살던 눈신토끼 개체 수의 변화를 시간에 따라 나타낸 것이다. 다음 보기 중 이 그래프에 알맞은 상황을 고르시오.

보기
ㄱ. 개체 수가 어느 정도 일정하게 유지되다가 꾸준히 증가했다. 그 후 몇 년 동안은 급격히 감소했다.
ㄴ. 개체 수가 감소하다가 급격히 증가했다. 그 후 몇 년 동안은 일정하게 유지되었다.
ㄷ. 개체 수가 증가하다가 급격히 감소했다. 그 후 몇 년 동안은 일정하게 유지되었다.
ㄹ. 개체 수가 증가하다가 어느 정도 일정하게 유지되었다. 그 후 몇 년 동안은 천천히 감소했다.

0883 ⑧

오른쪽 그림과 같이 부피가 같은 원기둥 모양의 세 용기 A, B, C에 일정한 속력으로 물을 채울 때, 물을 채우는 시간 x에 따른 물의 높이를 y라 하자. 각 용기에 해당하는 그래프를 다음 보기에서 골라 바르게 짝 지으시오.

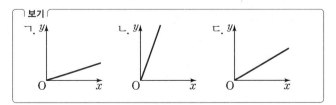

0884 ⓗ

오른쪽 그림과 같은 물통에 일정한 속력으로
물을 계속 넣을 때, 다음 중 물의 높이를 시간
에 따라 나타낸 그래프로 알맞은 것은?

①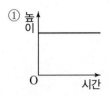

②

③

④

⑤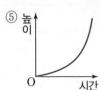

0885 ⓢ

오른쪽 그래프는 어떤 유리 기구에 일
정한 속력으로 용액을 넣을 때 용액의
높이를 시간에 따라 나타낸 것이다. 다
음 중 이 유리 기구의 모양으로 알맞은
것은?

①

②

③

④

⑤

유형 11 좌표가 주어진 그래프의 해석

그래프에서 x축과 y축이 각각 무엇을 나타내는지 확인한 후 좌
표를 읽어 필요한 값을 구한다.

0886 대표 문제

아래 그래프는 이안이가 등굣길에 집에서 출발하여 학교에
도착할 때까지 집에서부터 떨어진 거리를 시간에 따라 나
타낸 것이다. 준비물을 집에 놓고 와서 집으로 되돌아갔다
가 다시 학교로 이동했다고 할 때, 다음 중 이 그래프에 대
한 설명으로 옳지 <u>않은</u> 것은?

(단, 집에서 학교까지의 거리는 직선이다.)

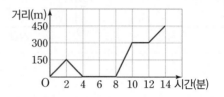

① 집에서 머문 시간은 4분이다.

② 걸어간 거리의 총합은 600 m이다.

③ 처음 2분 동안 150 m 떨어진 지점까지 갔다.

④ 학교까지 도착하는 데 걸린 시간은 14분이다.

⑤ 학교에서 150 m 떨어진 지점에서 2분간 머물렀다.

0887 ⓗ

일정한 속력으로 달리던 자동차가 브레이크를 밟아 서서히
정지하고 있다. 다음 그래프는 자동차의 속력을 시간에 따
라 나타낸 것이다. 브레이크를 밟은 후 자동차의 속력이 감
소하여 완전히 정지하는 데 걸린 시간은?

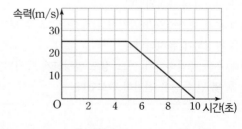

① 2초　　　　② 4초　　　　③ 5초

④ 8초　　　　⑤ 10초

0888 (종)

아래 그래프는 민주가 드론을 날렸을 때, 지면으로부터 드론의 높이를 시간에 따라 나타낸 것이다. 다음 중 이 그래프에 대한 설명으로 옳지 <u>않은</u> 것은?

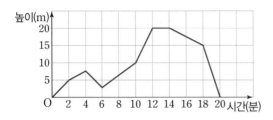

① 드론의 전체 비행 시간은 20분이다.

② 드론의 높이가 가장 높을 때는 20 m일 때이다.

③ 드론의 높이가 처음으로 10 m가 되는 것은 드론을 날린 지 10분 후이다.

④ 드론의 높이가 5 m가 되는 경우는 총 3번이다.

⑤ 드론의 높이가 낮아지다가 다시 높아지는 것은 드론을 날린 지 6분 후이다.

0889 (종)

동민이가 대관람차에 탑승한 지 x분 후에 동민이가 탑승한 칸의 지면으로부터의 높이를 y m라 할 때, 아래 그래프는 x와 y 사이의 관계를 나타낸 것이다. 다음 물음에 답하시오.

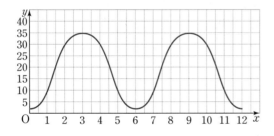

(1) 동민이가 탑승한 칸이 지면으로부터 가장 높은 곳에 있을 때의 높이를 구하시오.

(2) 동민이가 탑승한 칸의 지면으로부터의 높이가 처음으로 30 m가 되는 때는 탑승하고 몇 분 후인지 구하시오.

(3) 대관람차가 한 바퀴 도는 데 걸리는 시간을 구하시오.

0890 (종)

산하가 집에서 출발하여 마을 정상에 있는 학교를 향해 걸어 올라갈 때, 출발한 지 x분 후에 산하가 위치한 지점의 집으로부터의 높이를 y m라 하자. 아래 그래프는 x와 y 사이의 관계를 나타낸 것이다. 다음 중 이 그래프에 대한 설명으로 옳은 것을 모두 고르면? (정답 2개)

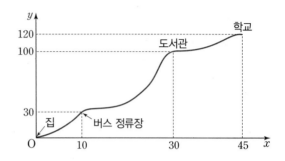

① 학교는 집보다 45 m 더 높은 곳에 있다.

② 버스 정류장은 집보다 30 m 더 높은 곳에 있다.

③ 학교는 도서관보다 120 m 더 높은 곳에 있다.

④ 도서관에서 학교까지 가는 데 걸린 시간은 15분이다.

⑤ 도서관에서 20 m 더 올라가는 데 걸린 시간은 집에서 도서관까지 올라가는 데 걸린 시간의 $\frac{1}{3}$배이다.

0891 (종)

태준이와 중원이가 산책로 입구에서 출발해 전망대까지 같은 직선 도로로 이동할 때, 태준이는 걸어서 가고, 중원이는 자전거를 타고 간다고 한다. 오른쪽 그래프는 태준이와 중원이가 전망대에 도착할 때까지 산책로 입구에서부터 떨어진 거리를 시간에 따라 각각 나타낸 것이다. 다음 중 이 그래프에 대한 설명으로 옳지 <u>않은</u> 것은?

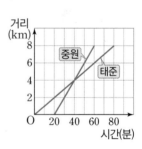

① 중원이는 태준이보다 20분 늦게 출발했다.

② 태준이는 출발 후 쉬지 않고 걸었다.

③ 중원이는 전망대까지 가는 데 1시간이 걸렸다.

④ 태준이는 출발한 지 40분 후에 중원이와 만났다.

⑤ 태준이는 중원이보다 20분 늦게 전망대에 도착했다.

0892
유형 01

두 순서쌍 $(a-5, -b+1)$, $(2a-3, -3b+3)$이 서로 같을 때, $a+b$의 값을 구하시오.

0893
유형 02

다음 중 오른쪽 좌표평면 위의 다섯 개의 점 A, B, C, D, E의 좌표를 나타낸 것으로 옳은 것은?

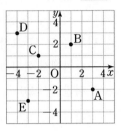

① A$(-2, 3)$ ② B$(2, 2)$

③ C$(-2, 1)$ ④ D$(-4, 4)$

⑤ E$(3, -3)$

0894
유형 03

원점이 아닌 점 (a, b)가 y축 위의 점일 때, 다음 중 옳은 것은?

① $a \neq 0$, $b \neq 0$ ② $a \neq 0$, $b = 0$ ③ $a = 0$, $b \neq 0$

④ $a < 0$, $b < 0$ ⑤ $a > 0$, $b > 0$

0895
유형 03

두 점 A$\left(-2a, 2+\frac{1}{4}b\right)$, B$\left(2a-5, -\frac{1}{8}b\right)$는 각각 x축, y축 위의 점일 때, 두 점 A, B의 좌표를 각각 구하시오.

0896
유형 04

세 점 A$(2, 0)$, B$(-1, 4)$, C$(-5, 0)$을 꼭짓점으로 하는 삼각형 ABC의 넓이는?

① 12   ② 14   ③ 16

④ 18   ⑤ 20

0897
유형 05

다음 보기 중 옳은 것을 모두 고른 것은?

보기

ㄱ. 좌표평면에서 원점의 좌표는 0이다.

ㄴ. 점 $(2, 3)$과 점 $(3, 2)$는 서로 다른 점이다.

ㄷ. 점 $(-7, 0)$은 제3사분면 위에 있다.

ㄹ. y축 위에 있는 점의 y좌표는 0이다.

ㅁ. 제2사분면과 제3사분면 위의 점의 x좌표는 음수이다.

① ㄱ, ㄷ   ② ㄱ, ㄹ   ③ ㄴ, ㄹ

④ ㄴ, ㅁ   ⑤ ㄷ, ㅁ

0898
유형 06

점 (a, b)가 제4사분면 위의 점일 때, 점 $(a-b, ab)$는 제 몇 사분면 위의 점인지 구하시오.

0899
유형 06

점 $(-a, b)$가 제1사분면 위의 점일 때, 다음 중 다른 네 점과 같은 사분면 위에 있지 <u>않은</u> 점은?

① (a, ab) ② $(b-a, b)$ ③ $(-b, a-b)$

④ $\left(-b, \frac{a}{b}\right)$ ⑤ $\left(\frac{a}{b}, ab\right)$

0900
유형 07

$\dfrac{b}{a}<0$, $2b>0$일 때, 다음 중 점 $(ab^2, -2a)$와 같은 사분면 위에 있는 점은?

① $(-5, -2)$ ② $(-1, 3)$ ③ $(0, 3)$
④ $(2, -4)$ ⑤ $(6, 8)$

0901
유형 08

두 점 $(-a+5, 3b)$, $(-4a, b+4)$가 원점에 대하여 대칭일 때, $a-b$의 값은?

① -2 ② -1 ③ 0
④ 1 ⑤ 2

0902
유형 09

아래 그래프는 어느 해 6월 1일, 2일, 3일의 기온을 시간에 따라 나타낸 것이다. 다음 중 이 그래프에 대한 설명으로 옳지 <u>않은</u> 것은?

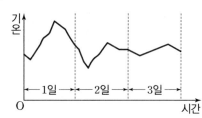

① 일교차가 가장 큰 날은 1일이다.
② 일교차가 가장 작은 날은 3일이다.
③ 하루 최고 기온이 가장 높은 날은 1일이다.
④ 하루 최저 기온이 가장 낮은 날은 2일이다.
⑤ 3일에는 기온이 계속 올라간다.

0903
유형 09

휴대폰이 출시된 후 가격이 처음에는 천천히 하락하다가 점점 빠르게 하락했다고 한다. 다음 그래프 중 이 상황을 가장 잘 나타낸 것은?

①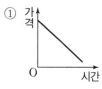
②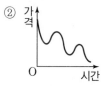
③
④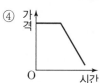
⑤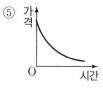

0904
유형 10

지나가 오른쪽 그림과 같은 모양의 유리병에 물을 넣어서 수중 식물을 키우려고 한다. 이 유리병에 일정한 속력으로 물을 넣을 때, 다음 중 물의 높이를 시간에 따라 나타낸 그래프로 알맞은 것은?

①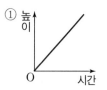
②
③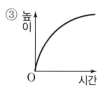
④
⑤

0905

유형 11

시하는 집에서 출발하여 도서관에 들러서 책을 빌린 후 집으로 돌아왔다고 한다. 아래 그래프는 시하가 집에서부터 떨어진 거리를 시간에 따라 나타낸 것이다. 다음 보기 중 옳은 것을 모두 고른 것은?

(단, 집에서 도서관까지의 길은 직선이다.)

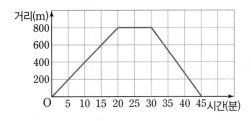

보기

ㄱ. 도서관에서 머문 시간은 10분이다.

ㄴ. 도서관을 출발하여 집까지 오는 데 걸린 시간은 15분이다.

ㄷ. 집에서 도서관까지의 거리는 800 m이다.

① ㄱ　　　　② ㄴ　　　　③ ㄱ, ㄷ

④ ㄴ, ㄷ　　　⑤ ㄱ, ㄴ, ㄷ

0906

유형 11

아래 그래프는 5월 어느 날의 미세 먼지 농도의 변화를 시각에 따라 나타낸 것이다. 다음 보기 중 옳은 것을 모두 고른 것은?

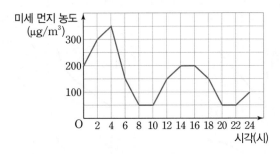

보기

ㄱ. 미세 먼지 농도가 처음으로 낮아지기 시작할 때의 미세 먼지 농도는 320 μg/m³이다.

ㄴ. 미세 먼지 농도가 150 μg/m³ 이하이었던 때는 6시부터 12시까지, 18시부터 24시까지이다.

ㄷ. 미세 먼지 농도가 제일 높았던 시각은 4시이다.

① ㄱ　　　　② ㄴ　　　　③ ㄷ

④ ㄴ, ㄷ　　　⑤ ㄱ, ㄴ, ㄷ

서술형

0907

유형 03 + 04

세 점 $A(-3, 2a-4)$, $B(2a-b-6, 2)$, $C\left(-\dfrac{1}{2}ab, a+b\right)$에 대하여 삼각형 ABC의 넓이를 구하시오. (단, 점 A는 x축 위의 점이고, 점 B는 y축 위의 점이다.)

0908

유형 06

점 $(-b, a)$가 제4사분면 위의 점일 때, 점 $(-ab, a+b)$는 제몇 사분면 위의 점인지 구하시오.

0909

유형 11

어느 날 수상 보트와 수상 오토바이를 이용하여 해상의 지점 A에서 지점 B까지 이동하는 해양 훈련을 진행하였다. 아래 그래프는 수상 보트와 수상 오토바이가 지점 B에 도착할 때까지 지점 A로부터 떨어진 거리를 시각에 따라 각각 나타낸 것이다. 다음 물음에 답하시오.

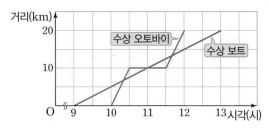

(1) 수상 보트가 지점 A에서 지점 B까지 가는 데 걸린 시간을 구하시오.

(2) 수상 오토바이가 지점 A에서 지점 B까지 가는 데 걸린 시간을 구하시오.

(3) 수상 오토바이가 지점 B에 도착한 지 몇 분 후에 수상 보트가 지점 B에 도착하는지 구하시오.

실력 향상

0910

세 점 A(2, 5), B(−4, −3), C(5, −4)를 꼭짓점으로 하는 삼각형 ABC의 넓이는?

① 37   ② 39   ③ 40

④ 42   ⑤ 45

0911

두 점 A($a+1$, $6-2b$), B($a-1$, $3b$)는 각각 x축, y축 위의 점이고 점 C($c-5$, b^2-4)는 어느 사분면에도 속하지 않을 때, 점 ($a-b$, $-c$)는 제몇 사분면 위의 점인가?

① 제1사분면   ② 제2사분면

③ 제3사분면   ④ 제4사분면

⑤ 어느 사분면에도 속하지 않는다.

0912

점 P$_1$(2, −8)과 x축에 대하여 대칭인 점을 P$_2$, 점 P$_2$와 y축에 대하여 대칭인 점을 P$_3$, 점 P$_3$과 원점에 대하여 대칭인 점을 P$_4$, 점 P$_4$와 x축에 대하여 대칭인 점을 P$_5$, …라 하자. 위의 과정을 반복하여 점 P$_{2027}$의 좌표를 (a, b)라 할 때, $\dfrac{a}{2}+b$의 값을 구하시오.

0913

오른쪽 그림과 같은 정사각형 ABCD에서 점 P는 꼭짓점 A에서 출발하여 정사각형의 변을 따라 두 꼭짓점 B, C를 거쳐 꼭짓점 D까지 일정한 속력으로 움직인다. 점 P가 출발한 지 x초 후의 삼각형 APD의 넓이를 y라 할 때, 다음 중 x와 y 사이의 관계를 나타내는 그래프로 알맞은 것은?

① 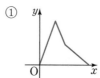   ②

③   ④

⑤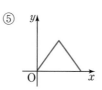

⬩ 기출 BOOK 30쪽

개념 확인

09-1 **정비례** 　　　　　　　　　　　　　　유형 01~09, 16

(1) 정비례 관계

　① 두 변수 x, y에 대하여 x의 값이 2배, 3배, 4배, …로 변함에 따라 y의 값도 2배, 3배,
　　4배, …로 변하는 관계가 있을 때, y는 x에 **정비례**한다고 한다.

　② y가 x에 정비례하면 x와 y 사이의 관계식은 $y=ax\,(a\neq0)$로 나타낼 수 있다.

(2) 정비례 관계 $y=ax\,(a\neq0)$의 그래프의 성질

　x의 값의 범위가 수 전체일 때, 정비례 관계 $y=ax\,(a\neq0)$의 그래프는 원점을 지나는
　직선이다.

	$a>0$일 때	$a<0$일 때
$y=ax$의 그래프	오른쪽 위로 향하는 직선	오른쪽 아래로 향하는 직선
지나는 사분면	제1사분면, 제3사분면	제2사분면, 제4사분면
증가, 감소 상태	x의 값이 증가하면 y의 값도 증가	x의 값이 증가하면 y의 값은 감소

개념＋

- y가 x에 정비례할 때, $\dfrac{y}{x}\,(x\neq0)$의 값은 항상 일정하다.
➡ $y=ax\,(a\neq0)$에서 $\dfrac{y}{x}=a$ (일정)

- 특별한 말이 없으면 정비례 관계 $y=ax\,(a\neq0)$에서 x의 값의 범위는 수 전체로 생각한다.

- 정비례 관계 $y=ax\,(a\neq0)$의 그래프는 a의 절댓값이 클수록 y축에 가깝다.

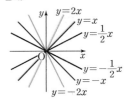

09-2 **반비례** 　　　　　　　　　　　　　　유형 10~18

(1) 반비례 관계

　① 두 변수 x, y에 대하여 x의 값이 2배, 3배, 4배, …로 변함에 따라 y의 값은 $\dfrac{1}{2}$배, $\dfrac{1}{3}$배,

　　$\dfrac{1}{4}$배, …로 변하는 관계가 있을 때, y는 x에 **반비례**한다고 한다.

　② y가 x에 반비례하면 x와 y 사이의 관계식은 $y=\dfrac{a}{x}\,(a\neq0)$로 나타낼 수 있다.

(2) 반비례 관계 $y=\dfrac{a}{x}\,(a\neq0)$의 그래프의 성질

　x의 값의 범위가 0이 아닌 수 전체일 때, 반비례 관계 $y=\dfrac{a}{x}\,(a\neq0)$의 그래프는 좌표축
　에 가까워지면서 한없이 뻗어 나가는 한 쌍의 매끄러운 곡선이다.

	$a>0$일 때	$a<0$일 때
$y=\dfrac{a}{x}$의 그래프		
지나는 사분면	제1사분면, 제3사분면	제2사분면, 제4사분면
증가, 감소 상태	$x>0$ 또는 $x<0$일 때, x의 값이 증가하면 y의 값은 감소	$x>0$ 또는 $x<0$일 때, x의 값이 증가하면 y의 값도 증가

- y가 x에 반비례할 때, xy의 값은 항상 일정하다.
➡ $y=\dfrac{a}{x}\,(a\neq0)$에서 $xy=a$ (일정)

- 특별한 말이 없으면 반비례 관계 $y=\dfrac{a}{x}\,(a\neq0)$에서 x의 값의 범위는 0이 아닌 수 전체로 생각한다.

- 반비례 관계 $y=\dfrac{a}{x}$의 그래프는 x축, y축과 만나지 않는다.

- 반비례 관계 $y=\dfrac{a}{x}\,(a\neq0)$의 그래프는 a의 절댓값이 클수록 원점에서 멀다.

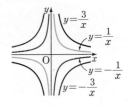

09-1 정비례

[0914~0915] y가 x에 정비례할 때, 다음 표를 완성하고 x와 y 사이의 관계를 식으로 나타내시오.

0914

x	1	2	3	4	5	…
y	3		9			…

➡ x와 y 사이의 관계식: _____

0915

x	1	2	3	4	5	…
y	−5			−20		…

➡ x와 y 사이의 관계식: _____

[0916~0919] 다음 중 y가 x에 정비례하는 것은 ○를, 정비례하지 않는 것은 ×를 ( ) 안에 써넣으시오.

0916 $y=-3x$ ( )　　**0917** $y=7x-2$ ( )

0918 $y=\dfrac{x}{4}$ ( )　　**0919** $\dfrac{y}{x}=-1$ ( )

[0920~0921] 다음 정비례 관계의 그래프를 좌표평면 위에 그리시오.

0920 $y=-2x$

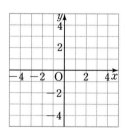

0921 $y=\dfrac{1}{3}x$

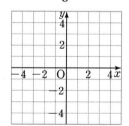

[0922~0923] 정비례 관계 $y=ax$의 그래프가 다음 그림과 같을 때, 상수 a의 값을 구하시오.

0922

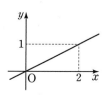

0923

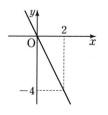

09-2 반비례

[0924~0925] y가 x에 반비례할 때, 다음 표를 완성하고 x와 y 사이의 관계를 식으로 나타내시오.

0924

x	1	2	3	4	5	…
y	120		40			…

➡ x와 y 사이의 관계식: _____

0925

x	1	2	3	4	5	…
y	−60				−12	…

➡ x와 y 사이의 관계식: _____

[0926~0929] 다음 중 y가 x에 반비례하는 것은 ○를, 반비례하지 않는 것은 ×를 ( ) 안에 써넣으시오.

0926 $y=-\dfrac{9}{x}$ ( )　　**0927** $x=\dfrac{3}{y}$ ( )

0928 $y=\dfrac{6}{x}-7$ ( )　　**0929** $xy=-15$ ( )

[0930~0931] 다음 반비례 관계의 그래프를 좌표평면 위에 그리시오.

0930 $y=\dfrac{2}{x}$

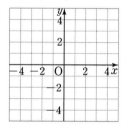

0931 $y=-\dfrac{8}{x}$

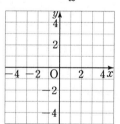

[0932~0933] 반비례 관계 $y=\dfrac{a}{x}$의 그래프가 다음 그림과 같을 때, 상수 a의 값을 구하시오.

0932

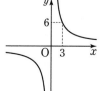

0933

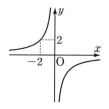

유형 완성

유형 01 정비례 관계

정비례 관계
➡ x의 값이 2배, 3배, 4배, …로 변할 때 y의 값도 2배, 3배, 4배, …로 변하는 관계
➡ 관계식: $y=ax\,(a\neq0)$
➡ $\dfrac{y}{x}\,(x\neq0)$의 값이 일정

0934 [대표 문제]

다음 중 y가 x에 정비례하는 것은?

① 200쪽인 책을 x쪽 읽고 남은 쪽수 y쪽

② 넓이가 36 cm²인 직사각형의 가로의 길이가 x cm일 때, 세로의 길이 y cm

③ 한 권에 1000원인 공책 x권과 1자루에 500원인 연필 1자루를 살 때, 지불하는 금액 y원

④ 길이가 60 cm인 끈을 x조각으로 똑같이 자를 때, 한 조각의 길이 y cm

⑤ 자동차가 시속 x km로 5시간 동안 달릴 때, 이동한 거리 y km

0935 (하)

다음 중 y가 x에 정비례하는 것을 모두 고르면? (정답 2개)

① $y=5x-5$ 　② $xy=3$ 　③ $y=-\dfrac{4}{x}$

④ $\dfrac{y}{x}=-1$ 　⑤ $y=\dfrac{1}{2}x$

0936 (중)

x와 y 사이의 관계식이 $y=-3x$일 때, 다음 중 옳은 것을 모두 고르면? (정답 2개)

① y는 x에 정비례한다.

② x의 값이 -2일 때, y의 값은 -6이다.

③ y의 값이 9일 때, x의 값은 -3이다.

④ x의 값이 3배가 되면 y의 값은 $\dfrac{1}{3}$배가 된다.

⑤ xy의 값이 일정하다.

유형 02 정비례 관계식 구하기(1)

y가 x에 정비례하고, $x=m$일 때 $y=n$이면 x와 y 사이의 관계식은 다음과 같은 순서로 구한다.
❶ $y=ax\,(a\neq0)$로 놓는다.
❷ $y=ax$에 $x=m$, $y=n$을 대입하여 a의 값을 구한다.

0937 [대표 문제]

y가 x에 정비례하고, $x=-4$일 때 $y=8$이다. $y=-16$일 때 x의 값을 구하시오.

0938 (하)

x의 값이 2배, 3배, 4배, …가 될 때 y의 값도 2배, 3배, 4배, …가 되고, $x=2$일 때 $y=5$이다. 이때 x와 y 사이의 관계식을 구하시오.

0939 (중)

서술형

다음 표에서 y가 x에 정비례할 때, $p-q$의 값을 구하시오.

x	-4	-3	q	5
y	p	-9	-6	15

유형 03 정비례 관계 $y=ax\,(a\neq0)$의 그래프

(1) 원점을 지나는 직선이다.
(2) $a>0$일 때, x의 값이 증가하면 y의 값도 증가한다.
    $a<0$일 때, x의 값이 증가하면 y의 값은 감소한다.
(3) $a>0$일 때, 제1사분면과 제3사분면을 지난다.
    $a<0$일 때, 제2사분면과 제4사분면을 지난다.

0940 대표 문제

다음 중 정비례 관계 $y=-4x$의 그래프에 대한 설명으로 옳지 <u>않은</u> 것은?

① 원점을 지나는 직선이다.

② 점 $\left(-\dfrac{1}{2},\,2\right)$를 지난다.

③ 제2사분면과 제4사분면을 지난다.

④ 오른쪽 위로 향하는 직선이다.

⑤ x의 값이 증가하면 y의 값은 감소한다.

0941 하

다음 중 정비례 관계 $y=\dfrac{2}{3}x$의 그래프는?

① 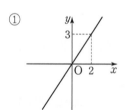 ②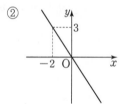

③ 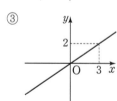 ④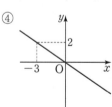

⑤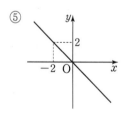

0942 중

다음 중 정비례 관계 $y=ax\,(a\neq0)$의 그래프에 대한 설명으로 옳은 것을 모두 고르면? (정답 2개)

① 점 $(a,\,1)$을 지난다.

② a의 값에 관계없이 원점을 지난다.

③ $a<0$일 때, 제1사분면과 제3사분면을 지난다.

④ a의 값에 관계없이 항상 오른쪽 위로 향하는 직선이다.

⑤ $a>0$일 때, x의 값이 증가하면 y의 값도 증가한다.

유형 04 정비례 관계 $y=ax\,(a\neq0)$의 그래프와 a의 절댓값 사이의 관계

정비례 관계 $y=ax\,(a\neq0)$의 그래프는
(1) a의 절댓값이 클수록 y축에 가깝다. → x축에서 멀다.
(2) a의 절댓값이 작을수록 x축에 가깝다. → y축에서 멀다.

0943 대표 문제

다음 중 정비례 관계의 그래프가 y축에 가장 가까운 것은?

① $y=-5x$ ② $y=-3x$ ③ $y=-\dfrac{1}{16}x$

④ $y=\dfrac{1}{3}x$ ⑤ $y=4x$

0944 중

정비례 관계 $y=ax$의 그래프가 오른쪽 그림의 색칠한 부분만을 지난다고 할 때, 다음 중 상수 a의 값이 될 수 있는 것은?

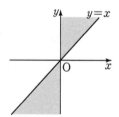

① -2 ② -1

③ $-\dfrac{1}{2}$ ④ $\dfrac{1}{2}$

⑤ 2

0945 종

다음 그림은 세 정비례 관계 $y=ax$, $y=bx$, $y=cx$의 그래프이다. 이때 상수 a, b, c의 대소 관계로 옳은 것은?

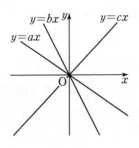

① $a<b<c$ ② $a<c<b$ ③ $b<a<c$
④ $b<c<a$ ⑤ $c<a<b$

빈출

유형 05 정비례 관계 $y=ax$ ($a\neq0$)의 그래프 위의 점

점 (m, n)이 정비례 관계 $y=ax$ ($a\neq0$)의 그래프 위의 점이다.
➡ 정비례 관계 $y=ax$의 그래프가 점 (m, n)을 지난다.
➡ $y=ax$에 $x=m$, $y=n$을 대입하면 등식이 성립한다.

0946 대표 문제

오른쪽 그림은 정비례 관계 $y=ax$의 그래프이다. 이때 상수 a, b에 대하여 $a-b$의 값을 구하시오.

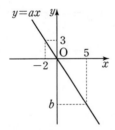

0947 하

다음 보기 중 정비례 관계 $y=-2x$의 그래프가 지나는 점을 모두 고르시오.

보기
ㄱ. $(0, 0)$ ㄴ. $(2, -2)$ ㄷ. $\left(\dfrac{2}{3}, -\dfrac{4}{3}\right)$
ㄹ. $\left(-\dfrac{1}{2}, 1\right)$ ㅁ. $(1, 2)$ ㅂ. $(-2, 1)$

0948 종

정비례 관계 $y=\dfrac{4}{3}x$의 그래프가 두 점 $(a, -1)$, $(3, b)$를 지날 때, ab의 값은?

① -4 ② -3 ③ -1
④ 1 ⑤ 3

0949 종

서술형

오른쪽 그림은 두 정비례 관계 $y=ax$, $y=bx$의 그래프이다. 이때 상수 a, b에 대하여 ab의 값을 구하시오.

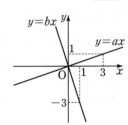

유형 06 정비례 관계식 구하기 (2)

원점을 지나는 직선이 그래프로 주어지면 x와 y 사이의 관계식은 다음과 같은 순서로 구한다.
❶ 정비례 관계이므로 $y=ax$ ($a\neq0$)로 놓는다.
❷ $y=ax$에 원점을 제외한 그래프 위의 한 점의 좌표를 대입하여 a의 값을 구한다.

0950 대표 문제

오른쪽 그림과 같은 그래프가 나타내는 x와 y 사이의 관계식은?

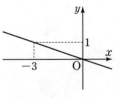

① $y=-3x$ ② $y=-\dfrac{1}{2}x$
③ $y=-\dfrac{1}{3}x$ ④ $y=\dfrac{1}{3}x$
⑤ $y=3x$

0951 ⑧

오른쪽 그림과 같은 그래프가 두 점 $(1, -1)$, $(k, 5)$를 지날 때, k의 값은?

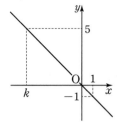

① -8 ② -7
③ -6 ④ -5
⑤ -4

0952 ⑧

다음 중 오른쪽 그림과 같은 그래프 위의 점이 <u>아닌</u> 것은?

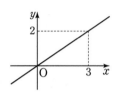

① $(9, 6)$ ② $(12, 8)$
③ $(15, 10)$ ④ $\left(-\dfrac{1}{3}, -\dfrac{2}{9}\right)$
⑤ $\left(-2, -\dfrac{1}{3}\right)$

유형 07 정비례 관계 $y=ax\,(a \neq 0)$의 그래프와 도형의 넓이

점 P가 정비례 관계 $y=ax\,(a>0)$의 그래프 위의 점일 때, $P(k, ak)\,(k>0)$라 하면
(삼각형 POQ의 넓이)
$=\dfrac{1}{2}\times$(선분 OQ의 길이)$\times$(선분 PQ의 길이)
$=\dfrac{1}{2}\times k \times ak$

0953 대표 문제

오른쪽 그림과 같이 정비례 관계 $y=\dfrac{4}{3}x$의 그래프 위의 한 점 A에서 x축에 수직인 직선을 그었을 때, x축과 만나는 점을 B라 하자. 점 B의 좌표가 $(6, 0)$일 때, 삼각형 AOB의 넓이를 구하시오. (단, O는 원점)

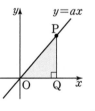

0954 ⑧

서술형

오른쪽 그림과 같이 정비례 관계 $y=3x$의 그래프 위의 점 A와 정비례 관계 $y=\dfrac{4}{5}x$의 그래프 위의 점 B의 y좌표가 모두 3일 때, 삼각형 AOB의 넓이를 구하시오. (단, O는 원점)

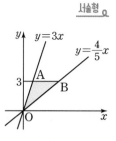

0955 ⑧

오른쪽 그림과 같이 정비례 관계 $y=ax$의 그래프 위의 한 점 P에서 y축에 수직인 직선을 그었을 때, y축과 만나는 점을 Q라 하자. 점 Q의 y좌표가 4이고 삼각형 PQO의 넓이가 4일 때, 양수 a의 값을 구하시오. (단, O는 원점)

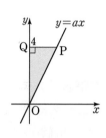

0956 ⑧

오른쪽 그림과 같이 정비례 관계 $y=2x$의 그래프 위의 한 점 A에서 x축에 수직인 직선을 그었을 때, 정비례 관계 $y=-\dfrac{2}{3}x$의 그래프와 만나는 점을 B라 하자. 점 A의 x좌표가 3이고 정비례 관계 $y=ax$의 그래프가 삼각형 AOB의 넓이를 이등분할 때, 상수 a의 값을 구하시오. (단, O는 원점)

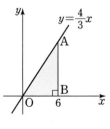

유형 08 정비례 관계의 활용 (1)

정비례 관계의 활용 문제는 다음과 같은 순서로 해결한다.
➊ x와 y 사이의 관계식을 구한다. ➡ $y=ax$ 꼴
➋ 주어진 조건($x=m$ 또는 $y=n$)을 대입하여 필요한 값을 구한다.

0957 대표 문제

$5\,L$의 연료로 $105\,km$를 달리는 하이브리드 자동차가 있다. 이 자동차가 $x\,L$의 연료로 달릴 수 있는 거리를 $y\,km$라 할 때, x와 y 사이의 관계식을 구하고, $441\,km$를 달리려면 몇 L의 연료가 필요한지 구하시오.

0958 하

우유를 정화하는 데 필요한 물의 양 $y\,L$는 우유의 양 $x\,mL$에 정비례한다. 우유 $1\,mL$를 정화하는 데 필요한 물의 양이 $40\,L$라 할 때, 우유 $200\,mL$를 정화하는 데 필요한 물의 양은?

① $5\,L$ ② $50\,L$ ③ $240\,L$
④ $800\,L$ ⑤ $8000\,L$

0959 중

정해진 시각에 어떤 물체의 그림자의 길이 $y\,cm$는 그 물체의 높이 $x\,cm$에 정비례한다. 운동장에 길이가 $20\,cm$인 막대를 똑바로 세웠을 때의 그림자의 길이가 $24\,cm$이었을 때, 같은 시각에 그림자의 길이가 $12\,m$인 깃대의 높이는 몇 m인지 구하시오.

0960 중

톱니가 각각 20개, 15개인 두 톱니바퀴 A, B가 서로 맞물려 돌아가고 있다. A가 x번 회전하는 동안 B는 y번 회전한다고 할 때, x와 y 사이의 관계식을 구하시오.

0961 중

서술형 ✍

오른쪽 그림과 같은 직사각형 ABCD에서 점 P는 변 BC를 따라 꼭짓점 B에서 꼭짓점 C까지 움직인다. 선분 BP의 길이를 $x\,cm$, 삼각형 ABP의 넓이를 $y\,cm^2$라 하자. 다음 물음에 답하시오.

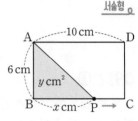

(1) x와 y 사이의 관계식을 구하시오.
(2) 삼각형 ABP의 넓이가 $20\,cm^2$일 때, 선분 BP의 길이를 구하시오.

유형 09 정비례 관계의 활용 (2) – 두 그래프의 비교

두 정비례 관계의 그래프가 주어진 활용 문제는 다음과 같은 순서로 해결한다.
➊ 그래프 위의 한 점의 좌표를 각각 대입하여 정비례 관계식을 구한다.
➋ 주어진 조건을 이용하여 필요한 값을 구한다.

0962 대표 문제

재현이네 반 학생들이 두 대의 버스에 여학생과 남학생으로 나누어 타고 학교에서 $54\,km$ 떨어진 체험 학습 장소로 가려고 한다. 오른쪽 그래프는 두 대의 버스가 동시에 출발하여 x분 동안 $y\,km$를 갈 때, x와 y 사이의 관계를 각각 나타낸 것이다. 남학생이 탄 버스는 여학생이 탄 버스가 체험 학습 장소에 도착한 지 몇 분 후에 도착하는지 구하시오.

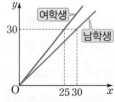

0963 ⓗ

학교에서 $2\,km$ 떨어진 분식집까지 서우는 자전거를 타고 가고, 진영이는 걸어가서 먼저 도착한 사람이 다른 사람을 기다리기로 했다. 오른쪽 그래프는 두 사람이 동시에 출발하여 x분 동안

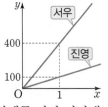

간 거리를 $y\,m$라 할 때, x와 y 사이의 관계를 각각 나타낸 것이다. 다음 보기 중 옳은 것을 모두 고른 것은?

> 보기
> ㄱ. 서우의 속력은 분속 $0.02\,m$이다.
> ㄴ. 진영이의 속력은 분속 $100\,m$이다.
> ㄷ. 서우는 출발한 지 5분 후에 분식집에 도착한다.
> ㄹ. 진영이는 서우보다 20분 늦게 분식집에 도착한다.

① ㄱ, ㄴ   ② ㄱ, ㄷ   ③ ㄴ, ㄷ

④ ㄴ, ㄹ   ⑤ ㄷ, ㄹ

유형 10 반비례 관계

반비례 관계
➡ x의 값이 2배, 3배, 4배, …로 변할 때 y의 값은 $\frac{1}{2}$배, $\frac{1}{3}$배, $\frac{1}{4}$배, …로 변하는 관계

➡ 관계식: $y=\dfrac{a}{x}\,(a\neq0)$

➡ xy의 값이 일정

0964 대표 문제

다음 중 y가 x에 반비례하는 것은?

① 운동으로 2분에 $40\,kcal$를 소모할 때 x분 동안 소모하는 열량 $y\,kcal$

② 넓이가 $12\,cm^2$인 삼각형의 밑변의 길이가 $x\,cm$일 때, 높이 $y\,cm$

③ 길이가 $100\,cm$인 종이테이프에서 $x\,cm$를 잘라 내고 남은 종이테이프의 길이 $y\,cm$

④ 생수 $x\,L$를 10명이 똑같이 나누어 들 때, 한 사람이 드는 생수의 양 $y\,L$

⑤ 한 변의 길이가 $x\,cm$인 정사각형의 둘레의 길이 $y\,cm$

0965 ⓗ

다음 중 y가 x에 반비례하는 것을 모두 고르면? (정답 2개)

① $y=-\dfrac{x}{2}$ ② $y=3x$ ③ $y=\dfrac{4}{x}$

④ $x+y=7$ ⑤ $xy=15$

0966 ⓗ

x와 y 사이의 관계식이 $y=\dfrac{2}{x}$일 때, 다음 보기 중 옳은 것을 모두 고르시오.

> 보기
> ㄱ. y는 x에 반비례한다.
> ㄴ. x의 값이 -4일 때, y의 값은 -2이다.
> ㄷ. x의 값이 2배가 되면 y의 값은 $\frac{1}{2}$배가 된다.
> ㄹ. xy의 값이 일정하다.

유형 11 반비례 관계식 구하기⑴

y가 x에 반비례하고, $x=m$일 때 $y=n$이면 x와 y 사이의 관계식은 다음과 같은 순서로 구한다.

❶ $y=\dfrac{a}{x}\,(a\neq0)$로 놓는다.

❷ $y=\dfrac{a}{x}$에 $x=m$, $y=n$을 대입하여 a의 값을 구한다.

참고 $xy=a$를 이용하여 a의 값을 구할 수도 있다.
└ 항상 일정하다.

0967 대표 문제

y가 x에 반비례하고, $x=9$일 때 $y=-2$이다. $y=3$일 때 x의 값은?

① -9 ② -6 ③ -3

④ 3 ⑤ 6

0968 ⓗ

x의 값이 2배, 3배, 4배, ...가 될 때 y의 값은 $\frac{1}{2}$배, $\frac{1}{3}$배, $\frac{1}{4}$배, ...가 되고, $x=2$일 때 $y=3$이다. 이때 x와 y 사이의 관계식을 구하시오.

0969 ⓒ

서술형 ₀

다음 표에서 y가 x에 반비례할 때, $p+q$의 값을 구하시오.

x	-2	q	2
y	p	8	-4

빈출

유형 12 반비례 관계 $y=\frac{a}{x}(a\neq 0)$의 그래프

(1) 좌표축에 가까워지면서 한없이 뻗어 나가는 한 쌍의 매끄러운 곡선이다.
(2) $a>0$일 때, 제1사분면과 제3사분면을 지난다.
  $a<0$일 때, 제2사분면과 제4사분면을 지난다.
(3) $a>0$일 때, 각 사분면에서 x의 값이 증가하면 y의 값은 감소한다.
  $a<0$일 때, 각 사분면에서 x의 값이 증가하면 y의 값도 증가한다.

0970 대표 문제

다음 중 반비례 관계 $y=-\frac{3}{x}$의 그래프에 대한 설명으로 옳은 것은?

① 점 $(1, 3)$을 지난다.
② 제2사분면과 제4사분면을 지난다.
③ x축과 한 점에서 만난다.
④ 원점을 지난다.
⑤ $x>0$일 때, x의 값이 증가하면 y의 값은 감소한다.

0971 ⓗ

다음 중 반비례 관계 $y=-\frac{2}{x}$의 그래프는?

①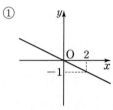

②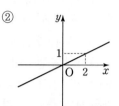

③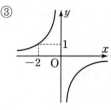

④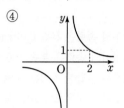

⑤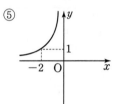

0972 ⓒ

다음 보기 중 x와 y 사이의 관계를 나타내는 그래프가 제3사분면을 지나는 것을 모두 고르시오.

보기
ㄱ. $y=-3x$　　　ㄴ. $y=\frac{5}{x}$　　　ㄷ. $y=3x$
ㄹ. $y=-\frac{2}{7}x$　　ㅁ. $y=-\frac{4}{x}$　　ㅂ. $y=\frac{4}{3}x$

0973 ⓒ

다음 중 반비례 관계 $y=\frac{a}{x}(a\neq 0)$의 그래프에 대한 설명으로 옳지 <u>않은</u> 것을 모두 고르면? (정답 2개)

① 원점을 지나지 않는 한 쌍의 곡선이다.
② $a>0$일 때, $x>0$인 범위에서 x의 값이 증가하면 y의 값도 증가한다.
③ $a<0$일 때, 제2사분면과 제4사분면을 지난다.
④ y축과 한 점에서 만난다.
⑤ 점 $(1, a)$를 지난다.

유형 13 반비례 관계 $y=\dfrac{a}{x}(a\neq0)$의 그래프와 a의 절댓값 사이의 관계

반비례 관계 $y=\dfrac{a}{x}(a\neq0)$의 그래프는

(1) a의 절댓값이 클수록 원점에서 멀다. → 좌표축에서 멀다.

(2) a의 절댓값이 작을수록 원점에 가깝다. → 좌표축에 가깝다.

0974 대표 문제

다음 보기 중 반비례 관계의 그래프가 원점에 가장 가까운 것과 원점에서 가장 먼 것을 차례로 나열하시오.

보기
ㄱ. $y=-\dfrac{4}{x}$ ㄴ. $y=-\dfrac{2}{x}$ ㄷ. $y=\dfrac{1}{x}$

ㄹ. $y=\dfrac{3}{x}$ ㅁ. $y=\dfrac{6}{x}$ ㅂ. $y=-\dfrac{8}{x}$

0975 중

오른쪽 그림은 $y=ax$, $y=bx$, $y=\dfrac{c}{x}$, $y=\dfrac{d}{x}$의 그래프이다. 이 때 상수 a, b, c, d의 대소 관계로 옳은 것은?

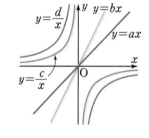

① $a<b<c<d$

② $c<a<b<d$

③ $c<d<a<b$

④ $d<a<c<b$

⑤ $d<c<a<b$

유형 14 반비례 관계 $y=\dfrac{a}{x}(a\neq0)$의 그래프 위의 점

점 (m, n)이 반비례 관계 $y=\dfrac{a}{x}(a\neq0)$의 그래프 위의 점이다.

➡ 반비례 관계 $y=\dfrac{a}{x}$의 그래프가 점 (m, n)을 지난다.

➡ $y=\dfrac{a}{x}$에 $x=m$, $y=n$을 대입하면 등식이 성립한다.

0976 대표 문제

반비례 관계 $y=-\dfrac{12}{x}$의 그래프가 오른쪽 그림과 같을 때, $a+b$의 값은?

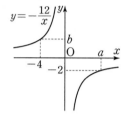

① 6   ② 9

③ 10   ④ 12

⑤ 15

0977 하

다음 중 반비례 관계 $y=-\dfrac{10}{x}$의 그래프 위의 점이 아닌 것은?

① $(-2, 5)$ ② $(1, -10)$ ③ $(5, -2)$

④ $\left(-4, -\dfrac{5}{2}\right)$ ⑤ $\left(6, -\dfrac{5}{3}\right)$

0978 중

정비례 관계 $y=ax$의 그래프가 점 $(-2, 3)$을 지나고, 반비례 관계 $y=\dfrac{b}{x}$의 그래프가 점 $(3, 2)$를 지날 때, 상수 a, b에 대하여 $a+b$의 값을 구하시오.

0979 (중)

서술형

반비례 관계 $y=\dfrac{a}{x}$의 그래프가 오른쪽 그림과 같을 때, 점 P의 좌표를 구하시오. (단, a는 상수)

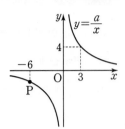

0980 (중)

오른쪽 그림은 반비례 관계 $y=\dfrac{a}{x}$의 그래프이다. 이 그래프 위의 두 점 P, Q의 x좌표의 차가 6일 때, 상수 a의 값은?

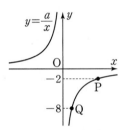

① -16 ② -14

③ -12 ④ -10

⑤ -8

0981 (상)

반비례 관계 $y=\dfrac{20}{x}$의 그래프 위의 점 중에서 x좌표와 y좌표가 모두 정수인 점의 개수는?

① 6   ② 8   ③ 10

④ 12   ⑤ 14

유형 15 반비례 관계식 구하기 (2)

좌표축에 가까워지면서 한없이 뻗어 나가는 한 쌍의 매끄러운 곡선이 그래프로 주어지면 x와 y 사이의 관계식은 다음과 같은 순서로 구한다.

❶ 반비례 관계이므로 $y=\dfrac{a}{x}\,(a\neq0)$로 놓는다.

❷ $y=\dfrac{a}{x}$에 그래프 위의 한 점의 좌표를 대입하여 a의 값을 구한다.

0982 [대표 문제]

오른쪽 그림과 같은 그래프가 나타내는 x와 y 사이의 관계식을 구하시오.

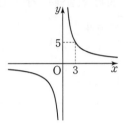

0983 (중)

오른쪽 그림과 같은 그래프가 점 $\left(-\dfrac{2}{3},\,k\right)$를 지날 때, k의 값은?

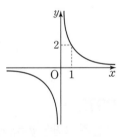

① -3 ② $-\dfrac{3}{2}$

③ $-\dfrac{4}{3}$ ④ $-\dfrac{3}{4}$

⑤ $-\dfrac{2}{3}$

0984 (중)

다음 보기 중 오른쪽 그림의 각 그래프가 나타내는 x와 y 사이의 관계식이 옳은 것을 모두 고르시오.

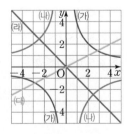

보기

ㄱ. (가): $y=\dfrac{4}{x}$

ㄴ. (나): $y=-\dfrac{5}{x}$

ㄷ. (다): $y=3x$

ㄹ. (라): $y=-x$

유형 16 $y=ax$, $y=\dfrac{b}{x}\,(a\neq0,\ b\neq0)$의 그래프가 만나는 점

정비례 관계 $y=ax$의 그래프와 반비례 관계 $y=\dfrac{b}{x}$의 그래프가 점 $(p,\ q)$에서 만난다.

➡ 점 $(p,\ q)$는 정비례 관계 $y=ax$의 그래프 위의 점인 동시에 반비례 관계 $y=\dfrac{b}{x}$의 그래프 위의 점이다.

➡ $y=ax$, $y=\dfrac{b}{x}$에 각각 $x=p$, $y=q$를 대입하여 a, b의 값을 구한다.

0985 대표 문제

오른쪽 그림은 정비례 관계 $y=\dfrac{3}{4}x$의 그래프와 반비례 관계 $y=\dfrac{a}{x}\,(x>0)$의 그래프이다. 두 그래프가 만나는 점 P의 x좌표가 4일 때, 상수 a의 값을 구하시오.

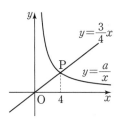

0986 중

정비례 관계 $y=ax$의 그래프와 반비례 관계 $y=\dfrac{b}{x}$의 그래프가 점 $(2,\ -4)$에서 만날 때, 상수 a, b에 대하여 $a+b$의 값은?

① -10 ② -8 ③ -6
④ 2 ⑤ 4

0987 중

오른쪽 그림과 같이 정비례 관계 $y=ax$의 그래프와 반비례 관계 $y=\dfrac{16}{x}$의 그래프가 점 $(b,\ 8)$에서 만날 때, $a-b$의 값을 구하시오.
(단, a는 상수)

서술형

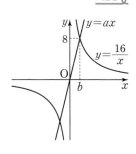

유형 17 반비례 관계 $y=\dfrac{a}{x}\,(a\neq0)$의 그래프와 도형의 넓이

점 P가 반비례 관계 $y=\dfrac{a}{x}\,(a>0)$의 그래프 위의 점일 때, $P\left(k,\ \dfrac{a}{k}\right)(k>0)$라 하면

(직사각형 QORP의 넓이)
$=$(선분 OR의 길이)$\times$(선분 PR의 길이)
$=$(점 P의 x좌표)$\times$(점 P의 y좌표)
$=k\times\dfrac{a}{k}=a \to k$의 값에 관계없이 a로 일정

0988 대표 문제

오른쪽 그림은 반비례 관계 $y=\dfrac{12}{x}$의 그래프이고, 점 C는 이 그래프 위의 점이다. 이때 직사각형 AOBC의 넓이를 구하시오. (단, O는 원점)

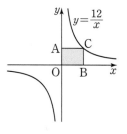

0989 중

오른쪽 그림은 반비례 관계 $y=\dfrac{a}{x}$의 그래프의 일부분이고, 두 점 P, Q는 이 그래프 위의 점이다. 이때 네 변이 좌표축에 각각 평행한 직사각형 PAQB의 넓이를 구하시오.
(단, a는 상수)

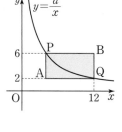

0990 상

오른쪽 그림은 반비례 관계 $y=\dfrac{a}{x}$의 그래프이고, 두 점 A, C는 이 그래프 위의 점이다. 네 변이 좌표축에 각각 평행한 직사각형 ABCD의 넓이가 24일 때, 상수 a의 값을 구하시오.

서술형

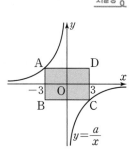

유형 18 반비례 관계의 활용

반비례 관계의 활용 문제는 다음과 같은 순서로 해결한다.

❶ x와 y 사이의 관계식을 구한다. ➡ $y=\dfrac{a}{x}$ 꼴

❷ 주어진 조건($x=m$ 또는 $y=n$)을 대입하여 필요한 값을 구한다.

0991 대표 문제

두 톱니바퀴 A, B가 서로 맞물려 돌아가는데 톱니가 20개인 톱니바퀴 A가 매분 5번 회전할 때, 톱니가 x개인 톱니바퀴 B는 매분 y번 회전한다고 한다. 톱니바퀴 B의 톱니가 10개일 때, 톱니바퀴 B는 매분 몇 번 회전하는지 구하시오.

0992 ⑧

똑같은 기계 30대로 15일 동안 작업해야 끝나는 일이 있다. 이 일을 같은 기계 x대로 y일 동안 작업하여 끝낸다고 할 때, x와 y 사이의 관계식은?

① $y=\dfrac{2}{x}$ ② $y=\dfrac{60}{x}$ ③ $y=\dfrac{450}{x}$

④ $y=2x$ ⑤ $y=450x$

0993 ⑧

온도가 일정할 때, 기체의 부피 $y\,\mathrm{cm^3}$는 압력 x기압에 반비례한다. 어떤 기체의 부피가 $40\,\mathrm{cm^3}$일 때, 압력은 3기압이었다. 이때 x와 y 사이의 관계식을 구하고, 같은 온도에서 압력이 2기압일 때, 이 기체의 부피를 구하시오.

0994 ⑧

수빈이가 집에서 $270\,\mathrm{km}$ 떨어져 있는 창민이네 집에 가려고 한다. 자동차를 타고 시속 $x\,\mathrm{km}$로 이동할 때 걸리는 시간을 y시간이라 하자. 다음 물음에 답하시오.

⑴ x와 y 사이의 관계식을 구하시오.

⑵ 수빈이가 자동차를 타고 시속 $60\,\mathrm{km}$로 이동하면 창민이네 집까지 몇 분이 걸리는지 구하시오.

0995 ⑧

속력이 일정한 음파의 파장은 진동수에 반비례한다. 오른쪽 그래프는 어떤 음파의 진동수와 파장 사이의 관계를 나타낸 것이다. 사람이 귀로 들을 수 있는 음파의 진

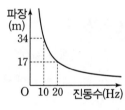

동수의 범위가 $20\,\mathrm{Hz}$ 이상 $20000\,\mathrm{Hz}$ 이하일 때, 사람이 들을 수 있는 음파의 파장의 범위는?

① $\dfrac{17}{1000}\,\mathrm{m}$ 이하 ② $\dfrac{17}{1000}\,\mathrm{m}$ 이상 $17\,\mathrm{m}$ 이하

③ $17\,\mathrm{m}$ 이하 ④ $17\,\mathrm{m}$ 이상 $34\,\mathrm{m}$ 이하

⑤ $34\,\mathrm{m}$ 이상

AB 유형 점검

0996
유형 03 + 04

다음 중 정비례 관계 $y=\dfrac{1}{2}x$의 그래프에 대한 설명으로 옳지 <u>않은</u> 것은?

① 원점을 지나는 직선이다.

② 제1사분면과 제3사분면을 지난다.

③ 점 $(2, 1)$을 지난다.

④ x의 값이 증가하면 y의 값도 증가한다.

⑤ 정비례 관계 $y=-\dfrac{1}{3}x$의 그래프보다 x축에 더 가깝다.

0997
유형 04

다음 중 정비례 관계의 그래프가 x축에 가장 가까운 것은?

① $y=7x$ 　　② $y=\dfrac{3}{5}x$ 　　③ $y=-\dfrac{7}{6}x$

④ $y=-x$ 　　⑤ $y=-9x$

0998
유형 05

정비례 관계 $y=ax$의 그래프가 두 점 $(-3, -2)$, $(5, b)$를 지날 때, $a+b$의 값은? (단, a는 상수)

① $\dfrac{8}{3}$ 　　② 3 　　③ $\dfrac{10}{3}$

④ $\dfrac{11}{3}$ 　　⑤ 4

0999
유형 06

다음 조건을 모두 만족시키는 x와 y 사이의 관계식을 구하시오. (단, $x\neq0$)

┌ 조건 ┐
(가) $\dfrac{y}{x}$의 값이 일정하다.

(나) x와 y 사이의 관계를 나타내는 그래프는 점 $(-2, -4)$를 지난다.

1000
유형 07

오른쪽 그림과 같이 정비례 관계 $y=3x$의 그래프 위의 점 A와 정비례 관계 $y=-\dfrac{1}{2}x$의 그래프 위의 점 B의 x좌표가 모두 4로 같을 때, 삼각형 AOB의 넓이는? (단, O는 원점)

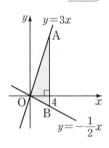

① 14 　　② 20

③ 28 　　④ 40

⑤ 56

1001
유형 08

깊이가 $60\,cm$인 원기둥 모양의 빈 물통에 일정한 속력으로 물을 넣으려고 한다. 물을 넣기 시작한 지 5분 후의 수면의 높이가 $10\,cm$이고 x분 후의 수면의 높이를 $y\,cm$라 할 때, 수면의 높이가 $24\,cm$가 되는 때는 물을 넣기 시작한 지 몇 분 후인지 구하시오.

1002
유형 09

택시와 버스가 같은 지점에서 동시에 출발하여 일정한 속력으로 달리고 있다. 오른쪽 그래프는 택시와 버스가 x분 동안 y m를 갈 때, x와 y 사이의 관계를 각각 나타낸 것이다. 택시와 버스가 동시에 출발한 지 50분 후에 택시는 버스보다 몇 m 앞에 있는지 구하시오.

1003
유형 01 + 10

다음 보기 중 y가 x에 정비례하는 것은 a개, 반비례하는 것은 b개, 정비례하지도 반비례하지도 않는 것은 c개일 때, $a+b-c$의 값은?

> **보기**
> ㄱ. 한 걸음마다 3 cm씩 이동하는 장난감 로봇이 x걸음을 걸었을 때, 걸은 거리 y cm
> ㄴ. 하루 중 낮의 길이가 x시간일 때, 밤의 길이 y시간
> ㄷ. 집에서 1 km 떨어진 학교에 자동차를 타고 시속 x km로 갈 때, 걸린 시간 y시간
> ㄹ. 합이 70인 두 자연수 x와 y
> ㅁ. 2개에 2000원인 아이스크림 x개의 가격 y원
> ㅂ. 넓이가 100 cm²인 직사각형의 가로의 길이가 x cm일 때, 세로의 길이 y cm
> ㅅ. 축구 경기를 5번 하여 무승부가 없을 때, 어느 팀이 이긴 횟수 x와 진 횟수 y
> ㅇ. 3L의 주스를 x명이 똑같은 양으로 나누어 마실 때, 한 사람이 마실 주스의 양 y L

① 0   ② 2   ③ 4
④ 6   ⑤ 8

1004
유형 11

y가 x에 반비례하고, $x=8$일 때 $y=-3$이다. 이때 x와 y 사이의 관계식을 구하시오.

1005
유형 03 + 12

다음 보기 중 x와 y 사이의 관계를 나타내는 그래프가 제1사분면을 지나는 것을 모두 고른 것은?

> **보기**
> ㄱ. $y=9x$ ㄴ. $y=\dfrac{5}{3}x$ ㄷ. $y=\dfrac{7}{x}$
> ㄹ. $y=-\dfrac{6}{x}$ ㅁ. $y=-\dfrac{x}{2}$

① ㄱ, ㄷ   ② ㄴ, ㅁ   ③ ㄷ, ㄹ
④ ㄱ, ㄴ, ㄷ   ⑤ ㄴ, ㄹ, ㅁ

1006
유형 12 + 14

다음 중 반비례 관계 $y=-\dfrac{7}{x}$의 그래프에 대한 설명으로 옳은 것을 모두 고르면? (정답 2개)

① 한 쌍의 매끄러운 곡선이다.
② x축, y축과 만나지 않는다.
③ 점 $(-1, -7)$을 지난다.
④ 제1사분면과 제3사분면을 지난다.
⑤ 0이 아닌 두 수 a, b에 대하여 점 (a, b)가 주어진 그래프 위의 점이면 점 $(a, -b)$도 주어진 그래프 위의 점이다.

1007
유형 14

반비례 관계 $y=\dfrac{a}{x}$의 그래프가 점 $(4, -2)$를 지날 때, 다음 중 이 그래프 위에 있는 점은? (단, a는 상수)

① $(-8, 4)$ ② $(-2, -4)$ ③ $(1, 8)$
④ $(2, 4)$ ⑤ $(8, -1)$

1008
유형 16

오른쪽 그림과 같이 정비례 관계
$y=ax$의 그래프와 반비례 관계
$y=\dfrac{8}{x}$의 그래프가 점 P에서 만난
다. 점 P의 x좌표가 2일 때, 상수
a의 값을 구하시오.

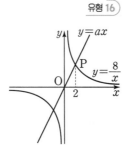

1009
유형 17

오른쪽 그림과 같이 반비례 관계
$y=-\dfrac{9}{x}$의 그래프가 점 A를 지난
다. 이때 직사각형 ABOC의 넓이
는? (단, O는 원점)

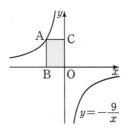

① 3　　　　　② 6

③ 9　　　　　④ 18

⑤ 27

1010
유형 18

매분 30 L씩 물을 넣으면 20분 만에 가득 차는 물탱크가
있다. 이 물탱크에 매분 x L씩 물을 넣으면 y분 만에 가득
찬다고 할 때, 빈 물탱크를 6분 만에 가득 채우려면 매분
몇 L씩 물을 넣어야 하는지 구하시오.

서술형

1011
유형 02

다음 표에서 y가 x에 정비례할 때, $A+B+C$의 값을
구하시오.

x	A	-2	B	4
y	12	8	-4	C

1012
유형 14

반비례 관계 $y=-\dfrac{20}{x}$의 그래프가 두 점 $(a, -4)$,
$(-5, b)$를 지날 때, ab의 값을 구하시오.

1013
유형 15

오른쪽 그림과 같은 그래프에
서 k의 값을 구하시오.

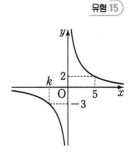

실력 향상

하 ···· 중 ···· 상 100%

1014

정비례 관계 $y=ax\,(a\neq0)$의 그래프와 반비례 관계 $y=\dfrac{b}{x}\,(b\neq0)$의 그래프가 점 $(-6,\ c)$에서 만난다고 할 때, 점 $\left(\dfrac{b}{a},\ -ac\right)$는 제몇 사분면 위의 점인가?

① 제1사분면   ② 제2사분면

③ 제3사분면   ④ 제4사분면

⑤ 어느 사분면에도 속하지 않는다.

1015

두 정비례 관계 $y=\dfrac{5}{2}x$, $y=\dfrac{2}{5}x$ 의 그래프는 오른쪽 그림과 같고, 한 변의 길이가 3인 정사각형 ABCD와 각각 점 A, C에서 만난다. 이때 점 D의 좌표를 구하시오. (단, 두 점 A, B의 x좌표는 같다.)

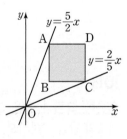

1016

오른쪽 그림과 같이 세 점 O(0, 0), A(0, 8), B(5, 0)을 꼭짓점으로 하는 삼각형 AOB의 넓이를 정비례 관계 $y=ax$의 그래프가 이등분할 때, 상수 a의 값을 구하시오.

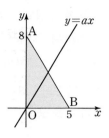

1017

오른쪽 그림은 반비례 관계 $y=\dfrac{a}{x}$ 의 그래프의 일부분이다. 두 점 P, Q가 이 그래프 위의 점이고 직사각형 ABCP의 넓이는 24, 직사각형 BODC의 넓이는 12일 때, 직사각형 CDEQ의 넓이를 구하시오.

(단, a는 상수, O는 원점)

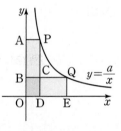

⤴ 기출 BOOK 34쪽

유형만렙 기출 BOOK

230문항 수록

중학 수학
1/1

visang

유형
만렙

기출 BOOK

중학 수학
1/1

중단원 기출 문제 01 / 소인수분해

점수 / 100점

1 오른쪽 표에서 소수가 적혀 있는 칸을 색칠했을 때 나타나는 자음은? [3점]

13	79	31	83
56	6	80	29
37	53	19	7
45	70	33	59

① ㄱ ② ㄴ
③ ㄷ ④ ㅁ
⑤ ㅋ

2 10 이상 25 미만의 자연수 중에서 합성수의 개수는? [3점]

① 10 ② 11 ③ 12
④ 13 ⑤ 14

3 20 이상 40 이하의 자연수 중에서 소수를 모두 구하시오. [3점]

4 다음 중 옳은 것을 모두 고르면? (정답 2개) [4점]

① 141은 소수이다.
② 가장 작은 소수는 1이다.
③ 소수가 아닌 자연수는 합성수이다.
④ 3의 배수 중에서 소수는 1개뿐이다.
⑤ 10 이하의 자연수 중에서 합성수는 5개이다.

5 다음 중 옳지 않은 것을 모두 고르면? (정답 2개) [3점]

① $2+2+2=2^3$ ② $1000=10^3$
③ $a\times a\times a\times a=a^4$ ④ $\frac{2}{3}\times\frac{2}{3}\times\frac{2}{3}=\frac{2^3}{3}$
⑤ $5\times7\times7\times7=5\times7^3$

6 $2\times5\times5\times5\times5\times7\times2\times2$를 거듭제곱으로 나타내면 $a^3\times5^b\times c$일 때, 자연수 a, b, c에 대하여 $a+b+c$의 값을 구하시오. (단, a, c는 서로 다른 소수) [3점]

7 꿀타래는 한 덩어리의 꿀을 길게 늘여 한 번 접고 다시 길게 늘여 접는 일을 반복하여 실처럼 가늘게 만든 과자이다. 꿀을 한 번 접으면 2가닥이 되고 두 번 접으면 4가닥이 될 때, 이와 같은 규칙으로 11번을 접은 꿀은 모두 몇 가닥이 되는가? [4점]

① 2^{10}가닥 ② 2^{11}가닥 ③ 2^{12}가닥

④ 2^{13}가닥 ⑤ 2^{14}가닥

8 다음 중 소인수분해를 바르게 한 것은? [4점]

① $108 = 3 \times 6^2$ ② $128 = 2^4 \times 8$

③ $196 = 13^2$ ④ $222 = 2 \times 11^2$

⑤ $350 = 2 \times 5^2 \times 7$

9 $450 = a \times b^2 \times 5^c$일 때, 자연수 a, b, c에 대하여 $a+b+c$의 값은? (단, a, b는 서로 다른 소수) [4점]

① 6 ② 7 ③ 8

④ 9 ⑤ 10

10 다음은 주어진 자연수를 소인수분해 한 것이다. □ 안에 들어갈 수가 가장 큰 것은? [4점]

① $126 = 2 \times 3^{\square} \times 7$ ② $144 = 2^{\square} \times 3^2$

③ $156 = 2^{\square} \times 3 \times 13$ ④ $250 = 2 \times 5^{\square}$

⑤ $300 = 2^2 \times 3 \times 5^{\square}$

11 150의 모든 소인수의 합은? [3점]

① 10 ② 11 ③ 12

④ 13 ⑤ 14

12 서로 다른 소인수가 4개인 자연수 중에서 가장 작은 수를 구하시오. [5점]

13 90에 자연수를 곱하여 어떤 자연수의 제곱이 되도록 할 때, 곱할 수 있는 가장 작은 자연수는? [4점]

① 2 ② 3 ③ 5
④ 10 ⑤ 15

14 540을 자연수로 나누어 어떤 자연수의 제곱이 되도록 할 때, 나눌 수 있는 가장 작은 자연수를 구하시오.
[4점]

15 $80 \times x$가 어떤 자연수의 제곱일 때, 다음 중 x의 값이 될 수 없는 것은? [4점]

① 5 ② 10 ③ 20
④ 45 ⑤ 125

16 160에 자연수를 곱하여 어떤 자연수의 제곱이 되도록 할 때, 곱할 수 있는 두 자리의 자연수의 합은? [6점]

① 125 ② 130 ③ 140
④ 145 ⑤ 150

17 $24 \times a = 90 \times b = c^2$을 만족시키는 가장 작은 자연수 a, b, c에 대하여 $a+b+c$의 값은? [6점]

① 100 ② 150 ③ 200
④ 250 ⑤ 300

18 다음 중 126의 약수가 <u>아닌</u> 것은? [3점]

① 3^2 ② 2×3^2 ③ 2×7
④ $2 \times 3 \times 7$ ⑤ $2^2 \times 3 \times 7$

19 $2^4 \times 3^3 \times 5^3$의 약수 중에서 네 번째로 큰 수는? [5점]

① $2^2 \times 3^3 \times 5^3$ ② $2^3 \times 3^2 \times 5^3$
③ $2^3 \times 3^3 \times 5^3$ ④ $2^4 \times 3^2 \times 5^3$
⑤ $2^4 \times 3^3 \times 5^2$

20 240의 약수의 개수는? [3점]

① 8   ② 12   ③ 16

④ 20   ⑤ 24

21 다음 중 옳은 것은? [4점]

① 32의 소인수는 2뿐이다.

② $4^2 \times 33$의 약수는 6개이다.

③ $2^2 \times 3^2$의 약수는 1, 2, 3, 2^2, 3^2, $2^2 \times 3^2$이다.

④ 합성수를 소인수분해 하면 소인수가 2개 이상이다.

⑤ 12는 2×6 또는 3×4이므로 12를 소인수분해 한 결과는 순서를 생각하지 않는다면 2가지로 나타낼 수 있다.

22 $8 \times 3^2 \times 5^x$의 약수가 48개일 때, 자연수 x의 값을 구하시오. [4점]

23 560의 약수의 개수와 $3^a \times 16$의 약수의 개수가 같을 때, 자연수 a의 값은? [4점]

① 3   ② 4   ③ 5

④ 6   ⑤ 7

24 자연수 $5^3 \times \square$의 약수가 8개일 때, 다음 보기 중 $\square$ 안에 들어갈 수 있는 수는 모두 몇 개인가? [5점]

보기
| 2, | 3, | 5, | 7, | 9, | 11 |

① 2개   ② 3개   ③ 4개

④ 5개   ⑤ 6개

25 1부터 30까지의 자연수 중에서 약수가 4개인 수는 모두 몇 개인가? [5점]

① 2개   ② 5개   ③ 7개

④ 9개   ⑤ 11개

1 세 수 $2^3 \times 3^3 \times 5 \times 7$, $2^2 \times 3^2 \times 7$, $2 \times 3^4 \times 7^2$의 최대공약수는? [3점]

① $2 \times 3^2 \times 7$ ② $2 \times 3^2 \times 7^2$

③ $2^3 \times 3^4 \times 7^2$ ④ $2 \times 3^2 \times 5 \times 7$

⑤ $2^3 \times 3^4 \times 5 \times 7^2$

2 두 자연수 A, B의 최대공약수가 42일 때, 다음 중 A, B의 공약수를 모두 고르면? (정답 2개) [3점]

① 4 ② 6 ③ 9

④ 12 ⑤ 21

3 세 수 $2^2 \times 3 \times 7$, $2^4 \times 3^3 \times 7$, $2^2 \times 5 \times 7^2$의 공약수를 모두 구하시오. [3점]

4 다음 보기 중 2×5^2과 서로소인 것을 모두 고르시오. [3점]

보기

ㄱ. 6 ㄴ. 7 ㄷ. 13

ㄹ. 5×17 ㅁ. $3^2 \times 11$ ㅂ. $2^4 \times 3^3$

5 다음 보기 중 옳은 것을 모두 고르시오. [4점]

보기

ㄱ. 13과 22는 서로소이다.

ㄴ. 10 이하의 자연수 중에서 6과 서로소인 수는 3개이다.

ㄷ. 두 수가 서로소이면 둘 중 하나는 소수이다.

ㄹ. 두 자연수의 최대공약수가 1이면 두 수는 모두 소수이다.

6 다음 조건을 모두 만족시키는 자연수는 모두 몇 개인지 구하시오. [5점]

조건

㈎ 약수가 2개이다.

㈏ 21과 서로소이다.

㈐ 15보다 작은 수이다.

7 세 수 $2^2 \times 3 \times 5 \times 7$, $2 \times 3^2 \times 5 \times 11$, $2 \times 3^2 \times 7^2 \times 11$의 최소공배수는? [3점]

① 2×3 ② $2^2 \times 3^2$

③ $2 \times 3 \times 5 \times 7 \times 11$ ④ $2^2 \times 3^2 \times 5 \times 7^2 \times 11$

⑤ $2^4 \times 3^5 \times 5^2 \times 7^3 \times 11^2$

8 세 수 2×3^2, $2^2 \times 3 \times 5$, $2^3 \times 3 \times 5^2$의 최대공약수를 A, 최소공배수를 B라 할 때, $\dfrac{B}{A}$의 값은? [4점]

① 2×3 ② $2^2 \times 3 \times 5$

③ $2^2 \times 3 \times 5^2$ ④ $2^3 \times 3^2 \times 5^2$

⑤ $\dfrac{1}{2^2 \times 3 \times 5^2}$

9 세 자연수 A, B, C의 최소공배수가 2×3^2일 때, 다음 보기 중 A, B, C의 공배수를 모두 고르시오. [3점]

┌ 보기 ┐
ㄱ. $2^2 \times 3$ ㄴ. $2 \times 3 \times 5$
ㄷ. $2^2 \times 3^2$ ㄹ. $2^2 \times 3^2 \times 7$
ㅁ. $2^3 \times 3^3 \times 5$ ㅂ. $2^4 \times 3 \times 5 \times 11$

10 다음 중 세 수 $2^3 \times 7$, 2×5^2, $2^2 \times 5 \times 7$의 공배수가 <u>아닌</u> 것은? [3점]

① $2^3 \times 5 \times 7^2$ ② $2^3 \times 5^2 \times 7$

③ $2^3 \times 5^2 \times 7^2$ ④ $2^4 \times 5^4 \times 7^2$

⑤ $2^3 \times 3 \times 5^2 \times 7$

11 다음 중 세 수 $2^2 \times 3^2$, 60, $2 \times 3^2 \times 7$에 대한 설명으로 옳은 것을 모두 고르면? (정답 2개) [3점]

① 세 수의 최대공약수는 6이다.

② 세 수의 최소공배수는 $2^2 \times 3 \times 5 \times 7$이다.

③ 세 수의 공약수는 6개이다.

④ $3^2 \times 5$는 세 수의 공약수이다.

⑤ $2^2 \times 3^2 \times 5^2 \times 7^2$은 세 수의 공배수이다.

12 세 자연수 $6 \times a$, $9 \times a$, $12 \times a$의 최소공배수가 180일 때, 세 자연수의 공약수는 모두 몇 개인가? [4점]

① 2개 ② 3개 ③ 4개

④ 5개 ⑤ 6개

13 두 자연수의 비가 5 : 3이고 최소공배수가 135일 때, 이 두 자연수의 차를 구하시오. [5점]

14 두 수 $2^2 \times 3^a \times 7^b$, $2^c \times 5 \times 7$의 최대공약수가 2×7이고 최소공배수가 $2^2 \times 3^2 \times 5 \times 7$일 때, 자연수 a, b, c에 대하여 $a+b-c$의 값을 구하시오. [3점]

15 두 자연수 15, N의 최대공약수가 5일 때, 다음 중 N의 값이 될 수 <u>없는</u> 것은? [4점]

① 5   ② 20   ③ 35
④ 60   ⑤ 65

16 두 자연수 $2^2 \times 3^3 \times 5$, N의 최소공배수가 $2^2 \times 3^3 \times 5^2$일 때, 다음 중 N의 값이 될 수 <u>없는</u> 것은? [4점]

① 2×5^2 ② $3^2 \times 5^2$
③ $2 \times 3^2 \times 5^2$ ④ $2^2 \times 3^2 \times 5^2$
⑤ $2^3 \times 3 \times 5^2$

17 두 자연수 144, $3^3 \times 5^2 \times \square$의 최소공배수가 $2^4 \times 3^3 \times 5^2$일 때, $\square$ 안에 들어갈 수 있는 모든 수의 합은? [6점]

① 7   ② 15   ③ 31
④ 39   ⑤ 63

18 두 자연수 A, B의 곱이 48이고 최대공약수가 4일 때, 최소공배수는? [4점]

① 8   ② 12   ③ 16
④ 20   ⑤ 24

19 세 자연수 6, 14, N의 최대공약수가 2이고 최소공배수가 210일 때, 다음 중 N의 값이 될 수 <u>없는</u> 것은? [6점]

① 10   ② 30   ③ 50
④ 70   ⑤ 210

20 어떤 자연수로 281을 나누면 5가 남고, 184를 나누면 4가 남는다고 한다. 이와 같은 모든 자연수의 합은? [5점]

① 18   ② 22   ③ 25

④ 27   ⑤ 28

21 2, 3, 5의 어느 수로 나누어도 나머지가 1인 자연수 중에서 가장 작은 세 자리의 자연수를 구하시오. [5점]

22 5로 나누면 4가 남고, 6으로 나누면 5가 남고, 7로 나누면 6이 남는 자연수 중에서 두 번째로 작은 자연수는? [5점]

① 209   ② 210   ③ 211

④ 419   ⑤ 421

23 세 분수 $\dfrac{1}{8}$, $\dfrac{1}{9}$, $\dfrac{1}{12}$ 의 어느 것에 곱해도 그 결과가 자연수가 되도록 하는 수 중에서 가장 작은 자연수를 구하시오. [4점]

24 두 분수 $\dfrac{24}{\square}$, $\dfrac{36}{\square}$ 이 자연수가 되도록 할 때, $\square$ 안에 공통으로 들어갈 수 있는 모든 자연수의 합은? [4점]

① 12   ② 19   ③ 27

④ 28   ⑤ 60

25 세 분수 $1\dfrac{4}{5}$, $\dfrac{36}{7}$, $1\dfrac{1}{14}$ 의 어느 것에 곱해도 그 결과가 자연수가 되도록 하는 가장 작은 기약분수를 $\dfrac{a}{b}$ 라 할 때, $a+b$의 값은? [4점]

① 33   ② 43   ③ 53

④ 63   ⑤ 73

03 / 정수와 유리수

1 다음 중 양의 부호 + 또는 음의 부호 −를 사용하여 나타낸 것으로 옳지 <u>않은</u> 것은? [3점]

① 2점 실점을 −2점이라 하면 3점 득점은 +3점이다.

② 해발 300 m를 +300 m라 하면 해저 750 m는 −750 m이다.

③ 3500원 이익을 +3500원이라 하면 4200원 손해는 −4200원이다.

④ 현재 시각에서 2시간 후를 +2시간이라 하면 4시간 전은 −4시간이다.

⑤ 서쪽으로 2 km 떨어진 것을 −2 km라 하면 동쪽으로 3 km 떨어진 것은 −3 km이다.

2 다음 보기를 양의 부호 + 또는 음의 부호 −를 사용하여 나타낼 때, 부호가 나머지 넷과 <u>다른</u> 하나는? [3점]

① 지하 2 m   ② 3일 전

③ 영하 8 ℃   ④ 25 % 할인

⑤ 8000점 적립

3 다음 중 양수가 아닌 정수를 모두 고르면? (정답 2개) [3점]

① −3.5   ② $\frac{1}{7}$ ③ $-\frac{32}{8}$

④ 0   ⑤ +1

4 다음 수 중 양의 정수와 음의 정수를 각각 고르시오. [3점]

$$+\frac{15}{5}, \quad \frac{3}{8}, \quad -\frac{24}{6}, \quad 5.8, \quad -7, \quad 0$$

5 다음 중 세 학생이 말하는 수로 알맞은 것은? [3점]

유담: 이 수는 유리수야.

창환: 음수이기도 해.

수연: 그런데 정수는 아니야.

① $-\frac{4}{2}$ ② $\frac{7}{6}$ ③ 0

④ −3.8   ⑤ 1.5

6 다음 수에 대한 보기의 설명에서 □ 안에 알맞은 수를 모두 더하면? [4점]

$$+2.5, \quad -7, \quad -\frac{6}{3}, \quad 0, \quad +4, \quad -1, \quad +\frac{2}{6}$$

보기
ㄱ. 정수는 □개이다.
ㄴ. 자연수는 □개이다.
ㄷ. 양의 유리수는 □개이다.
ㄹ. 음의 유리수는 □개이다.

① 11   ② 12   ③ 13

④ 14   ⑤ 15

7 다음 수직선 위의 5개의 점 A, B, C, D, E에 대응하는 수로 옳지 <u>않은</u> 것은? [3점]

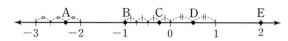

① A: $-\dfrac{7}{2}$ ② B: -1 ③ C: $-\dfrac{1}{4}$

④ D: $\dfrac{1}{2}$ ⑤ E: 2

8 수직선 위에서 어느 두 점 사이의 거리가 8이고 이 두 점으로부터 같은 거리에 있는 점에 대응하는 수가 -3일 때, 이 두 점에 대응하는 수를 각각 구하시오. [4점]

9 수직선 위에서 두 수 4, a에 대응하는 두 점으로부터 같은 거리에 있는 점에 대응하는 수가 6이고, 두 수 a, b에 대응하는 두 점 사이의 거리가 14일 때, b의 값은? (단, $a>b$) [6점]

① -16 ② -8 ③ -6

④ 14   ⑤ 20

10 $a=-\dfrac{2}{3}$, $b=-2$, $c=\dfrac{4}{3}$일 때, $|a|+|b|+|c|$의 값은? [3점]

① $\dfrac{8}{3}$ ② 3   ③ $\dfrac{10}{3}$

④ $\dfrac{11}{3}$ ⑤ 4

11 -3의 절댓값을 a, 절댓값이 $\dfrac{4}{3}$인 음수를 b라 할 때, a, b의 값을 각각 구하시오. [3점]

12 다음 보기 중 옳은 것을 모두 고른 것은? [5점]

┌─ 보기 ┐
ㄱ. 모든 유리수는 정수이다.
ㄴ. 가장 작은 정수는 0이다.
ㄷ. -1과 1 사이에 있는 유리수는 1개뿐이다.
ㄹ. 절댓값은 0 또는 양수이다.
ㅁ. 절댓값이 1보다 작은 정수는 2개이다.
ㅂ. $a=-b$이면 $|a|=|b|$이다.

① ㄱ, ㄴ   ② ㄴ, ㄷ   ③ ㄷ, ㅁ

④ ㄹ, ㅂ   ⑤ ㅁ, ㅂ

13 다음 수 중에서 절댓값이 가장 큰 수와 절댓값이 가장 작은 수를 차례로 구하시오. [4점]

$$+2, \quad -\frac{13}{4}, \quad -2.5, \quad -3, \quad \frac{10}{13}$$

14 절댓값이 같고 부호가 반대인 두 수를 수직선 위에 나타내면 두 수에 대응하는 두 점 사이의 거리는 6이다. 이때 두 수 중에서 큰 수를 구하시오. [4점]

15 두 정수 a, b는 절댓값이 같고 a는 b보다 8만큼 크다고 할 때, a, b의 값을 각각 구하시오. [4점]

16 절댓값이 3보다 작은 정수는 모두 몇 개인가? [4점]

① 3개   ② 4개   ③ 5개
④ 6개   ⑤ 7개

17 $3 \leq |x| < 6$을 만족시키는 정수 x의 값을 모두 구하시오. [4점]

18 다음 중 주어진 수에 대한 설명으로 옳은 것은? [5점]

$$-\frac{7}{8}, \quad 0, \quad \frac{13}{7}, \quad -8.8, \quad 6, \quad -7$$

① 정수는 6과 -7뿐이다.
② 양수와 음수의 개수는 같다.
③ 유리수는 3개이다.
④ 절댓값이 가장 작은 수는 -8.8이다.
⑤ 절댓값이 1보다 작은 수는 2개이다.

19 다음 중 두 수의 대소 관계가 옳은 것은? [4점]

① $|-9| < |2|$ ② $-\frac{1}{5} > \frac{1}{3}$

③ $-3 < -4$ ④ $-\frac{1}{2} > -\frac{3}{4}$

⑤ $-0.8 > -\frac{2}{3}$

20 다음 수를 작은 수부터 차례로 나열할 때, 세 번째에 오는 수를 구하시오. [5점]

$$-\dfrac{1}{2}, \quad 0.1, \quad \dfrac{14}{5}, \quad |-2|, \quad -1.3$$

21 지현이가 디저트를 먹으려고 하는데 다음 그림의 갈림 길에서 큰 수를 따라가서 도착점에 있는 것을 먹으려고 한다. 이때 지현이가 먹을 디저트를 고르시오. [5점]

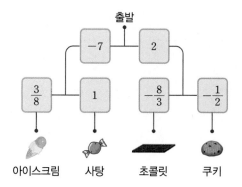

22 다음 중 부등호를 사용하여 나타낸 것으로 옳지 <u>않은</u> 것을 모두 고르면? (정답 2개) [3점]

① a는 -5 이하이다. ➡ $a \leq -5$

② b는 3보다 작지 않다. ➡ $b > 3$

③ c는 -6 이상이고 0 미만이다. ➡ $-6 \leq c < 0$

④ d는 1보다 크거나 같고 5보다 작다. ➡ $1 \leq d < 5$

⑤ e는 9 초과이다. ➡ $e \geq 9$

23 'a는 $-\dfrac{13}{4}$보다 크고 2.5 이하이다.'를 부등호를 사용하여 나타내고, 이를 만족시키는 정수 a는 모두 몇 개인지 구하시오. [4점]

24 a의 절댓값이 $\dfrac{15}{4}$이고 b의 절댓값이 4이다. $a < 0 < b$일 때, 두 수 a, b 사이에 있는 정수는 모두 몇 개인가? [5점]

① 5개   ② 6개   ③ 7개

④ 8개   ⑤ 9개

25 다음 조건을 모두 만족시키는 세 수 a, b, c를 작은 수부터 차례로 나열하시오. [6점]

조건
㉮ a와 c는 2보다 작다.
㉯ a의 절댓값은 2이다.
㉰ b는 -2보다 작다.
㉱ b는 c보다 2에 가깝다.

04 / 정수와 유리수의 계산

1 다음 중 계산 결과가 나머지 넷과 <u>다른</u> 하나는? [2점]

① $(-15)+(+8)$　　② $(-8)+(+1)$

③ $(-3)+(-4)$　　④ $(+2)+(+5)$

⑤ $(+4)+(-11)$

2 다음 계산 과정에서 ㈎ ~ ㈣에 알맞은 것을 각각 구하시오. [2점]

$$(-2)+\left(+\frac{5}{3}\right)+(-3)+\left(+\frac{7}{3}\right)$$

덧셈의 ㈎ 법칙

$$=(-2)+(-3)+\left(+\frac{5}{3}\right)+\left(+\frac{7}{3}\right)$$

덧셈의 ㈏ 법칙

$$=\{(-2)+(-3)\}+\left\{\left(+\frac{5}{3}\right)+\left(+\frac{7}{3}\right)\right\}$$

$$=(\boxed{\text{㈐}})+(+4)$$

$$=\boxed{\text{㈑}}$$

3 다음 중 계산 결과가 옳은 것은? [3점]

① $(-7)-(+2)=-5$

② $(-3.5)+(+21.1)=24.6$

③ $\left(+\frac{1}{2}\right)+\left(-\frac{3}{4}\right)=\frac{1}{4}$

④ $\left(-\frac{1}{4}\right)-\left(-\frac{1}{5}\right)=-\frac{9}{20}$

⑤ $\left(-\frac{1}{6}\right)+\left(-\frac{3}{8}\right)+\left(+\frac{2}{3}\right)=\frac{1}{8}$

4 $-\frac{4}{7}+5-\frac{3}{14}-4$를 계산하시오. [3점]

5 다음 식의 ㉠, ㉡, ㉢에 세 수 $-\frac{1}{2}$, $\frac{1}{5}$, $\frac{1}{10}$을 한 번씩 넣어 계산한 결과 중 가장 큰 값을 구하시오. [4점]

$$\boxed{㉠}+\boxed{㉡}-\boxed{㉢}$$

6 -3보다 -8만큼 작은 수를 a, -1보다 $\frac{7}{4}$만큼 큰 수를 b라 할 때, $b<|x|<a$인 정수 x의 개수는? [3점]

① 2　　　　② 4　　　　③ 6

④ 8　　　　⑤ 9

7 두 수 a, b에 대하여 $a+(-1)=3$, $b-(+3)=-6$일 때, $a+b$의 값은? [3점]

① -5　　　② -3　　　③ -1

④ 1　　　　⑤ 3

8 어떤 수에서 $-\dfrac{3}{7}$을 빼야 할 것을 잘못하여 더했더니 2가 되었다. 이때 바르게 계산한 답을 구하시오. [3점]

9 a의 절댓값이 5이고 b의 절댓값이 $\dfrac{1}{4}$일 때, $a-b$의 값 중 가장 작은 값을 구하시오. [4점]

10 다음 수직선 위에서 두 점 A, B에 대응하는 수가 각각 a, b일 때, $a+b$의 값을 구하시오. [3점]

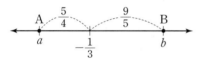

11 오른쪽 그림에서 사각형의 각 변에 놓인 네 수의 합이 모두 같을 때, $A+B-C$의 값을 구하시오. [4점]

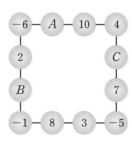

12 다음 표는 서울 시각을 기준으로 세계 여러 도시의 시차를 빠르면 부호 $+$, 느리면 부호 $-$를 사용하여 나타낸 것이다. 예를 들어 서울의 시각이 정오인 낮 12시이면 수바의 시각은 오후 3시이다. 서울의 시각으로 2월 5일 오전 7시는 런던의 시각으로 언제인가? [3점]

도시	수바	서울	베이징	런던
시차(시간)	$+3$	0	-1	-9

① 2월 4일 오전 10시 ② 2월 4일 오후 10시

③ 2월 5일 오전 4시 ④ 2월 5일 오후 4시

⑤ 2월 6일 오전 4시

13 수직선 위에서 $-\dfrac{11}{4}$에 가장 가까운 정수와 -1.9에 가장 가까운 정수의 곱을 구하시오. [3점]

14 $\left(-\dfrac{3}{5}\right)\times\left(-\dfrac{5}{7}\right)\times\left(-\dfrac{7}{9}\right)\times\cdots\times\left(-\dfrac{59}{61}\right)\times\left(-\dfrac{61}{63}\right)$ 을 계산하시오. [4점]

15 다음 계산 과정에서 ㉠, ㉡에 이용된 곱셈의 계산 법칙을 각각 말하시오. [2점]

$$
\begin{aligned}
&(-8)\times(+0.3)\times(-5)\\
&=(+0.3)\times(-8)\times(-5) \quad \}㉠\\
&=(+0.3)\times\{(-8)\times(-5)\} \quad \}㉡\\
&=(+0.3)\times(+40)\\
&=+12
\end{aligned}
$$

16 네 수 $\frac{1}{4}$, $-\frac{7}{3}$, $\frac{1}{2}$, $-\frac{2}{3}$ 중에서 뽑은 두 수를 a, b라 할 때, $a \times b$의 값 중 가장 큰 값은? [3점]

① $\frac{7}{12}$ ② $\frac{1}{8}$ ③ $\frac{4}{9}$

④ $\frac{7}{6}$ ⑤ $\frac{14}{9}$

17 다음 수 중에서 가장 큰 수를 a, 가장 작은 수를 b라 할 때, $a \times b$의 값을 구하시오. [3점]

$$\left(-\frac{1}{2}\right)^4, \left(-\frac{1}{2}\right)^2, -\frac{1}{2^3}, -\left(-\frac{1}{2}\right)^2, -\left(-\frac{1}{2}\right)^3$$

18 n이 홀수일 때, 다음을 계산하시오. [5점]

$$(-1)^{n+39} + (-1)^{n+38} + (-1)^{n+37} + \cdots$$
$$+ (-1)^{n+1} + (-1)^n$$

19 다음을 분배법칙을 이용하여 계산하시오. [3점]

$$(103 \times 3.82 - 3 \times 3.82) - (7 \times 6.5 + 7 \times 4.5)$$

20 다음 그림과 같은 전개도를 접어 정육면체를 만들 때, 마주 보는 면에 적힌 두 수가 서로 역수라고 한다. 이 때 $(a-c) \div b$의 값을 구하시오. [4점]

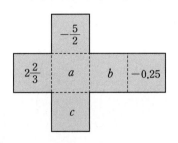

21 다음 보기를 계산 결과가 작은 것부터 차례로 나열하면? [3점]

보기
ㄱ. $(-48) \div (-6)$
ㄴ. $(+3) \div (-0.5)$
ㄷ. $\left(-\frac{7}{3}\right) \div \left(+\frac{14}{9}\right)$
ㄹ. $(-10) \div \left(+\frac{4}{5}\right) \div (-5)$

① ㄱ, ㄹ, ㄷ, ㄴ ② ㄴ, ㄷ, ㄹ, ㄱ
③ ㄴ, ㄹ, ㄷ, ㄱ ④ ㄷ, ㄴ, ㄹ, ㄱ
⑤ ㄷ, ㄹ, ㄴ, ㄱ

22 $\left(-\frac{5}{2}\right)^2 \times \frac{2}{5} \div \left(-\frac{1}{4}\right)$을 계산하면? [3점]

① -40 ② -20 ③ -10
④ 10 ⑤ 20

23 다음 중 계산 결과가 가장 큰 것은? [3점]

① $(-2) \times (-4) \div (-8)$

② $(-6) \times (-2)^3 \div (+3)$

③ $\left(-\dfrac{8}{3}\right) \div \left(+\dfrac{4}{7}\right) \times \left(-\dfrac{3}{4}\right)$

④ $(-16) \times \left(+\dfrac{3}{4}\right)^2 \div \left(-\dfrac{3}{2}\right)$

⑤ $\left(+\dfrac{5}{3}\right) \times \left(-\dfrac{3}{5}\right)^2 \div \left(-\dfrac{1}{30}\right)$

24 $\dfrac{9}{16} \div \square \times \left(-\dfrac{40}{21}\right) = \dfrac{15}{7}$일 때, $\square$ 안에 알맞은 수를 구하시오. [3점]

25 어떤 수를 $-\dfrac{2}{3}$로 나누어야 할 것을 잘못하여 뺐더니 $\dfrac{1}{5}$이 되었다. 이때 바르게 계산한 답을 구하시오. [3점]

26 두 수 a, b를 수직선 위에 나타내면 아래 그림과 같을 때, 다음 중 옳지 <u>않은</u> 것은? [4점]

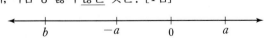

① $a-b>0$ ② $a+b<0$ ③ $a^2-b>0$

④ $a \times b < 0$ ⑤ $a \div b > 0$

27 두 수 a, b에 대하여 $a \times b < 0$, $a+b < 0$이고 $|a| > |b|$일 때, 다음 중 가장 큰 것은? [5점]

① $-a$ ② a ③ b

④ $a-b$ ⑤ $b-a$

28 $-2^2 + \left\{(-6) \times \left(\dfrac{7}{2} - \dfrac{5}{3}\right) - (-3)^2\right\} \div 2$를 계산하시오. [4점]

29 다음 수직선 위의 두 점 C, D는 두 점 A, B 사이의 거리를 삼등분하는 점일 때, 점 C와 점 D에 대응하는 수를 차례로 구하시오. [5점]

```
        A        C        D        B
    ────┼────┼───┼───┼───┼───┼────
       -7/4                     1
```

30 보아와 은서는 가위바위보를 하여 이기면 $+2$점, 지면 -1점을 받는 놀이를 하였다. 0점에서 시작하여 5번의 가위바위보를 한 결과 보아가 3번 이겼다고 할 때, 은서의 점수를 구하시오. (단, 비기는 경우는 없다.) [3점]

1 다음 중 기호 ×, ÷를 생략하여 나타낸 것으로 옳은 것은? [3점]

① $0.1 \times x = 0.x$

② $(-1) \times x \div y \times a = -\dfrac{x}{ay}$

③ $\dfrac{1}{a} \div b \div \dfrac{1}{c} = \dfrac{b}{ac}$

④ $a - b \times c \div 3 = \dfrac{a-bc}{3}$

⑤ $a \times a \times 5 - b \div 2 = 5a^2 - \dfrac{b}{2}$

2 다음 중 $\dfrac{3a^2}{a^2+b}$을 기호 ×, ÷를 사용하여 나타낸 것은? [3점]

① $3 \times a \times a \div a \times a + b$

② $3 \times a \times a \times (a \times a + b)$

③ $3 \times a \times a \div (a \times a + b)$

④ $3 \times 3 \times a \times a \times (a \times a + b)$

⑤ $3 \times 3 \times a \times a \div (a \times a + b)$

3 다음 보기 중 옳은 것을 모두 고른 것은? [4점]

┌ 보기 ┐
ㄱ. x의 4배보다 5만큼 작은 수는 $4x-5$이다.

ㄴ. x톤의 31 %는 $\dfrac{31}{10}x$톤이다.

ㄷ. 1분에 x mL씩 물이 채워질 때, 1초에 채워지는 물의 양은 $60x$ mL이다.

ㄹ. 키가 a cm인 동생보다 b cm만큼 큰 누나의 키는 $(a+b)$ cm이다.
└────────┘

① ㄱ, ㄴ ② ㄱ, ㄷ ③ ㄱ, ㄹ

④ ㄴ, ㄷ ⑤ ㄴ, ㄹ

4 다음 중 옳지 <u>않은</u> 것을 모두 고르면? (정답 2개) [4점]

① 8자루에 a원인 연필 한 자루의 가격 ➡ $\dfrac{a}{8}$원

② 10초 동안 x m를 달렸을 때의 속력 ➡ 초속 $\dfrac{x}{10}$ m

③ 자동차를 타고 x km를 시속 80 km로 달리다가 y km를 시속 60 km로 달렸을 때 전체 걸린 시간 ➡ $(80x+60y)$시간

④ 소금 a g이 들어 있는 소금물 b g의 농도 ➡ $\dfrac{100a}{b}$ %

⑤ 원가가 1000원인 물건에 원가의 a %의 이익을 붙여서 정한 정가 ➡ $(1000+100a)$원

5 $x = -5$일 때, $2 - 4x + x^2$의 값은? [3점]

① -43 ② -2 ③ 7

④ 32 ⑤ 47

6 $a = -2$, $b = \dfrac{1}{4}$일 때, $-a^2 + \dfrac{a}{b}$의 값을 구하시오. [4점]

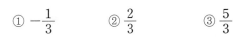

7 지면의 기온이 20 ℃일 때 지면에서 높이가 h km인 곳의 기온은 $(20-6h)$ ℃라 한다. 열기구를 타고 지면에서 높이가 2 km인 곳까지 올라갈 때, 그곳의 기온을 구하시오. [3점]

8 오른쪽 그림의 직육면체에 대하여 다음 물음에 답하시오.
[총 5점]

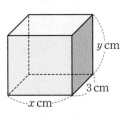

(1) 직육면체의 겉넓이를 x, y를 사용한 식으로 나타내시오. [3점]

(2) $x=5$, $y=4$일 때, 직육면체의 겉넓이를 구하시오.
[2점]

9 다음 중 다항식 $-7x^2+6x+4$에 대한 설명으로 옳지 않은 것은? [3점]

① 상수항은 4이다.
② 항은 3개이다.
③ x의 계수는 6이다.
④ x^2의 계수는 7이다.
⑤ 다항식의 차수는 2이다.

10 다항식 $-\dfrac{x}{3}+2y-2$에서 x의 계수를 a, y의 계수를 b, 상수항을 c라 할 때, $a+b+c$의 값은? [3점]

① $-\dfrac{1}{3}$ ② $\dfrac{2}{3}$ ③ $\dfrac{5}{3}$

④ $\dfrac{8}{3}$ ⑤ $\dfrac{11}{3}$

11 다음 중 일차식이 아닌 것은? [3점]

① $x+1$ ② $\dfrac{1}{x}+5$ ③ $-x+0.7$

④ $\dfrac{x-2}{3}$ ⑤ $\dfrac{1}{4}x-\dfrac{1}{2}$

12 다음과 같이 $ax+b$에 $-\dfrac{2}{3}$를 곱하면 $6x-4$가 되고 $6x-4$에 $-\dfrac{2}{3}$를 곱하면 $cx+d$가 될 때, 상수 a, b, c, d의 값을 각각 구하시오. [6점]

$$\boxed{ax+b} \xrightarrow{\times\left(-\frac{2}{3}\right)} \boxed{6x-4} \xrightarrow{\times\left(-\frac{2}{3}\right)} \boxed{cx+d}$$

13 다음 그림과 같이 바둑돌을 + 모양으로 계속해서 놓을 때, 물음에 답하시오. [총 6점]

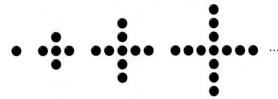

[1번째] [2번째]   [3번째]   [4번째]

(1) n번째 그림에 놓일 바둑돌은 모두 몇 개인지 n을 사용한 식으로 나타내시오. [4점]

(2) 21번째 그림에 놓일 바둑돌은 모두 몇 개인지 구하시오. [2점]

14 다음 중 다항식 $2x^2+3y+3-3x+2x-5$에서 동류항끼리 짝 지은 것은? [3점]

① $2x^2,\ 2x$ ② $3y,\ -5$ ③ $-3x,\ 2x$

④ $3y,\ -3x$ ⑤ $2x^2,\ 3y$

15 $2a-4-6a+4$를 계산하면? [3점]

① $-4a-8$ ② $-4a$ ③ $-4a+8$

④ $4a-8$ ⑤ $4a$

16 $\dfrac{2}{5}(10x-25)-(8x+12)\div\left(-\dfrac{4}{3}\right)=ax+b$일 때, 상수 a, b에 대하여 $a-b$의 값은? [4점]

① 7   ② 8   ③ 9

④ 10   ⑤ 11

17 다음을 계산하면? [5점]

$$2x+y-[y-2x-\{4(x-y)-3(x+y)\}]$$

① $-x-7y$ ② $-x+y$ ③ $x-5y$

④ $5x-7y$ ⑤ $5x$

18 n이 홀수일 때, 다음을 계산하면? [5점]

$$(-1)^n(3x+1)-(-1)^{n+1}(3x-1)$$

① -2 ② $-6x$ ③ $-2x$

④ 2 ⑤ $6x$

19 $\dfrac{a+1}{2}+\dfrac{3a-2}{5}$를 계산하였을 때, 일차항의 계수와 상수항의 차를 구하시오. [4점]

20 다음 그림과 같이 가로의 길이가 $(4x-3)$ m, 세로의 길이가 $(x+5)$ m인 직사각형 모양의 땅이 있다. 안쪽에 직사각형 모양으로 화단을 만들고, 화단 둘레에 ⌐⌐ 모양으로 산책로를 만들려고 할 때, 산책로의 넓이는? [5점]

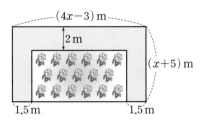

① $(7x-3)$ m²
② $(7x+3)$ m²
③ $(11x+3)$ m²
④ $(11x+5)$ m²
⑤ $(11x+7)$ m²

21 $A=3x-1$, $B=x+2$일 때, $2(A+B)-(3A-B)$를 계산하면? [4점]

① $-12x+5$
② $-6x-5$
③ $15x-5$
④ 5
⑤ 7

22 $\boxed{}-(2x-4)=-5x-7$일 때, $\boxed{}$ 안에 알맞은 식을 구하시오. [3점]

23 다항식 A에서 $3x+4$를 뺐더니 $2x+1$이 되었고, 다항식 B에 $-2x+8$을 더했더니 $3x-4$가 되었다. 이때 $A-B$를 계산하면? [4점]

① -1
② 1
③ 17
④ $4x+1$
⑤ $4x+17$

24 다음 그림에서 가로, 세로, 대각선에 놓인 세 일차식의 합이 모두 같을 때, $A-B$를 x를 사용한 식으로 나타내시오. [6점]

		A
$3x-12$	$2x-3$	$x+6$
$5x-6$		B

25 어떤 다항식에서 $3x-2$를 빼야 할 것을 잘못하여 더했더니 $5x-3$이 되었다. 이때 바르게 계산한 식을 구하시오. [4점]

06 / 일차방정식

1 다음 중 등식인 것은? [3점]

① $-9x$ ② $2+5<8$ ③ $x+3x=5$

④ $y \leq 7$ ⑤ $2x-y+1$

2 다음 문장을 등식으로 나타내시오. [3점]

> 어떤 끈을 x cm씩 6번 자르면 10 cm가 남고, $(x+5)$ cm 씩 5조각으로 자르면 딱 맞는다.

3 다음 보기 중 해가 $x=2$인 방정식을 모두 고른 것은? [3점]

> **보기**
> ㄱ. $x-4=6$
> ㄴ. $2x+1=5$
> ㄷ. $7-4x=2x-5$
> ㄹ. $3x-2=x+1$
> ㅁ. $2(x-1)=x+1$
> ㅂ. $5x-4=3(2x-2)$

① ㄱ, ㅂ   ② ㄷ, ㄹ   ③ ㄴ, ㄷ, ㅁ

④ ㄴ, ㄷ, ㅂ   ⑤ ㄷ, ㅁ, ㅂ

4 다음 중 항등식이 <u>아닌</u> 것을 모두 고르면? (정답 2개) [3점]

① $8x-1=-1+8x$

② $-2x+5=-5+2x$

③ $x+1=2x+1-x$

④ $3x-2=2(x-1)$

⑤ $4(x-3)+5=4x-7$

5 등식 $5x-(3x-4)=ax+2+b$가 x에 대한 항등식 일 때, 상수 a, b에 대하여 $a-\dfrac{b}{2}$의 값은? [4점]

① 1   ② 2   ③ 3

④ 5   ⑤ 7

6 다음 중 옳지 <u>않은</u> 것을 모두 고르면? (정답 2개) [3점]

① $a+3=b+3$이면 $a=b$이다.

② $-\dfrac{a}{2}=b$이면 $a=-2b$이다.

③ $a=3b$이면 $a+1=3(b+1)$이다.

④ $3-a=3+2b$이면 $a=2b$이다.

⑤ $a=2b+3$이면 $a+7=2(b+5)$이다.

7 다음 일차방정식 중 등식의 양변에서 7을 뺀 후 양변에 4를 곱해서 해를 구할 수 있는 것은? [3점]

① $\dfrac{x-7}{4}=1$ 　　② $\dfrac{x+7}{4}=4$

③ $\dfrac{x}{4}+7=-3$ 　　④ $4(x-7)=5$

⑤ $4(x+7)=1$

8 다음은 일차방정식 $6x+8=2x-12$를 푸는 과정이다. 잘못 말한 사람은? [3점]

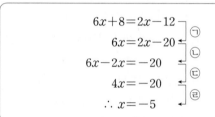

$$6x+8=2x-12 \quad \text{ㄱ}$$
$$6x=2x-20 \quad \text{ㄴ}$$
$$6x-2x=-20 \quad \text{ㄷ}$$
$$4x=-20 \quad \text{ㄹ}$$
$$\therefore x=-5$$

① 승수: 이 방정식의 해는 -5야.
② 도하: ㄱ에서는 양변에 8을 더했어.
③ 민아: ㄴ에서는 양변에서 $2x$를 뺐어.
④ 지혜: ㄷ에서는 동류항끼리 모아서 간단히 했어.
⑤ 영식: ㄹ에서는 양변을 4로 나눴어.

9 다음 중 밑줄 친 항을 바르게 이항한 것은? [3점]

① $2x\underline{+5}=3 \;\Rightarrow\; 2x=3+5$
② $x=\underline{3x}-6 \;\Rightarrow\; x+3x=-6$
③ $4x\underline{+3}=\underline{2x} \;\Rightarrow\; 4x-2x=3$
④ $3x\underline{-7}=\underline{x}+2 \;\Rightarrow\; 3x-x=2+7$
⑤ $-5x\underline{+1}=\underline{3x}-4 \;\Rightarrow\; -5x+3x=-4-1$

10 다음 중 일차방정식인 것을 모두 고르면? (정답 2개) [3점]

① $\dfrac{2}{x}-1=3$ 　　② $-(x-1)=x-1$

③ $3x-1=4+3x$ 　　④ $2x+3=x+(x+3)$

⑤ $x^2+3=x(x-1)$

11 다음 보기 중 문장을 식으로 나타낼 때, 그 식이 일차방정식인 것은 모두 몇 개인가? [3점]

> 【보기】
> ㄱ. 15에서 6을 뺀 수는 9이다.
> ㄴ. x에 3배 한 후 2를 더한다.
> ㄷ. 35를 x로 나눈 몫은 8이고 나머지는 3이다.
> ㄹ. 7명이 3000원씩 내서 x원짜리 케이크를 사고 남은 금액은 2000원보다 많다.
> ㅁ. 가로의 길이가 $x-2$, 세로의 길이가 x인 직사각형의 둘레의 길이는 15이다.

① 1개 　　② 2개 　　③ 3개
④ 4개 　　⑤ 5개

12 일차방정식 $x+1=2x+8$의 해를 $x=a$, 일차방정식 $3(x+3)-2=2x$의 해를 $x=b$라 할 때, ab의 값을 구하시오. [4점]

13 일차방정식 $1.7x-0.6=0.9x+2.6$을 풀면? [4점]

  ① $x=3$ ② $x=4$ ③ $x=5$

  ④ $x=6$ ⑤ $x=7$

14 일차방정식 $\dfrac{x+1}{4}-\dfrac{5x-3}{2}=3+x$를 푸시오. [4점]

15 다음 일차방정식 중 해가 가장 작은 것은? [4점]

  ① $x-4(2x+1)=10$

  ② $0.2x+1.5=1.2-0.1x$

  ③ $-0.05x+0.14=0.2+0.01x$

  ④ $\dfrac{1}{4}x-\dfrac{3}{2}=\dfrac{1}{2}x$

  ⑤ $0.2(2x+1)=\dfrac{3(1-x)}{2}$

16 일차방정식 $0.2x+0.5=\dfrac{1}{4}(x+1)$을 풀면? [4점]

  ① $x=-5$ ② $x=-\dfrac{5}{2}$ ③ $x=2$

  ④ $x=\dfrac{5}{2}$ ⑤ $x=5$

17 일차방정식 $\dfrac{3-x}{2}=0.625x-3$의 해를 $x=a$라 할 때, a의 약수는 모두 몇 개인가? [4점]

  ① 3개   ② 4개   ③ 6개

  ④ 8개   ⑤ 10개

18 재송이는 수학 체험전에서 진행되는 방 탈출 게임에 참가하였다. 방문에 달린 자물쇠에 다음과 같이 적혀 있다고 할 때, 자물쇠의 비밀번호를 구하시오. [6점]

> 이 자물쇠의 비밀번호는 다음 힌트 1, 2, 3의 식을 만족시키는 x의 값을 차례로 나열한 것이다.
>
> [힌트 1] $5(x+1)=4(2x-1)$
>
> [힌트 2] $\dfrac{1}{2}x-\dfrac{4}{3}=\dfrac{x-3}{3}$
>
> [힌트 3] $(x-3):\dfrac{x+1}{4}=2:1$

19 x에 대한 일차방정식 $4x-5=2(x+5)+a$의 해가 $x=8$일 때, 상수 a의 값을 구하시오. [4점]

20 x에 대한 일차방정식 $-(x-a)=3(3a-x)-36$의 해가 비례식 $2:3=x:9$를 만족시킬 때, 상수 a의 값은? [5점]

① 2   ② 3   ③ 4

④ 5   ⑤ 6

21 일차방정식 $2(x-8)+x=-1$에서 우변의 상수항 -1을 잘못 보고 풀었더니 해가 $x=4$이었다. 이때 -1을 어떤 수로 잘못 본 것인지 구하시오. [5점]

22 일차방정식 $x-\dfrac{3(7-x)}{4}=\dfrac{14+x}{3}$의 해와 x에 대한 일차방정식 $\dfrac{1}{3}x-1=0.2(x-a)$의 해의 비가 $7:3$일 때, 상수 a의 값은? [6점]

① 0   ② 1   ③ 2

④ 3   ⑤ 4

23 x에 대한 두 일차방정식 $5x-9=6(x-1)$, $x-3(2x+a)=6$의 해가 서로 같을 때, 상수 a의 값은? [5점]

① 1   ② 2   ③ 3

④ 4   ⑤ 5

24 x에 대한 두 일차방정식 $3x-7=4(3x+5)$, $\dfrac{ax+2}{5}=-0.1(x+5)$의 해의 절댓값이 서로 같고 부호가 반대일 때, 상수 a의 값을 구하시오. [5점]

25 x에 대한 일차방정식 $x+a=15-2x$의 해가 자연수가 되도록 하는 모든 자연수 a의 값의 합은? [6점]

① 11   ② 20   ③ 24

④ 30   ⑤ 45

07 / 일차방정식의 활용

1 한솔이의 몸무게의 2배에서 14 kg을 줄이면 한솔이의 몸무게에서 20 kg을 줄인 것에 3배를 한 것과 같다. 이때 한솔이의 몸무게는? [3점]

① 40 kg   ② 42 kg   ③ 44 kg

④ 46 kg   ⑤ 48 kg

2 연속하는 세 짝수의 합이 84일 때, 세 짝수 중 가장 큰 수를 구하시오. [3점]

3 각 자리의 숫자의 합이 10인 두 자리의 자연수가 있다. 이 자연수의 십의 자리의 숫자와 일의 자리의 숫자를 바꾼 수는 처음 수보다 18만큼 크다고 할 때, 처음 수를 구하시오. [3점]

4 주영이네 반 학생은 모두 24명이고 남학생이 여학생보다 4명 더 많다고 한다. 이때 주영이네 반 여학생은 모두 몇 명인지 구하시오. [3점]

5 현재 어머니와 아들의 나이의 차는 36세이고, 20년 후에는 어머니의 나이가 아들의 나이의 2배보다 2세 더 많아진다고 한다. 이때 현재 아들의 나이는? [3점]

① 12세   ② 13세   ③ 14세

④ 15세   ⑤ 16세

6 2025년에 오빠의 나이는 20세, 동생의 나이는 16세이다. 동생의 나이가 오빠의 나이의 반보다 11세 더 많아지는 해는? [3점]

① 2032년   ② 2033년   ③ 2034년

④ 2035년   ⑤ 2036년

7 현재 영주와 현우의 저금통에는 각각 4600원, 7000원이 들어 있다. 앞으로 영주는 매일 500원씩, 현우는 매일 x원씩 각자의 저금통에 넣으면 12일 후에 영주와 현우의 저금통에 들어 있는 금액이 같아진다고 할 때, x의 값을 구하시오. [3점]

8 한 변의 길이가 25 cm인 정사각형이 있다. 이 정사각형의 가로의 길이를 5 cm만큼 늘이고 세로의 길이를 x cm만큼 줄여서 만든 직사각형의 넓이가 240 cm²일 때, 이 직사각형의 세로의 길이를 구하시오. [3점]

9 둘레의 길이가 440 m이고 가로의 길이가 세로의 길이의 3배보다 60 m 더 긴 직사각형 모양의 수영장을 만들려고 한다. 이때 수영장의 세로의 길이를 구하시오. [3점]

10 오른쪽 그림과 같이 가로의 길이가 80 cm, 세로의 길이가 40 cm인 직사각형 ABCD가 있다. 점 P는 꼭짓점 B에서 출발하여 매초 4 cm의 속력으로 직사각형의 변을 따라 시계 반대 방향으로 움직이고 있다. 점 P가 변 CD 위에 있으면서 사다리꼴 ABCP의 넓이가 처음으로 2400 cm²가 되는 것은 꼭짓점 B를 출발한 지 몇 초 후인지 구하시오. [6점]

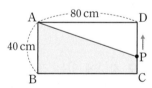

11 다음은 지혜가 제주도 여행에서 쓴 돈에 대한 내용이다. 전체 여행 예산을 구하시오. [5점]

> 지혜는 3일 동안 제주도 여행을 다녀왔다.
> 첫째 날에는 전체 여행 예산의 $\frac{1}{3}$을 사용하고, 둘째 날에는 60000원을 사용하고, 셋째 날에는 남은 경비의 $\frac{1}{2}$을 사용하였더니 30000원이 남았다.

12 태웅이가 등산을 하는데 올라갈 때는 시속 2 km로 걷고, 정상에서 1시간 동안 머무르다가 시속 4 km로 같은 길을 걸어서 내려왔더니 총 4시간이 걸렸다. 이때 태웅이가 올라갈 때 걸린 시간을 구하시오. [4점]

13 윤빈이는 심부름으로 사진관에 들렀다가 삼촌 댁에 가야 한다. 오후 1시에 집에서 출발하여 사진관까지 시속 3 km로 걷고, 사진관에서 사진을 찾는 데 20분이 걸렸다. 사진을 찾은 후 시속 2 km로 걸어서 오후 2시 30분에 삼촌 댁에 도착하였다. 집에서 사진관까지의 거리와 사진관에서 삼촌 댁까지의 거리의 합이 3 km일 때, 집에서 사진관까지의 거리는? [4점]

① $\frac{1}{2}$ km   ② 1 km   ③ $\frac{3}{2}$ km

④ 2 km   ⑤ $\frac{5}{2}$ km

14 지원이는 큰집 식구들과 함께 두 대의 차에 나누어 타고 동시에 큰집에서 할머니 댁으로 출발했다. 한 대는 시속 90 km로, 다른 한 대는 시속 80 km로 달렸더니 두 차가 20분 간격으로 할머니 댁에 도착하였다. 이때 큰집에서 할머니 댁까지의 거리는? [4점]

① 180 km   ② 200 km   ③ 220 km
④ 240 km   ⑤ 260 km

15 중기가 학교에서 출발하여 분속 40 m로 도서관을 향하여 걷고 있다. 중기가 출발한 지 10분 후에 광수도 학교에서 출발하여 분속 60 m로 중기를 뒤따라갈 때, 중기가 출발한 지 몇 분 후에 두 사람이 만나는지 구하시오. [4점]

16 지호와 시우네 집 사이의 거리는 2750 m이다. 지호는 분속 50 m로, 시우는 분속 60 m로 각자의 집에서 동시에 출발하여 서로 상대방의 집을 향하여 걸어갈 때, 두 사람이 만나는 것은 출발한 지 몇 분 후인가? [4점]

① 21분 후   ② 22분 후   ③ 23분 후
④ 24분 후   ⑤ 25분 후

17 일정한 속력으로 달리는 열차가 길이가 500 m인 터널을 완전히 통과하는 데 30초가 걸리고, 길이가 700 m인 철교를 완전히 통과하는 데 40초가 걸린다고 한다. 이 열차의 길이는? [5점]

① 80 m   ② 100 m   ③ 120 m
④ 150 m   ⑤ 200 m

18 어느 축구 동아리에서 회비를 걷어서 축구공을 사려고 한다. 회비를 1500원씩 걷으면 3200원이 부족하고, 1700원씩 걷으면 1600원이 남는다고 할 때, 1600원씩 걷으면 얼마가 부족한지 구하시오. [6점]

19 강당에 있는 긴 의자에 학생들이 앉는데 한 의자에 7명씩 앉으면 7명이 앉지 못하고, 한 의자에 9명씩 꽉 채워 앉으면 의자가 1개 남는다고 한다. 이때 강당에 있는 의자는 모두 몇 개인가? [4점]

① 6개   ② 7개   ③ 8개
④ 9개   ⑤ 10개

20 어느 중학교의 작년 전체 학생은 850명이었다. 올해에는 작년에 비해 남학생 수가 6 % 증가하고, 여학생 수가 8 % 감소하여 전체 학생이 16명 증가했다. 이때 작년 남학생 수는? [4점]

① 250　　　② 360　　　③ 440

④ 520　　　⑤ 600

21 어떤 제품의 원가에 20 %의 이익을 붙여서 정가를 정했다가 다시 정가에서 800원을 할인하여 팔았더니 1개를 팔 때마다 원가의 10 %의 이익을 얻었다. 이때 제품의 원가를 구하시오. [5점]

22 어떤 일을 완성하는 데 주빈이는 4일, 민형이는 8일이 걸린다고 한다. 이 일을 주빈이가 혼자 며칠 동안 하다가 그만 두고 나머지를 민형이가 하여 완성하였을 때, 민형이가 주빈이보다 2일 더 일했다고 하면 주빈이는 며칠 동안 일했는지 구하시오. [4점]

23 어떤 공장에서 세 기계 A, B, C로 같은 종류의 물건을 만드는데 기계를 쉬지 않고 가동시키면 기계 A는 48시간에 한 상자를, 기계 B는 72시간에 한 상자를, 기계 C는 144시간에 한 상자를 만든다고 한다. 이때 세 기계 A, B, C를 동시에 가동시키면 물건 한 상자를 만드는 데 몇 시간이 걸리는지 구하시오. [5점]

24 다음 그림과 같이 성냥개비를 사용하여 일정한 규칙으로 정삼각형 모양이 이어진 도형을 만들려고 한다. 이때 101개의 성냥개비를 사용하여 만들 수 있는 정삼각형의 개수는? [5점]

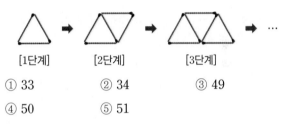

[1단계]　　[2단계]　　[3단계]

① 33　　　② 34　　　③ 49

④ 50　　　⑤ 51

25 다음 그림은 어느 달의 달력의 일부이다. 이 달력에서 ⌐ 모양으로 4개의 수를 선택하였더니 그 합이 76이 되었을 때, 선택한 4개의 수를 구하시오. [4점]
(단, ⌐ 모양을 돌리거나 뒤집지 않는다.)

점수

/ 100점

1 두 수 x, y에 대하여 x의 값은 4의 약수이고 y의 값은 8의 약수일 때, 순서쌍 (x, y)는 모두 몇 개인가? [3점]

① 4개　　　② 6개　　　③ 9개

④ 12개　　　⑤ 16개

2 두 순서쌍 $(1, 5-x)$, $(y+3, 4)$가 서로 같을 때, $x-2y$의 값은? [3점]

① -3　　　② -1　　　③ 1

④ 3　　　⑤ 5

3 다음 점 A, B, C, D, E를 오른쪽 좌표평면 위에 나타낸 것 중 옳은 것은? [3점]

A$(1, 3)$,　B$(0, 1)$
C$(2, 3)$,　D$(3, 2)$
E$(-2, -1)$

① A　　　② B　　　③ C

④ D　　　⑤ E

4 길이가 15인 철사를 직각으로 여러 번 구부려 오른쪽 그림과 같이 좌표평면 위에 놓았다. 다음 중 다섯 개의 점 A, B, C, D, E의 좌표를 나타낸 것으로 옳지 <u>않은</u> 것은? (단, 철사의 두께는 생각하지 않는다.) [3점]

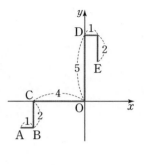

① A$(-5, -2)$　　　② B$(-4, -2)$

③ C$(-4, 0)$　　　④ D$(5, 0)$

⑤ E$(1, 3)$

5 점 A$(-3a-9, 5a)$가 x축 위에 있을 때, 점 A의 x좌표를 구하시오. [3점]

6 다음 중 y축 위에 있는 점은? [3점]

① $(4, 1)$　　　② $(0, 4)$　　　③ $(4, 0)$

④ $(-4, 7)$　　　⑤ $(-6, -4)$

7 세 점 A$(2, a)$, B$(-4, -3)$, C$(3, -3)$을 꼭짓점으로 하는 삼각형 ABC의 넓이가 21일 때, 양수 a의 값을 구하시오. [6점]

8 다음 중 주어진 점이 속하는 사분면으로 옳은 것은?
[3점]

① $(-2, 3)$ ➡ 제4사분면

② $(0, 5)$ ➡ 제2사분면

③ $(1, -7)$ ➡ 제3사분면

④ $(5, 2)$ ➡ 제1사분면

⑤ $(-1, -8)$ ➡ 제4사분면

9 다음 보기 중 옳은 것을 모두 고르시오. [3점]

┌ 보기 ┐
ㄱ. 점 $(2, 9)$와 점 $(9, 2)$는 서로 다른 점이다.
ㄴ. 점 $(0, 0)$은 어느 사분면에도 속하지 않는다.
ㄷ. 점 $(1, -6)$은 제4사분면에 속한다.
ㄹ. 점 $(-3, -4)$는 제2사분면에 속한다.

10 세 점 $A(-1, -1)$, $B(1, -4)$, $C(4, -1)$을 꼭짓점으로 하는 평행사변형의 꼭짓점 D의 좌표를 모두 구하려고 한다. 이때 점 D가 속하지 <u>않는</u> 사분면은?
[6점]

① 제1사분면   ② 제2사분면   ③ 제3사분면

④ 제4사분면   ⑤ 없다.

11 점 (a, b)가 제2사분면 위의 점일 때, 다음 중 점 (b, ab)와 같은 사분면 위에 있는 점은? [4점]

① $(-3, 4)$ ② $(-1, -1)$ ③ $(2, 3)$

④ $(4, 0)$ ⑤ $(5, -2)$

12 점 $(a, -b)$가 제3사분면 위의 점일 때, 점 $(a^2, b-a)$는 제몇 사분면 위의 점인가? [4점]

① 제1사분면   ② 제2사분면

③ 제3사분면   ④ 제4사분면

⑤ 어느 사분면에도 속하지 않는다.

13 $a-b>0$, $ab<0$일 때, 오른쪽 좌표평면 위의 점 중 점 $P(a, b)$로 알맞은 것은?
[4점]

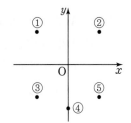

14 $a+b>0$, $\dfrac{a}{b}>0$일 때, 다음 중 주어진 점이 속하는 사분면으로 옳지 <u>않은</u> 것은? [4점]

① (a, a) ➡ 제1사분면

② $(-a, b)$ ➡ 제2사분면

③ (b, a) ➡ 제3사분면

④ $(b, -a)$ ➡ 제4사분면

⑤ $(ab, -b)$ ➡ 제4사분면

15 점 $(ab, a+b)$가 제4사분면 위의 점일 때, 다음 중 점 $(-b, -a)$와 같은 사분면 위에 있는 점은? [4점]

① $(0, -1)$ ② $(6, -9)$ ③ $(9, 2)$

④ $(-7, 3)$ ⑤ $\left(-\dfrac{1}{2}, -5\right)$

16 점 $\left(b-a,\ \dfrac{b}{a}\right)$는 제3사분면 위의 점이고, 점 $(-ac,\ d)$는 제1사분면 위의 점일 때, 다음 중 제2사분면 위의 점은? [5점]

① $(0,\ -b)$ ② $(c-a,\ -d)$ ③ $(a,\ d-b)$

④ $\left(\dfrac{d}{b},\ -c\right)$ ⑤ $(ad,\ b+c)$

17 점 $A(7,\ -1)$과 x축에 대하여 대칭인 점을 $B(a,\ b)$, 점 A와 원점에 대하여 대칭인 점을 $C(c,\ d)$라 할 때, $-ad+bc$의 값은? [4점]

① -14 ② -7 ③ 0

④ 7 ⑤ 14

18 점 $(-3,\ a)$와 x축에 대하여 대칭인 점의 좌표가 $(b,\ 5)$일 때, $a+b$의 값은? [3점]

① -8 ② -5 ③ -2

④ 2 ⑤ 8

19 오른쪽 그래프는 들판을 달리는 사자의 속력을 시간에 따라 나타낸 것이다. 다음 보기 중 이 그래프에 대한 설명으로 옳은 것을 모두 고르시오. [3점]

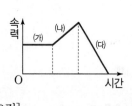

┌ 보기 ┐
ㄱ. ⑺: 사자는 움직이지 않는다.
ㄴ. ⑷: 사자의 속력이 증가하고 있다.
ㄷ. ⒟: 사자의 속력이 감소하고 있다.
└────┘

20 다음 상황에서 승우의 몸무게를 시간에 따라 나타낸 그래프로 알맞은 것을 보기에서 고르시오. [3점]

┌─────────────────────────┐
│ 승우는 매일 저녁 한 시간씩 달리기를 하기로 했다. 처 │
│ 음 며칠간은 몸무게의 변화가 없다가 그 후 몸무게가 │
│ 서서히 줄어들었다. 그러다가 달리기를 그만두자 한동 │
│ 안은 몸무게의 변화가 없다가 어느 순간 몸무게가 급 │
│ 격히 늘어났다. │
└─────────────────────────┘

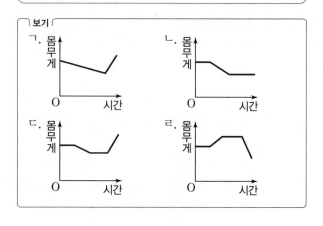

21 오른쪽 그림과 같은 용기 ⑺, ⑷에 일정한 속력으로 물을 채울 때, 물의 높이를 시간에 따라 나타낸 그래프로 알맞은 것을 다음 보기에서 골라 바르게 짝 지으시오. [4점]

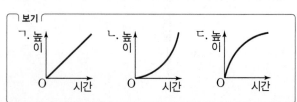

22 오른쪽 그림과 같은 모양의 물통에 물이 가득 차 있다. 이 물통에서 일정한 속력으로 물을 내보낼 때, 다음 중 물의 높이를 시간에 따라 나타낸 그래프로 알맞은 것은? [6점]

①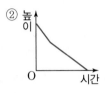
② 높이 / 시간
③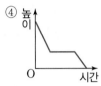
④ 높이 / 시간
⑤ 높이 / 시간

23 아래 그래프는 어느 날 하루 동안 해수면의 높이의 변화를 시각에 따라 나타낸 것이다. 시각을 x시, 해수면의 높이를 y cm라 할 때, 다음 보기 중 이 그래프에 대한 설명으로 옳지 <u>않은</u> 것을 모두 고르시오. [5점]

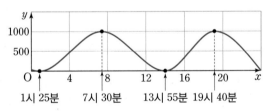

┌ 보기 ┐
ㄱ. 해수면이 가장 높았던 때는 두 번 있었다.
ㄴ. 오전에 해수면은 1시 25분에 가장 낮았다.
ㄷ. 오후에 해수면은 12시와 16시 사이에 가장 높았다.
ㄹ. 해수면이 가장 낮아진 후 다시 가장 낮아질 때까지 12시간이 걸렸다.

24 아래 그래프는 은경이가 여행을 하면서 이동한 거리를 시간에 따라 나타낸 것이다. 다음 보기 중 이 그래프에 대한 설명으로 옳은 것을 모두 고르시오. [5점]

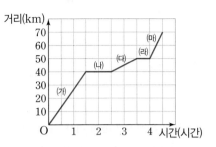

┌ 보기 ┐
ㄱ. (개): 1시간 30분 동안 40 km를 이동했다.
ㄴ. (내): 30분 동안 한 곳에 머물렀다.
ㄷ. (대): 1시간 동안 10 km를 이동했다.
ㄹ. (래): 30분 동안 일정한 속력으로 이동했다.
ㅁ. (매): 30분 동안 70 km를 이동했다.

25 혜나, 윤희, 창엽이가 음료수 500 mL를 가장 먼저 마시는 사람이 이기는 대회에 참가했다. 아래 그래프는 대회에서 세 사람의 음료수 잔에 들어 있던 음료수의 양을 시간에 따라 나타낸 것이다. 다음 물음에 답하시오. [총 6점]

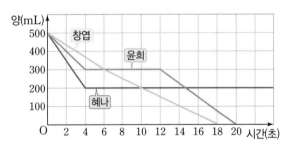

⑴ 처음 4초 동안 음료수를 가장 빨리 마신 사람을 말하시오. [2점]
⑵ 음료수를 가장 빨리 다 마신 사람을 말하시오. [2점]
⑶ 윤희가 음료수를 마시다가 중간에 몇 초 동안 마시지 않았는지 구하시오. [1점]
⑷ 창엽이와 윤희의 음료수의 양이 같아지는 때는 음료수를 마시기 시작한 지 몇 초 후인지 구하시오. [1점]

1 다음 보기 중 y가 x에 정비례하지 <u>않는</u> 것을 모두 고른 것은? [3점]

> **보기**
> ㄱ. 자연수 x에 12를 더한 수 y
> ㄴ. 1 m의 무게가 30 g인 철사 x m의 무게 y g
> ㄷ. 부피가 20 cm³인 직육면체의 밑넓이 x cm²와 높이 y cm
> ㄹ. 머리카락이 하루에 0.4 mm씩 자랄 때, x일 동안 자란 머리카락의 길이 y mm

① ㄱ, ㄴ   ② ㄱ, ㄷ   ③ ㄴ, ㄷ
④ ㄴ, ㄹ   ⑤ ㄷ, ㄹ

2 다음 중 x의 값이 2배, 3배, 4배, ...로 변함에 따라 y의 값도 2배, 3배, 4배, ...로 변하는 것을 모두 고르면? (정답 2개) [3점]

① $y=7x-1$ ② $y=3x$ ③ $xy=5$

④ $y=-\dfrac{1}{2}x$ ⑤ $y=\dfrac{4}{x}$

3 y가 x에 정비례하고, $x=2$일 때 $y=14$이다. 이때 x와 y 사이의 관계식을 구하시오. [3점]

4 다음 중 정비례 관계 $y=2x$의 그래프에 대한 설명으로 옳은 것을 모두 고르면? (정답 2개) [3점]

① 원점을 지나지 않는다.
② 제1사분면과 제3사분면을 지난다.
③ x의 값이 증가하면 y의 값도 증가한다.
④ 점 $(2, -4)$를 지난다.
⑤ 오른쪽 아래로 향하는 직선이다.

5 점 $(2a, 9-3a)$가 정비례 관계 $y=3x$의 그래프 위의 점일 때, a의 값을 구하시오. [3점]

6 정비례 관계 $y=ax$의 그래프가 점 $(2, -6)$을 지날 때, 다음 중 이 그래프 위에 있는 점은? (단, a는 상수) [3점]

① $(-6, 2)$ ② $(-3, -9)$ ③ $(-1, 3)$
④ $(0, 1)$ ⑤ $(6, -2)$

7 어떤 그래프가 원점과 점 $(-3, -9)$를 지나는 직선이다. 이 그래프가 점 $(k, -3)$을 지날 때, k의 값을 구하시오. [3점]

8 오른쪽 그림과 같이 정비례 관계 $y = \dfrac{3}{4}x$의 그래프 위의 점 A와 정비례 관계 $y = -\dfrac{1}{2}x$의 그래프 위의 점 B의 y좌표가 모두 -6일 때, 삼각형 OAB의 넓이를 구하시오. (단, O는 원점) [5점]

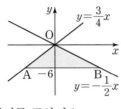

9 오른쪽 그림과 같이 정비례 관계 $y = ax$의 그래프 위의 점 A와 정비례 관계 $y = -\dfrac{2}{3}x$의 그래프 위의 점 B의 x좌표가 모두 -3일 때, 삼각형 ABO의 넓이가 6이다. 이때 상수 a의 값은? (단, O는 원점) [6점]

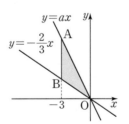

① $-\dfrac{7}{2}$ ② -3 ③ $-\dfrac{5}{2}$

④ -2 ⑤ $-\dfrac{3}{2}$

10 수민이가 심부름으로 삼겹살을 사려고 정육점에 갔다. 오른쪽 그래프는 삼겹살의 무게 x g과 가격 y원 사이의 관계를 나타낸 것이다. 이 정육점에서 42000원을 모두 사용하여 삼겹살을 몇 g 살 수 있는가? [4점]

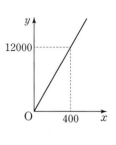

① 1100 g   ② 1200 g   ③ 1400 g

④ 1800 g   ⑤ 2100 g

11 25장에 100 g인 종이가 있다. 종이 x장의 무게를 y g이라 할 때, x와 y 사이의 관계식을 구하고, 무게가 1.8 kg인 종이는 모두 몇 장인지 구하시오. (단, 각 종이의 무게는 모두 같다.) [4점]

12 오른쪽 그래프는 4명의 학생 A, B, C, D가 자전거를 타고 경주를 할 때, 이동한 시간 x분과 이동한 거리 y m 사이의 관계를 각각 나타낸 것이다. 다음 보기 중 옳은 것을 모두 고르시오. [5점]

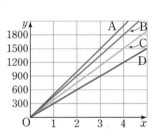

┌ 보기 ┐
ㄱ. 속력이 가장 빠른 학생은 D이다.
ㄴ. 자전거를 타고 2분 동안 900 m를 이동한 학생은 B 이다.
ㄷ. 학생 C가 자전거를 타고 이동한 시간과 거리 사이의 관계식은 $y = 375x$이다.
ㄹ. 3분 동안 학생 A는 학생 D가 이동한 거리의 2배를 이동하였다.

13 다음 중 y가 x에 반비례하는 것을 모두 고르면?

(정답 2개) [3점]

① 어떤 수 x보다 1만큼 큰 수 y

② 시속 60 km로 x시간 동안 달린 거리 y km

③ 넓이가 20 cm²인 삼각형의 밑변의 길이 x cm와 높이 y cm

④ 사탕을 한 사람당 4개씩 x명에게 나누어 줄 때, 필요한 사탕의 개수 y

⑤ 소금 10 g이 들어 있는 소금물 x g의 농도 y %

14 y가 x에 반비례하고, $x=4$일 때 $y=-4$이다. 이때 x와 y 사이의 관계식은? [3점]

① $y=-\dfrac{16}{x}$ ② $y=-\dfrac{4}{x}$ ③ $y=-\dfrac{1}{x}$

④ $y=\dfrac{1}{x}$ ⑤ $y=\dfrac{16}{x}$

15 다음 보기 중 반비례 관계 $y=\dfrac{10}{x}$의 그래프에 대한 설명으로 옳은 것을 모두 고르시오. [3점]

┌─ 보기 ──────────────────────┐
ㄱ. 원점을 지난다.
ㄴ. 제1사분면과 제3사분면을 지난다.
ㄷ. 점 $(2, -5)$를 지난다.
ㄹ. $x<0$일 때, x의 값이 증가하면 y의 값은 감소한다.
└──────────────────────────┘

16 다음 중 x와 y 사이의 관계를 나타내는 그래프가 지나는 사분면이 나머지 넷과 다른 하나는? [3점]

① $y=3x$ ② $y=\dfrac{5}{x}$ ③ $y=-x$

④ $y=\dfrac{1}{x}$ ⑤ $y=x$

17 점 $(-a, 10)$이 반비례 관계 $y=\dfrac{8}{x}$의 그래프 위의 점일 때, a의 값을 구하시오. [3점]

18 점 $\left(10, -\dfrac{3}{2}\right)$이 반비례 관계 $y=\dfrac{a}{x}$의 그래프 위의 점일 때, 이 그래프 위의 점 중에서 x좌표와 y좌표가 모두 정수인 점은 모두 몇 개인지 구하시오.

(단, a는 상수) [6점]

19 다음 중 오른쪽 그림과 같은 그래프 위의 점이 <u>아닌</u> 것은? [4점]

① $(1, -32)$ ② $(2, -16)$

③ $(4, -8)$ ④ $(-8, 3)$

⑤ $(-16, 2)$

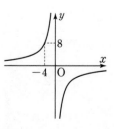

20 다음 중 오른쪽 그래프에 대한 설명으로 옳지 <u>않은</u> 것은? [4점]

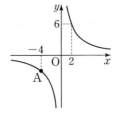

① 반비례 관계 $y=\dfrac{12}{x}$ 의 그래프이다.

② 점 $(3, 4)$ 를 지난다.

③ 좌표축과 만나지 않는다.

④ 점 A의 좌표는 $(-4, -2)$ 이다.

⑤ 제1사분면과 제3사분면을 지난다.

21 오른쪽 그림은 정비례 관계 $y=-\dfrac{1}{2}x$ 의 그래프와 반비례 관계 $y=\dfrac{a}{x}$ 의 그래프이다. 두 그래프가 점 $(b, 3)$ 에서 만날 때, $a+b$ 의 값을 구하시오.

(단, a 는 상수) [5점]

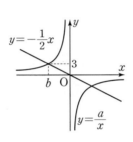

22 오른쪽 그림과 같이 정비례 관계 $y=ax$ 의 그래프가 두 점 A$(3, 6)$, B$(6, 4)$ 를 이은 선분 AB와 만날 때, 상수 a 의 값의 범위는? [6점]

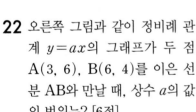
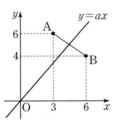

① $\dfrac{1}{3}\le a\le\dfrac{2}{3}$ ② $\dfrac{1}{3}\le a\le 2$ ③ $\dfrac{2}{3}\le a\le\dfrac{3}{2}$

④ $\dfrac{2}{3}\le a\le 2$ ⑤ $2\le a\le 3$

23 오른쪽 그림과 같이 반비례 관계 $y=\dfrac{a}{x}$ 의 그래프가 점 C를 지난다. 직각삼각형 ABC의 넓이가 10일 때, 상수 a 의 값은? [5점]

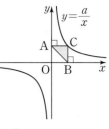

① 10   ② 16   ③ 20

④ 24   ⑤ 40

24 오른쪽 그림은 반비례 관계 $y=\dfrac{a}{x}$ 의 그래프이고, 두 점 A, C는 이 그래프 위의 점이다. 네 변이 각각 좌표축에 평행한 직사각형 ABCD의 넓이가 48일 때, 상수 a 의 값을 구하시오.

[6점]

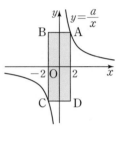

25 효신이네 반 학생들이 연극 공연을 할 예정이다. 오늘 초대장을 9명이 14장씩 돌렸고, 내일도 x 명이 y 장씩 오늘 돌린 양만큼 돌리려고 한다. 이때 6명이 초대장을 돌리면 한 사람이 몇 장씩 돌려야 하는가? [4점]

① 18장   ② 19장   ③ 20장

④ 21장   ⑤ 22장

MEMO

MEMO

유형만렙 다양한 유형 문제로 가득 찬(滿) 만렙으로 수학 실력 Level up

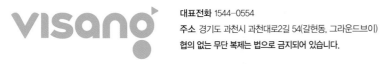

대표전화 1544-0554

주소 경기도 과천시 과천대로2길 54(갈현동, 그라운드브이)

협의 없는 무단 복제는 법으로 금지되어 있습니다.

유형
만렙

정답과
해설

중학 수학
1 / 1

visang

PIONADA

visang

피어나다를 하면서 아이가 공부의
필요를 인식하고 플랜도 바꿔가며
실천하는 모습을 보게 되어 만족합니다.
제가 직장 맘이라 정보가 부족했는데,
코치님을 통해 아이에 맞춘 피드백과
정보를 듣고 있어서 큰 도움이 됩니다.

– 조○관 회원 학부모님

공부 습관에도
진단과 처방이
필수입니다

초4부터 중등까지는 공부 습관이 피어날 최적의 시기입니다.

공부 마음을 망치는 공부를 하고 있나요?
성공 습관을 무시한 공부를 하고 있나요?
더 이상 이제 그만!

지금은 피어나다와 함께 사춘기 공부 그릇을 키워야 할 때입니다.

강점코칭 무료체험

바로 지금,
마음 성장 기반 학습 코칭 서비스, **피어나다®**로
공부 생명력을 피어나게 해보세요.

**상담
문의 1833-3124**

www.pionada.co

공부 생명력이
PIONADA

일주일 단 1시간으로 심리 상담부터 학습 코칭까지 한번에!

상위권 공부 전략 체화 시스템
공부 마인드 정착 및
자기주도적 공부 습관 완성

공부력 향상 심리 솔루션
마음·공부·성공 습관 형성을 통한
마음 근력 강화 프로그램

온택트 모둠 코칭
주 1회 모둠 코칭 수업 및
상담과 특강 제공

공인된 진단 검사
서울대 교수진 감수 학습 콘텐츠와
한국심리학회 인증 진단 검사

정답과 해설

중학 수학 1/1

01 / 소인수분해

A 개념 확인

0001 답 소수

0002 답 합성수

0003 답 소수

0004 답 합성수

0005 답 ○

0006 답 ○

0007 답 ×
소수의 약수는 2개이다.

0008 답 ×
소수 중에서 2는 짝수이다.

0009 답 밑: 5, 지수: 3

0010 답 밑: $\frac{1}{2}$, 지수: 4

0011 답 7^5

0012 답 $\left(\frac{1}{5}\right)^4$

0013 답 $\left(\frac{1}{3}\right)^2 \times \left(\frac{2}{5}\right)^3$

0014 답 $2^2 \times 3^3$

0015 답 $2^3 \times 3^2 \times 5$

0016 답 $\dfrac{1}{5 \times 7^4}$

0017 답 풀이 참조

방법 ❶   방법 ❷

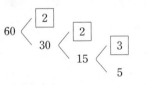

60을 소인수분해 하면 $2^2 \times 3 \times 5$

0018 답 $2^2 \times 5$, 소인수: 2, 5

```
2 ) 20
2 ) 10
     5
```

따라서 20을 소인수분해 하면 $2^2 \times 5$이고, 소인수는 2, 5이다.

0019 답 $2^2 \times 3 \times 7$, 소인수: 2, 3, 7

```
2 ) 84
2 ) 42
3 ) 21
     7
```

따라서 84를 소인수분해 하면 $2^2 \times 3 \times 7$이고, 소인수는 2, 3, 7이다.

0020 답 $3^2 \times 13$, 소인수: 3, 13

```
3 ) 117
3 )  39
     13
```

따라서 117을 소인수분해 하면 $3^2 \times 13$이고, 소인수는 3, 13이다.

0021 답 $2^2 \times 3^4$, 소인수: 2, 3

```
2 ) 324
2 ) 162
3 )  81
3 )  27
3 )   9
      3
```

따라서 324를 소인수분해 하면 $2^2 \times 3^4$이고, 소인수는 2, 3이다.

0022 답

×	1	5	5^2
1	1	5	25
2	2	10	50
2^2	4	20	100

1, 2, 4, 5, 10, 20, 25, 50, 100

0023 답 1, 3, 5, 9, 15, 45

×	1	5
1	1	5
3	3	15
3^2	9	45

0024 답 1, 2, 3, 4, 6, 9, 12, 18, 27, 36, 54, 108

×	1	3	3^2	3^3
1	1	3	9	27
2	2	6	18	54
2^2	4	12	36	108

0025 답 1, 2, 4, 7, 8, 14, 28, 56
$56 = 2^3 \times 7$이므로

×	1	7
1	1	7
2	2	14
2^2	4	28
2^3	8	56

0026 답 1, 2, 4, 7, 14, 28, 49, 98, 196
$196 = 2^2 \times 7^2$이므로

×	1	7	7^2
1	1	7	49
2	2	14	98
2^2	4	28	196

0027 답 12
$(3+1) \times (2+1) = 12$

0028 답 24
$(1+1) \times (2+1) \times (3+1) = 24$

0029 답 12
$90 = 2 \times 3^2 \times 5$이므로 약수의 개수는
$(1+1) \times (2+1) \times (1+1) = 12$

0030 답 20

$240=2^4\times3\times5$이므로 약수의 개수는

$(4+1)\times(1+1)\times(1+1)=20$

B 유형 완성

10~15쪽

0031 답 2개

소수는 5, 47의 2개이다.

만렙 Note

소수로 착각하기 쉬운 합성수

- $57=3\times19$
- $91=7\times13$
- $111=3\times37$
- $117=3\times3\times13$
- $133=7\times19$
- $143=11\times13$

0032 답 ④

④ 33의 약수는 1, 3, 11, 33이므로 33은 소수가 아니다.

0033 답 3개

27의 약수는 1, 3, 9, 27이므로 27은 합성수이다.

81의 약수는 1, 3, 9, 27, 81이므로 81은 합성수이다.

92의 약수는 1, 2, 4, 23, 46, 92이므로 92는 합성수이다.

따라서 합성수는 27, 81, 92의 3개이다.

0034 답 ④

30 미만의 자연수 중에서 약수가 2개, 즉 소수는 2, 3, 5, 7, 11, 13, 17, 19, 23, 29의 10개이다.

0035 답 ④

20보다 작은 자연수 중에서 가장 큰 소수는 19, 가장 작은 합성수는 4이므로 구하는 합은

$19+4=23$

0036 답 ①, ⑤

① 9는 합성수이지만 홀수이다.

⑤ 자연수는 1, 소수, 합성수로 이루어져 있다.

0037 답 다은

재호: $2\times3=6$이므로 두 소수의 곱이 항상 홀수인 것은 아니다.

영주: $2+3=5$이므로 두 소수의 합이 항상 합성수인 것은 아니다.

현우: 2, 3은 소수이지만 $2\times3=6$은 소수가 아니다.

따라서 바르게 말한 학생은 다은이다.

참고 a, b가 소수일 때, $a\times b$의 약수는 1, a, b, $a\times b$이므로 $a\times b$는 소수가 아닌 합성수이다. 즉, 두 소수의 곱은 합성수이다.

0038 답 ④

① $3^3=3\times3\times3=27$

② $5\times5\times5=5^3$

③ $3+3+3+3=3\times4$

⑤ $\dfrac{1}{5\times5\times7\times7\times7}=\dfrac{1}{5^2\times7^3}=\dfrac{1}{5^2}\times\dfrac{1}{7^3}$

따라서 옳은 것은 ④이다.

0039 답 2

$2\times2\times3\times5\times5\times3\times5=2\times2\times3\times3\times5\times5\times5=2^2\times3^2\times5^3$

이므로

$a=2$, $b=3$, $c=3$

$\therefore a+b-c=2+3-3=2$

0040 답 ⑤

$16=2^4$이므로 $a=4$

$3^4=81$이므로 $b=81$

$\therefore a+b=4+81=85$

0041 답 ④

① $48=2^4\times3$

② $72=2^3\times3^2$

③ $100=2^2\times5^2$

⑤ $256=2^8$

따라서 소인수분해를 바르게 한 것은 ④이다.

0042 답 ④

$$\begin{array}{r} 2\,)\,168 \\ 2\,)\,84 \\ 2\,)\,42 \\ 3\,)\,21 \\ 7 \end{array}$$

$\therefore 168=2^3\times3\times7$

0043 답 5

$360=2^3\times3^2\times5=2^a\times b^2\times c$이므로 ······ ❶

$a=3$, $b=3$, $c=5$ ······ ❷

$\therefore a-b+c=3-3+5=5$ ······ ❸

채점 기준

❶ 360을 소인수분해 하기	60%
❷ a, b, c의 값 구하기	20%
❸ $a-b+c$의 값 구하기	20%

0044 답 ③

$1\times2\times3\times4\times5\times6\times7\times8\times9\times10$

$=1\times2\times3\times2^2\times5\times(2\times3)\times7\times2^3\times3^2\times(2\times5)$

$=2^8\times3^4\times5^2\times7$

따라서 $a=8$, $b=4$, $c=2$이므로

$a+b-c=8+4-2=10$

0045 답 ③

$60=2^2\times3\times5$이므로 60의 소인수는 2, 3, 5이다.

0046 답 ④

$330=2\times3\times5\times11$이므로 330의 소인수는 2, 3, 5, 11이다.

따라서 330의 소인수가 아닌 것은 ④이다.

0047 답 ②

① $12=2^2\times3$이므로 소인수는 2, 3의 2개이다.

② $30=2\times3\times5$이므로 소인수는 2, 3, 5의 3개이다.

③ $72=2^3\times3^2$이므로 소인수는 2, 3의 2개이다.

④ $104=2^3\times13$이므로 소인수는 2, 13의 2개이다.

⑤ $216=2^3\times3^3$이므로 소인수는 2, 3의 2개이다.

따라서 소인수의 개수가 나머지 넷과 다른 하나는 ②이다.

0048 답 ③

① $28=2^2 \times 7$이므로 소인수의 합은 $2+7=9$

② $42=2 \times 3 \times 7$이므로 소인수의 합은 $2+3+7=12$

③ $105=3 \times 5 \times 7$이므로 소인수의 합은 $3+5+7=15$

④ $176=2^4 \times 11$이므로 소인수의 합은 $2+11=13$

⑤ $225=3^2 \times 5^2$이므로 소인수의 합은 $3+5=8$

따라서 소인수의 합이 가장 큰 수는 ③이다.

0049 답 ④

$54=2 \times 3^3$에 자연수를 곱하여 모든 소인수의 지수가 짝수가 되게 해야 하므로 곱할 수 있는 가장 작은 자연수는

$2 \times 3 = 6$

0050 답 14

$56=2^3 \times 7$을 자연수로 나누어 모든 소인수의 지수가 짝수가 되게 해야 하므로 나눌 수 있는 가장 작은 자연수는

$2 \times 7 = 14$

0051 답 24

$150=2 \times 3 \times 5^2$이므로 $2 \times 3 \times 5^2 \times a = b^2$이 되려면 2, 3의 지수가 모두 짝수이어야 한다.

따라서 가장 작은 자연수 a의 값은

$a=2 \times 3 = 6$ ...... ❶

즉, $b^2 = 2 \times 3 \times 5^2 \times (2 \times 3) = 900 = 30^2$이므로

$b=30$ ...... ❷

$\therefore b-a = 30-6 = 24$ ...... ❸

채점 기준

❶	a의 값 구하기	40 %
❷	b의 값 구하기	40 %
❸	$b-a$의 값 구하기	20 %

참고 $150 \times a = b^2$

➡ 150에 자연수 a를 곱하면 어떤 자연수 b의 제곱이 된다.

0052 답 ②

$405=3^4 \times 5$이므로 $\dfrac{3^4 \times 5}{a} = b^2$이 되려면 $\dfrac{3^4 \times 5}{a}$의 모든 소인수의 지수가 짝수이어야 한다.

따라서 가장 작은 자연수 a의 값은

$a=5$

즉, $b^2 = \dfrac{3^4 \times 5}{5} = 3^4 = 81 = 9^2$이므로

$b=9$

$\therefore a+b = 5+9 = 14$

0053 답 ⑤

$120=2^3 \times 3 \times 5$에 자연수를 곱하여 모든 소인수의 지수가 짝수가 되게 해야 하므로 곱할 수 있는 수는 $2 \times 3 \times 5 \times$ (자연수)^2 꼴이어야 한다.

$\therefore 2 \times 3 \times 5 \times 1^2, \ 2 \times 3 \times 5 \times 2^2, \ 2 \times 3 \times 5 \times 3^2, \ \dots$

이 중에서 두 번째로 작은 것은

$2 \times 3 \times 5 \times 2^2 = 120$

0054 답 ③

$252 \times a = 2^2 \times 3^2 \times 7 \times a$에서 모든 소인수의 지수가 짝수이어야 하므로 a는 $7 \times$ (자연수)^2 꼴이어야 한다.

① $28=7 \times 2^2$ ② $63=7 \times 3^2$ ③ $84=7 \times 2^2 \times 3$

④ $112=7 \times 4^2$ ⑤ $175=7 \times 5^2$

따라서 a의 값이 될 수 없는 것은 ③이다.

0055 답 18

$72 \times \square = 2^3 \times 3^2 \times \square$에서 모든 소인수의 지수가 짝수이어야 하므로 $\square$는 $2 \times$ (자연수)^2 꼴이어야 한다.

$\therefore \square = 2 \times 1^2, \ 2 \times 2^2, \ 2 \times 3^2, \ 2 \times 4^2, \ \dots$

즉, $\square = 2, \ 8, \ 18, \ 32, \ \dots$이므로 $\square$ 안에 들어갈 수 있는 가장 작은 두 자리의 자연수는 18이다.

0056 답 ④

$32 \times x = 2^5 \times x$가 5의 배수이므로 $2^5 \times x$는 반드시 5를 소인수로 가져야 한다.

이때 $2^5 \times x$가 어떤 자연수의 제곱이 되려면 모든 소인수의 지수가 짝수이어야 하므로 x는 $2 \times 5^2 \times$ (자연수)^2 꼴이어야 한다.

따라서 가장 작은 자연수 x의 값은

$2 \times 5^2 \times 1^2 = 50$

0057 답 ③

$2^3 \times 3^2 \times 7$의 약수는 (2^3의 약수) $\times$ (3^2의 약수) $\times$ (7의 약수) 꼴이다.

③ 3×7^2에서 7^2이 7의 약수가 아니므로 3×7^2은 $2^3 \times 3^2 \times 7$의 약수가 아니다.

만렙 Note

$a^m \times b^n$ (a, b는 서로 다른 소수, m, n은 자연수)의 약수는 a, b 이외의 소인수를 가질 수 없고, 소인수 a의 지수는 m보다, 소인수 b의 지수는 n보다 작거나 같아야 한다.

0058 답 ③

$108=2^2 \times 3^3$이므로 108의 약수는 (2^2의 약수) $\times$ (3^3의 약수) 꼴이다.

③ $2^3 \times 3$에서 2^3이 2^2의 약수가 아니므로 $2^3 \times 3$은 108의 약수가 아니다.

0059 답 ④

① 500을 소인수분해 하면 $2^2 \times 5^3$이다.

② (개)에 알맞은 수는 5^3이다.

③ (내)에 알맞은 수는 1이다.

④ (대)에 알맞은 수는 $2 \times 5^2 = 50$이다.

⑤ $2^3 \times 5^2$에서 2^3이 2^2의 약수가 아니므로 $2^3 \times 5^2$은 500의 약수가 아니다.

따라서 옳은 것은 ④이다.

0060 답 ③

$2^3 \times 3^4$의 약수는 (2^3의 약수) $\times$ (3^4의 약수) 꼴이므로 $2^3 \times 3^4$의 약수 중에서 가장 큰 수는 $2^3 \times 3^4$이고, 두 번째로 큰 수는 $2^2 \times 3^4$이다.

따라서 $a=2$, $b=4$이므로

$a \times b = 2 \times 4 = 8$

0061 답 ④

① $(2+1)\times(1+1)=6$

② $(2+1)\times(2+1)=9$

③ $(1+1)\times(1+1)\times(1+1)=8$

④ $60=2^2\times3\times5$이므로 60의 약수의 개수는

$(2+1)\times(1+1)\times(1+1)=12$

⑤ $128=2^7$이므로 128의 약수의 개수는

$7+1=8$

따라서 약수의 개수가 가장 많은 것은 ④이다.

0062 답 ⑤

① $(3+1)\times(2+1)=12$

② $(1+1)\times(2+1)\times(1+1)=12$

③ $84=2^2\times3\times7$이므로 84의 약수의 개수는

$(2+1)\times(1+1)\times(1+1)=12$

④ $220=2^2\times5\times11$이므로 220의 약수의 개수는

$(2+1)\times(1+1)\times(1+1)=12$

⑤ $225=3^2\times5^2$이므로 225의 약수의 개수는

$(2+1)\times(2+1)=9$

따라서 약수의 개수가 나머지 넷과 다른 하나는 ⑤이다.

0063 답 16개

$\dfrac{216}{n}$이 자연수가 되도록 하는 자연수 n은 216의 약수이므로 n의 개수는 216의 약수의 개수와 같다. $\cdots\cdots$ ⓘ

이때 $216=2^3\times3^3$이므로 216의 약수의 개수는

$(3+1)\times(3+1)=16$ $\cdots\cdots$ ⓘⓘ

따라서 조건을 만족시키는 자연수 n은 16개이다. $\cdots\cdots$ ⓘⓘⓘ

채점 기준	
ⓘ 자연수 n의 개수가 216의 약수의 개수와 같음을 알기	30%
ⓘⓘ 216의 약수의 개수 구하기	50%
ⓘⓘⓘ 자연수 n이 몇 개인지 구하기	20%

0064 답 ⑤

$280=2^3\times5\times7$이고, 7의 배수는 반드시 7을 소인수로 갖는다.

따라서 $2^3\times5\times7$의 약수 중에서 7의 배수의 개수는 $2^3\times5$의 약수의 개수와 같으므로

$(3+1)\times(1+1)=8$

0065 답 ②

$3^a\times7^3$의 약수가 12개이므로

$(a+1)\times(3+1)=12$

$(a+1)\times4=12$

$a+1=3$ $\therefore a=2$

0066 답 2

$180=2^2\times3^2\times5$이므로 180의 약수의 개수는

$(2+1)\times(2+1)\times(1+1)=18$ $\cdots\cdots$ ⓘ

$2^2\times3\times5^x$의 약수의 개수는 180의 약수의 개수와 같으므로

$(2+1)\times(1+1)\times(x+1)=18$ $\cdots\cdots$ ⓘⓘ

$6\times(x+1)=18$

$x+1=3$ $\therefore x=2$ $\cdots\cdots$ ⓘⓘⓘ

채점 기준	
ⓘ 180의 약수의 개수 구하기	30%
ⓘⓘ $2^2\times3\times5^x$의 약수의 개수에 대한 식 세우기	40%
ⓘⓘⓘ x의 값 구하기	30%

0067 답 ①

$8\times5^a\times7^b=2^3\times5^a\times7^b$의 약수가 16개이므로

$(3+1)\times(a+1)\times(b+1)=16$

$4\times(a+1)\times(b+1)=16$

$(a+1)\times(b+1)=4$

이 식을 만족시키는 자연수 a, b는

$a=1$, $b=1$

$\therefore a+b=1+1=2$

0068 답 9

$2^2\times\square$의 약수가 9개이므로

(i) $9=8+1$인 경우

$2^2\times\square$가 2^8이어야 하므로

$\square=2^6=64$

(ii) $9=3\times3=(2+1)\times(2+1)$인 경우

$2^2\times\square$가 $2^2\times$(2를 제외한 소수)^2 꼴이어야 하므로

$\square=3^2,\ 5^2,\ 7^2,\ 11^2,\ \cdots$

따라서 (i), (ii)에서 $\square$ 안에 들어갈 수 있는 가장 작은 수는

$3^2=9$

0069 답 ②

① $\square=2$일 때, $81\times2=2\times3^4$의 약수의 개수는

$(1+1)\times(4+1)=10$

② $\square=3$일 때, $81\times3=3^5$의 약수의 개수는

$5+1=6$

③ $\square=5$일 때, $81\times5=3^4\times5$의 약수의 개수는

$(4+1)\times(1+1)=10$

④ $\square=7$일 때, $81\times7=3^4\times7$의 약수의 개수는

$(4+1)\times(1+1)=10$

⑤ $\square=11$일 때, $81\times11=3^4\times11$의 약수의 개수는

$(4+1)\times(1+1)=10$

따라서 $\square$ 안에 들어갈 수 없는 수는 ②이다.

다른 풀이

$81\times\square=3^4\times\square$의 약수가 10개이므로

(i) $10=9+1$인 경우

$3^4\times\square$가 3^9이어야 하므로

$\square=3^5$

(ii) $10=5\times2=(4+1)\times(1+1)$인 경우

$3^4\times\square$가 $3^4\times$(3을 제외한 소수) 꼴이어야 하므로

$\square=2,\ 5,\ 7,\ 11,\ \cdots$

따라서 $\square$ 안에 들어갈 수 없는 수는 ②이다.

0070 답 6

$3^2 \times \square \times 7$의 약수가 16개이므로

(ⅰ) $16=15+1$인 경우

a^{15} (a는 소수) 꼴이어야 하므로 $\square$ 안에 들어갈 수 있는 자연수는 없다.

(ⅱ) $16=8\times2=(7+1)\times(1+1)$인 경우

$a^7\times b$ (a, b는 서로 다른 소수) 꼴이어야 하므로 $\square$ 안에 들어갈 수 있는 자연수는 $3^5=243$

(ⅲ) $16=4\times4=(3+1)\times(3+1)$인 경우

$a^3\times b^3$ (a, b는 서로 다른 소수) 꼴이어야 하므로 $\square$ 안에 들어갈 수 있는 자연수는 $3\times7^2=147$

(ⅳ) $16=2\times2\times4=(1+1)\times(1+1)\times(3+1)$인 경우

$a\times b\times c^3$ (a, b, c는 서로 다른 소수) 꼴이어야 하므로 $\square$ 안에 들어갈 수 있는 자연수 중 가장 작은 수는 $2\times3=6$

따라서 (ⅰ)~(ⅳ)에서 $\square$ 안에 들어갈 수 있는 자연수 중 가장 작은 수는 6이다.

0071 답 24

약수가 8개이므로

(ⅰ) $8=7+1$인 경우

a^7 (a는 소수) 꼴이어야 하므로

2^7, 3^7, 5^7, …

(ⅱ) $8=4\times2=(3+1)\times(1+1)$인 경우

$a^3\times b$ (a, b는 서로 다른 소수) 꼴이어야 하므로

$2^3\times3$, $2^3\times5$, $3^3\times2$, $2^3\times7$, …

(ⅲ) $8=2\times2\times2=(1+1)\times(1+1)\times(1+1)$인 경우

$a\times b\times c$ (a, b, c는 서로 다른 소수) 꼴이어야 하므로

$2\times3\times5$, $2\times3\times7$, $2\times3\times11$, …

이 중에서 가장 작은 수는 $2^3\times3=24$

AB 유형 점검

16~18쪽

0072 답 ②

소수는 3, 11, 17, 23, 43, 61의 6개이므로 $a=6$

합성수는 9, 39의 2개이므로 $b=2$

$\therefore a-b=6-2=4$

0073 답 6개

100보다 작은 자연수 중에서 일의 자리의 숫자가 7인 수는

7, 17, 27, 37, 47, 57, 67, 77, 87, 97

이 중에서 소수는 7, 17, 37, 47, 67, 97의 6개이다.

0074 답 ②, ⑤

① 1은 소수가 아니다.

② 121의 약수는 1, 11, 121이므로 합성수이다.

③ 합성수의 약수는 3개 이상이다.

④ $3\times5=15$이므로 두 소수의 곱이 항상 짝수인 것은 아니다.

⑤ 13의 배수 중에서 소수는 13의 1개이다.

따라서 옳은 것은 ②, ⑤이다.

0075 답 ③

① $2^3=2\times2\times2=8$ ② $7\times7\times7\times7=7^4$

④ $5+5+5+5=5\times4$ ⑤ $\dfrac{1}{2}\times\dfrac{1}{2}\times\dfrac{1}{2}=\left(\dfrac{1}{2}\right)^3$

따라서 옳은 것은 ③이다.

0076 답 ㄴ, ㅁ

ㄱ. $14=2\times7$ ㄷ. $50=2\times5^2$

ㄹ. $64=2^6$ ㅂ. $120=2^3\times3\times5$

따라서 소인수분해를 바르게 한 것은 ㄴ, ㅁ이다.

0077 답 ①

$198=2\times3^2\times11$이므로 198의 소인수는 2, 3, 11이다.

따라서 구하는 모든 소인수의 합은

$2+3+11=16$

0078 답 ③

① $18=2\times3^2$의 소인수는 2, 3

② $54=2\times3^3$의 소인수는 2, 3

③ $63=3^2\times7$의 소인수는 3, 7

④ $72=2^3\times3^2$의 소인수는 2, 3

⑤ $96=2^5\times3$의 소인수는 2, 3

따라서 소인수가 나머지 넷과 다른 하나는 ③이다.

0079 답 90

$120=2^3\times3\times5$에 자연수를 곱하여 모든 소인수의 지수가 짝수가 되게 해야 하므로 곱할 수 있는 가장 작은 자연수는

$a=2\times3\times5=30$

이때 $120\times30=3600=60^2$이므로

$b=60$

$\therefore a+b=30+60=90$

0080 답 189

$84=2^2\times3\times7$에 자연수를 곱하여 모든 소인수의 지수가 짝수가 되게 해야 하므로 곱할 수 있는 수는 $3\times7\times$(자연수)^2 꼴이어야 한다.

$\therefore 3\times7\times1^2$, $3\times7\times2^2$, $3\times7\times3^2$, …

이 중에서 세 번째로 작은 것은

$3\times7\times3^2=189$

0081 답 ㄱ, ㄹ, ㅁ

$2^4\times5^3\times7$의 약수는 (2^4의 약수)$\times$(5^3의 약수)$\times$(7의 약수) 꼴이다.

ㄱ. 1은 모든 자연수의 약수이다.

ㄴ. $26=2\times13$에서 2, 5, 7 이외의 소인수 13이 있으므로 26은 $2^4\times5^3\times7$의 약수가 아니다.

ㄷ. $42=2\times3\times7$에서 2, 5, 7 이외의 소인수 3이 있으므로 42는 $2^4\times5^3\times7$의 약수가 아니다.

ㄹ. $112=2^4\times7$

ㅁ. $200=2^3\times5^2$

ㅂ. $490=2\times5\times7^2$에서 7^2이 7의 약수가 아니므로 490은 $2^4\times5^3\times7$의 약수가 아니다.

따라서 $2^4\times5^3\times7$의 약수는 ㄱ, ㄹ, ㅁ이다.

0082 답 8개

$1600 = 2^6 \times 5^2$이므로 1600의 약수는 (2^6의 약수)$\times$(5^2의 약수) 꼴이다.

이때 어떤 자연수의 제곱이 되는 수, 즉 (자연수)^2 꼴로 나타낼 수 있는 수는 모든 소인수의 지수가 짝수이어야 한다.

따라서 1600의 약수 중에서 어떤 자연수의 제곱이 되는 수는

1, 2^2, 2^4, 5^2, 2^6, $2^2 \times 5^2$, $2^4 \times 5^2$, $2^6 \times 5^2$의 8개이다.

0083 답 ③, ④

③ 25의 소인수는 5이다.

④ $3^2 \times 5$의 약수는 1, 3, 5, 3^2, 3×5, $3^2 \times 5$이다.

⑤ $600 = 2^3 \times 3 \times 5^2$이므로 600의 약수의 개수는

$(3+1) \times (1+1) \times (2+1) = 24$

따라서 옳지 않은 것은 ③, ④이다.

0084 답 ⑤

$126 = 2 \times 3^2 \times 7 = 2 \times 3^a \times b$이므로

$a=2$, $b=7$

126의 약수의 개수는

$c = (1+1) \times (2+1) \times (1+1) = 12$

$\therefore a+b+c = 2+7+12 = 21$

0085 답 ③

$2 \times 3 \times 5^2$의 약수의 개수는

$(1+1) \times (1+1) \times (2+1) = 12$

① $36 = 2^2 \times 3^2$이므로 36의 약수의 개수는

$(2+1) \times (2+1) = 9$

② $66 = 2 \times 3 \times 11$이므로 66의 약수의 개수는

$(1+1) \times (1+1) \times (1+1) = 8$

③ $72 = 2^3 \times 3^2$이므로 72의 약수의 개수는

$(3+1) \times (2+1) = 12$

④ $81 = 3^4$이므로 81의 약수의 개수는

$4+1 = 5$

⑤ $196 = 2^2 \times 7^2$이므로 196의 약수의 개수는

$(2+1) \times (2+1) = 9$

따라서 $2 \times 3 \times 5^2$과 약수의 개수가 같은 것은 ③이다.

0086 답 ②

$2^a \times 9 = 2^a \times 3^2$의 약수가 15개이므로

$(a+1) \times (2+1) = 15$

$(a+1) \times 3 = 15$

$a+1 = 5$ $\quad \therefore a=4$

0087 답 ④

① □$=9$일 때, $16 \times 9 = 2^4 \times 3^2$의 약수의 개수는

$(4+1) \times (2+1) = 15$

② □$=25$일 때, $16 \times 25 = 2^4 \times 5^2$의 약수의 개수는

$(4+1) \times (2+1) = 15$

③ □$=49$일 때, $16 \times 49 = 2^4 \times 7^2$의 약수의 개수는

$(4+1) \times (2+1) = 15$

④ □$=81$일 때, $16 \times 81 = 2^4 \times 3^4$의 약수의 개수는

$(4+1) \times (4+1) = 25$

⑤ □$=121$일 때, $16 \times 121 = 2^4 \times 11^2$의 약수의 개수는

$(4+1) \times (2+1) = 15$

따라서 □ 안에 들어갈 수 없는 수는 ④이다.

다른 풀이

$16 \times$□$=2^4 \times$□의 약수가 15개이므로

(ⅰ) $15 = 14+1$인 경우

$2^4 \times$□가 2^{14}이어야 하므로

□$=2^{10}$

(ⅱ) $15 = 5 \times 3 = (4+1) \times (2+1)$인 경우

$2^4 \times$□가 $2^4 \times$(2를 제외한 소수)^2 꼴이어야 하므로

□$=3^2$, 5^2, 7^2, 11^2, ...

따라서 (ⅰ), (ⅱ)에서 □ 안에 들어갈 수 없는 수는 ④이다.

0088 답 4개

(소수)^2 꼴이어야 하므로

2^2, 3^2, 5^2, 7^2의 4개

0089 답 9

$90 = 2 \times 3^2 \times 5$, $135 = 3^3 \times 5$이므로 ...... ❶

$90 \times 135 = (2 \times 3^2 \times 5) \times (3^3 \times 5)$

$= 2 \times 3^5 \times 5^2$ ...... ❷

따라서 $a=2$, $b=5$, $c=2$이므로

$a+b+c = 2+5+2 = 9$ ...... ❸

채점 기준

❶ 90, 135를 각각 소인수분해 하기		40 %
❷ 90×135를 소인수분해 하기		40 %
❸ $a+b+c$의 값 구하기		20 %

0090 답 표는 풀이 참조, 1, 2, 7, 14, 49, 98

$98 = 2 \times 7^2$이므로 주어진 표를 완성하면 다음과 같다.

$\times$	1	7	7^2
1	1	7	$7^2(=49)$
2	2	$2 \times 7(=14)$	$2 \times 7^2(=98)$

...... ❶

따라서 98의 약수는 1, 2, 7, 14, 49, 98이다. ...... ❷

채점 기준

❶ 주어진 표 완성하기		80 %
❷ 98의 약수 구하기		20 %

0091 답 10개

$2^4 \times 5^2$의 약수 중에서 5의 배수는 반드시 5를 소인수로 갖는다.

...... ❶

따라서 $2^4 \times 5^2$의 약수 중에서 5의 배수의 개수는 $2^4 \times 5$의 약수의 개수와 같으므로 구하는 약수는

$(4+1) \times (1+1) = 10$(개) ...... ❷

채점 기준

❶ 5의 배수가 되기 위한 조건 구하기		30 %
❷ 5의 배수가 몇 개인지 구하기		70 %

0092 답 ①

17^1에서 일의 자리의 숫자는 7

17^2에서 일의 자리의 숫자는 $7 \times 7 = 49$에서 9

17^3에서 일의 자리의 숫자는 $9 \times 7 = 63$에서 3

17^4에서 일의 자리의 숫자는 $3 \times 7 = 21$에서 1

17^5에서 일의 자리의 숫자는 $1 \times 7 = 7$에서 7

⋮

따라서 17의 거듭제곱의 일의 자리의 숫자는 7, 9, 3, 1의 순서로 4개씩 반복된다. 즉, 17의 지수를 4로 나누었을 때 나머지가 1, 2, 3, 0이면 17의 거듭제곱의 일의 자리의 숫자는 차례로 7, 9, 3, 1이다.

이때 $2140 = 4 \times 535$이므로 17^{2140}의 일의 자리의 숫자는 17^4의 일의 자리의 숫자와 같은 1이다.

만렙 Note

일의 자리의 숫자에 대한 규칙을 찾을 때는 일의 자리의 숫자끼리만 계산해도 된다.

0093 답 12

㈎에서 11보다 크고 16보다 작은 자연수는 12, 13, 14, 15이다.

$12 = 2^2 \times 3$이므로 12의 소인수는 2, 3

13은 소수이므로 13의 소인수는 13

$14 = 2 \times 7$이므로 14의 소인수는 2, 7

$15 = 3 \times 5$이므로 15의 소인수는 3, 5

이때 ㈏에서 소인수가 2개인 수는 12, 14, 15이고, 각 수에서 두 소인수의 합은 $2+3=5$, $2+7=9$, $3+5=8$이다.

따라서 조건을 모두 만족시키는 자연수는 12이다.

다른 풀이

㈏를 만족시키는 자연수는 소인수가 2와 3이어야 하므로

$2 \times 3 = 6$, $2^2 \times 3 = 12$, $2 \times 3^2 = 18$, …

이 중에서 ㈎를 만족시키는 자연수는 12이다.

0094 답 5개

약수가 6개이므로

(ⅰ) $6 = 5 + 1$인 경우

a^5 (a는 소수) 꼴이어야 하므로 $2^5 = 32$, $3^5 = 243$, …

(ⅱ) $6 = 3 \times 2 = (2+1) \times (1+1)$인 경우

$a^2 \times b$ (a, b는 서로 다른 소수) 꼴이어야 하므로

$2^2 \times 3 = 12$, $3^2 \times 2 = 18$, $2^2 \times 5 = 20$, $2^2 \times 7 = 28$, $2^2 \times 11 = 44$, …

(ⅰ), (ⅱ)에서 40 이하의 자연수는 12, 18, 20, 28, 32의 5개이다.

0095 답 ②

㈎에서 A의 소인수가 2, 5, 7이므로 A는

$2^a \times 5^b \times 7^c$ (a, b, c는 자연수) 꼴이다.

㈏에서 A의 약수가 12개이므로

$(a+1) \times (b+1) \times (c+1) = 12$

이때 $12 = 2^2 \times 3$이므로 12를 1보다 큰 세 자연수의 곱으로 나타낼 수 있는 경우는 $3 \times 2 \times 2$, $2 \times 3 \times 2$, $2 \times 2 \times 3$의 3가지뿐이다.

따라서 A는 $2^2 \times 5 \times 7$, $2 \times 5^2 \times 7$, $2 \times 5 \times 7^2$의 3개이다.

---

02 / 최대공약수와 최소공배수

0096 답 (1) 1, 2, 3, 4, 6, 8, 12, 24

(2) 1, 2, 3, 5, 6, 10, 15, 30

(3) 1, 2, 3, 6

(4) 6

0097 답 1, 2, 5, 10

0098 답 ×

2와 8의 최대공약수는 2이므로 두 수는 서로소가 아니다.

0099 답 ○

6과 35의 최대공약수는 1이므로 두 수는 서로소이다.

0100 답 ○

13과 47의 최대공약수는 1이므로 두 수는 서로소이다.

0101 답 ×

22와 55의 최대공약수는 11이므로 두 수는 서로소가 아니다.

0102 답 6

$2 \times 3 = 6$

0103 답 15

$3 \times 5 = 15$

0104 답 28

$2^2 \times 7 = 28$

0105 답 90

$2 \times 3^2 \times 5 = 90$

0106 답 14

$$\begin{array}{r} 28 = 2^2 \quad\quad \times 7 \\ 42 = 2 \times 3 \times 7 \\ \hline (최대공약수) = 2 \quad\quad \times 7 = 14 \end{array}$$

0107 답 10

$$\begin{array}{r} 40 = 2^3 \quad\quad \times 5 \\ 150 = 2 \times 3 \times 5^2 \\ \hline (최대공약수) = 2 \quad\quad \times 5 = 10 \end{array}$$

0108 답 6

$$\begin{array}{r} 36 = 2^2 \times 3^2 \\ 84 = 2^2 \times 3 \quad\quad \times 7 \\ 90 = 2 \times 3^2 \times 5 \\ \hline (최대공약수) = 2 \times 3 \quad\quad = 6 \end{array}$$

0109 답 8

$$\begin{array}{r} 56 = 2^3 \quad\quad \times 7 \\ 72 = 2^3 \times 3^2 \\ 104 = 2^3 \quad\quad \times 13 \\ \hline (최대공약수) = 2^3 \quad\quad = 8 \end{array}$$

0110 답 (1) 9, 18, 27, 36, …
　　　　(2) 12, 24, 36, 48, …
　　　　(3) 36, 72, 108, 144, …
　　　　(4) 36

0111 답 10, 20, 30, 40

0112 답 200
$2^3 \times 5^2 = 200$

0113 답 405
$3^4 \times 5 = 405$

0114 답 420
$2^2 \times 3 \times 5 \times 7 = 420$

0115 답 1050
$2 \times 3 \times 5^2 \times 7 = 1050$

0116 답 90

$$
\begin{array}{rl}
18 = & 2 \times 3^2 \\
30 = & 2 \times 3 \times 5 \\
\hline
(최소공배수) = & 2 \times 3^2 \times 5 = 90
\end{array}
$$

0117 답 320

$$
\begin{array}{rl}
20 = & 2^2 \times 5 \\
64 = & 2^6 \\
\hline
(최소공배수) = & 2^6 \times 5 = 320
\end{array}
$$

0118 답 180

$$
\begin{array}{rl}
12 = & 2^2 \times 3 \\
15 = & 3 \times 5 \\
45 = & 3^2 \times 5 \\
\hline
(최소공배수) = & 2^2 \times 3^2 \times 5 = 180
\end{array}
$$

0119 답 160

$$
\begin{array}{rl}
16 = & 2^4 \\
32 = & 2^5 \\
40 = & 2^3 \times 5 \\
\hline
(최소공배수) = & 2^5 \times 5 = 160
\end{array}
$$

0120 답 16
$\square \times 12 = 4 \times 48$이므로 $\square = 16$

0121 답 36
$144 = 4 \times \square$이므로 $\square = 36$

0122 답 42
$2^4 \times 3^5 \times 7 = \square \times (2^3 \times 3^4)$이므로
$\square = 2 \times 3 \times 7 = 42$

유형 완성 22~27쪽

0123 답 ③

$$
\begin{array}{rl}
& 2^2 \times 3 \times 5 \\
& 2^3 \times 3^2 \\
\hline
(최대공약수) = & 2^2 \times 3
\end{array}
$$

0124 답 ③

$$
\begin{array}{rl}
& 2^3 \times 3^2 \times 5 \\
& 2^2 \times 5 \\
& 2^3 \times 3^4 \times 5^2 \\
\hline
(최대공약수) = & 2^2 \times 5
\end{array}
$$

따라서 $a=2$, $b=5$이므로
$a+b = 2+5 = 7$

0125 답 6
$42 = 2 \times 3 \times 7$, $96 = 2^5 \times 3$, $132 = 2^2 \times 3 \times 11$이므로 …… ❶
주어진 세 수의 최대공약수는
$2 \times 3 = 6$ …… ❷

채점 기준	
❶ 42, 96, 132를 소인수분해 하기	50 %
❷ 42, 96, 132의 최대공약수 구하기	50 %

0126 답 ③
A, B의 공약수는 두 수의 최대공약수인 40의 약수이므로
1, 2, 4, 5, 8, 10, 20, 40
따라서 공약수가 아닌 것은 ③이다.

0127 답 28
두 자연수의 공약수는 두 수의 최대공약수인 $2^2 \times 3 = 12$의 약수이므로
1, 2, 3, 4, 6, 12
따라서 구하는 공약수의 합은
$1+2+3+4+6+12 = 28$

0128 답 ⑤

$$
\begin{array}{rl}
& 2^2 \times 3^3 \\
& 2 \times 3^2 \times 5^2 \\
\hline
(최대공약수) = & 2 \times 3^2
\end{array}
$$

두 수의 공약수는 두 수의 최대공약수인 2×3^2의 약수이다.
⑤ 2×3^3은 2×3^2의 약수가 아니므로 주어진 두 수의 공약수가 아니다.

0129 답 12개
$200 = 2^3 \times 5^2$이므로

$$
\begin{array}{rl}
& 2^3 \times 5^2 \\
& 2^3 \times 3 \times 5^3 \\
& 2^3 \times 5^3 \times 7 \\
\hline
(최대공약수) = & 2^3 \times 5^2
\end{array}
$$

세 수의 공약수의 개수는 세 수의 최대공약수인 $2^3 \times 5^2$의 약수의 개수와 같으므로
$(3+1) \times (2+1) = 12$(개)

0130 답 ⑤
주어진 두 수의 최대공약수를 각각 구하면 다음과 같다.
① 11　　② 23　　③ 12　　④ 4　　⑤ 1
따라서 두 수가 서로소인 것은 ⑤이다.

0131 답 ④
51과 주어진 수의 최대공약수를 각각 구하면 다음과 같다.
① 3　　② 17　　③ 3　　④ 1　　⑤ 17
따라서 51과 서로소인 것은 ④이다.

0132 답 5개
$12=2^2 \times 3$에서 12와 서로소인 수는 2의 배수도 아니고 3의 배수도 아닌 수이다. ...... ⓘ
이때 주어진 범위에서 3의 배수는 12, 15, 18의 3개이고, 7의 배수는 14의 1개이므로 63과 서로소인 수는
$9-3-1=5$(개) ...... ⓘⓘ

채점 기준	
ⓘ 63과 서로소인 수의 조건 알기	40 %
ⓘⓘ 조건에 맞는 수는 몇 개인지 구하기	60 %

0133 답 ①, ③
② 3과 9는 홀수이지만 최대공약수가 3이므로 서로소가 아니다.
④ 4와 5는 서로소이지만 4는 합성수이다.
⑤ 서로소인 두 자연수의 공약수는 1이다.
따라서 옳은 것은 ①, ③이다.

0134 답 ④

$$\begin{array}{c}2^3 \qquad \times 5 \times 7 \\ 2^2 \times 3 \times 5^3 \\ 2^5 \times 3^2 \times 5^2 \times 7 \\ \hline (\text{최소공배수})=2^5 \times 3^2 \times 5^3 \times 7\end{array}$$

0135 답 ⑤
$168=2^3 \times 3 \times 7$이므로

$$\begin{array}{c}2^2 \qquad \times 5 \times 7 \\ 2^3 \times 3 \qquad \times 7 \\ \hline (\text{최소공배수})=2^3 \times 3 \times 5 \times 7\end{array}$$

0136 답 ④

$$\begin{array}{c}105= \qquad 3 \times 5 \times 7 \\ 126= 2 \times 3^2 \qquad \times 7 \\ 189= \qquad 3^3 \qquad \times 7 \\ \hline (\text{최소공배수})= 2 \times 3^3 \times 5 \times 7\end{array}$$

0137 답 ⑤
A, B의 공배수는 두 수의 최소공배수인 18의 배수이므로
18, 36, 54, 72, 90, 108, ...
따라서 공배수가 아닌 것은 ⑤이다.

0138 답 ③
두 자연수의 공배수는 최소공배수인 24의 배수이므로
24, 48, 72, ..., 192, 216, ...
이 중에서 200에 가장 가까운 수는 192이다.

0139 답 ①

$$\begin{array}{c}2^3 \times 3^2 \\ 2^2 \times 3 \times 7^2 \\ \hline (\text{최소공배수})=2^3 \times 3^2 \times 7^2\end{array}$$

두 수의 공배수는 최소공배수인 $2^3 \times 3^2 \times 7^2$의 배수이다.
① $2^2 \times 3^2 \times 7^2$은 $2^3 \times 3^2 \times 7^2$의 배수가 아니므로 주어진 두 수의 공배수가 아니다.

0140 답 4개
$42=2 \times 3 \times 7$, $56=2^3 \times 7$, $84=2^2 \times 3 \times 7$이므로 ...... ⓘ
세 수의 최소공배수는 $2^3 \times 3 \times 7=168$ ...... ⓘⓘ
따라서 세 수의 공배수는 최소공배수인 168의 배수이므로
168, 336, 504, 672, 840, ... ⓘⓘⓘ
이 중에서 700 이하인 수는 168, 336, 504, 672의 4개이다. ...... ⓘⓥ

채점 기준	
ⓘ 42, 56, 84를 소인수분해 하기	20 %
ⓘⓘ 세 수의 최소공배수 구하기	30 %
ⓘⓘⓘ 세 수의 공배수 구하기	20 %
ⓘⓥ 공배수 중 700 이하인 수는 몇 개인지 구하기	30 %

0141 답 15
세 자연수 $3 \times a$, $4 \times a=2^2 \times a$, $6 \times a=2 \times 3 \times a$의 최소공배수는
$2^2 \times 3 \times a$이므로
$2^2 \times 3 \times a=180$ ∴ $a=15$

다른 풀이

➡ (최소공배수)$=a \times 2 \times 3 \times 1 \times 2 \times 1$
이때 최소공배수가 180이므로
$a \times 2 \times 3 \times 1 \times 2 \times 1=180$ ∴ $a=15$

0142 답 40
두 자연수를 $2 \times k$, $7 \times k$ (k는 자연수)라 하면 두 수의 최소공배수는
$k \times 2 \times 7$이므로
$k \times 2 \times 7=112$ ∴ $k=8$
따라서 두 자연수는
$2 \times k=2 \times 8=16$, $7 \times k=7 \times 8=56$
이므로 구하는 차는
$56-16=40$

만렙 Note
두 자연수의 비가 $a:b$이면 두 자연수를 $a \times k$, $b \times k$ (k는 자연수)로 놓을 수 있다.

0143 답 8

$$2^a \times 3^b \times 5^2$$
$$2^3 \times 3^4 \qquad \times 7^c$$
___
(최대공약수)$= 2^2 \times 3^3$
(최소공배수)$= 2^3 \times 3^4 \times 5^2 \times 7^3$

최대공약수에서 공통인 소인수 2의 지수 a, 3 중 작은 것이 2이므로
$a=2$
최대공약수에서 공통인 소인수 3의 지수 b, 4 중 작은 것이 3이므로
$b=3$
최소공배수에서 소인수 7의 지수가 3이므로
$c=3$
$\therefore a+b+c=2+3+3=8$

0144 답 5

$$3 \times 5^a \times 7$$
$$5^2 \times 7^b$$
___
(최소공배수)$= 3 \times 5^3 \times 7^2$

최소공배수에서 소인수 5의 지수 a, 2 중 큰 것이 3이므로
$a=3$
최소공배수에서 소인수 7의 지수 1, b 중 큰 것이 2이므로
$b=2$
$\therefore a+b=3+2=5$

0145 답 4

$60=2^2 \times 3 \times 5$, $360=2^3 \times 3^2 \times 5$이므로 ······ ⓘ
$$2^3 \times 3^a \times 5$$
$$2^b \times 3 \times 5^c$$
___
(최대공약수)$= 2^2 \times 3 \times 5$
(최소공배수)$= 2^3 \times 3^2 \times 5$

최대공약수에서 소인수 2의 지수 3, b 중 작은 것이 2이므로 $b=2$
최소공배수에서 소인수 3의 지수 a, 1 중 큰 것이 2이므로 $a=2$
최소공배수에서 소인수 5의 지수가 1이므로 $c=1$ ······ ⓘⓘ
$\therefore a \times b \times c = 2 \times 2 \times 1 = 4$ ······ ⓘⓘⓘ

채점 기준

ⓘ 60, 360을 소인수분해 하기	30 %
ⓘⓘ a, b, c의 값 구하기	60 %
ⓘⓘⓘ $a \times b \times c$의 값 구하기	10 %

0146 답 ④

$120=2^3 \times 3 \times 5$이므로
$$2^a \times 3 \times b \times 11^2$$
$$2^4 \times 3^2 \times 5$$
$$2^4 \times 3^3 \times 5$$
___
(최대공약수)$= 2^3 \times 3 \times 5$
(최소공배수)$= 2^4 \times 3^c \times 5 \times 11^2$

최대공약수에서 공통인 소인수 2의 지수 a, 4 중 작은 것이 3이므로
$a=3$
최소공배수에서 소인수 3의 지수 1, 2, 3 중 큰 것이 3이므로
$c=3$

최대공약수에서 5는 공통인 소인수이고 최소공배수에서 소인수 5의
지수가 1이므로 $b=5$
$\therefore a+b+c=3+5+3=11$

0147 답 18, 36, 54, 72

90, N의 최대공약수가 18이므로
$90=18 \times 5$, $N=18 \times n\,(n$은 자연수)
이라 하면 n은 5와 서로소이다.
즉, n은 5의 배수가 아니므로
$n=1, 2, 3, 4, 6, \dots$
$\therefore N=18, 36, 54, 72, 108, \dots$
따라서 구하는 100 미만의 자연수는 18, 36, 54, 72이다.

0148 답 ⑤

$2^4 \times \square$, $2^3 \times 3^5 \times 7$의 최대공약수가 $72=2^3 \times 3^2$이므로 $\square$는
$3^2 \times a\,(a$는 3, ⑦과 각각 서로소$)$ 꼴이어야 한다.
① $9=3^2$ ② $18=3^2 \times 2$ ③ $36=3^2 \times 4$
④ $45=3^2 \times 5$ ⑤ $63=3^2 \times ⑦$
따라서 $\square$ 안에 들어갈 수 없는 것은 ⑤이다.

0149 답 135

A와 $18=2 \times 3^2$의 최소공배수가 $2 \times 3^3 \times 5$이므로 A는 $3^3 \times 5$의 배
수이고 최소공배수인 $2 \times 3^3 \times 5$의 약수이어야 한다.
따라서 구하는 가장 작은 자연수는
$3^3 \times 5 = 135$

0150 답 ⑤

$28=2^2 \times 7$, $35=5 \times 7$이고 $140=2^2 \times 5 \times 7$이므로 N은 최소공배수
인 $2^2 \times 5 \times 7$의 약수이어야 한다.
⑤ $8=2^3$은 $2^2 \times 5 \times 7$의 약수가 아니므로 N의 값이 될 수 없다.

0151 답 ①

72, N의 최대공약수가 36이므로
$72=36 \times 2$, $N=36 \times n\,(n$은 2와 서로소$)$이라 하자.
최소공배수가 216이므로
$36 \times 2 \times n = 216$ $\therefore n=3$
$\therefore N=36 \times n = 36 \times 3 = 108$

다른 풀이
(두 자연수의 곱)$=$(최대공약수)$\times$(최소공배수)이므로
$72 \times N = 36 \times 216$ $\therefore N=108$

0152 답 126

$2 \times 3^2 \times 5$, N의 최대공약수가 2×3^2이므로
$N=2 \times 3^2 \times n\,(n$은 5와 서로소$)$이라 하자.
최소공배수가 $2 \times 3^2 \times 5 \times 7$이므로
$2 \times 3^2 \times 5 \times n = 2 \times 3^2 \times 5 \times 7$ $\therefore n=7$
$\therefore N=2 \times 3^2 \times n = 2 \times 3^2 \times 7 = 126$

다른 풀이
(두 자연수의 곱)$=$(최대공약수)$\times$(최소공배수)이므로
$(2 \times 3^2 \times 5) \times N = (2 \times 3^2) \times (2 \times 3^2 \times 5 \times 7)$
$\therefore N = 2 \times 3^2 \times 7 = 126$

0153 달 108

두 자연수의 최대공약수가 12이므로 두 수를 각각
$12 \times a$, $12 \times b$ (a, b는 서로소, $a < b$)라 하자.
두 수의 최소공배수가 96이므로
$12 \times a \times b = 96$ ∴ $a \times b = 8$
이때 a, b는 서로소이고 $a < b$이므로
$a = 1$, $b = 8$
따라서 두 자연수는
$12 \times a = 12 \times 1 = 12$, $12 \times b = 12 \times 8 = 96$
이므로 구하는 합은
$12 + 96 = 108$

0154 달 ①

A, B의 최대공약수가 3이고 $A > B$이므로
$A = 3 \times a$, $B = 3 \times b$ (a, b는 서로소, $a > b$)라 하자.
최소공배수가 105이므로
$3 \times a \times b = 105$ ∴ $a \times b = 35$
이때 a, b는 서로소이고 $a > b$이므로
$a = 7$, $b = 5$ 또는 $a = 35$, $b = 1$
(i) $a = 7$, $b = 5$일 때,
　　$A = 3 \times 7 = 21$, $B = 3 \times 5 = 15$
(ii) $a = 35$, $b = 1$일 때,
　　$A = 3 \times 35 = 105$, $B = 3 \times 1 = 3$
그런데 $A - B = 6$이므로 $A = 21$, $B = 15$
∴ $A + B = 21 + 15 = 36$

0155 달 ①

어떤 자연수로
252를 나누면 4가 남는다. ➡ $(252 - 4)$를 나누면 나누어떨어진다.
190을 나누면 2가 부족하다. ➡ $(190 + 2)$를 나누면 나누어떨어진다.
즉, 어떤 자연수는 248과 192의 공약수이고 구하는 가장 큰 자연수는 248과 192의 최대공약수이므로
$2^3 = 8$

$248 = 2^3 \qquad \times 31$
$192 = 2^6 \times 3$
$\overline{\qquad 2^3 \qquad}$

0156 달 14

28과 42를 모두 나누어떨어지게 하는 자연수는 28과 42의 공약수이고 구하는 가장 큰 자연수는 28과 42의 최대공약수이므로
$2 \times 7 = 14$

$28 = 2^2 \qquad \times 7$
$42 = 2 \quad \times 3 \times 7$
$\overline{\quad 2 \qquad \times 7}$

0157 달 ④

이 자연수로
35를 나누면 1이 부족하다. ➡ $(35 + 1)$을 나누면 나누어떨어진다.
56을 나누면 2가 남는다. ➡ $(56 - 2)$를 나누면 나누어떨어진다.
86을 나누면 4가 부족하다. ➡ $(86 + 4)$를 나누면 나누어떨어진다.
즉, 어떤 자연수는 36, 54, 90의 공약수이고 구하는 가장 큰 자연수는 36, 54, 90의 최대공약수이므로
$2 \times 3^2 = 18$

$36 = 2^2 \times 3^2$
$54 = 2 \quad \times 3^3$
$90 = 2 \quad \times 3^2 \times 5$
$\overline{\quad 2 \quad \times 3^2}$

0158 달 ④

6으로 나누면 2가 남는다. ➡ (6의 배수)$+2$ ······ ㉠
10으로 나누면 2가 남는다. ➡ (10의 배수)$+2$ ······ ㉡
16으로 나누면 2가 남는다. ➡ (16의 배수)$+2$ ······ ㉢
㉠, ㉡, ㉢을 모두 만족시키는 수는 (6, 10, 16의 공배수)$+2$
이때 6, 10, 16의 최소공배수는
$2^4 \times 3 \times 5 = 240$
이므로 공배수는 240, 480, 720, 960, …
이 중에서 700에 가장 가까운 수는 720이므로
구하는 수는 $720 + 2 = 722$

$6 = 2 \quad \times 3$
$10 = 2 \qquad \times 5$
$16 = 2^4$
$\overline{2^4 \times 3 \times 5}$

0159 달 22

4로 나누면 2가 남는다.
6으로 나누면 4가 남는다. ｝ 2씩 부족 ➡ (4, 6, 8의 공배수)-2
8로 나누면 6이 남는다.
이때 4, 6, 8의 최소공배수는
$2^3 \times 3 = 24$
이므로 구하는 가장 작은 자연수는
$24 - 2 = 22$

$4 = 2^2$
$6 = 2 \times 3$
$8 = 2^3$
$\overline{2^3 \times 3}$

0160 달 120

㈎에서 12, 30으로 모두 나누어떨어지는 자연수는 12와 30의 공배수이다.
이때 12와 30의 최소공배수는
$2^2 \times 3 \times 5 = 60$
이므로 공배수는 60, 120, 180, …
㈏에서 세 자리의 자연수이므로 구하는 가장 작은 자연수는 120이다.

$12 = 2^2 \times 3$
$30 = 2 \times 3 \times 5$
$\overline{2^2 \times 3 \times 5}$

0161 달 ③

8로 나누면 5가 남는다.
10으로 나누면 7이 남는다. ｝ 3씩 부족
12로 나누어떨어지려면 3이 부족하다. ➡ (8, 10, 12의 공배수)-3
이때 8, 10, 12의 최소공배수는
$2^3 \times 3 \times 5 = 120$
이므로 구하는 가장 작은 자연수는
$120 - 3 = 117$

$8 = 2^3$
$10 = 2 \qquad \times 5$
$12 = 2^2 \times 3$
$\overline{2^3 \times 3 \times 5}$

0162 달 36

구하는 가장 작은 자연수는 12와 18의 최소공배수이므로
$2^2 \times 3^2 = 36$

$12 = 2^2 \times 3$
$18 = 2 \times 3^2$
$\overline{2^2 \times 3^2}$

0163 달 162

A는 36과 90의 최소공배수이고 B는 36과 90의 최대공약수이다.
$\qquad 36 = 2^2 \times 3^2$
$\qquad 90 = 2 \quad \times 3^2 \times 5$
$\overline{\text{(최대공약수)} = 2 \quad \times 3^2}$
$\text{(최소공배수)} = 2^2 \times 3^2 \times 5$
따라서 $A = 2^2 \times 3^2 \times 5 = 180$, $B = 2 \times 3^2 = 18$이므로
$A - B = 180 - 18 = 162$

0164 답 ②

n은 48, 80, 104의 공약수이다.

이때 48, 80, 104의 최대공약수는 $2^3=8$

이므로 자연수 n은 1, 2, 4, 8의 4개이다.

$$
\begin{array}{r}
48 = 2^4 \times 3 \\
80 = 2^4 \quad\times 5 \\
104 = 2^3 \quad\quad \times 13 \\
\hline
2^3
\end{array}
$$

0165 답 53

a는 12와 15의 최소공배수이므로

$a = 2^2 \times 3 \times 5 = 60$

$$
\begin{array}{r}
12 = 2^2 \times 3 \\
15 = \quad\; 3 \times 5 \\
\hline
2^2 \times 3 \times 5
\end{array}
$$

b는 49와 28의 최대공약수이므로

$b = 7$

$$
\begin{array}{r}
49 = \quad\quad 7^2 \\
28 = 2^2 \times 7 \\
\hline
7
\end{array}
$$

$\therefore a - b = 60 - 7 = 53$

0166 답 $\dfrac{35}{4}$

구하는 기약분수를 $\dfrac{a}{b}$라 하자.

a는 5와 7의 최소공배수이므로

$a = 5 \times 7 = 35$ ...... ⓘ

b는 12, 4, 8의 최대공약수이고 $12 = 2^2 \times 3$, $4 = 2^2$, $8 = 2^3$이므로

$b = 2^2 = 4$ ...... ⓘⓘ

따라서 구하는 기약분수는

$\dfrac{a}{b} = \dfrac{35}{4}$ ...... ⓘⓘⓘ

채점 기준

ⓘ 가장 작은 기약분수의 분자 구하기	40 %
ⓘⓘ 가장 작은 기약분수의 분모 구하기	40 %
ⓘⓘⓘ 가장 작은 기약분수 구하기	20 %

AB 유형 점검

28~30쪽

0167 답 ①

$$
\begin{array}{r}
90 = 2 \times 3^2 \times 5 \\
378 = 2 \times 3^3 \quad\times 7 \\
\hline
(\text{최대공약수}) = 2 \times 3^2
\end{array}
$$

0168 답 ④

A, B의 공약수는 두 수의 최대공약수인 16의 약수이므로

1, 2, 4, 8, 16

따라서 공약수가 아닌 것은 ④이다.

0169 답 ⑤

$$
\begin{array}{r}
2^3 \times 3^2 \times 7 \\
2 \times 3^3 \times 7^2 \\
\hline
(\text{최대공약수}) = 2 \times 3^2 \times 7
\end{array}
$$

두 수의 공약수는 두 수의 최대공약수인 $2 \times 3^2 \times 7$의 약수이다.

⑤ $2 \times 3^2 \times 7^2$은 $2 \times 3^2 \times 7$의 약수가 아니므로 주어진 두 수의 공약수가 아니다.

0170 답 ⑤

주어진 두 수의 최대공약수를 각각 구하면 다음과 같다.

①, ②, ③, ④ 1 ⑤ 49

따라서 두 수가 서로소가 아닌 것은 ⑤이다.

0171 답 ②

$$
\begin{array}{r}
2^2 \times 3^3 \\
2^2 \times 3 \times 5^2 \\
2 \times 3^2 \times 5 \\
\hline
(\text{최대공약수}) = 2 \times 3 \\
(\text{최소공배수}) = 2^2 \times 3^3 \times 5^2
\end{array}
$$

0172 답 540

$45 = 3^2 \times 5$이므로 주어진 세 수의 최소공배수는

$2^2 \times 3^2 \times 5 = 180$

즉, 세 수의 공배수는 180의 배수이므로

180, 360, 540, ...

이 중에서 500에 가장 가까운 수는 540이다.

0173 답 99

$$
\begin{array}{r}
2 \times a = 2 \quad\quad \times a \\
4 \times a = 2^2 \quad\quad \times a \\
5 \times a = \quad 5 \times a \\
\hline
(\text{최소공배수}) = 2^2 \times 5 \times a
\end{array}
$$

이때 최소공배수가 $2^2 \times 3^2 \times 5$이므로

$2^2 \times 5 \times a = 2^2 \times 3^2 \times 5$ ∴ $a = 3^2 = 9$

따라서 세 자연수는

$2 \times a = 2 \times 9 = 18$, $4 \times a = 4 \times 9 = 36$, $5 \times a = 5 \times 9 = 45$

이므로 구하는 합은

$18 + 36 + 45 = 99$

0174 답 12

$$
\begin{array}{r}
2^a \times 3^2 \times 5^2 \\
2^5 \times 3^b \quad\times c \\
\hline
(\text{최대공약수}) = 2^4 \times 3 \\
(\text{최소공배수}) = 2^5 \times 3^2 \times 5^2 \times 7
\end{array}
$$

최대공약수에서 공통인 소인수 2의 지수 a, 5 중 작은 것이 4이므로

$a = 4$

최대공약수에서 공통인 소인수 3의 지수 2, b 중 작은 것이 1이므로

$b = 1$

최소공배수에 소인수 7이 있으므로 $c = 7$

$\therefore a + b + c = 4 + 1 + 7 = 12$

0175 답 ①

28과의 최대공약수가 14인 자연수를

$N = 14 \times n$ (n은 자연수)이라 하면

$28 = 14 \times 2$이므로 n은 2와 서로소이다.

즉, n은 2의 배수가 아니므로

$n = 1, 3, 5, 7, ...$

$\therefore N = 14, 42, 70, 98, ...$

따라서 구하는 자연수는 14, 42의 2개이다.

0176 답 75

5, $16=2^4$, N의 최소공배수가 $2^4\times3\times5^2$이므로 N은 3×5^2의 배수이고 최소공배수인 $2^4\times3\times5^2$의 약수이어야 한다.

따라서 N의 값이 될 수 있는 수는

3×5^2, $2\times3\times5^2$, $2^2\times3\times5^2$, $2^3\times3\times5^2$, $2^4\times3\times5^2$

이므로 이 중에서 가장 작은 수는

$3\times5^2=75$

0177 답 60

48, N의 최대공약수가 12이므로

$48=12\times4$, $N=12\times n$(n은 4와 서로소)이라 하자.

최소공배수가 240이므로

$12\times4\times n=240$ ∴ $n=5$

∴ $N=12\times n=12\times5=60$

다른 풀이

(두 자연수의 곱)=(최대공약수)×(최소공배수)이므로

$48\times N=12\times240$ ∴ $N=60$

0178 답 ③

30, 50, N의 최대공약수가 10이므로

$30=10\times3$, $50=10\times5$, $N=10\times n$(n은 자연수)이라 하자.

최소공배수가 $300=10\times2\times3\times5$이므로 n은 2의 배수이고 $2\times3\times5$의 약수이어야 한다.

∴ $n=2$, 2×3, 2×5, $2\times3\times5$

따라서 N의 값이 될 수 있는 수는

10×2, $10\times2\times3$, $10\times2\times5$, $10\times2\times3\times5$

즉, 20, 60, 100, 300이므로 구하는 합은

$20+60+100+300=480$

0179 답 ⑤

어떤 자연수로

50을 나누면 5가 남는다. ➡ $(50-5)$를 나누면 나누어떨어진다.

71을 나누면 4가 부족하다. ➡ $(71+4)$를 나누면 나누어떨어진다.

즉, 어떤 자연수는 45와 75의 공약수이고 구하는 가장 큰 자연수는 45와 75의 최대공약수이므로

$3\times5=15$

$$\begin{array}{r}45=3^2\times5\\75=3\ \times5^2\\\hline3\ \times5\end{array}$$

0180 답 359

8로 나누면 7이 남는다.

9로 나누면 8이 남는다. $\bigg\}$ 1씩 부족 ➡ $(8, 9, 10$의 공배수$)-1$

10으로 나누면 9가 남는다.

이때 8, 9, 10의 최소공배수는

$2^3\times3^2\times5=360$

이므로 구하는 가장 작은 자연수는

$360-1=359$

$$\begin{array}{r}8=2^3\\9=\ \ \ \ 3^2\\10=2\ \ \ \ \ \ \times5\\\hline2^3\times3^2\times5\end{array}$$

0181 답 ③

n은 20과 30의 공약수이다.

이때 20과 30의 최대공약수는 $2\times5=10$

∴ $n=1$, 2, 5, 10

따라서 자연수 n의 값이 아닌 것은 ③이다.

$$\begin{array}{r}20=2^2\ \ \ \times5\\30=2\ \times3\times5\\\hline2\ \ \ \ \ \times5\end{array}$$

0182 답 ①

구하는 분수를 $\dfrac{a}{b}$라 하자.

a는 6과 5의 공배수이고, 6과 5의 최소공배수는 $6\times5=30$이므로

$a=30$, 60, 90, $\cdots$

b는 7과 21의 공약수이고, 7과 21의 최대공약수는 7이므로

$b=1$, 7

따라서 주어진 조건을 만족시키는 수는

$b=1$일 때, 30, 60, 90, $\cdots$

$b=7$일 때, $\dfrac{30}{7}$, $\dfrac{60}{7}$, $\dfrac{90}{7}$, $\cdots$

이므로 $\dfrac{7}{6}$, $\dfrac{21}{5}$의 어느 것에 곱해도 그 결과가 자연수가 되도록 하는 수가 아닌 것은 ①이다.

참고 6과 5는 서로소이므로 최소공배수는 $6\times5=30$이다.

➡ (서로소인 두 수의 최소공배수)=(두 수의 곱)

0183 답 15

$128=2^7$, $296=2^3\times37$, $328=2^3\times41$이므로 ……❶

주어진 세 수의 최대공약수는 $2^3=8$ ……❷

즉, 세 수의 공약수는 8의 약수이므로 1, 2, 4, 8 ……❸

따라서 구하는 공약수의 합은 $1+2+4+8=15$ ……❹

채점 기준

❶ 세 수를 소인수분해 하기	30%
❷ 최대공약수 구하기	30%
❸ 공약수 구하기	30%
❹ 공약수의 합 구하기	10%

0184 답 422

4로 나누면 1이 남는다. ➡ $(4$의 배수$)+1$ ……㉠

7로 나누면 1이 남는다. ➡ $(7$의 배수$)+1$ ……㉡

12로 나누면 1이 남는다. ➡ $(12$의 배수$)+1$ ……㉢

㉠, ㉡, ㉢을 만족시키는 수는 $(4, 7, 12$의 공배수$)+1$

$4=2^2$, $12=2^2\times3$이므로 4, 7, 12의 최소공배수는

$2^2\times3\times7=84$ ……❶

즉, 세 수의 공배수는 84의 배수이므로

84, 168, 252, 336, $\cdots$ ……❷

따라서 조건을 만족시키는 자연수는 85, 169, 253, 337, $\cdots$이고,

이 중에서 가장 작은 수는 85, 300에 가장 가까운 수는 337이므로

$a=85$, $b=337$ ……❸

∴ $a+b=85+337=422$ ……❹

채점 기준

❶ 세 수의 최소공배수 구하기	30%
❷ 세 수의 공배수 구하기	30%
❸ a, b의 값 구하기	30%
❹ $a+b$의 값 구하기	10%

0185 답 8개

곱해야 하는 수는 4와 6의 공배수이다. ……❶

이때 $4=2^2$, $6=2\times3$이므로 4와 6의 최소공배수는

$2^2\times3=12$ ……❷

따라서 100 이하의 자연수 중에서 4와 6의 공배수는

12, 24, 36, 48, 60, 72, 84, 96의 8개 ······ ⅲ

채점 기준

ⅰ 곱해야 하는 수의 조건 구하기	30 %
ⅱ 4와 6의 최소공배수 구하기	30 %
ⅲ 자연수가 되도록 하는 100 이하의 자연수는 몇 개인지 구하기	40 %

C 실력 향상 31쪽

0186 답 12, 36, 60

96, 120, N의 최대공약수가 12이므로

$96=12\times8$, $120=12\times10$, $N=12\times n$ (n은 자연수)

이라 하자.

세 수 8, 10, n의 공통인 소인수가 없어야 하므로

$n=1, 3, 5, 7, \dots$

$\therefore N=12, 36, 60, 84, \dots$

따라서 N의 값이 될 수 있는 수를 작은 수부터 차례로 3개 구하면

12, 36, 60

0187 답 ⑤

㈎, ㈏에서 $36=12\times3$, $40=8\times5$이므로

$n=12\times a$ (a는 3과 서로소), $n=8\times b$ (b는 5와 서로소)

라 하면 n은 12와 8의 공배수이다.

12와 8의 최소공배수는 $2^3\times3=24$이므로

$n=24\times k$ (k는 3, 5와 각각 서로소)

따라서 n은 24×1, 24×2, 24×4, 24×7, …이므로 이 중에서 ㈐를 만족시키는 자연수 n의 값은

$24\times4=96$

$12=2^2\times3$
$8=2^3$
$2^3\times3$

0188 답 ②

$9=3^2$, N, $25=5^2$의 최소공배수가 $1350=2\times3^3\times5^2$이므로 N은 2×3^3의 배수이고 최소공배수인 $2\times3^3\times5^2$의 약수이어야 한다.

따라서 N의 값이 될 수 있는 자연수는

2×3^3, $2\times3^3\times5$, $2\times3^3\times5^2$의 3개

0189 답 24

A, B의 최대공약수가 8이고 $A<B$이므로

$A=8\times a$, $B=8\times b$ (a, b는 서로소, $a<b$)라 하자.

A, B의 곱이 640이므로

$8\times a\times8\times b=640$ $\quad\therefore a\times b=10$

이때 a, b는 서로소이고 $a<b$이므로

$a=1$, $b=10$ 또는 $a=2$, $b=5$

(i) $a=1$, $b=10$일 때,

$A=8\times1=8$, $B=8\times10=80$

(ii) $a=2$, $b=5$일 때,

$A=8\times2=16$, $B=8\times5=40$

그런데 A, B가 각각 두 자리의 자연수이므로 $A=16$, $B=40$

$\therefore B-A=40-16=24$

03 / 정수와 유리수

A 개념 확인 32~35쪽

0190 답 +12층, −3층

0191 답 −10000원, +5000원

0192 답 −10 ℃, +20 ℃

0193 답 +100 m, −200 m

0194 답 +4.2, $\frac{1}{3}$

0195 답 −6, −0.8

0196 답 +8, $+\frac{4}{2}$, 10

0197 답 −1

0198 답 −1, +8, 0, $+\frac{4}{2}$, 10

0199 답 +8, 2.2, $+\frac{4}{2}$, 10

0200 답 −1, $-\frac{1}{5}$, −9.1

0201 답 2.2, $-\frac{1}{5}$, −9.1

0202 답 ○

0203 답 ○

0204 답 ○

0205 답 ×

0206 답 ×

정수는 양의 정수, 0, 음의 정수로 이루어져 있다.

0207 답 ×

양의 유리수가 아닌 유리수는 0 또는 음의 유리수이다.

0208 답 $-\frac{7}{2}$

0209 답 $-\frac{1}{4}$

0210 답 +2

0211 답 $+\frac{10}{3}$

0212 답

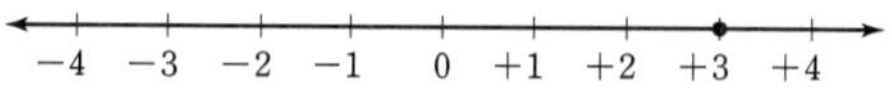

0213 답

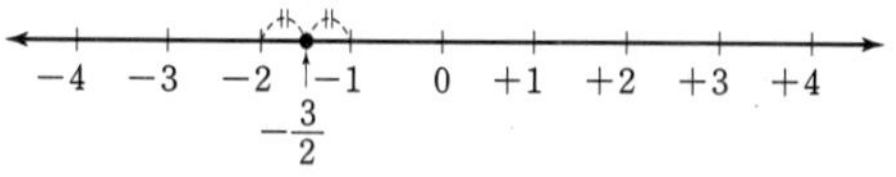

0214 답

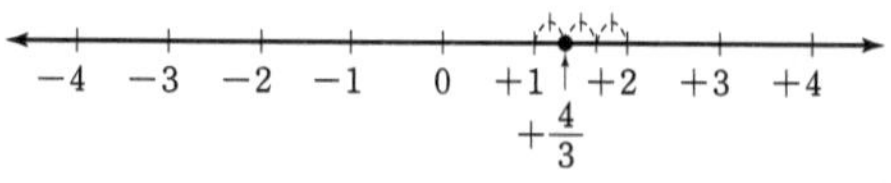

0215 답

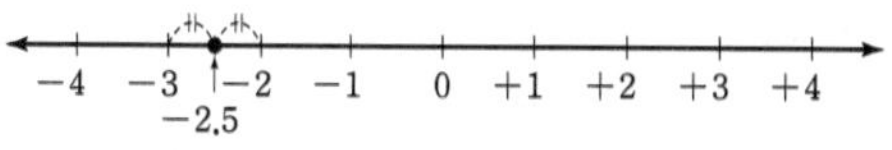

0216 답 9

0217 답 6

0218 답 $\dfrac{7}{8}$

0219 답 0.4

0220 답 5

0221 답 $\dfrac{1}{3}$

0222 답 2.3

0223 답 $\dfrac{4}{7}$

0224 답 $+1$, -1

0225 답 $+\dfrac{1}{2}$, $-\dfrac{1}{2}$

0226 답 0

0227 답 $+5.3$, -5.3

0228 답 (1) 4.21 (2) 0

$|4.21|=4.21$, $\left|-\dfrac{4}{3}\right|=\dfrac{4}{3}$, $|0|=0$, $\left|+\dfrac{13}{4}\right|=\dfrac{13}{4}$이므로

$|0|<\left|-\dfrac{4}{3}\right|<\left|+\dfrac{13}{4}\right|<|4.21|$

0229 답 $>$

0230 답 $<$

0231 답 $>$

0232 답 $<$

0233 답 $<$

0234 답 $>$

0235 답 $<$

0236 답 $<$

0237 답 $x \geq 10$

0238 답 $x > -2$

0239 답 $x \leq \dfrac{2}{7}$

0240 답 $x < -1.4$

0241 답 $5 \leq x < 8$

0242 답 $-1 < x \leq 2.6$

0243 답 $-\dfrac{1}{5} \leq x < 7$

0244 답 $-9 \leq x \leq -3.1$

B 유형 완성
36~43쪽

0245 답 ⑤
① 3점 득점 ➡ $+3$점
② 10명 감소 ➡ -10명
③ 7 % 하락 ➡ -7 %
④ 수입 1500원 ➡ $+1500$원
따라서 옳은 것은 ⑤이다.

0246 답 ②
② 일주일 후: $+7$일

0247 답 ④
① 3 cm 컸다: $+3$ cm
② 지상 5층: $+5$층
③ 100원 올랐다: $+100$원
④ 2 kg 감소했다: -2 kg
⑤ 4명 늘었다: $+4$명
따라서 부호가 나머지 넷과 다른 하나는 ④이다.

0248 답 ②, ③
⑤ $-\dfrac{12}{3}=-4$이므로 정수이다.
따라서 정수가 아닌 것은 ②, ③이다.

0249 답 ③, ⑤
② $-\dfrac{9}{3}=-3$이므로 음수인 정수이다.
⑤ $\dfrac{20}{2}=10$이므로 음수가 아닌 정수이다.
따라서 음수가 아닌 정수는 ③, ⑤이다.

0250 답 4
양의 정수는 $+2$, 105의 2개이므로 $a=2$ ······ ❶
음의 정수는 -6, $-\dfrac{28}{4}=-7$의 2개이므로 $b=2$ ······ ❷
∴ $a \times b = 2 \times 2 = 4$ ······ ❸

채점 기준	
❶ a의 값 구하기	40 %
❷ b의 값 구하기	40 %
❸ $a \times b$의 값 구하기	20 %

0251 답 ②
③ $-\dfrac{10}{5}=-2$이므로 정수이다.
④ $+\dfrac{6}{2}=+3$이므로 정수이다.
따라서 정수가 아닌 유리수는 ②이다.

0252 답 ③, ⑤
① 정수는 -6, $-\dfrac{9}{3}(=-3)$, 0, $+2$의 4개이다.
② 음의 정수는 -6, $-\dfrac{9}{3}(=-3)$의 2개이다.
③ 유리수는 -6, 1.9, $-\dfrac{9}{3}$, 0, $+2$, $\dfrac{3}{5}$의 6개이다.
④ 양수는 1.9, $+2$, $\dfrac{3}{5}$의 3개이다.
⑤ 정수가 아닌 유리수는 1.9, $\dfrac{3}{5}$의 2개이다.
따라서 옳은 것은 ③, ⑤이다.

0253 답 1
음의 정수는 -1의 1개이므로 $a=1$ ······ ❶
양의 유리수는 0.18, $\dfrac{1}{3}$, $\dfrac{5}{2}$의 3개이므로 $b=3$ ······ ❷
정수가 아닌 유리수는 $-\dfrac{13}{5}$, 0.18, $\dfrac{1}{3}$, -4.3, $\dfrac{5}{2}$의 5개이므로
$c=5$ ······ ❸
∴ $c-a-b=5-1-3=1$ ······ ❹

채점 기준	
❶ a의 값 구하기	30 %
❷ b의 값 구하기	30 %
❸ c의 값 구하기	30 %
❹ $c-a-b$의 값 구하기	10 %

0254 답 12

$-\dfrac{17}{2}$은 정수가 아닌 유리수이므로 $\left\langle -\dfrac{17}{2} \right\rangle = 5$

0은 자연수가 아닌 정수이므로 $<0>=4$

$\dfrac{21}{3}=7$은 자연수이므로 $\left\langle \dfrac{21}{3} \right\rangle = 3$

$\therefore \left\langle -\dfrac{17}{2} \right\rangle + <0> + \left\langle \dfrac{21}{3} \right\rangle = 5+4+3=12$

0255 답 ㄱ, ㄹ

ㄴ. 0과 1 사이에는 무수히 많은 유리수가 있다.

ㄷ. 음의 정수가 아닌 정수는 0 또는 자연수이다.

ㅁ. 유리수는 양의 유리수, 0, 음의 유리수로 이루어져 있다.

따라서 옳은 것은 ㄱ, ㄹ이다.

만렙 **Note**

서로 다른 두 유리수 사이에는 무수히 많은 유리수가 있다.

예 0과 1 사이에는 0.1, 0.11, 0.111, … 등과 같이 무수히 많은 유리수가 있다.

0256 답 ②, ⑤

② $\dfrac{1}{2}$은 양의 유리수이지만 자연수가 아니다.

⑤ 음의 유리수는 분자, 분모가 자연수인 분수에 음의 부호 $-$를 붙인 수이다.

따라서 옳지 않은 것은 ②, ⑤이다.

0257 답 ②

② B: $-\dfrac{3}{2}(=-1.5)$

0258 답 ②

각각의 수에 대응하는 점을 수직선 위에 나타내면 다음 그림과 같다.

따라서 왼쪽에서 세 번째에 있는 점에 대응하는 수는 0이다.

0259 답 ⑤

점 A, B, C, D, E에 대응하는 수는 다음과 같다.

A: -3, B: $-\dfrac{5}{3}$, C: $\dfrac{1}{2}$, D: $\dfrac{11}{4}$, E: $\dfrac{18}{5}=3.6$

① 정수는 -3의 1개이다.

② 음수는 -3, $-\dfrac{5}{3}$의 2개이다.

③ 자연수는 없다.

따라서 옳은 것은 ⑤이다.

0260 답 ③

$-\dfrac{4}{3}$와 $\dfrac{11}{5}$에 대응하는 점을 각각 수직선 위에 나타내면 다음 그림과 같다.

따라서 $-\dfrac{4}{3}$에 가장 가까운 정수는 -1, $\dfrac{11}{5}$에 가장 가까운 정수는 2이므로

$a=-1$, $b=2$

0261 답 ①

두 수 -6, 2에 대응하는 두 점 A, B 사이의 거리는 8이므로 두 점 A, B로부터 거리가 $4\left(=\dfrac{8}{2}\right)$인 점 M에 대응하는 수는 다음 그림과 같이 -2이다.

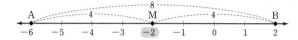

0262 답 -4, 2

-1에 대응하는 점으로부터 거리가 3인 두 점에 대응하는 수는 다음 그림과 같이 -4와 2이다.

0263 답 $a=-7$, $b=3$

두 수 a, b에 대응하는 두 점 사이의 거리가 10이므로 -2에 대응하는 점으로부터 거리가 $5\left(=\dfrac{10}{2}\right)$인 두 점에 대응하는 두 수는 다음 그림과 같이 -7, 3이다.

이때 $a<0$이므로

$a=-7$, $b=3$

0264 답 $a=\dfrac{13}{2}$, $b=6$, $c=-\dfrac{1}{5}$

$-\dfrac{13}{2}$의 절댓값은 $\dfrac{13}{2}$이므로 $a=\dfrac{13}{2}$

절댓값이 6인 양수는 6이므로 $b=6$

절댓값이 $\dfrac{1}{5}$인 음수는 $-\dfrac{1}{5}$이므로 $c=-\dfrac{1}{5}$

0265 답 ③

① $\left|\dfrac{1}{3}\right|=\dfrac{1}{3}$

② $|-2|=2$

④ $|0|=0$

⑤ $\left|-\dfrac{5}{2}\right|=\dfrac{5}{2}$, $-\left|\dfrac{5}{2}\right|=-\dfrac{5}{2}$이므로 $\left|-\dfrac{5}{2}\right| \neq -\left|\dfrac{5}{2}\right|$

따라서 옳은 것은 ③이다.

0266 답 $\dfrac{15}{4}$

$\dfrac{3}{2}$의 절댓값은 $\left|\dfrac{3}{2}\right|=\dfrac{3}{2}$ ‥‥‥ ❶

$-\dfrac{5}{4}$의 절댓값은 $\left|-\dfrac{5}{4}\right|=\dfrac{5}{4}$ ‥‥‥ ❷

-1의 절댓값은 $|-1|=1$ ‥‥‥ ❸

따라서 구하는 합은

$\dfrac{3}{2}+\dfrac{5}{4}+1=\dfrac{6}{4}+\dfrac{5}{4}+\dfrac{4}{4}=\dfrac{15}{4}$ ‥‥‥ ❹

❶ $\frac{3}{2}$의 절댓값 구하기	30 %	
❷ $-\frac{5}{4}$의 절댓값 구하기	30 %	
❸ -1의 절댓값 구하기	30 %	
❹ 세 수의 절댓값의 합 구하기	10 %	

0267 답 10

절댓값이 5인 두 수는 5와 -5이고, 이 두 수에 대응하는 두 점 사이의 거리는 10이다.

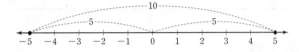

만렙 Note

절댓값이 $a(a>0)$인 두 수는 a, $-a$이고, 이 두 수에 대응하는 두 점 사이의 거리는 $2\times a$이다.

0268 답 ④

ㄱ. 절댓값이 3인 두 수는 -3, 3으로 두 수는 서로 같지 않다.

ㄹ. 수직선 위에서 음수끼리는 왼쪽에 있는 수가 오른쪽에 있는 수보다 절댓값이 크다.

따라서 옳은 것은 ㄴ, ㄷ이다.

0269 답 ①, ③

① 절댓값이 가장 작은 수는 0이다.

③ 절댓값이 0인 수는 0뿐이다.

따라서 옳지 않은 것은 ①, ③이다.

0270 답 1.2

$|-4|=4$, $\left|-\frac{9}{2}\right|=\frac{9}{2}$, $\left|\frac{1}{2}\right|=\frac{1}{2}$, $|1.2|=1.2$, $|-0.3|=0.3$

주어진 수의 절댓값의 대소를 비교하면

$|-0.3|<\left|\frac{1}{2}\right|<|1.2|<|-4|<\left|-\frac{9}{2}\right|$

따라서 절댓값이 큰 수부터 차례로 나열할 때, 세 번째에 오는 수는 1.2이다.

0271 답 ②

절댓값은 원점으로부터의 거리이므로 원점에서 두 번째로 가까운 수는 절댓값이 두 번째로 작은 수이다.

$|-6|=6$, $\left|-\frac{5}{2}\right|=\frac{5}{2}$, $|-2|=2$, $\left|+\frac{16}{3}\right|=\frac{16}{3}$, $|+7|=7$

주어진 수의 절댓값의 대소를 비교하면

$|-2|<\left|-\frac{5}{2}\right|<\left|+\frac{16}{3}\right|<|-6|<|+7|$

따라서 원점에서 두 번째로 가까운 수는 $-\frac{5}{2}$이다.

0272 답 ⑤

① 점 C에 대응하는 수는 0이고, 0의 절댓값은 0으로 가장 작다.

② 점 B에 대응하는 수는 -2, 점 E에 대응하는 수는 4이므로

$|-2|<|4|$

③ 절댓값이 2보다 큰 수는 두 점 A, E에 각각 대응하는 수인 -5, 4의 2개이다.

④ 점 E에 대응하는 수인 4보다 절댓값이 작은 수에 대응하는 점은 -2, 0, 1에 각각 대응하는 점 B, C, D의 3개이다.

⑤ 두 점 A, D에 대응하는 수는 각각 -5, 1이므로

$|-5|+|1|=5+1=6$

따라서 옳지 않은 것은 ⑤이다.

0273 답 $\frac{7}{2}$

$|-2.3|=2.3$, $|0|=0$, $|+3|=3$,

$\left|-\frac{5}{4}\right|=\frac{5}{4}=1.25$, $\left|\frac{7}{2}\right|=\frac{7}{2}=3.5$

주어진 수의 절댓값의 대소를 비교하면

$|0|<\left|-\frac{5}{4}\right|<|-2.3|<|+3|<\left|\frac{7}{2}\right|$ ······ ❶

따라서 절댓값이 가장 큰 수는 $\frac{7}{2}$, 절댓값이 가장 작은 수는 0이므로

$a=\frac{7}{2}$, $b=0$ ······ ❷

$\therefore |a|+|b|=\frac{7}{2}+0=\frac{7}{2}$ ······ ❸

채점 기준

❶ 주어진 수의 절댓값의 대소를 비교하기	50 %	
❷ a, b의 값 구하기	40 %	
❸ $|a|+|b|$의 값 구하기	10 %	

0274 답 -6, 6

절댓값이 같고 부호가 반대인 두 수에 대응하는 두 점 사이의 거리가 12이므로 두 점은 원점으로부터 서로 반대 방향으로 각각 $6\left(=\frac{12}{2}\right)$만큼 떨어져 있다.

따라서 구하는 두 수는 -6, 6이다.

0275 답 ②

a가 b보다 10만큼 작으므로 수직선 위에서 두 수 a, b에 대응하는 두 점 사이의 거리는 10이다.

이때 a, b의 절댓값이 같으므로 a, b에 대응하는 두 점은 원점으로부터 서로 반대 방향으로 각각 $5\left(=\frac{10}{2}\right)$만큼 떨어져 있다.

따라서 a가 b보다 작으므로 $a=-5$, $b=5$

0276 답 ⑤

절댓값이 4 이하인 정수는 절댓값이 0, 1, 2, 3, 4인 정수이므로

-4, -3, -2, -1, 0, 1, 2, 3, 4의 9개

0277 답 ②, ⑤

절댓값이 5 이상 8 미만인 정수는 절댓값이 5, 6, 7인 정수이므로

-7, -6, -5, 5, 6, 7

따라서 구하는 정수는 ②, ⑤이다.

0278 답 -1, 0, 1

$|a|<\frac{3}{2}$에서 $|a|=0$, 1이므로 ······ ❶

구하는 정수 a의 값은 -1, 0, 1이다. ······ ❷

채점 기준	
❶ $\lvert a \rvert$의 값 구하기	50 %
❷ a의 값 구하기	50 %

0279 답 ③

① $\lvert -5 \rvert > \lvert -2 \rvert$이므로 $-5 < -2$

② (음수)<(양수)이므로 $0.5 > -\dfrac{3}{2}$

③ $-\dfrac{5}{4} = -\dfrac{15}{12}$, $-\dfrac{4}{3} = -\dfrac{16}{12}$이고 $\left\lvert -\dfrac{15}{12} \right\rvert < \left\lvert -\dfrac{16}{12} \right\rvert$이므로

$-\dfrac{5}{4} > -\dfrac{4}{3}$

④ $\lvert -3 \rvert = 3$이므로 $\lvert -3 \rvert > 0$

⑤ $\left\lvert -\dfrac{1}{2} \right\rvert = \dfrac{1}{2} = \dfrac{3}{6}$, $\left\lvert -\dfrac{1}{3} \right\rvert = \dfrac{1}{3} = \dfrac{2}{6}$이고 $\dfrac{3}{6} > \dfrac{2}{6}$이므로

$\left\lvert -\dfrac{1}{2} \right\rvert > \left\lvert -\dfrac{1}{3} \right\rvert$

따라서 옳은 것은 ③이다.

0280 답 ④

④ 부호가 다른 두 수는 절댓값의 크기와 관계없이 항상 양수가 음수보다 크다.

0281 답 ②

① (음수)<(양수)이므로 $-6 \boxed{<} \dfrac{7}{4}$

② $-0.4 = -\dfrac{2}{5}$이고 $\left\lvert -\dfrac{2}{5} \right\rvert < \left\lvert -\dfrac{3}{5} \right\rvert$이므로

$-0.4 \boxed{>} -\dfrac{3}{5}$

③ $0 <$ (양수)이므로 $0 \boxed{<} \dfrac{3}{4}$

④ $\dfrac{1}{4} = \dfrac{3}{12}$, $\dfrac{1}{3} = \dfrac{4}{12}$이므로 $\dfrac{1}{4} \boxed{<} \dfrac{1}{3}$

⑤ $\dfrac{2}{7} = \dfrac{10}{35}$, $\left\lvert -\dfrac{4}{5} \right\rvert = \dfrac{4}{5} = \dfrac{28}{35}$이므로

$\dfrac{2}{7} \boxed{<} \left\lvert -\dfrac{4}{5} \right\rvert$

따라서 부등호의 방향이 나머지 넷과 다른 하나는 ②이다.

0282 답 $-\dfrac{3}{4}$

$-\dfrac{3}{4} = -0.75$, $\lvert -4 \rvert = 4$, $\dfrac{9}{5} = 1.8$이므로

$-2.6 < -\dfrac{3}{4} < 0 < \dfrac{9}{5} < \lvert -4 \rvert$

따라서 작은 수부터 차례로 나열할 때, 두 번째에 오는 수는 $-\dfrac{3}{4}$이다.

0283 답 ⑤

① 0보다 작은 수는 -3, $-\dfrac{1}{3}$, -1의 3개이다.

② 가장 큰 수는 5이다.

③ 가장 작은 수는 -3이다.

④ 절댓값이 가장 작은 수는 0.02이다.

따라서 옳은 것은 ⑤이다.

0284 답 ③

③ x는 -1 이상이고 5보다 크지 않다.

➡ $-1 \leq x \leq 5$

0285 답 ④

0286 답 ㄱ, ㄷ

ㄴ. $-5 < x \leq 2$

ㄹ. $-5 \leq x \leq 2$

따라서 $-5 \leq x < 2$를 나타내는 것은 ㄱ, ㄷ이다.

0287 답 ①, ⑤

-7 초과이고 3보다 작거나 같은 정수는

-6, -5, -4, -3, -2, -1, 0, 1, 2, 3

따라서 조건을 만족시키는 정수가 아닌 것은 ①, ⑤이다.

0288 답 ③

$\dfrac{4}{3} = 1\dfrac{1}{3}$이므로 $-4 \leq n < \dfrac{4}{3}$를 만족시키는 정수 n은

-4, -3, -2, -1, 0, 1의 6개

0289 답 -4

$-\dfrac{9}{2} = -4\dfrac{1}{2}$이므로 $-\dfrac{9}{2}$와 1 사이에 있는 정수는

-4, -3, -2, -1, 0 ⋯⋯ ❶

이때 $\lvert -4 \rvert = 4$, $\lvert -3 \rvert = 3$, $\lvert -2 \rvert = 2$, $\lvert -1 \rvert = 1$, $\lvert 0 \rvert = 0$에서

$\lvert 0 \rvert < \lvert -1 \rvert < \lvert -2 \rvert < \lvert -3 \rvert < \lvert -4 \rvert$

따라서 절댓값이 가장 큰 수는 -4이다. ⋯⋯ ❷

채점 기준	
❶ $-\dfrac{9}{2}$와 1 사이에 있는 정수 구하기	60 %
❷ 절댓값이 가장 큰 수 구하기	40 %

0290 답 5개

㈎에서 $-6 \leq a \leq 5$를 만족시키는 정수 a는

-6, -5, -4, -3, -2, -1, 0, 1, 2, 3, 4, 5

이때 ㈏에서 a의 절댓값이 4보다 크거나 같아야 하므로 주어진 조건을 모두 만족시키는 정수 a는

-6, -5, -4, 4, 5의 5개

0291 답 ①

$-\dfrac{3}{2} = -\dfrac{9}{6}$와 $\dfrac{7}{6}$ 사이에 있는 정수가 아닌 유리수 중에서 분모가 6인 기약분수는

$-\dfrac{7}{6}$, $-\dfrac{5}{6}$, $-\dfrac{1}{6}$, $\dfrac{1}{6}$, $\dfrac{5}{6}$의 5개

0292 답 ②

㈎에서 a는 절댓값이 3인 음의 정수이므로

$a = -3$ ⋯⋯ ㉠

㈏에서 $b > 3$, $c > 3$이고 ㈐에서 c는 b보다 3에 더 가까우므로

$3 < c < b$ ⋯⋯ ㉡

따라서 ㉠, ㉡에서 $a < c < b$

0293 답 b, c, a

㈎에서 $|a|=|b|$이고 ㈏에서 $b<a$이므로
$a>0$, $b<0$ ····· ㉠
㈏에서 $b<c$이고 ㈐에서 $c<0$이므로
$b<c<0$ ····· ㉡
따라서 ㉠, ㉡에서 $b<c<0<a$이므로 작은 것부터 차례로 나열하면
b, c, a이다.

0294 답 $c<d<b<a$

㈎에서 $1<a<3.5$
㈏에서 $b=-2$
㈐에서 $c<-3.5$
㈑에서 $d=-3$
따라서 a, b, c, d의 대소 관계는
$c<d<b<a$

AB 유형 점검

44~46쪽

0295 답 ③

③ 해발 5000 m ➡ +5000 m

0296 답 3

$\dfrac{12}{4}=3$이므로 정수는 -1, $\dfrac{12}{4}$, 0의 3개이다.

0297 답 ①, ④

□ 안에 들어갈 수 있는 수는 정수가 아닌 유리수이다.
이때 $-\dfrac{6}{3}=-2$, $\dfrac{15}{5}=3$이므로 □ 안에 들어갈 수 있는 수는 ①, ④이다.

0298 답 ④, ⑤

④ 두 유리수 0.3과 0.5 사이에는 정수가 존재하지 않는다.
⑤ 모든 유리수는 $\dfrac{(정수)}{(0이\ 아닌\ 정수)}$ 꼴로 나타낼 수 있다.
따라서 옳지 않은 것은 ④, ⑤이다.

0299 답 ③

③ C: $-\dfrac{1}{4}$

0300 답 -4

두 점 A, B 사이의 거리와 두 점 B, C 사이의 거리는 모두 8이다.
따라서 두 점 A, B로부터 거리가 $4\left(=\dfrac{8}{2}\right)$인 점 M과 두 점 B, C로부터 거리가 $4\left(=\dfrac{8}{2}\right)$인 점 N에 대응하는 수는 다음 그림과 같이 각각 -8, 0이므로 두 점 M, N으로부터 같은 거리에 있는 점에 대응하는 수는 -4이다.

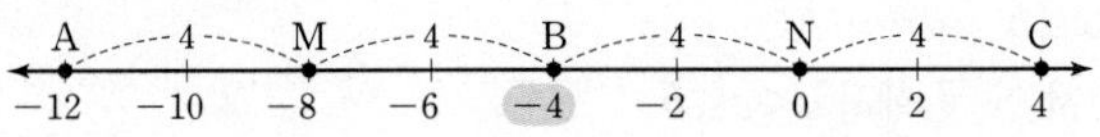

0301 답 $a=\dfrac{3}{7}$, $b=-\dfrac{1}{2}$

절댓값이 $\dfrac{3}{7}$인 양수는 $\dfrac{3}{7}$이므로 $a=\dfrac{3}{7}$
절댓값이 $\dfrac{1}{2}$인 음수는 $-\dfrac{1}{2}$이므로 $b=-\dfrac{1}{2}$

0302 답 ⑤

$|-2|=2$, $\left|\dfrac{63}{9}\right|=\dfrac{63}{9}=7$, $\left|-\dfrac{36}{4}\right|=\dfrac{36}{4}=9$, $\left|-\dfrac{7}{3}\right|=\dfrac{7}{3}$,
$|+6|=6$, $|-1|=1$, $\left|\dfrac{3}{2}\right|=\dfrac{3}{2}$
주어진 수의 절댓값의 대소를 비교하면
$|-1|<\left|\dfrac{3}{2}\right|<|-2|<\left|-\dfrac{7}{3}\right|<|+6|<\left|\dfrac{63}{9}\right|<\left|-\dfrac{36}{4}\right|$
원점에서 가장 멀리 떨어진 수는 절댓값이 가장 큰 수이므로
$a=-\dfrac{36}{4}$
원점에 가장 가까운 수는 절댓값이 가장 작은 수이므로
$b=-1$
$\therefore |a|+|b|=\left|-\dfrac{36}{4}\right|+|-1|=9+1=10$

0303 답 ③

두 수 a, b에 대응하는 두 점 A, B 사이의 거리가 $\dfrac{8}{5}$이고 $|a|=|b|$이므로 두 점 A, B는 원점으로부터 서로 반대 방향으로 각각 $\dfrac{4}{5}\left(=\dfrac{8}{5}\div2\right)$만큼 떨어져 있다.
따라서 $a=-\dfrac{4}{5}$, $b=\dfrac{4}{5}$ 또는 $a=\dfrac{4}{5}$, $b=-\dfrac{4}{5}$이므로
$|a|=|b|=\dfrac{4}{5}$

0304 답 ①

① $\left|-\dfrac{9}{2}\right|=\dfrac{9}{2}=4.5$ ② $|-2|=2$
③ $\left|-\dfrac{2}{5}\right|=\dfrac{2}{5}=0.4$ ④ $|1.3|=1.3$
⑤ $\left|\dfrac{9}{5}\right|=\dfrac{9}{5}=1.8$
따라서 절댓값이 $\dfrac{9}{4}=2.25$ 이상인 수는 ①이다.

0305 답 ②

② 절댓값은 항상 0보다 크거나 같다.

0306 답 ④

① $|-1.8|<|-2|$이므로 $-1.8>-2$
② (양수)>(음수)이므로 $\dfrac{1}{7}>-1$
③ $|-1|=1$이므로 $|-1|>0$
④ $\dfrac{5}{3}=\dfrac{10}{6}$, $\left|-\dfrac{7}{2}\right|=\dfrac{7}{2}=\dfrac{21}{6}$이고, $\dfrac{10}{6}<\dfrac{21}{6}$이므로
$\dfrac{5}{3}<\left|-\dfrac{7}{2}\right|$
⑤ $|-5|=5$, $|-3|=3$이므로 $|-5|>|-3|$
따라서 옳은 것은 ④이다.

0307 답 ②

①, ⑤ $\frac{38}{5}=7.6$, $\frac{13}{2}=6.5$, $-\frac{5}{4}=-1.25$이므로 주어진 수의 대소를 비교하면

$$-2.5<-\frac{5}{4}<-0.7<\frac{13}{2}<\frac{38}{5}<8$$

③, ④ $|-2.5|=2.5$, $\left|\frac{38}{5}\right|=7.6$, $\left|\frac{13}{2}\right|=6.5$, $|-0.7|=0.7$,

$\left|-\frac{5}{4}\right|=1.25$, $|8|=8$이므로 주어진 수의 절댓값의 대소를 비교하면

$$|-0.7|<\left|-\frac{5}{4}\right|<|-2.5|<\left|\frac{13}{2}\right|<\left|\frac{38}{5}\right|<|8|$$

② -2보다 큰 음수는 $-\frac{5}{4}$, -0.7의 2개이다.

따라서 옳지 않은 것은 ②이다.

0308 답 ②

② a는 7보다 크지 않다. ➡ $a\leq7$

0309 답 a, c, b

㈎에서 $b>-5$, $c>-5$이고 ㈏에서 $|c|=|-5|=5$이므로 $c=5$

㈐에서 $a>5$이므로 $c<a$ ‥‥‥ ㉠

㈑에서 b는 c보다 -5에 가까우므로 $b<c$ ‥‥‥ ㉡

따라서 ㉠, ㉡에서 $b<c<a$이므로 큰 수부터 차례로 나열하면 a, c, b

0310 답 5

$-\frac{8}{5}$과 $\frac{11}{4}$에 대응하는 점을 각각 수직선 위에 나타내면 다음 그림과 같다.

따라서 $-\frac{8}{5}$에 가장 가까운 정수는 -2, $\frac{11}{4}$에 가장 가까운 정수는 3이므로

$a=-2$, $b=3$ ‥‥‥ ❶
$\therefore |a|+|b|=|-2|+|3|=2+3=5$ ‥‥‥ ❷

채점 기준	
❶ a, b의 값 구하기	70 %
❷ $|a|+|b|$의 값 구하기	30 %

0311 답 5개

$|x|<\frac{14}{5}\left(=2\frac{4}{5}\right)$를 만족시키는 정수 x는 절댓값이 0, 1, 2인 정수이다. ‥‥‥ ❶

따라서 구하는 정수 x는 -2, -1, 0, 1, 2의 5개이다. ‥‥‥ ❷

채점 기준	
❶ 정수 x의 절댓값 구하기	50 %
❷ 정수 x는 몇 개인지 구하기	50 %

0312 답 5

$\frac{5}{4}=1\frac{1}{4}$, $\frac{17}{5}=3\frac{2}{5}$이므로 $\frac{5}{4}$와 $\frac{17}{5}$ 사이에 있는 정수는 2, 3이다. ‥‥‥ ❶

따라서 구하는 정수의 합은

$2+3=5$ ‥‥‥ ❷

채점 기준	
❶ $\frac{5}{4}$와 $\frac{17}{5}$ 사이에 있는 정수 구하기	70 %
❷ 정수의 합 구하기	30 %

C 실력 향상

47쪽

0313 답 $x=-9$, $y=3$

두 수 -3, 9에 대응하는 두 점 B, D 사이의 거리는 12이므로 두 점 B, D로부터 거리가 $6\left(=\frac{12}{2}\right)$인 점 C에 대응하는 수는 3이다.

$\therefore y=3$

또 두 점 B, C 사이의 거리가 6이므로 점 B에서 왼쪽으로 6만큼 떨어진 점 A에 대응하는 수는 -9이다.

$\therefore x=-9$

0314 답 -10, -2

a의 절댓값이 4이므로 a의 값이 될 수 있는 수는

4, -4

(i) $a=4$일 때,

점 B에 대응하는 수는 다음 그림과 같이

$b=-10$

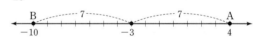

(ii) $a=-4$일 때,

점 B에 대응하는 수는 다음 그림과 같이

$b=-2$

따라서 (i), (ii)에서 b의 값이 될 수 있는 수는 -10, -2이다.

0315 답 $a=-7$, $b=-5$, $c=5$

㈎, ㈑에서 $|c|=5$이고 $0<c$이므로 $c=5$

㈏, ㈑에서 $|b|=|c|=5$이고 $b<0<c$이므로 $b=-5$

㈐에서 $|a|=|c+2|$이므로 $|a|=7$이고 ㈑에서 $a<0$이므로

$a=-7$

0316 답 ③

㈏에서 $c<0$

㈑에서 $b<c$이므로 $b<c<0$

㈐에서 $|a|=|b|$이므로 $a>0$ ($\because a\neq b$)

$\therefore b<c<0<a$

이때 ㈎에서 d는 원점에 가장 가까운 수이므로

$b<c<d<a$

따라서 작은 수부터 차례로 나열하면 b, c, d, a이다.

04 / 정수와 유리수의 계산

A 개념 확인
48~51쪽

0317 답 $+10$

$(+7)+(+3)=+(7+3)=+10$

0318 답 -8

$(-2)+(-6)=-(2+6)=-8$

0319 답 -4

$(+4)+(-8)=-(8-4)=-4$

0320 답 $+9$

$(-1)+(+10)=+(10-1)=+9$

0321 답 $+\dfrac{2}{3}$

$\left(+\dfrac{1}{2}\right)+\left(+\dfrac{1}{6}\right)=\left(+\dfrac{3}{6}\right)+\left(+\dfrac{1}{6}\right)$

$\qquad=+\left(+\dfrac{3}{6}+\dfrac{1}{6}\right)$

$\qquad=+\dfrac{4}{6}=+\dfrac{2}{3}$

0322 답 $+\dfrac{1}{6}$

$\left(+\dfrac{1}{4}\right)+\left(-\dfrac{1}{12}\right)=\left(+\dfrac{3}{12}\right)+\left(-\dfrac{1}{12}\right)$

$\qquad=+\left(\dfrac{3}{12}-\dfrac{1}{12}\right)$

$\qquad=+\dfrac{2}{12}=+\dfrac{1}{6}$

0323 답 -6.8

$(-2.1)+(-4.7)=-(2.1+4.7)=-6.8$

0324 답 $+7$

$(-3.5)+(+10.5)=+(10.5-3.5)=+7$

0325 답 $+9$

$(-3)+(+7)+(+5)=(-3)+\{(+7)+(+5)\}$

$\qquad=(-3)+(+12)$

$\qquad=+9$

0326 답 $+1$

$(-6)+(+9)+(-2)=\{(-6)+(-2)\}+(+9)$

$\qquad=(-8)+(+9)$

$\qquad=+1$

0327 답 $-\dfrac{1}{3}$

$\left(+\dfrac{1}{12}\right)+\left(-\dfrac{5}{6}\right)+\left(+\dfrac{5}{12}\right)=\left(+\dfrac{1}{12}\right)+\left(-\dfrac{10}{12}\right)+\left(+\dfrac{5}{12}\right)$

$\qquad=\left\{\left(+\dfrac{1}{12}\right)+\left(+\dfrac{5}{12}\right)\right\}+\left(-\dfrac{10}{12}\right)$

$\qquad=\left(+\dfrac{6}{12}\right)+\left(-\dfrac{10}{12}\right)$

$\qquad=-\dfrac{4}{12}=-\dfrac{1}{3}$

0328 답 $+2$

$(-4.3)+(+5.2)+(+1.1)=(-4.3)+\{(+5.2)+(+1.1)\}$

$\qquad=(-4.3)+(+6.3)$

$\qquad=+2$

0329 답 $+7$

$(+9)-(+2)=(+9)+(-2)=+7$

0330 답 $+10$

$(+3)-(-7)=(+3)+(+7)=+10$

0331 답 -2

$(-8)-(-6)=(-8)+(+6)=-2$

0332 답 -13

$(-2)-(+11)=(-2)+(-11)=-13$

0333 답 $+\dfrac{1}{2}$

$\left(+\dfrac{1}{5}\right)-\left(-\dfrac{3}{10}\right)=\left(+\dfrac{2}{10}\right)+\left(+\dfrac{3}{10}\right)=+\dfrac{5}{10}=+\dfrac{1}{2}$

0334 답 $-\dfrac{5}{8}$

$\left(-\dfrac{3}{4}\right)-\left(-\dfrac{1}{8}\right)=\left(-\dfrac{6}{8}\right)+\left(+\dfrac{1}{8}\right)=-\dfrac{5}{8}$

0335 답 -3.8

$(+1.8)-(+5.6)=(+1.8)+(-5.6)=-3.8$

0336 답 -9.6

$(-6.7)-(+2.9)=(-6.7)+(-2.9)=-9.6$

0337 답 $+12$

$(-1)-(-6)-(-7)=(-1)+(+6)+(+7)$

$\qquad=(-1)+\{(+6)+(+7)\}$

$\qquad=(-1)+(+13)$

$\qquad=+12$

0338 답 $+8$

$(+9)-(+3)-(-2)=(+9)+(-3)+(+2)$

$\qquad=\{(+9)+(+2)\}+(-3)$

$\qquad=(+11)+(-3)$

$\qquad=+8$

0339 답 $+\dfrac{2}{3}$

$$\left(+\dfrac{1}{3}\right)-\left(-\dfrac{5}{9}\right)-\left(+\dfrac{2}{9}\right)=\left(+\dfrac{3}{9}\right)+\left(+\dfrac{5}{9}\right)+\left(-\dfrac{2}{9}\right)$$
$$=\left\{\left(+\dfrac{3}{9}\right)+\left(+\dfrac{5}{9}\right)\right\}+\left(-\dfrac{2}{9}\right)$$
$$=\left(+\dfrac{8}{9}\right)+\left(-\dfrac{2}{9}\right)$$
$$=+\dfrac{6}{9}=+\dfrac{2}{3}$$

0340 답 -5.5

$$(-2.8)-(+4.3)-(-1.6)=(-2.8)+(-4.3)+(+1.6)$$
$$=\{(-2.8)+(-4.3)\}+(+1.6)$$
$$=(-7.1)+(+1.6)$$
$$=-5.5$$

0341 답 $+12$

$$(+7)-(-8)+(-3)=(+7)+(+8)+(-3)$$
$$=\{(+7)+(+8)\}+(-3)$$
$$=(+15)+(-3)$$
$$=+12$$

0342 답 $-\dfrac{8}{15}$

$$\left(-\dfrac{2}{3}\right)+\left(-\dfrac{7}{15}\right)-\left(-\dfrac{3}{5}\right)=\left(-\dfrac{10}{15}\right)+\left(-\dfrac{7}{15}\right)+\left(+\dfrac{9}{15}\right)$$
$$=\left\{\left(-\dfrac{10}{15}\right)+\left(-\dfrac{7}{15}\right)\right\}+\left(+\dfrac{9}{15}\right)$$
$$=\left(-\dfrac{17}{15}\right)+\left(+\dfrac{9}{15}\right)$$
$$=-\dfrac{8}{15}$$

0343 답 $+0.3$

$$(-2.9)-(+3.3)+(+6.5)=(-2.9)+(-3.3)+(+6.5)$$
$$=\{(-2.9)+(-3.3)\}+(+6.5)$$
$$=(-6.2)+(+6.5)$$
$$=+0.3$$

0344 답 -5

$$3-9+1=(+3)-(+9)+(+1)$$
$$=(+3)+(-9)+(+1)$$
$$=\{(+3)+(+1)\}+(-9)$$
$$=(+4)+(-9)$$
$$=-5$$

0345 답 $\dfrac{1}{3}$

$$\dfrac{1}{6}+\dfrac{2}{3}-\dfrac{1}{2}=\left(+\dfrac{1}{6}\right)+\left(+\dfrac{2}{3}\right)-\left(+\dfrac{1}{2}\right)$$
$$=\left\{\left(+\dfrac{1}{6}\right)+\left(+\dfrac{4}{6}\right)\right\}+\left(-\dfrac{1}{2}\right)$$
$$=\left(+\dfrac{5}{6}\right)+\left(-\dfrac{3}{6}\right)$$
$$=\dfrac{2}{6}=\dfrac{1}{3}$$

0346 답 -4.1

$$-5.4+3.1-1.8=(-5.4)+(+3.1)-(+1.8)$$
$$=(-5.4)+(+3.1)+(-1.8)$$
$$=\{(-5.4)+(-1.8)\}+(+3.1)$$
$$=(-7.2)+(+3.1)$$
$$=-4.1$$

0347 답 $+8$

$$(+2)\times(+4)=+(2\times4)=+8$$

0348 답 $+20$

$$(-5)\times(-4)=+(5\times4)=+20$$

0349 답 -27

$$(+9)\times(-3)=-(9\times3)=-27$$

0350 답 $+\dfrac{2}{5}$

$$\left(-\dfrac{1}{3}\right)\times\left(-\dfrac{6}{5}\right)=+\left(\dfrac{1}{3}\times\dfrac{6}{5}\right)=+\dfrac{2}{5}$$

0351 답 $-\dfrac{5}{21}$

$$\left(-\dfrac{5}{12}\right)\times\left(+\dfrac{4}{7}\right)=-\left(\dfrac{5}{12}\times\dfrac{4}{7}\right)=-\dfrac{5}{21}$$

0352 답 $+0.56$

$$(+1.4)\times(+0.4)=+(1.4\times0.4)=+0.56$$

0353 답 $+60$

$$(+4)\times(-5)\times(-3)=+(4\times5\times3)=+60$$

0354 답 $-\dfrac{1}{16}$

$$\left(-\dfrac{3}{10}\right)\times\left(+\dfrac{1}{6}\right)\times\left(+\dfrac{5}{4}\right)=-\left(\dfrac{3}{10}\times\dfrac{1}{6}\times\dfrac{5}{4}\right)=-\dfrac{1}{16}$$

0355 답 -180

$$(-6)\times(+3)\times(-5)\times(-2)=-(6\times3\times5\times2)=-180$$

0356 답 4

$$(-2)^2=(-2)\times(-2)=+(2\times2)=4$$

0357 답 -4

$$-2^2=-(2\times2)=-4$$

0358 답 -27

$$(-3)^3=(-3)\times(-3)\times(-3)=-(3\times3\times3)=-27$$

0359 답 $\dfrac{1}{81}$

$$\left(-\dfrac{1}{3}\right)^4=\left(-\dfrac{1}{3}\right)\times\left(-\dfrac{1}{3}\right)\times\left(-\dfrac{1}{3}\right)\times\left(-\dfrac{1}{3}\right)$$
$$=+\left(\dfrac{1}{3}\times\dfrac{1}{3}\times\dfrac{1}{3}\times\dfrac{1}{3}\right)$$
$$=\dfrac{1}{81}$$

0360 답 $+4$

$(+20) \div (+5) = +(20 \div 5) = +4$

0361 답 $+5$

$(-15) \div (-3) = +(15 \div 3) = +5$

0362 답 -6

$(+12) \div (-2) = -(12 \div 2) = -6$

0363 답 -2

$(-36) \div (+18) = -(36 \div 18) = -2$

0364 답 $\dfrac{5}{2}$

0365 답 $\dfrac{1}{7}$

$7 = \dfrac{7}{1}$이므로 7의 역수는 $\dfrac{1}{7}$이다.

0366 답 -8

0367 답 $-\dfrac{10}{3}$

$-0.3 = -\dfrac{3}{10}$이므로 -0.3의 역수는 $-\dfrac{10}{3}$이다.

0368 답 $+\dfrac{7}{6}$

$\left(+\dfrac{7}{8}\right) \div \left(+\dfrac{3}{4}\right) = \left(+\dfrac{7}{8}\right) \times \left(+\dfrac{4}{3}\right) = +\dfrac{7}{6}$

0369 답 $+\dfrac{9}{5}$

$\left(-\dfrac{3}{2}\right) \div \left(-\dfrac{5}{6}\right) = \left(-\dfrac{3}{2}\right) \times \left(-\dfrac{6}{5}\right) = +\dfrac{9}{5}$

0370 답 $-\dfrac{3}{2}$

$(-5) \div \left(+\dfrac{10}{3}\right) = (-5) \times \left(+\dfrac{3}{10}\right) = -\dfrac{3}{2}$

0371 답 -3

$(+2.7) \div \left(-\dfrac{9}{10}\right) = \left(+\dfrac{27}{10}\right) \times \left(-\dfrac{10}{9}\right) = -3$

0372 답 $-\dfrac{1}{4}$

$(+2) \times \left(-\dfrac{3}{8}\right) \div (+3) = (+2) \times \left(-\dfrac{3}{8}\right) \times \left(+\dfrac{1}{3}\right)$
$= -\left(2 \times \dfrac{3}{8} \times \dfrac{1}{3}\right)$
$= -\dfrac{1}{4}$

0373 답 $+\dfrac{5}{2}$

$(-3.5) \div (-5) \times \left(+\dfrac{25}{7}\right) = +\left(\dfrac{7}{2} \times \dfrac{1}{5} \times \dfrac{25}{7}\right) = +\dfrac{5}{2}$

0374 답 $\dfrac{23}{50}$

$\dfrac{2}{5} + \dfrac{3}{2} \times \left(-\dfrac{1}{5}\right)^2 = \dfrac{2}{5} + \dfrac{3}{2} \times \dfrac{1}{25} = \dfrac{2}{5} + \dfrac{3}{50}$
$= \dfrac{20}{50} + \dfrac{3}{50} = \dfrac{23}{50}$

0375 답 2

$\{7 - (-3)^2\} \div (-2) + 1 = (7-9) \times \left(-\dfrac{1}{2}\right) + 1$
$= (-2) \times \left(-\dfrac{1}{2}\right) + 1$
$= 1 + 1 = 2$

0376 답 $-\dfrac{57}{20}$

$\dfrac{3}{4} \times (-4) + \left(-\dfrac{1}{2}\right)^3 \div \left(-\dfrac{5}{6}\right) = \dfrac{3}{4} \times (-4) + \left(-\dfrac{1}{8}\right) \times \left(-\dfrac{6}{5}\right)$
$= -3 + \dfrac{3}{20} = -\dfrac{60}{20} + \dfrac{3}{20}$
$= -\dfrac{57}{20}$

0377 답 $\dfrac{15}{8}$

$2 - \dfrac{5}{2} \div \left\{\dfrac{1}{2} \times (-2)^4 + 4 \div \dfrac{1}{3}\right\} = 2 - \dfrac{5}{2} \div \left(\dfrac{1}{2} \times 16 + 4 \times 3\right)$
$= 2 - \dfrac{5}{2} \div (8 + 12)$
$= 2 - \dfrac{5}{2} \times \dfrac{1}{20}$
$= 2 - \dfrac{1}{8} = \dfrac{15}{8}$

B 유형 완성

0378 답 ⑤

① $(+1) + (-3) = -(3-1) = -2$

② $(-4) + (+13) = +(13-4) = +9$

③ $(-2.3) + (+9.8) = +(9.8-2.3) = +7.5$

④ $\left(-\dfrac{1}{4}\right) + \left(+\dfrac{3}{8}\right) = \left(-\dfrac{2}{8}\right) + \left(+\dfrac{3}{8}\right) = +\left(\dfrac{3}{8} - \dfrac{2}{8}\right) = +\dfrac{1}{8}$

⑤ $\left(-\dfrac{2}{3}\right) + \left(-\dfrac{5}{2}\right) = \left(-\dfrac{4}{6}\right) + \left(-\dfrac{15}{6}\right) = -\left(\dfrac{4}{6} + \dfrac{15}{6}\right) = -\dfrac{19}{6}$

따라서 계산 결과가 옳은 것은 ⑤이다.

0379 답 ④

0에서 오른쪽으로 4만큼 이동하였으므로 $+4$,

다시 왼쪽으로 7만큼 이동하였으므로 -7을 더한 것이다.

따라서 $(+4) + (-7) = -3$이다.

0380 답 ①

① $(-4) + (-4) = -(4+4) = -8$

② $(+6) + (-2) = +(6-2) = +4$

③ $(+5) + (-8) = -(8-5) = -3$

④ $(+1) + (-2) = -(2-1) = -1$

⑤ $(+7) + (-7) = 0$

따라서 계산 결과가 가장 작은 것은 ①이다.

0381 답 ③

$-\dfrac{5}{6}$에 가장 가까운 정수는 -1이므로 $a=-1$

$\dfrac{9}{4}$에 가장 가까운 정수는 2이므로 $b=2$

$\therefore a+b=-1+(+2)=1$

0382 답 $-\dfrac{19}{6}$

$-\dfrac{11}{2}<-3<-\dfrac{5}{8}<+\dfrac{7}{4}<+\dfrac{7}{3}$에서

가장 큰 수는 $+\dfrac{7}{3}$이고 가장 작은 수는 $-\dfrac{11}{2}$이므로

$$\left(+\dfrac{7}{3}\right)+\left(-\dfrac{11}{2}\right)=\left(+\dfrac{14}{6}\right)+\left(-\dfrac{33}{6}\right)$$
$$=-\left(\dfrac{33}{6}-\dfrac{14}{6}\right)=-\dfrac{19}{6}$$

0383 답 ㉠ 교환법칙, ㉡ 결합법칙

0384 답 ㈎ 교환, ㈏ 결합, ㈐ $-\dfrac{1}{2}$, ㈑ $-\dfrac{9}{2}$

$$\left(-\dfrac{11}{12}\right)+(-4)+\left(+\dfrac{5}{12}\right)$$

$$=\left(-\dfrac{11}{12}\right)+\left(+\dfrac{5}{12}\right)+(-4) \qquad\text{덧셈의 \boxed{교환} 법칙}$$

$$=\left\{\left(-\dfrac{11}{12}\right)+\left(+\dfrac{5}{12}\right)\right\}+(-4) \qquad\text{덧셈의 \boxed{결합} 법칙}$$

$$=\left(\boxed{-\dfrac{1}{2}}\right)+(-4)$$

$$=\left(-\dfrac{1}{2}\right)+\left(-\dfrac{8}{2}\right)=\boxed{-\dfrac{9}{2}}$$

0385 답 1

$$\left(-\dfrac{6}{5}\right)+(+3)+\left(-\dfrac{4}{5}\right)=\left(-\dfrac{6}{5}\right)+\left(-\dfrac{4}{5}\right)+(+3) \quad\cdots\cdots ❶$$

$$=\left\{\left(-\dfrac{6}{5}\right)+\left(-\dfrac{4}{5}\right)\right\}+(+3) \quad\cdots\cdots ❷$$

$$=(-2)+(+3)$$

$$=1 \quad\cdots\cdots ❸$$

채점 기준

❶ 덧셈의 교환법칙 이용하기		30 %
❷ 덧셈의 결합법칙 이용하기		30 %
❸ 답 구하기		40 %

0386 답 ④

① $(+5)-(+3)=(+5)+(-3)=+(5-3)=+2$

② $(+2)-(-1)=(+2)+(+1)=+(2+1)=+3$

③ $(-2.7)-(-6.1)=(-2.7)+(+6.1)=+(6.1-2.7)=+3.4$

④ $(+3)-\left(-\dfrac{5}{3}\right)=\left(+\dfrac{9}{3}\right)+\left(+\dfrac{5}{3}\right)=+\left(\dfrac{9}{3}+\dfrac{5}{3}\right)=+\dfrac{14}{3}$

⑤ $\left(-\dfrac{2}{3}\right)-\left(-\dfrac{5}{2}\right)=\left(-\dfrac{4}{6}\right)+\left(+\dfrac{15}{6}\right)=+\left(\dfrac{15}{6}-\dfrac{4}{6}\right)=+\dfrac{11}{6}$

따라서 계산 결과가 가장 큰 것은 ④이다.

0387 답 ③

① $(-3)-(+3)=(-3)+(-3)=-(3+3)=-6$

② $(-1)-(+5)=(-1)+(-5)=-(1+5)=-6$

③ $(+3)-(-9)=(+3)+(+9)=+(3+9)=+12$

④ $(+6)-(+12)=(+6)+(-12)=-(12-6)=-6$

⑤ $(-8)-(-2)=(-8)+(+2)=-(8-2)=-6$

따라서 계산 결과가 나머지 넷과 다른 하나는 ③이다.

0388 답 ②

$|1.8|=1.8$, $\left|\dfrac{5}{2}\right|=\dfrac{5}{2}$, $\left|-\dfrac{10}{3}\right|=\dfrac{10}{3}$, $\left|\dfrac{9}{4}\right|=\dfrac{9}{4}$, $\left|-\dfrac{1}{2}\right|=\dfrac{1}{2}$에서

절댓값이 가장 큰 수는 $-\dfrac{10}{3}$, 절댓값이 가장 작은 수는 $-\dfrac{1}{2}$이므로

$a=-\dfrac{10}{3}$, $b=-\dfrac{1}{2}$

$$\therefore a-b=\left(-\dfrac{10}{3}\right)-\left(-\dfrac{1}{2}\right)=\left(-\dfrac{20}{6}\right)+\left(+\dfrac{3}{6}\right)$$

$$=-\left(\dfrac{20}{6}-\dfrac{3}{6}\right)=-\dfrac{17}{6}$$

0389 답 $\dfrac{63}{10}$

$A=(+2)-(-5)=(+2)+(+5)=+7 \qquad\cdots\cdots ❶$

$B=\left(-\dfrac{1}{2}\right)-\left(+\dfrac{1}{5}\right)=\left(-\dfrac{5}{10}\right)+\left(-\dfrac{2}{10}\right)=-\dfrac{7}{10} \qquad\cdots\cdots ❷$

$\therefore |A|-|B|=|+7|-\left|-\dfrac{7}{10}\right|=7-\dfrac{7}{10}=\dfrac{63}{10} \qquad\cdots\cdots ❸$

채점 기준

❶ A의 값 구하기		30 %
❷ B의 값 구하기		30 %
❸ $|A|-|B|$의 값 구하기		40 %

0390 답 ①

① $(-3)+(-2)-(+4)=(-3)+(-2)+(-4)=-9$

② $(+8)-(-3)+(-9)=(+8)+(+3)+(-9)$
$$=\{(+8)+(+3)\}+(-9)$$
$$=(+11)+(-9)=+2$$

③ $(-4)+\left(-\dfrac{3}{5}\right)-\left(-\dfrac{7}{10}\right)=(-4)+\left(-\dfrac{3}{5}\right)+\left(+\dfrac{7}{10}\right)$
$$=(-4)+\left\{\left(-\dfrac{6}{10}\right)+\left(+\dfrac{7}{10}\right)\right\}$$
$$=(-4)+\left(+\dfrac{1}{10}\right)=-\dfrac{39}{10}$$

④ $\left(+\dfrac{1}{5}\right)+\left(+\dfrac{3}{2}\right)-\left(+\dfrac{9}{5}\right)=\left(+\dfrac{1}{5}\right)+\left(+\dfrac{3}{2}\right)+\left(-\dfrac{9}{5}\right)$
$$=\left\{\left(+\dfrac{1}{5}\right)+\left(-\dfrac{9}{5}\right)\right\}+\left(+\dfrac{3}{2}\right)$$
$$=\left(-\dfrac{8}{5}\right)+\left(+\dfrac{3}{2}\right)$$
$$=\left(-\dfrac{16}{10}\right)+\left(+\dfrac{15}{10}\right)=-\dfrac{1}{10}$$

⑤ $(+3.4)-(+2.1)-(-5.3)+(-0.2)$
$$=(+3.4)+(-2.1)+(+5.3)+(-0.2)$$
$$=\{(+3.4)+(+5.3)\}+\{(-2.1)+(-0.2)\}$$
$$=(+8.7)+(-2.3)=+6.4$$

따라서 계산 결과가 가장 작은 것은 ①이다.

0391 답 ④

① $-9+12-3=0$

② $-\dfrac{5}{9}+\dfrac{3}{4}-\dfrac{2}{3}=-\dfrac{20}{36}+\dfrac{27}{36}-\dfrac{24}{36}=-\dfrac{17}{36}$

③ $\dfrac{1}{4}-2-\dfrac{3}{2}=\dfrac{1}{4}-\dfrac{8}{4}-\dfrac{6}{4}=-\dfrac{13}{4}$

④ $2-3.4+\dfrac{5}{2}=2-3.4+2.5=1.1=\dfrac{11}{10}$

⑤ $\dfrac{2}{3}+0.4-\dfrac{7}{3}-1.6=\dfrac{2}{3}-\dfrac{7}{3}+0.4-1.6$

$\qquad =\left(\dfrac{2}{3}-\dfrac{7}{3}\right)+(0.4-1.6)$

$\qquad =-\dfrac{5}{3}-1.2$

$\qquad =-\dfrac{25}{15}-\dfrac{18}{15}$

$\qquad =-\dfrac{43}{15}$

따라서 옳은 것은 ④이다.

0392 답 $\dfrac{31}{5}$

$(+2)+\left(+\dfrac{3}{5}\right)-(-4)-\left(+\dfrac{2}{5}\right)$

$=(+2)+\left(+\dfrac{3}{5}\right)+(+4)+\left(-\dfrac{2}{5}\right)$

$=\{(+2)+(+4)\}+\left\{\left(+\dfrac{3}{5}\right)+\left(-\dfrac{2}{5}\right)\right\}$

$=(+6)+\left(+\dfrac{1}{5}\right)$

$=\dfrac{31}{5}$

0393 답 -50

$1-2+3-4+5-\cdots+99-100$

$=(1-2)+(3-4)+\cdots+(99-100)$

$=\underbrace{(-1)+(-1)+\cdots+(-1)}_{50개}$

$=-50$

0394 답 ③

$a=5-(-2)=5+2=7$

$b=-7+10=3$

$\therefore a-b=7-3=4$

0395 답 ①

① $4+7=11$

② $-5+(-10)=-15$

③ $4-\dfrac{1}{2}=\dfrac{8}{2}-\dfrac{1}{2}=\dfrac{7}{2}$

④ $\dfrac{16}{3}+(-2)=\dfrac{16}{3}-\dfrac{6}{3}=\dfrac{10}{3}$

⑤ $\dfrac{9}{4}-\left(-\dfrac{12}{5}\right)=\dfrac{45}{20}+\dfrac{48}{20}=\dfrac{93}{20}$

따라서 가장 큰 수는 ①이다.

0396 답 8개

$a=-7+\dfrac{4}{3}=-\dfrac{21}{3}+\dfrac{4}{3}=-\dfrac{17}{3}$ ⋯⋯ ❶

$b=1-\left(-\dfrac{5}{4}\right)=\dfrac{4}{4}+\dfrac{5}{4}=\dfrac{9}{4}$ ⋯⋯ ❷

따라서 $-\dfrac{17}{3}<x<\dfrac{9}{4}$를 만족시키는 정수 x는

$-5,\ -4,\ -3,\ -2,\ -1,\ 0,\ 1,\ 2$의 8개이다. ⋯⋯ ❸

채점 기준

❶ a의 값 구하기	30 %
❷ b의 값 구하기	30 %
❸ 정수 x는 몇 개인지 구하기	40 %

0397 답 ①

$a-(-4)=3$에서 $a=3+(-4)=-1$

$(-3)+b=5$에서 $b=5-(-3)=5+3=8$

$\therefore a-b=-1-8=-9$

0398 답 ①

$\left(-\dfrac{3}{7}\right)-(+2)-\square=1$에서

$\left(-\dfrac{3}{7}\right)+(-2)-\square=1,\ -\dfrac{17}{7}-\square=1$

$\therefore \square=-\dfrac{17}{7}-1=-\dfrac{24}{7}$

0399 답 $-\dfrac{3}{4}$

$a+\left(-\dfrac{3}{2}\right)=-2.5$에서

$a=-2.5-\left(-\dfrac{3}{2}\right)=-\dfrac{5}{2}+\dfrac{3}{2}=-1$

$2-b=\dfrac{7}{4}$에서

$b=2-\dfrac{7}{4}=\dfrac{1}{4}$

$\therefore a+b=-1+\dfrac{1}{4}=-\dfrac{3}{4}$

0400 답 ⑤

어떤 수를 x라 하면 $x+\left(-\dfrac{7}{2}\right)=13$이므로

$x=13-\left(-\dfrac{7}{2}\right)=\dfrac{26}{2}+\dfrac{7}{2}=\dfrac{33}{2}$

따라서 바르게 계산하면

$\dfrac{33}{2}-\left(-\dfrac{7}{2}\right)=\dfrac{33}{2}+\dfrac{7}{2}=\dfrac{40}{2}=20$

0401 답 $\dfrac{1}{20},\ -\dfrac{23}{10}$

$-\dfrac{9}{4}+a=-\dfrac{11}{5}$이므로

$a=-\dfrac{11}{5}-\left(-\dfrac{9}{4}\right)=-\dfrac{11}{5}+\dfrac{9}{4}$

$=-\dfrac{44}{20}+\dfrac{45}{20}=\dfrac{1}{20}$

따라서 바르게 계산하면

$-\dfrac{9}{4}-\dfrac{1}{20}=-\dfrac{45}{20}-\dfrac{1}{20}=-\dfrac{46}{20}=-\dfrac{23}{10}$

0402 답 (1) $\dfrac{1}{4}$ (2) $\dfrac{5}{6}$

(1) 어떤 수를 x라 하면 $x-\dfrac{7}{12}=-\dfrac{1}{3}$이므로

$x=-\dfrac{1}{3}+\dfrac{7}{12}=-\dfrac{4}{12}+\dfrac{7}{12}=\dfrac{3}{12}=\dfrac{1}{4}$

따라서 어떤 수는 $\dfrac{1}{4}$이다. ····· ❶

(2) $\dfrac{1}{4}+\dfrac{7}{12}=\dfrac{3}{12}+\dfrac{7}{12}=\dfrac{10}{12}=\dfrac{5}{6}$ ····· ❷

채점 기준

❶ 어떤 수 구하기	60 %
❷ 바르게 계산한 답 구하기	40 %

0403 답 ④

$|x|=2$이므로 $x=-2$ 또는 $x=2$

$|y|=6$이므로 $y=-6$ 또는 $y=6$

즉, $x-y$의 값은

(i) $x=-2$, $y=-6$일 때,

$x-y=-2-(-6)=4$

(ii) $x=-2$, $y=6$일 때,

$x-y=-2-6=-8$

(iii) $x=2$, $y=-6$일 때,

$x-y=2-(-6)=8$

(iv) $x=2$, $y=6$일 때,

$x-y=2-6=-4$

따라서 (i)~(iv)에서 $M=8$, $m=-8$이므로

$M-m=8-(-8)=16$

다른 풀이

(i) $x-y$의 값이 가장 클 때는 양수이면서 절댓값이 가장 클 때이므로 양수에서 음수를 뺄 때, 즉 $x=2$, $y=-6$일 때이다.

$\therefore M=2-(-6)=8$ └ 양수를 더한 것과 같다.

(ii) $x-y$의 값이 가장 작을 때는 음수이면서 절댓값이 가장 클 때이므로 음수에서 양수를 뺄 때, 즉 $x=-2$, $y=6$일 때이다.

$\therefore m=-2-6=-8$ └ 음수를 더한 것과 같다.

따라서 (i), (ii)에서

$M-m=8-(-8)=16$

0404 답 ③

$|x|=7$이므로 $x=-7$ 또는 $x=7$

$|y|=8$이므로 $y=-8$ 또는 $y=8$

즉, $x-y$의 값은

(i) $x=-7$, $y=-8$일 때,

$x-y=-7-(-8)=1$

(ii) $x=-7$, $y=8$일 때,

$x-y=-7-8=-15$

(iii) $x=7$, $y=-8$일 때,

$x-y=7-(-8)=15$

(iv) $x=7$, $y=8$일 때,

$x-y=7-8=-1$

따라서 (i)~(iv)에서 $x-y$의 값이 될 수 없는 것은 ③이다.

0405 답 $-\dfrac{7}{8}$

x의 절댓값이 $\dfrac{5}{8}$이므로 $x=-\dfrac{5}{8}$ 또는 $x=\dfrac{5}{8}$

y의 절댓값이 $\dfrac{1}{4}$이므로 $y=-\dfrac{1}{4}$ 또는 $y=\dfrac{1}{4}$

즉, $x+y$의 값은

(i) $x=-\dfrac{5}{8}$, $y=-\dfrac{1}{4}$일 때,

$x+y=-\dfrac{5}{8}+\left(-\dfrac{1}{4}\right)=-\dfrac{5}{8}+\left(-\dfrac{2}{8}\right)=-\dfrac{7}{8}$

(ii) $x=-\dfrac{5}{8}$, $y=\dfrac{1}{4}$일 때,

$x+y=-\dfrac{5}{8}+\dfrac{1}{4}=-\dfrac{5}{8}+\dfrac{2}{8}=-\dfrac{3}{8}$

(iii) $x=\dfrac{5}{8}$, $y=-\dfrac{1}{4}$일 때,

$x+y=\dfrac{5}{8}+\left(-\dfrac{1}{4}\right)=\dfrac{5}{8}+\left(-\dfrac{2}{8}\right)=\dfrac{3}{8}$

(iv) $x=\dfrac{5}{8}$, $y=\dfrac{1}{4}$일 때,

$x+y=\dfrac{5}{8}+\dfrac{1}{4}=\dfrac{5}{8}+\dfrac{2}{8}=\dfrac{7}{8}$

따라서 (i)~(iv)에서 $x+y$의 값 중 가장 작은 값은 $-\dfrac{7}{8}$이다.

다른 풀이

$x+y$의 값이 가장 작을 때는 음수이면서 절댓값이 가장 클 때이므로 음수끼리 더할 때, 즉 $x=-\dfrac{5}{8}$, $y=-\dfrac{1}{4}$일 때이다.

따라서 구하는 가장 작은 값은

$-\dfrac{5}{8}+\left(-\dfrac{1}{4}\right)=-\dfrac{5}{8}+\left(-\dfrac{2}{8}\right)=-\dfrac{7}{8}$

0406 답 ①

점 A에 대응하는 수는

$-5+\dfrac{14}{3}-\dfrac{5}{2}=-\dfrac{30}{6}+\dfrac{28}{6}-\dfrac{15}{6}=-\dfrac{17}{6}$

0407 답 ③

두 점 A, B 사이의 거리는

$\dfrac{3}{10}-(-4.7)=\dfrac{3}{10}+\dfrac{47}{10}=\dfrac{50}{10}=5$

0408 답 $-\dfrac{1}{2}$

$-\dfrac{1}{4}$에 대응하는 점과의 거리가 $\dfrac{8}{5}$인 점에 대응하는 두 수 중

작은 수는 $-\dfrac{1}{4}-\dfrac{8}{5}=-\dfrac{5}{20}-\dfrac{32}{20}=-\dfrac{37}{20}$ ····· ❶

큰 수는 $-\dfrac{1}{4}+\dfrac{8}{5}=-\dfrac{5}{20}+\dfrac{32}{20}=\dfrac{27}{20}$ ····· ❷

따라서 구하는 합은

$-\dfrac{37}{20}+\dfrac{27}{20}=-\dfrac{10}{20}=-\dfrac{1}{2}$ ····· ❸

채점 기준

❶ 두 수 중 작은 수 구하기	40 %
❷ 두 수 중 큰 수 구하기	40 %
❸ 두 수의 합 구하기	20 %

0409 답 $a=-2,\ b=2$

오른쪽 그림에서 색칠한 부분의 합이
$(-1)+0+(-5)=-6$이므로 가로, 세로, 대각
선에 놓인 세 수의 합은 모두 -6이어야 한다.

-1	㉠	1
0	a	-4
-5	b	

두 번째 가로줄에서 $0+a+(-4)=-6$이므로
$a=-2$

또 첫 번째 가로줄에서 $-1+㉠+1=-6$이므로
$㉠=-6$

이때 두 번째 세로줄에서 $㉠+a+b=-6$이므로
$-6+(-2)+b=-6$
$-8+b=-6$ $\qquad \therefore b=2$

0410 답 2

$5+(-7)+(-4)+2=-4$이므로 삼각형의 각 변에 놓인 네 수의
합은 모두 -4이어야 한다. $\qquad\qquad\qquad$ ·····❶

$a+(-2)+(-5)+2=-4$에서
$a-5=-4$ $\qquad \therefore a=1$ $\qquad\qquad$ ·····❷

$a+(-9)+b+5=-4$에서
$1+(-9)+b+5=-4$
$-3+b=-4$ $\qquad \therefore b=-1$ $\qquad\qquad$ ·····❸

$\therefore a-b=1-(-1)=2$ $\qquad\qquad\qquad$ ·····❹

채점 기준

❶ 한 변에 놓인 네 수의 합 구하기	30 %
❷ a의 값 구하기	30 %
❸ b의 값 구하기	30 %
❹ $a-b$의 값 구하기	10 %

0411 답 ③

A와 마주 보는 면에 적힌 수는 $-\dfrac{1}{3}$이므로

$A+\left(-\dfrac{1}{3}\right)=-1$에서 $A=-1-\left(-\dfrac{1}{3}\right)=-1+\dfrac{1}{3}=-\dfrac{2}{3}$

B와 마주 보는 면에 적힌 수는 1이므로
$B+1=-1$에서 $B=-1-1=-2$

C와 마주 보는 면에 적힌 수는 $\dfrac{1}{2}$이므로

$C+\dfrac{1}{2}=-1$에서 $C=-1-\dfrac{1}{2}=-\dfrac{3}{2}$

$\therefore A-B+C=-\dfrac{2}{3}-(-2)+\left(-\dfrac{3}{2}\right)$

$\qquad\qquad\quad =-\dfrac{4}{6}+\dfrac{12}{6}-\dfrac{9}{6}=-\dfrac{1}{6}$

0412 답 ④

77 kg일 때 운동을 시작한 후 몸무게가 증가한 것을 $+$, 감소한 것
을 $-$를 사용하여 나타내면
$77-1+2+1-4-3=72$(kg)

0413 답 ①

(4월 8일의 환율)$+0.5-1+2.5+2=1270$에서
(4월 8일의 환율)$+4=1270$
$\therefore$ (4월 8일의 환율)$=1270-4=1266$(원)

0414 답 ③

① $(+3)\times(-4)=-(3\times4)=-12$

② $\left(-\dfrac{5}{3}\right)\times0=0$

③ $\left(-\dfrac{10}{11}\right)\times\left(+\dfrac{2}{5}\right)=-\left(\dfrac{10}{11}\times\dfrac{2}{5}\right)=-\dfrac{4}{11}$

④ $\left(+\dfrac{1}{3}\right)\times(-0.75)\times\left(+\dfrac{8}{7}\right)=\left(+\dfrac{1}{3}\right)\times\left(-\dfrac{3}{4}\right)\times\left(+\dfrac{8}{7}\right)$

$\qquad\qquad\qquad\qquad\qquad\quad =-\left(\dfrac{1}{3}\times\dfrac{3}{4}\times\dfrac{8}{7}\right)$

$\qquad\qquad\qquad\qquad\qquad\quad =-\dfrac{2}{7}$

⑤ $\left(+\dfrac{5}{13}\right)\times\left(-\dfrac{26}{9}\right)\times(-3)=+\left(\dfrac{5}{13}\times\dfrac{26}{9}\times3\right)$

$\qquad\qquad\qquad\qquad\qquad\qquad =+\dfrac{10}{3}$

따라서 옳은 것은 ③이다.

0415 답 ①

ㄱ. $(+6)\times(-2)=-(6\times2)=-12$

ㄴ. $\left(-\dfrac{6}{5}\right)\times\left(+\dfrac{5}{3}\right)=-\left(\dfrac{6}{5}\times\dfrac{5}{3}\right)=-2$

ㄷ. $(-3)\times\left(+\dfrac{3}{4}\right)=-\left(3\times\dfrac{3}{4}\right)=-\dfrac{9}{4}$

ㄹ. $\left(-\dfrac{5}{3}\right)\times(-9)=+\left(\dfrac{5}{3}\times9\right)=+15$

이때 $-12<-\dfrac{9}{4}<-2<+15$이므로 계산 결과가 작은 것부터 차
례로 나열하면
ㄱ, ㄷ, ㄴ, ㄹ

0416 답 $-\dfrac{1}{6}$

$a=3+(-5)=-2$

$b=-\dfrac{2}{3}-\left(-\dfrac{3}{4}\right)=-\dfrac{2}{3}+\dfrac{3}{4}$

$\quad =-\dfrac{8}{12}+\dfrac{9}{12}=\dfrac{1}{12}$

$\therefore a\times b=(-2)\times\dfrac{1}{12}=-\dfrac{1}{6}$

0417 답 ②

$\dfrac{1}{2}\times\left(-\dfrac{2}{3}\right)\times\dfrac{3}{4}\times\left(-\dfrac{4}{5}\right)\times\cdots\times\left(-\dfrac{98}{99}\right)\times\dfrac{99}{100}$

$\underbrace{\qquad\qquad\qquad\qquad\qquad}_{\text{음수가 49개}}$

$=-\left(\dfrac{1}{2}\times\dfrac{\cancel{2}}{\cancel{3}}\times\dfrac{\cancel{3}}{\cancel{4}}\times\dfrac{\cancel{4}}{\cancel{5}}\times\cdots\times\dfrac{\cancel{98}}{\cancel{99}}\times\dfrac{\cancel{99}}{100}\right)$

$=-\dfrac{1}{100}$

0418 답 ⑴ 교환, ⑵ 결합, ⑶ -1, ⑷ 2.6

$\left(-\dfrac{2}{3}\right)\times(-2.6)\times\left(+\dfrac{3}{2}\right)$

$=(-2.6)\times\left(-\dfrac{2}{3}\right)\times\left(+\dfrac{3}{2}\right)$ ← 곱셈의 $\boxed{\text{교환}}$ 법칙

$=(-2.6)\times\left\{\left(-\dfrac{2}{3}\right)\times\left(+\dfrac{3}{2}\right)\right\}$ ← 곱셈의 $\boxed{\text{결합}}$ 법칙

$=(-2.6)\times(\boxed{-1})=\boxed{2.6}$

0419 답 −6

$(-12) \times \dfrac{1}{7} \times \left(+\dfrac{1}{4}\right) \times 14$

$= (-12) \times \left(+\dfrac{1}{4}\right) \times \dfrac{1}{7} \times 14$ ······ ❶

$= \left\{(-12) \times \left(+\dfrac{1}{4}\right)\right\} \times \left(\dfrac{1}{7} \times 14\right)$ ······ ❷

$= (-3) \times 2 = -6$ ······ ❸

채점 기준

❶ 곱셈의 교환법칙 이용하기	30 %
❷ 곱셈의 결합법칙 이용하기	30 %
❸ 주어진 식 계산하기	40 %

0420 답 $4, -\dfrac{40}{21}$

세 수를 뽑아 곱한 값이 가장 크려면 양수이어야 하므로 음수 2개, 양수 중 절댓값이 큰 수 1개를 곱해야 한다.

따라서 가장 큰 수는

$\left(-\dfrac{3}{5}\right) \times 2 \times \left(-\dfrac{10}{3}\right) = +\left(\dfrac{3}{5} \times 2 \times \dfrac{10}{3}\right) = 4$

세 수를 뽑아 곱한 값이 가장 작으려면 음수이어야 하므로 양수 2개, 음수 중 절댓값이 큰 수 1개를 곱해야 한다.

따라서 가장 작은 수는

$\dfrac{2}{7} \times 2 \times \left(-\dfrac{10}{3}\right) = -\left(\dfrac{2}{7} \times 2 \times \dfrac{10}{3}\right) = -\dfrac{40}{21}$

0421 답 32

세 수를 뽑아 곱한 값이 가장 크려면 양수이어야 하므로 음수 중 절댓값이 큰 수 2개, 양수 1개를 곱해야 한다.

$\therefore a = -\dfrac{8}{3} \times 0.5 \times (-6) = +\left(\dfrac{8}{3} \times \dfrac{1}{2} \times 6\right) = 8$ ······ ❶

세 수를 뽑아 곱한 값이 가장 작으려면 음수이어야 하므로 음수 3개를 곱해야 한다.

$\therefore b = \left(-\dfrac{8}{3}\right) \times \left(-\dfrac{3}{2}\right) \times (-6)$

$= -\left(\dfrac{8}{3} \times \dfrac{3}{2} \times 6\right) = -24$ ······ ❷

$\therefore a - b = 8 - (-24) = 32$ ······ ❸

채점 기준

❶ a의 값 구하기	40 %
❷ b의 값 구하기	40 %
❸ $a-b$의 값 구하기	20 %

0422 답 $16, -30$

세 수를 뽑아 곱한 값이 가장 크려면 양수이어야 하므로 양수 3개 또는 음수 2개, 양수 1개를 곱해야 한다.

(i) 양수 3개를 곱하는 경우

$\dfrac{3}{4} \times 8 \times \dfrac{2}{9} = \dfrac{4}{3}$

(ii) 음수 2개, 양수 중 절댓값이 큰 수 1개를 곱하는 경우

$\left(-\dfrac{2}{5}\right) \times (-5) \times 8 = +\left(\dfrac{2}{5} \times 5 \times 8\right) = 16$

따라서 (i), (ii)에서 가장 큰 수는 16이다.

세 수를 뽑아 곱한 값이 가장 작으려면 음수이어야 하므로 양수 중 절댓값이 큰 수 2개, 음수 중 절댓값이 큰 수 1개를 곱해야 한다.

따라서 가장 작은 수는

$\dfrac{3}{4} \times 8 \times (-5) = -\left(\dfrac{3}{4} \times 8 \times 5\right) = -30$

0423 답 ⑤

① $-2^2 = -4$ ② $-2^3 = -8$

③ $-(-2)^3 = -(-8) = 8$ ④ $(-2)^4 = 16$

⑤ $-(-2)^4 = -16$

따라서 계산 결과가 가장 작은 것은 ⑤이다.

0424 답 ⑤

① $(-2)^5 = -32$ ② $-3^2 = -9$

③ $\left(-\dfrac{1}{3}\right)^2 = \dfrac{1}{9}$ ④ $-\dfrac{1}{5^2} = -\dfrac{1}{25}$

⑤ $-\left(-\dfrac{1}{4}\right)^3 = -\left(-\dfrac{1}{64}\right) = \dfrac{1}{64}$

따라서 옳은 것은 ⑤이다.

0425 답 ④

① $10 - (-3^2) = 10 - (-9) = 19$

② $(-4^2) \times \left(-\dfrac{1}{2}\right)^4 = (-16) \times \dfrac{1}{16}$
$= -\left(16 \times \dfrac{1}{16}\right) = -1$

③ $(-5)^2 \times \left(-\dfrac{2}{5}\right)^2 = 25 \times \dfrac{4}{25} = 4$

④ $(-3)^2 \times (-2^3) \times \left(-\dfrac{1}{4}\right)^2 = 9 \times (-8) \times \dfrac{1}{16}$
$= -\left(9 \times 8 \times \dfrac{1}{16}\right) = -\dfrac{9}{2}$

⑤ $(-6) \times \left(-\dfrac{1}{2}\right) \times \left(\dfrac{4}{3}\right)^2 = (-6) \times \left(-\dfrac{1}{2}\right) \times \dfrac{16}{9}$
$= +\left(6 \times \dfrac{1}{2} \times \dfrac{16}{9}\right) = \dfrac{16}{3}$

따라서 계산 결과가 가장 작은 것은 ④이다.

0426 답 $-\dfrac{1}{2}$

$(-3)^2 \times \left\{-\left(-\dfrac{2}{3}\right)\right\}^2 \times \left(-\dfrac{1}{2}\right)^3 = 9 \times \left(\dfrac{2}{3}\right)^2 \times \left(-\dfrac{1}{8}\right)$

$= 9 \times \dfrac{4}{9} \times \left(-\dfrac{1}{8}\right)$

$= -\left(9 \times \dfrac{4}{9} \times \dfrac{1}{8}\right) = -\dfrac{1}{2}$

0427 답 −1

n이 홀수이면 $(-1)^n = -1$이고
n이 짝수이면 $(-1)^n = 1$이므로

$(-1) + (-1)^2 + (-1)^3 + (-1)^4 + \cdots$
$\qquad\qquad\qquad + (-1)^{47} + (-1)^{48} + (-1)^{49}$

$= \underbrace{(-1) + 1}_{0} + \underbrace{(-1) + 1}_{0} + \cdots + \underbrace{(-1) + 1}_{0} + (-1)$

$= \underbrace{0 + 0 + \cdots + 0}_{24\text{개}} + (-1) = -1$

0428 답 ⑤

$(-1)^{15}+(-1)^{30}-(-1)^{57}=-1+1-(-1)=1$

0429 답 -2

n이 짝수이므로 $n+1$, $n+3$은 홀수이고 $n+2$는 짝수이다. $\cdots\cdots$ ❶

$\therefore (-1)^n+(-1)^{n+1}-(-1)^{n+2}+(-1)^{n+3}$
$=1+(-1)-1+(-1)$
$=-2$ $\cdots\cdots$ ❷

채점 기준	
❶ $n+1$, $n+2$, $n+3$이 홀수인지 짝수인지 판단하기	40 %
❷ 주어진 식 계산하기	60 %

0430 답 ③

$4.56\times 114+4.56\times(-14)=4.56\times\{114+(-14)\}$
$=4.56\times 100=456$

0431 답 ④

$12\times\left\{\dfrac{5}{4}+\left(-\dfrac{1}{6}\right)+\left(-\dfrac{3}{4}\right)\right\}$ ⎤ 덧셈의 교환법칙

$=12\times\left\{\left(-\dfrac{1}{6}\right)+\dfrac{5}{4}+\left(-\dfrac{3}{4}\right)\right\}$ ⎦ 덧셈의 결합법칙

$=12\times\left[\left(-\dfrac{1}{6}\right)+\left\{\dfrac{5}{4}+\left(-\dfrac{3}{4}\right)\right\}\right]$

$=12\times\left\{\left(-\dfrac{1}{6}\right)+\left(+\dfrac{1}{2}\right)\right\}$ ⎤ 분배법칙

$=12\times\left(-\dfrac{1}{6}\right)+12\times\left(+\dfrac{1}{2}\right)$ ⎦

$=-2+6=4$

따라서 분배법칙이 이용된 곳은 ④이다.

0432 답 -38

$21\times\left(-\dfrac{11}{3}+\dfrac{13}{7}\right)=21\times\left(-\dfrac{11}{3}\right)+21\times\dfrac{13}{7}$
$=-77+39=-38$

0433 답 $-\dfrac{17}{6}$

$(a+b)\times c=a\times c+b\times c$이므로

$-2=\dfrac{5}{6}+b\times c$

$\therefore b\times c=-2-\dfrac{5}{6}=-\dfrac{17}{6}$

0434 답 ①

$1.52\times(-32)+1.52\times(-68)=1.52\times(-32-68)$
$=1.52\times(-100)=-152$

따라서 $a=-100$, $b=-152$이므로
$a+b=-100+(-152)=-252$

0435 답 ③

$a=-\dfrac{16}{5}$, $b=\dfrac{1}{4}$이므로

$a\times b=-\dfrac{16}{5}\times\dfrac{1}{4}=-\dfrac{4}{5}$

0436 답 ④

서로 역수 관계인 두 수의 곱은 1이다.

④ $0.5=\dfrac{1}{2}$이므로 $\dfrac{1}{2}\times\dfrac{1}{2}=\dfrac{1}{4}\ne 1$

따라서 두 수가 서로 역수 관계가 아닌 것은 ④이다.

0437 답 $\dfrac{2}{15}$

a는 $1\dfrac{1}{4}=\dfrac{5}{4}$의 역수이므로 $a=\dfrac{4}{5}$ $\cdots\cdots$ ❶

b는 $-1.5=-\dfrac{3}{2}$의 역수이므로 $b=-\dfrac{2}{3}$ $\cdots\cdots$ ❷

$\therefore a+b=\dfrac{4}{5}+\left(-\dfrac{2}{3}\right)=\dfrac{12}{15}+\left(-\dfrac{10}{15}\right)=\dfrac{2}{15}$ $\cdots\cdots$ ❸

채점 기준	
❶ a의 값 구하기	30 %
❷ b의 값 구하기	30 %
❸ $a+b$의 값 구하기	40 %

0438 답 ④

① $(-18)\div(+3)=-(18\div 3)=-6$

② $(+9)\div\left(-\dfrac{3}{2}\right)=(+9)\times\left(-\dfrac{2}{3}\right)$
$=-\left(9\times\dfrac{2}{3}\right)=-6$

③ $\left(+\dfrac{20}{3}\right)\div\left(-\dfrac{10}{9}\right)=\left(+\dfrac{20}{3}\right)\times\left(-\dfrac{9}{10}\right)$
$=-\left(\dfrac{20}{3}\times\dfrac{9}{10}\right)=-6$

④ $\left(+\dfrac{7}{2}\right)\div\left(-\dfrac{1}{16}\right)\div(+7)=\left(+\dfrac{7}{2}\right)\times(-16)\times\left(+\dfrac{1}{7}\right)$
$=-\left(\dfrac{7}{2}\times 16\times\dfrac{1}{7}\right)=-8$

⑤ $\left(-\dfrac{9}{5}\right)\div\left(-\dfrac{3}{14}\right)\div\left(-\dfrac{7}{5}\right)=\left(-\dfrac{9}{5}\right)\times\left(-\dfrac{14}{3}\right)\times\left(-\dfrac{5}{7}\right)$
$=-\left(\dfrac{9}{5}\times\dfrac{14}{3}\times\dfrac{5}{7}\right)=-6$

따라서 계산 결과가 나머지 넷과 다른 하나는 ④이다.

0439 답 -3

$a=(-12)\div(-3)=+(12\div 3)=+4$

$b=15\div\left(-\dfrac{5}{4}\right)=15\times\left(-\dfrac{4}{5}\right)$
$=-\left(15\times\dfrac{4}{5}\right)=-12$

$\therefore b\div a=(-12)\div(+4)=-(12\div 4)=-3$

0440 답 -44

$a=-\dfrac{5}{3}-2=-\dfrac{5}{3}-\dfrac{6}{3}=-\dfrac{11}{3}$

12의 역수는 $\dfrac{1}{12}$이므로 $b=\dfrac{1}{12}$

$\therefore a\div b=\left(-\dfrac{11}{3}\right)\div\dfrac{1}{12}$
$=\left(-\dfrac{11}{3}\right)\times 12=-44$

0441 답 25

$$\left(-\frac{1}{2}\right)\div\left(+\frac{2}{3}\right)\div\left(-\frac{3}{4}\right)\div\left(+\frac{4}{5}\right)\div\cdots\div\left(+\frac{98}{99}\right)\div\left(-\frac{99}{100}\right)$$

$$=\left(-\frac{1}{2}\right)\times\left(+\frac{3}{2}\right)\times\left(-\frac{4}{3}\right)\times\left(+\frac{5}{4}\right)\times\cdots\times\left(+\frac{99}{98}\right)\times\left(-\frac{100}{99}\right)$$

<u>음수가 50개</u>

$$=+\left(\frac{1}{2}\times\frac{3}{2}\times\frac{4}{3}\times\frac{5}{4}\times\cdots\times\frac{99}{98}\times\frac{100}{99}\right)$$

$$=+\left\{\frac{1}{2}\times\left(\frac{\cancel{3}}{2}\times\frac{\cancel{4}}{\cancel{3}}\times\frac{\cancel{5}}{\cancel{4}}\times\cdots\times\frac{\cancel{99}}{\cancel{98}}\times\frac{100}{\cancel{99}}\right)\right\}$$

$$=+\left(\frac{1}{2}\times 50\right)$$

$$=25$$

0442 답 ②

① $(-16)\div(-2)^2\times(-1)^3=(-16)\div 4\times(-1)$
$\qquad\qquad\qquad\qquad\qquad =(-16)\times\frac{1}{4}\times(-1)$
$\qquad\qquad\qquad\qquad\qquad =+\left(16\times\frac{1}{4}\times 1\right)=4$

② $10\times(-4)^3\div 8=10\times(-64)\div 8$
$\qquad\qquad\qquad\quad =10\times(-64)\times\frac{1}{8}$
$\qquad\qquad\qquad\quad =-\left(10\times 64\times\frac{1}{8}\right)=-80$

③ $(-4)^2\times(-5)\div(-8)=16\times(-5)\div(-8)$
$\qquad\qquad\qquad\qquad\quad =16\times(-5)\times\left(-\frac{1}{8}\right)$
$\qquad\qquad\qquad\qquad\quad =+\left(16\times 5\times\frac{1}{8}\right)=10$

④ $6\times(-24)\div(-2)^3=6\times(-24)\div(-8)$
$\qquad\qquad\qquad\qquad =6\times(-24)\times\left(-\frac{1}{8}\right)$
$\qquad\qquad\qquad\qquad =+\left(6\times 24\times\frac{1}{8}\right)=18$

⑤ $14\div(-2)\times(-3)^2=14\div(-2)\times 9$
$\qquad\qquad\qquad\qquad =14\times\left(-\frac{1}{2}\right)\times 9$
$\qquad\qquad\qquad\qquad =-\left(14\times\frac{1}{2}\times 9\right)=-63$

따라서 계산 결과가 옳지 않은 것은 ②이다.

0443 답 $\frac{2}{7}$

a는 $-3.5=-\frac{7}{2}$의 역수이므로 $a=-\frac{2}{7}$ $\qquad$ ……❶

b는 2의 역수이므로 $b=\frac{1}{2}$ $\qquad$ ……❷

c는 $\frac{4}{7}$의 역수이므로 $c=\frac{7}{4}$ $\qquad$ ……❸

$\therefore a^2\div b\times c=\left(-\frac{2}{7}\right)^2\div\frac{1}{2}\times\frac{7}{4}$

$\qquad\qquad\quad =\frac{4}{49}\times 2\times\frac{7}{4}=\frac{2}{7}$ $\qquad$ ……❹

채점 기준	
❶ a의 값 구하기	20 %
❷ b의 값 구하기	20 %
❸ c의 값 구하기	20 %
❹ $a^2\div b\times c$의 값 구하기	40 %

0444 답 $-\frac{28}{3}$

$x=\left(-\frac{8}{3}\right)\div\frac{4}{7}\div\left(-\frac{4}{3}\right)=\left(-\frac{8}{3}\right)\times\frac{7}{4}\times\left(-\frac{3}{4}\right)$

$\quad =+\left(\frac{8}{3}\times\frac{7}{4}\times\frac{3}{4}\right)=\frac{7}{2}$

$y=(-2)^3\times\frac{3}{4}\div\left(-\frac{3}{2}\right)^2=(-8)\times\frac{3}{4}\div\frac{9}{4}$

$\quad =(-8)\times\frac{3}{4}\times\frac{4}{9}=-\left(8\times\frac{3}{4}\times\frac{4}{9}\right)=-\frac{8}{3}$

$\therefore x\times y=\frac{7}{2}\times\left(-\frac{8}{3}\right)=-\left(\frac{7}{2}\times\frac{8}{3}\right)=-\frac{28}{3}$

0445 답 $\frac{1}{2}$

$\left(-\frac{1}{6}\right)\times\frac{12}{5}\div\square=-\frac{4}{5}$에서

$-\frac{2}{5}\div\square=-\frac{4}{5}$

$\therefore \square=-\frac{2}{5}\div\left(-\frac{4}{5}\right)=-\frac{2}{5}\times\left(-\frac{5}{4}\right)=\frac{1}{2}$

0446 답 $-\frac{4}{5}$

$\frac{5}{6}\div\left(-\frac{2}{3}\right)^2\times\square=-\frac{3}{2}$에서

$\frac{5}{6}\div\frac{4}{9}\times\square=-\frac{3}{2}$, $\frac{5}{6}\times\frac{9}{4}\times\square=-\frac{3}{2}$

$\frac{15}{8}\times\square=-\frac{3}{2}$

$\therefore \square=\left(-\frac{3}{2}\right)\div\frac{15}{8}=\left(-\frac{3}{2}\right)\times\frac{8}{15}=-\frac{4}{5}$

0447 답 ④

$a\div\left(-\frac{1}{2}\right)=-4$이므로

$a=(-4)\times\left(-\frac{1}{2}\right)=2$

$b\times(-3)=12$이므로

$b=12\div(-3)=-4$

$\therefore a\div b=2\div(-4)=2\times\left(-\frac{1}{4}\right)=-\frac{1}{2}$

0448 답 $-\frac{5}{2}$, $\frac{10}{3}$

어떤 수를 x라 하면 $x\times\left(-\frac{3}{4}\right)=\frac{15}{8}$이므로

$x=\frac{15}{8}\div\left(-\frac{3}{4}\right)=\frac{15}{8}\times\left(-\frac{4}{3}\right)=-\frac{5}{2}$

따라서 바르게 계산하면

$\left(-\frac{5}{2}\right)\div\left(-\frac{3}{4}\right)=\left(-\frac{5}{2}\right)\times\left(-\frac{4}{3}\right)=\frac{10}{3}$

0449 답 ①

어떤 수를 x라 하면 $x\div\frac{3}{2}=-\frac{5}{6}$이므로

$x=\left(-\frac{5}{6}\right)\times\frac{3}{2}=-\frac{5}{4}$

따라서 바르게 계산하면

$\left(-\frac{5}{4}\right)\times\frac{3}{2}=-\frac{15}{8}$

0450 답 ③

어떤 수를 x라 하면 $\dfrac{6}{5} \times x = -\dfrac{18}{7}$이므로

$x = \left(-\dfrac{18}{7}\right) \div \dfrac{6}{5} = \left(-\dfrac{18}{7}\right) \times \dfrac{5}{6} = -\dfrac{15}{7}$

따라서 바르게 계산하면

$\dfrac{6}{5} \div \left(-\dfrac{15}{7}\right) = \dfrac{6}{5} \times \left(-\dfrac{7}{15}\right) = -\dfrac{14}{25}$

0451 답 ③

① 부호를 알 수 없다.

② (음수)$-$(양수) ➡ (음수)

③ (양수)$-$(음수) ➡ (양수)

④ (음수)$\times$(양수) ➡ (음수)

⑤ (음수)$\div$(양수) ➡ (음수)

따라서 항상 양수인 것은 ③이다.

0452 답 ①

① (양수)$-$(음수) ➡ (양수)

② $-a < 0$이므로 (음수)$+$(음수) ➡ (음수)

③ (양수)$\div$(음수) ➡ (음수)

④ $a^2 > 0$이므로 (양수)$\times$(음수) ➡ (음수)

⑤ $-a < 0$, $-b > 0$이므로 (음수)$\times$(양수) ➡ (음수)

따라서 부호가 나머지 넷과 다른 하나는 ①이다.

0453 답 ③

①, ② 부호를 알 수 없다.

③ (양수)$-$(음수)$+$(양수) ➡ (양수)이므로

  $a - b + c > 0$

④ (양수)$\times$(음수)$\times$(양수) ➡ (음수)이므로

  $a \times b \times c < 0$

⑤ $-a < 0$이므로 (음수)$\div$(음수)$\times$(양수) ➡ (양수)

  $\therefore -a \div b \times c > 0$

따라서 항상 옳은 것은 ③이다.

0454 답 ④

$a \times c < 0$에서 a와 c의 부호는 다르고 $a - c > 0$이므로 $a > 0$, $c < 0$

또 $b \div a > 0$에서 a와 b의 부호는 같으므로 $b > 0$

$\therefore a > 0$, $b > 0$, $c < 0$

0455 답 ④

$a \times b > 0$에서 a와 b의 부호는 같고 $a + b < 0$이므로 $a < 0$, $b < 0$

이때 $|a| = 3$, $|b| = 4$이므로

$a = -3$, $b = -4$

$\therefore a - b = -3 - (-4) = 1$

0456 답 ④

$a \times b < 0$에서 a와 b의 부호는 다르고 $a < b$이므로 $a < 0$, $b > 0$

① 음수 ②, ③, ⑤ 양수

④ $a -$(양수)이므로 a보다 작은 음수이다.

따라서 가장 작은 것은 ④이다.

0457 답 $\dfrac{3}{4}$

$1 - \left[\dfrac{1}{2} + (-1)^3 \div \left\{4 \times \left(-\dfrac{1}{2}\right) + 6\right\}\right]$

$= 1 - \left[\dfrac{1}{2} + (-1) \div \{(-2) + 6\}\right]$

$= 1 - \left\{\dfrac{1}{2} + (-1) \div 4\right\}$

$= 1 - \left\{\dfrac{1}{2} + (-1) \times \dfrac{1}{4}\right\}$

$= 1 - \left\{\dfrac{1}{2} + \left(-\dfrac{1}{4}\right)\right\}$

$= 1 - \dfrac{1}{4} = \dfrac{3}{4}$

0458 답 ⑴ ㉣, ㉤, ㉢, ㉡, ㉠ ⑵ $\dfrac{10}{9}$

⑴ 계산 순서를 차례로 나열하면 ㉣, ㉤, ㉢, ㉡, ㉠ ⋯⋯ ❶

⑵ $2 + \dfrac{4}{3} \times \left\{1 - \left(-\dfrac{5}{2}\right)^2 \div \dfrac{15}{4}\right\} = 2 + \dfrac{4}{3} \times \left(1 - \dfrac{25}{4} \div \dfrac{15}{4}\right)$

$= 2 + \dfrac{4}{3} \times \left(1 - \dfrac{25}{4} \times \dfrac{4}{15}\right)$

$= 2 + \dfrac{4}{3} \times \left(1 - \dfrac{5}{3}\right)$

$= 2 + \dfrac{4}{3} \times \left(-\dfrac{2}{3}\right)$

$= 2 - \dfrac{8}{9} = \dfrac{10}{9}$ ⋯⋯ ❷

채점 기준

❶ 주어진 식의 계산 순서 나열하기	40 %
❷ 주어진 식 계산하기	60 %

0459 답 ①

① $5 - \{(-3)^2 + 2 \times 4\} = 5 - (9 + 8) = 5 - 17 = -12$

② $9 + \{4 + (-6)^2\} \div (-2) = 9 + (4 + 36) \div (-2)$

$= 9 + 40 \div (-2)$

$= 9 + (-20) = -11$

③ $\left\{12 - 8 \div \left(-\dfrac{2}{3}\right)^2\right\} \times \dfrac{5}{6} = \left(12 - 8 \div \dfrac{4}{9}\right) \times \dfrac{5}{6}$

$= \left(12 - 8 \times \dfrac{9}{4}\right) \times \dfrac{5}{6}$

$= (12 - 18) \times \dfrac{5}{6}$

$= (-6) \times \dfrac{5}{6} = -5$

④ $11 \div \left\{9 \times \left(\dfrac{2}{9} - \dfrac{5}{12}\right) - 1\right\} = 11 \div \left\{9 \times \left(\dfrac{8}{36} - \dfrac{15}{36}\right) - 1\right\}$

$= 11 \div \left\{9 \times \left(-\dfrac{7}{36}\right) - 1\right\}$

$= 11 \div \left\{\left(-\dfrac{7}{4}\right) - 1\right\}$

$= 11 \div \left(-\dfrac{11}{4}\right)$

$= 11 \times \left(-\dfrac{4}{11}\right) = -4$

⑤ $(-2)^2 \div \dfrac{1}{10} + (-5)^2 \div \left(-\dfrac{1}{2}\right) = 4 \div \dfrac{1}{10} + 25 \div \left(-\dfrac{1}{2}\right)$

$= 4 \times 10 + 25 \times (-2)$

$= 40 - 50 = -10$

따라서 계산 결과가 가장 작은 것은 ①이다.

0460 답 ②

$-\dfrac{17}{3}$, 3에 대응하는 두 점 사이의 거리는

$$3-\left(-\dfrac{17}{3}\right)=3+\dfrac{17}{3}=\dfrac{9}{3}+\dfrac{17}{3}=\dfrac{26}{3}$$

따라서 주어진 두 점으로부터 같은 거리에 있는 점에 대응하는 수는

$$-\dfrac{17}{3}+\dfrac{26}{3}\times\dfrac{1}{2}=-\dfrac{17}{3}+\dfrac{13}{3}=-\dfrac{4}{3}$$

0461 답 $-\dfrac{1}{4}$

두 점 A, B 사이의 거리는

$$\dfrac{9}{4}-\left(-\dfrac{3}{2}\right)=\dfrac{9}{4}+\dfrac{3}{2}=\dfrac{9}{4}+\dfrac{6}{4}=\dfrac{15}{4}$$

점 C에 대응하는 수는

$$-\dfrac{3}{2}+\dfrac{15}{4}\times\dfrac{1}{3}=-\dfrac{3}{2}+\dfrac{5}{4}=-\dfrac{6}{4}+\dfrac{5}{4}=-\dfrac{1}{4}$$

0462 답 20

정호는 6번 이기고 2번 졌으므로 정호의 위치는

$$(+3)\times6+(-2)\times2=18-4=14$$

민지는 2번 이기고 6번 졌으므로 민지의 위치는

$$(+3)\times2+(-2)\times6=6-12=-6$$

따라서 정호와 민지의 위치의 차는 $14-(-6)=20$

0463 답 36점

찬호는 4문제를 맞히고 3문제를 틀렸으므로

$$\begin{aligned}(\text{찬호의 점수})&=30+(+3)\times4+(-2)\times3\\&=30+12-6=36(\text{점})\end{aligned}$$

0464 답 13점

1반의 기록이 5승 2무 1패이므로 1반의 점수는

$$(+3)\times5+(+1)\times2+(-2)\times1=15+2-2=15(\text{점}) \quad\cdots\cdots\ \textbf{ⓘ}$$

2반의 기록이 3승 1무 4패이므로 2반의 점수는

$$(+3)\times3+(+1)\times1+(-2)\times4=9+1-8=2(\text{점}) \quad\cdots\cdots\ \textbf{ⓘⓘ}$$

따라서 1반과 2반의 점수 차는

$$15-2=13(\text{점}) \quad\cdots\cdots\ \textbf{ⓘⓘⓘ}$$

채점 기준

ⓘ 1반의 점수 구하기	40 %
ⓘⓘ 2반의 점수 구하기	40 %
ⓘⓘⓘ 1반과 2반의 점수 차 구하기	20 %

AB 유형 점검

66~68쪽

0465 답 ④

① $(+3)+(-5)=-(5-3)=-2$

③ $\left(-\dfrac{1}{3}\right)+\left(+\dfrac{10}{3}\right)=+\left(\dfrac{10}{3}-\dfrac{1}{3}\right)=+\dfrac{9}{3}=+3$

④ $\left(+\dfrac{3}{2}\right)+\left(-\dfrac{3}{5}\right)=\left(+\dfrac{15}{10}\right)+\left(-\dfrac{6}{10}\right)=+\left(\dfrac{15}{10}-\dfrac{6}{10}\right)=+\dfrac{9}{10}$

⑤ $\left(-\dfrac{1}{4}\right)+\left(-\dfrac{5}{2}\right)=\left(-\dfrac{1}{4}\right)+\left(-\dfrac{10}{4}\right)=-\left(\dfrac{1}{4}+\dfrac{10}{4}\right)=-\dfrac{11}{4}$

따라서 옳지 않은 것은 ④이다.

0466 답 ㉠ 교환법칙, ㉡ 결합법칙

0467 답 ⑤

① $(+5)+(-9)=-(9-5)=-4$

② $(+4)-(+8)=(+4)+(-8)=-(8-4)=-4$

③ $(-2)-(+2)=(-2)+(-2)=-(2+2)=-4$

④ $\left(-\dfrac{1}{3}\right)+\left(-\dfrac{11}{3}\right)=-\left(\dfrac{1}{3}+\dfrac{11}{3}\right)=-\dfrac{12}{3}=-4$

⑤ $\begin{aligned}(-1.2)-(-5.2)&=(-1.2)+(+5.2)\\&=+(5.2-1.2)=+4\end{aligned}$

따라서 계산 결과가 나머지 넷과 다른 하나는 ⑤이다.

0468 답 2

$$\begin{aligned}\dfrac{4}{3}-\dfrac{7}{12}+2-\dfrac{3}{4}&=\left(+\dfrac{4}{3}\right)-\left(+\dfrac{7}{12}\right)+(+2)-\left(+\dfrac{3}{4}\right)\\&=\left(+\dfrac{16}{12}\right)+\left(-\dfrac{7}{12}\right)+\left(+\dfrac{24}{12}\right)+\left(-\dfrac{9}{12}\right)\\&=+\dfrac{24}{12}=2\end{aligned}$$

다른 풀이

$$\dfrac{4}{3}-\dfrac{7}{12}+2-\dfrac{3}{4}=\dfrac{16}{12}-\dfrac{7}{12}+\dfrac{24}{12}-\dfrac{9}{12}=\dfrac{24}{12}=2$$

0469 답 -12

어떤 수를 x라 하면 $x-(-5)=-2$이므로

$$x=-2+(-5)=-7$$

따라서 바르게 계산하면

$$-7+(-5)=-12$$

0470 답 ④

$|x|=3$이므로 $x=-3$ 또는 $x=3$

$|y|=5$이므로 $y=-5$ 또는 $y=5$

즉, $x+y$의 값은

(ⅰ) $x=-3$, $y=-5$일 때, $x+y=-3+(-5)=-8$

(ⅱ) $x=-3$, $y=5$일 때, $x+y=-3+5=2$

(ⅲ) $x=3$, $y=-5$일 때, $x+y=3+(-5)=-2$

(ⅳ) $x=3$, $y=5$일 때, $x+y=3+5=8$

따라서 (ⅰ)~(ⅳ)에서 $x+y$의 값 중 가장 큰 값은 8, 세 번째로 큰 값은 -2이므로

$$a=8,\ b=-2$$

$$\therefore a+b=8+(-2)=6$$

0471 답 -1.6

점 A에 대응하는 수는

$$\begin{aligned}3-6.4+1.8&=(+3)-(+6.4)+(+1.8)\\&=\{(+3)+(-6.4)\}+(+1.8)\\&=(-3.4)+(+1.8)=-1.6\end{aligned}$$

0472 답 $17\,\mu\mathrm{g/m^3}$

10일의 최고 미세 먼지 농도가 $21\,\mu\mathrm{g/m^3}$이므로 13일의 최고 미세 먼지 농도는

$$21-3+1-2=17(\mu\mathrm{g/m^3})$$

0473 답 -3

$a=\left(-\dfrac{16}{3}\right)\times\left(-\dfrac{9}{4}\right)=+\left(\dfrac{16}{3}\times\dfrac{9}{4}\right)=+12$

$b=\left(+\dfrac{5}{8}\right)\times\left(-\dfrac{2}{5}\right)=-\left(\dfrac{5}{8}\times\dfrac{2}{5}\right)=-\dfrac{1}{4}$

$\therefore a\times b=(+12)\times\left(-\dfrac{1}{4}\right)=-\left(12\times\dfrac{1}{4}\right)=-3$

0474 답 $-\dfrac{38}{3}$

세 수를 뽑아 곱한 값이 가장 크려면 양수이어야 하므로 음수 2개, 양수 중 절댓값이 큰 수 1개를 곱해야 한다.

$\therefore a=(-8)\times\left(-\dfrac{2}{9}\right)\times3=+\left(8\times\dfrac{2}{9}\times3\right)=\dfrac{16}{3}$

세 수를 뽑아 곱한 값이 가장 작으려면 음수이어야 하므로 음수 중 절댓값이 큰 수 1개, 양수 2개를 곱해야 한다.

$\therefore b=\dfrac{3}{4}\times(-8)\times3=-\left(\dfrac{3}{4}\times8\times3\right)=-18$

$\therefore a+b=\dfrac{16}{3}+(-18)=\dfrac{16}{3}+\left(-\dfrac{54}{3}\right)=-\dfrac{38}{3}$

만렙 Note

네 수 중 세 수를 뽑아 곱한 값 중 가장 큰 수와 가장 작은 수 구하기

(1) 음수가 2개, 양수가 2개 주어진 경우
 ① 가장 큰 곱 ➡ (음수)×(음수)×(절댓값이 큰 양수)
 ② 가장 작은 곱 ➡ (양수)×(양수)×(절댓값이 큰 음수)
(2) 음수가 3개, 양수가 1개 주어진 경우
 ① 가장 큰 곱 ➡ (절댓값이 큰 두 음수의 곱)×(양수)
 ② 가장 작은 곱 ➡ (음수)×(음수)×(음수)

0475 답 ④

$a=-2+4=2,\ b=-2-3=-5$

$\therefore b^a=(-5)^2=25$

0476 답 ⑤

n이 홀수이면 $(-1)^n=-1$이고

n이 짝수이면 $(-1)^n=1$이므로

$(-1)^{60}-(-1)^{59}-(-1)^{58}-(-1)^{57}-(-1)^{56}-\cdots$
$\phantom{(-1)^{60}-(-1)^{59}-(-1)^{58}-(-1)^{57}}-(-1)^3-(-1)^2-(-1)$

$=1-(-1)-1-(-1)-1-\cdots-(-1)-1+1$

$=\underbrace{1+1}_{0}\underbrace{-1+1}_{0}\underbrace{-1+\cdots+1}_{0}-1+1$

$=1+0+0+\cdots+0+1$

$\underbrace{}_{29개}$

$=1+1=2$

0477 답 -20

$23\times\left(-\dfrac{2}{3}\right)+7\times\left(-\dfrac{2}{3}\right)=(23+7)\times\left(-\dfrac{2}{3}\right)$

$\phantom{23\times\left(-\dfrac{2}{3}\right)+7\times\left(-\dfrac{2}{3}\right)}=30\times\left(-\dfrac{2}{3}\right)=-20$

0478 답 $-\dfrac{4}{7}$

$\dfrac{3}{4}$의 역수는 $\dfrac{4}{3}$, $-\dfrac{7}{3}$의 역수는 $-\dfrac{3}{7}$이므로 두 수의 곱은

$\dfrac{4}{3}\times\left(-\dfrac{3}{7}\right)=-\dfrac{4}{7}$

0479 답 ②

$a+(-3)=8$에서

$a=8-(-3)=11$

$b-\left(-\dfrac{1}{4}\right)=-\dfrac{2}{3}$에서

$b=-\dfrac{2}{3}+\left(-\dfrac{1}{4}\right)=-\left(\dfrac{8}{12}+\dfrac{3}{12}\right)=-\dfrac{11}{12}$

$\therefore a\div b=11\div\left(-\dfrac{11}{12}\right)$

$=11\times\left(-\dfrac{12}{11}\right)=-12$

0480 답 $-\dfrac{3}{2}$

$\dfrac{5}{6}\div\left(-\dfrac{2}{3}\right)^2\times\left(-\dfrac{4}{5}\right)=\dfrac{5}{6}\div\dfrac{4}{9}\times\left(-\dfrac{4}{5}\right)$

$\phantom{\dfrac{5}{6}\div\left(-\dfrac{2}{3}\right)^2\times\left(-\dfrac{4}{5}\right)}=\dfrac{5}{6}\times\dfrac{9}{4}\times\left(-\dfrac{4}{5}\right)$

$\phantom{\dfrac{5}{6}\div\left(-\dfrac{2}{3}\right)^2\times\left(-\dfrac{4}{5}\right)}=-\left(\dfrac{5}{6}\times\dfrac{9}{4}\times\dfrac{4}{5}\right)$

$\phantom{\dfrac{5}{6}\div\left(-\dfrac{2}{3}\right)^2\times\left(-\dfrac{4}{5}\right)}=-\dfrac{3}{2}$

0481 답 ③

$\square\div\left(-\dfrac{1}{8}\right)=\dfrac{16}{5}$에서

$\square=\dfrac{16}{5}\times\left(-\dfrac{1}{8}\right)=-\dfrac{2}{5}$

0482 답 ②

ㄱ. 부호를 알 수 없다.

ㄴ. (양수)−(음수) ➡ (양수)

ㄷ. (음수)−(양수) ➡ (음수)

ㄹ. $-b>0$이므로 (양수)×(양수) ➡ (양수)

ㅁ. $a^2>0$이므로 (양수)÷(음수) ➡ (음수)

따라서 항상 음수인 것은 ㄷ, ㅁ의 2개이다.

0483 답 26

$\left(-\dfrac{2}{3}\right)\div\left(-\dfrac{1}{3}\right)^3-(-14)\times\left\{\dfrac{60}{7}+(-2)^3\right\}$

$=\left(-\dfrac{2}{3}\right)\div\left(-\dfrac{1}{27}\right)-(-14)\times\left\{\dfrac{60}{7}+(-8)\right\}$

$=\left(-\dfrac{2}{3}\right)\times(-27)-(-14)\times\left\{\dfrac{60}{7}+\left(-\dfrac{56}{7}\right)\right\}$

$=18-(-14)\times\dfrac{4}{7}$

$=18+8=26$

0484 답 10

$a=4-5=-1$ ······ ⓘ

$b=-3+(-3)=-6$ ······ ⓙ

$c=b-(-1)=(-6)-(-1)$

$=-6+1=-5$ ······ ⓚ

$\therefore a-b-c=-1-(-6)-(-5)$

$=-1+6+5=10$ ······ ⓛ

채점 기준	
❶ a의 값 구하기	25 %
❷ b의 값 구하기	25 %
❸ c의 값 구하기	25 %
❹ $a-b-c$의 값 구하기	25 %

0485 답 $\dfrac{10}{9}$

어떤 수를 x라 하면 $x\times\left(-\dfrac{3}{2}\right)=\dfrac{5}{2}$이므로

$x=\dfrac{5}{2}\div\left(-\dfrac{3}{2}\right)=\dfrac{5}{2}\times\left(-\dfrac{2}{3}\right)=-\dfrac{5}{3}$

즉, 어떤 수는 $-\dfrac{5}{3}$이다. ······ ❶

따라서 바르게 계산하면

$\left(-\dfrac{5}{3}\right)\div\left(-\dfrac{3}{2}\right)=\left(-\dfrac{5}{3}\right)\times\left(-\dfrac{2}{3}\right)=\dfrac{10}{9}$ ······ ❷

채점 기준	
❶ 어떤 수 구하기	60 %
❷ 바르게 계산한 답 구하기	40 %

0486 답 해준, 3칸

해준이는 4번 이기고 3번 졌으므로 해준이의 위치는

$(+2)\times4+(-1)\times3=8-3=5$ ······ ❶

은영이는 3번 이기고 4번 졌으므로 은영이의 위치는

$(+2)\times3+(-1)\times4=6-4=2$ ······ ❷

따라서 해준이가 $5-2=3$(칸) 더 앞에 있다. ······ ❸

채점 기준	
❶ 해준이의 위치 구하기	40 %
❷ 은영이의 위치 구하기	40 %
❸ 누가 몇 칸 더 앞에 있는지 구하기	20 %

Ⓒ 실력 향상

69쪽

0487 답 $\dfrac{41}{3}$ m

건물 A의 높이를 0 m라 하면

건물 B의 높이는 $0-\dfrac{15}{2}=-\dfrac{15}{2}$(m)

건물 C의 높이는 $-\dfrac{15}{2}+\dfrac{29}{3}=-\dfrac{45}{6}+\dfrac{58}{6}=\dfrac{13}{6}$(m)

건물 D의 높이는 $\dfrac{13}{6}+4=\dfrac{13}{6}+\dfrac{24}{6}=\dfrac{37}{6}$(m)

따라서 가장 높은 건물 D와 가장 낮은 건물 B의 높이의 차는

$\dfrac{37}{6}-\left(-\dfrac{15}{2}\right)=\dfrac{37}{6}+\dfrac{15}{2}=\dfrac{37}{6}+\dfrac{45}{6}=\dfrac{82}{6}=\dfrac{41}{3}$(m)

0488 답 ③

㈏에서 $|a-4|=6$이므로 $a-4=-6$ 또는 $a-4=6$

(i) $a-4=-6$일 때,

$a=-6-(-4)=-6+4=-2$

(ii) $a-4=6$일 때,

$a=6-(-4)=6+4=10$

그런데 ㈎에서 $a<0$이므로 $a\neq10$

즉, (i), (ii)에서 $a=-2$

㈐에서 $|a|=|b|-3$이므로 $2=|b|-3$

즉, $|b|=2+3=5$이므로 $b=-5$ 또는 $b=5$

이때 ㈎에서 $b>0$이므로 $b=5$

$\therefore b-a=5-(-2)=5+2=7$

0489 답 $\dfrac{1}{6}$

$\dfrac{5}{2}\times\left(-\dfrac{1}{3}\right)\times\dfrac{4}{5}=-\dfrac{2}{3}$이므로 각 변의 세 수의 곱은 모두 $-\dfrac{2}{3}$이다.

$\dfrac{4}{5}\times a\times\dfrac{3}{4}=-\dfrac{2}{3}$이므로 $a\times\dfrac{3}{5}=-\dfrac{2}{3}$

$\therefore a=\left(-\dfrac{2}{3}\right)\div\dfrac{3}{5}=\left(-\dfrac{2}{3}\right)\times\dfrac{5}{3}=-\dfrac{10}{9}$

$b\times\left(-\dfrac{2}{3}\right)\times\dfrac{3}{4}=-\dfrac{2}{3}$이므로 $b\times\left(-\dfrac{1}{2}\right)=-\dfrac{2}{3}$

$\therefore b=\left(-\dfrac{2}{3}\right)\div\left(-\dfrac{1}{2}\right)=\left(-\dfrac{2}{3}\right)\times(-2)=\dfrac{4}{3}$

$\dfrac{5}{2}\times c\times b=-\dfrac{2}{3}$에서 $\dfrac{5}{2}\times c\times\dfrac{4}{3}=-\dfrac{2}{3}$이므로

$c\times\dfrac{10}{3}=-\dfrac{2}{3}$

$\therefore c=\left(-\dfrac{2}{3}\right)\div\dfrac{10}{3}=\left(-\dfrac{2}{3}\right)\times\dfrac{3}{10}=-\dfrac{1}{5}$

$\therefore a\div b\times c=\left(-\dfrac{10}{9}\right)\div\dfrac{4}{3}\times\left(-\dfrac{1}{5}\right)$

$=\left(-\dfrac{10}{9}\right)\times\dfrac{3}{4}\times\left(-\dfrac{1}{5}\right)=\dfrac{1}{6}$

0490 답 -7

-5를 프로그램 A에 입력하면

$(-5-2)\times\dfrac{3}{5}=(-7)\times\dfrac{3}{5}=-\dfrac{21}{5}$

$-\dfrac{21}{5}$을 프로그램 B에 입력하면

$\left(-\dfrac{21}{5}\right)\div\dfrac{3}{4}=\left(-\dfrac{21}{5}\right)\times\dfrac{4}{3}=-\dfrac{28}{5}$

$-\dfrac{28}{5}$을 프로그램 C에 입력하면

$\left(-\dfrac{28}{5}+\dfrac{21}{10}\right)\div\dfrac{1}{2}=\left(-\dfrac{56}{10}+\dfrac{21}{10}\right)\times2$

$=\left(-\dfrac{35}{10}\right)\times2=-7$

0491 답 ②

직사각형의 가로의 길이는

$20-20\times\dfrac{30}{100}=20-6=14$(cm)

직사각형의 세로의 길이는

$20+20\times\dfrac{20}{100}=20+4=24$(cm)

따라서 구하는 넓이는

$14\times24=336$(cm²)

05 / 문자의 사용과 식

A 개념 확인

0492 답 $(24-x)$시간

0493 답 $3a$ cm

0494 답 $7x$ km

0495 답 $3x$ g

0496 답 $0.01ab$

0497 답 $-2a^2b$

0498 답 $-x+3y$

0499 답 $-3x(a+b)$

0500 답 $5 \times a \times a$

0501 답 $(-3) \times a \times b \times b$

0502 답 $0.2 \times a \times b \times (x-y)$

0503 답 $\dfrac{1}{4} \times x \times y \times z \times z$

0504 답 $-\dfrac{a}{8}$

0505 답 $\dfrac{3}{a-b}$

0506 답 $x-\dfrac{y}{2}$

0507 답 $\dfrac{x}{7y}$

0508 답 $3 \div a$

0509 답 $b \div 2 \div a$

0510 답 $(x-y) \div 6$

0511 답 $(-5) \div (x+y)$

0512 답 $-\dfrac{ab}{3}$

0513 답 $\dfrac{2a}{b-c}$

0514 답 $2x-\dfrac{5}{y}$

0515 답 $-8\left(x+\dfrac{4}{y}\right)$

0516 답 2

$2a-4=2 \times 3-4=2$

0517 답 11

$5-3b=5-3 \times (-2)=5+6=11$

0518 답 4

$\dfrac{2}{x}-6=2 \div x-6=2 \div \dfrac{1}{5}-6$

$\qquad =2 \times 5-6=10-6=4$

0519 답 16

$2y^2+3y-4=2 \times (-4)^2+3 \times (-4)-4$

$\qquad\qquad\quad =32-12-4=16$

0520 답 -1

$4a-3b=4 \times 2-3 \times 3=8-9=-1$

0521 답 24

$2a^2+b^2=2 \times (-2)^2+4^2=8+16=24$

0522 답 3

$4x^2-16xy=4 \times \left(\dfrac{1}{2}\right)^2-16 \times \dfrac{1}{2} \times \left(-\dfrac{1}{4}\right)$

$\qquad\qquad =1+2=3$

0523 답 $\dfrac{16}{3}$

$\dfrac{y}{x}-xy=y \div x-xy$

$\qquad =2 \div \dfrac{1}{3}-\dfrac{1}{3} \times 2$

$\qquad =2 \times 3-\dfrac{2}{3}$

$\qquad =6-\dfrac{2}{3}=\dfrac{16}{3}$

0524 답

	$x-2y+6$	$\dfrac{x}{8}-0.1y-\dfrac{3}{7}$
(1) 항	$x,\ -2y,\ 6$	$\dfrac{x}{8},\ -0.1y,\ -\dfrac{3}{7}$
(2) 상수항	6	$-\dfrac{3}{7}$
(3) x의 계수	1	$\dfrac{1}{8}$
(4) y의 계수	-2	-0.1

0525 답

	x^2+4x-9	$-\dfrac{1}{2}x^2+5x+0.8$
(1) 항	$x^2,\ 4x,\ -9$	$-\dfrac{1}{2}x^2,\ 5x,\ 0.8$
(2) 상수항	-9	0.8
(3) x의 계수	4	5
(4) x^2의 계수	1	$-\dfrac{1}{2}$

0526 답 1

0527 답 2

0528 답 1

0529 답 1

0530 답 ×

0531 답 ×

0532 답 ○

0533 답 ×

0534 답 ×

0535 답 ○

0536 답 $12a$

0537 답 $-\dfrac{5}{3}ab$

0538 답 $-\dfrac{3}{8}x$

0539 답 $10y$

0540 답 $6a+3$

$3(2a+1)=3 \times 2a+3 \times 1$

$\qquad\qquad =6a+3$

0541 답 $-6+8b$

$-2(3-4b)=(-2) \times 3+(-2) \times (-4b)$

$\qquad\qquad =-6+8b$

0542 답 $-2x-3$

$$
\begin{aligned}
(6x+9)\div(-3)&=(6x+9)\times\left(-\frac{1}{3}\right)\\
&=6x\times\left(-\frac{1}{3}\right)+9\times\left(-\frac{1}{3}\right)\\
&=-2x-3
\end{aligned}
$$

0543 답 $-30y-18$

$$
\begin{aligned}
(-5y-3)\div\frac{1}{6}&=(-5y-3)\times6\\
&=(-5y)\times6+(-3)\times6\\
&=-30y-18
\end{aligned}
$$

0544 답 $2x$와 $\frac{1}{3}x$, $-y$와 $4y$

0545 답 $-\frac{1}{2}$과 1

0546 답 $7a$

$2a+5a=(2+5)a=7a$

0547 답 $-14b$

$-3b-11b=(-3-11)b=-14b$

0548 답 $0.3x-7$

$$
\begin{aligned}
-0.4x+3+0.7x-10&=(-0.4x+0.7x)+(3-10)\\
&=0.3x-7
\end{aligned}
$$

0549 답 $\frac{1}{6}y+\frac{5}{4}$

$$
\begin{aligned}
\frac{1}{2}y+1-\frac{1}{3}y+\frac{1}{4}&=\left(\frac{1}{2}y-\frac{1}{3}y\right)+\left(1+\frac{1}{4}\right)\\
&=\frac{1}{6}y+\frac{5}{4}
\end{aligned}
$$

0550 답 $3a+4$

$$
\begin{aligned}
(a+7)-(3-2a)&=a+7-3+2a\\
&=3a+4
\end{aligned}
$$

0551 답 $-6b+4$

$$
\begin{aligned}
2(3b-1)+3(-4b+2)&=6b-2-12b+6\\
&=-6b+4
\end{aligned}
$$

0552 답 $15x+4$

$$
\begin{aligned}
\frac{1}{3}(9x-6)-\frac{3}{2}(-8x-4)&=3x-2+12x+6\\
&=15x+4
\end{aligned}
$$

0553 답 $-\frac{5}{12}y+\frac{19}{12}$

$$
\begin{aligned}
\frac{y+5}{4}-\frac{2y-1}{3}&=\frac{1}{4}y+\frac{5}{4}-\frac{2}{3}y+\frac{1}{3}\\
&=-\frac{5}{12}y+\frac{19}{12}
\end{aligned}
$$

B 유형 완성   76~85쪽

0554 답 ②, ⑤

② $a\times b\div\frac{2}{3}c=a\times b\times\frac{3}{2c}=\frac{3ab}{2c}$

⑤ $0.1\times a\times c\times a\times b=0.1\times a\times a\times b\times c=0.1a^2bc$

따라서 옳지 않은 것은 ②, ⑤이다.

0555 답 $-\frac{a}{b}-\frac{7}{x+y}$

$$
\begin{aligned}
(-1)\times a\div b-7\div(x+y)&=(-1)\times a\times\frac{1}{b}-7\times\frac{1}{x+y}\\
&=-\frac{a}{b}-\frac{7}{x+y}
\end{aligned}
$$

0556 답 ⑤

① $a\div(b\div c)=a\div\frac{b}{c}=a\times\frac{c}{b}=\frac{ac}{b}$

② $a\times\left(\frac{1}{b}\div\frac{1}{c}\right)=a\times\left(\frac{1}{b}\times c\right)=a\times\frac{c}{b}=\frac{ac}{b}$

③ $a\div b\div\frac{1}{c}=a\times\frac{1}{b}\times c=\frac{ac}{b}$

④ $a\div\left(b\times\frac{1}{c}\right)=a\div\frac{b}{c}=a\times\frac{c}{b}=\frac{ac}{b}$

⑤ $a\times b\div c=a\times b\times\frac{1}{c}=\frac{ab}{c}$

따라서 나머지 넷과 다른 하나는 ⑤이다.

0557 답 ③

① $10\times a+b=10a+b$ ② $(x-12)\mathrm{L}$

④ $11+x$ ⑤ $3x+2$

따라서 옳은 것은 ③이다.

0558 답 $(3x+5y)$점

$3\times x+5\times y=3x+5y$(점)

0559 답 ①, ④

① 1분은 60초이므로 a분 b초는 $(60a+b)$초

② 1시간은 60분이므로 a시간 b분은 $(60a+b)$분

③ 1 m는 100 cm이므로 a m b cm는 $(100a+b)$ cm

④ 1 km는 1000 m이므로 a km b m는 $(1000a+b)$ m

⑤ 1 L는 1000 mL이므로 a L b mL는 $(1000a+b)$ mL

따라서 옳은 것은 ①, ④이다.

0560 답 $\left(a-\dfrac{ab}{100}\right)$명

여학생이 전체 학생 a명의 $b\,\%$이므로 여학생은 모두

$a\times\dfrac{b}{100}=\dfrac{ab}{100}$(명)   ······ ❶

이때 (남학생 수)=(전체 학생 수)−(여학생 수)이므로 남학생은 모두

$\left(a-\dfrac{ab}{100}\right)$명이다.   ······ ❷

채점 기준

❶ 여학생이 몇 명인지 문자를 사용한 식으로 나타내기		50 %
❷ 남학생이 몇 명인지 문자를 사용한 식으로 나타내기		50 %

0561 답 ①

② $a \times 3 = 3a \,(\text{cm})$　　　③ $a \times b = ab \,(\text{cm}^2)$

④ $a \times a \times a = a^3 \,(\text{cm}^3)$　　⑤ $x \times x = x^2 \,(\text{cm}^2)$

따라서 옳은 것은 ①이다.

0562 답 $\dfrac{(a+b)h}{2}\,\text{cm}^2$

(사다리꼴의 넓이)

$= \dfrac{1}{2} \times \{(\text{윗변의 길이}) + (\text{아랫변의 길이})\} \times (\text{높이})$

$= \dfrac{1}{2} \times (a+b) \times h = \dfrac{(a+b)h}{2} \,(\text{cm}^2)$

0563 답 ②

오른쪽 그림과 같이 사각형을 두 개의 삼각형으로
나누면 사각형의 넓이는

$\dfrac{1}{2} \times a \times 6 + \dfrac{1}{2} \times 4 \times b = 3a + 2b$

0564 답 $(280-70x)\,\text{km}$

$(\text{거리}) = (\text{속력}) \times (\text{시간})$이므로

$(x\text{시간 동안 간 거리}) = 70 \times x = 70x \,(\text{km})$

∴ $(\text{남은 거리}) = (\text{두 지점 A, B 사이의 거리}) - (x\text{시간 동안 간 거리})$
　　　　　　　　$= 280 - 70x \,(\text{km})$

0565 답 ⑤

$10000 - \left(a \times 2 + \dfrac{b}{5} \times 3\right) = 10000 - \left(2a + \dfrac{3b}{5}\right)$

　　　　　　　　　　　　　　$= 10000 - 2a - \dfrac{3b}{5} \,(\text{원})$

0566 답 ③

$15000 - 15000 \times \dfrac{a}{100} = 15000 - 150a \,(\text{원})$

0567 답 $50x\,\text{g}$

$5\,\text{kg}$은 $5000\,\text{g}$이고, $(\text{소금의 양}) = \dfrac{(\text{소금물의 농도})}{100} \times (\text{소금물의 양})$

이므로 구하는 소금의 양은

$\dfrac{x}{100} \times 5000 = 50x \,(\text{g})$

0568 답 ④

④ $(\text{소금의 양}) = \dfrac{(\text{소금물의 농도})}{100} \times (\text{소금물의 양})$이므로 농도가 $x\,\%$

인 소금물 $y\,\text{g}$에 들어 있는 소금의 양은

$\dfrac{x}{100} \times y = \dfrac{xy}{100} \,(\text{g})$

따라서 옳지 않은 것은 ④이다.

0569 답 ⑤

① $a^2 - 3b = 2^2 - 3 \times \left(-\dfrac{1}{3}\right) = 4 + 1 = 5$

② $a + 9b^2 = 2 + 9 \times \left(-\dfrac{1}{3}\right)^2 = 2 + 1 = 3$

③ $\dfrac{1}{a^2} + b = \dfrac{1}{2^2} + \left(-\dfrac{1}{3}\right) = \dfrac{1}{4} - \dfrac{1}{3} = -\dfrac{1}{12}$

④ $\dfrac{1}{a} - b = \dfrac{1}{2} - \left(-\dfrac{1}{3}\right) = \dfrac{1}{2} + \dfrac{1}{3} = \dfrac{5}{6}$

⑤ $a^3 - 18b^2 = 2^3 - 18 \times \left(-\dfrac{1}{3}\right)^2 = 8 - 2 = 6$

따라서 식의 값이 가장 큰 것은 ⑤이다.

0570 답 ④

① $-3a = -3 \times (-3) = 9$

② $a^2 = (-3)^2 = 9$

③ $(-a)^2 = \{-(-3)\}^2 = 3^2 = 9$

④ $6 + a = 6 + (-3) = 3$

⑤ $18 - a^2 = 18 - (-3)^2 = 18 - 9 = 9$

따라서 식의 값이 나머지 넷과 다른 하나는 ④이다.

0571 답 ③

$\dfrac{x+y}{z} + \dfrac{x^2}{y} = \dfrac{-2+(-4)}{3} + \dfrac{(-2)^2}{-4} = \dfrac{-6}{3} + \dfrac{4}{-4}$

　　　　　　　　　$= -2 - 1 = -3$

0572 답 ⑤

① $-6xy = -6 \times \left(-\dfrac{1}{3}\right) \times \left(\dfrac{1}{2}\right) = 1$

② $9x^2 + 4y^2 = 9 \times \left(-\dfrac{1}{3}\right)^2 + 4 \times \left(\dfrac{1}{2}\right)^2$

　　　　　　　$= 9 \times \dfrac{1}{9} + 4 \times \dfrac{1}{4} = 1 + 1 = 2$

③ $\dfrac{2}{x} + \dfrac{3}{y} = 2 \div x + 3 \div y = 2 \div \left(-\dfrac{1}{3}\right) + 3 \div \dfrac{1}{2}$

　　　　　$= 2 \times (-3) + 3 \times 2 = -6 + 6 = 0$

④ $\dfrac{x+y}{xy} = (x+y) \div xy = \left(-\dfrac{1}{3} + \dfrac{1}{2}\right) \div \left\{\left(-\dfrac{1}{3}\right) \times \dfrac{1}{2}\right\}$

　　　$= \left(-\dfrac{2}{6} + \dfrac{3}{6}\right) \div \left(-\dfrac{1}{6}\right) = \dfrac{1}{6} \times (-6) = -1$

⑤ $\dfrac{1}{x^2} - \dfrac{1}{y^2} = 1 \div x^2 - 1 \div y^2 = 1 \div \left(-\dfrac{1}{3}\right)^2 - 1 \div \left(\dfrac{1}{2}\right)^2$

　　　$= 1 \div \dfrac{1}{9} - 1 \div \dfrac{1}{4} = 1 \times 9 - 1 \times 4 = 9 - 4 = 5$

따라서 식의 값이 가장 큰 것은 ⑤이다.

0573 답 ④

① $-a = -\left(-\dfrac{1}{3}\right) = \dfrac{1}{3}$

② $a^2 = \left(-\dfrac{1}{3}\right)^2 = \dfrac{1}{9}$

③ $(-a)^3 = \left\{-\left(-\dfrac{1}{3}\right)\right\}^3 = \left(\dfrac{1}{3}\right)^3 = \dfrac{1}{27}$

④ $\dfrac{1}{a} = 1 \div a = 1 \div \left(-\dfrac{1}{3}\right) = 1 \times (-3) = -3$

⑤ $\dfrac{1}{a^2} = 1 \div a^2 = 1 \div \left(-\dfrac{1}{3}\right)^2 = 1 \div \dfrac{1}{9} = 1 \times 9 = 9$

따라서 식의 값이 가장 작은 것은 ④이다.

0574 답 3

$\dfrac{4}{x} - \dfrac{3}{y} + \dfrac{2}{z} = 4 \div x - 3 \div y + 2 \div z$

　　　　　　$= 4 \div \dfrac{1}{4} - 3 \div \dfrac{1}{3} + 2 \div \left(-\dfrac{1}{2}\right)$

　　　　　　$= 4 \times 4 - 3 \times 3 + 2 \times (-2)$

　　　　　　$= 16 - 9 - 4 = 3$

0575 답 10℃

$\frac{5}{9}(x-32)$에 $x=50$을 대입하면

$\frac{5}{9}\times(50-32)=\frac{5}{9}\times18=10(℃)$

0576 답 ④

$0.9(a-100)$에 $a=165$를 대입하면

$0.9\times(165-100)=0.9\times65=58.5(kg)$

0577 답 1020 m

$0.6a+331$에 $a=15$를 대입하면

$0.6\times15+331=9+331=340$

따라서 소리의 속력은 초속 340 m이다. ……❶

천둥이 친 지 3초 후에 천둥소리를 들었으므로 천둥이 친 곳까지의 거리는

$340\times3=1020(m)$ ……❷

채점 기준	
❶ 소리의 속력 구하기	50 %
❷ 천둥이 친 곳까지의 거리 구하기	50 %

0578 답 (1) $(17-0.1x)$℃ (2) 13.5℃

(1) 해수면에서 10 m 깊어질 때마다 수온이 1℃씩 낮아지므로 1 m 깊어질 때마다 수온이 0.1℃씩 낮아진다.

따라서 해수면에서 깊이가 x m인 곳의 수온은

$17-0.1\times x=17-0.1x(℃)$

(2) $17-0.1x$에 $x=35$를 대입하면

$17-0.1\times35=17-3.5=13.5(℃)$

0579 답 (1) $(2x+y)$점 (2) 12점

(1) $x\times2+y\times1+3\times0=2x+y$(점)

(2) $2x+y$에 $x=5$, $y=2$를 대입하면 $2\times5+2=12$(점)

0580 답 (1) $10ab$원 (2) 56000원

(1) 삼겹살 100 g의 가격이 b원이므로 1 kg, 즉 1000 g의 가격은

$b\times10=10b$(원) ……❶

따라서 승현이가 지불해야 할 금액은 삼겹살 a kg의 가격이므로

$10b\times a=10ab$(원) ……❷

(2) $10ab$에 $a=2$, $b=2800$을 대입하면

$10\times2\times2800=56000$

따라서 승현이가 지불해야 할 금액은 56000원이다. ……❸

채점 기준	
❶ 삼겹살 1 kg의 가격을 a, b를 사용하여 나타내기	20 %
❷ 승현이가 지불해야 할 금액을 a, b를 사용하여 나타내기	30 %
❸ $a=2$, $b=2800$일 때, 승현이가 지불해야 할 금액 구하기	50 %

0581 답 ③

③ x^2의 계수는 $\frac{1}{2}$이다.

⑤ 차수가 가장 큰 항은 $\frac{x^2}{2}$이므로 다항식의 차수는 2이다.

따라서 옳지 않은 것은 ③이다.

0582 답 ②, ④

① 분모에 문자가 있는 식은 다항식이 아니므로 단항식이 아니다.

③, ⑤ 항이 2개이므로 단항식이 아니다.

따라서 단항식인 것은 ②, ④이다.

0583 답 12

$-5x^2+10x-3$에서 다항식의 차수는 2, x의 계수는 10, 상수항은 -3, 항의 개수는 3이므로

$a=2$, $b=10$, $c=-3$, $d=3$

$\therefore a+b+c+d=2+10+(-3)+3=12$

0584 답 ④

① 분모에 문자가 있는 식은 다항식이 아니다.

② x의 계수는 $\frac{1}{3}$이다.

③ 항은 xy, z의 2개이다.

⑤ 차수가 가장 큰 항은 x^2이므로 다항식의 차수는 2이다.

따라서 옳은 것은 ④이다.

0585 답 ④

① x의 계수는 3, 상수항은 4이므로 그 곱은 $3\times4=12$로 양수이다.

② x의 계수가 -2이다.

③ 항이 2개이다.

⑤ 다항식의 차수가 3이다.

따라서 조건을 모두 만족시키는 다항식은 ④이다.

0586 답 ④

ㄴ. 다항식의 차수가 2이므로 일차식이 아니다.

ㅂ. 분모에 문자가 있는 식은 다항식이 아니므로 일차식이 아니다.

따라서 일차식인 것은 ㄱ, ㄷ, ㄹ, ㅁ의 4개이다.

0587 답 16

x의 계수가 -3이고 상수항이 5인 x에 대한 일차식은

$-3x+5$ ……❶

$-3x+5$에 $x=2$를 대입하면

$a=-3\times2+5=-6+5=-1$ ……❷

$-3x+5$에 $x=-4$를 대입하면

$b=-3\times(-4)+5=12+5=17$ ……❸

$\therefore a+b=-1+17=16$ ……❹

채점 기준	
❶ x에 대한 일차식 구하기	30 %
❷ a의 값 구하기	30 %
❸ b의 값 구하기	30 %
❹ $a+b$의 값 구하기	10 %

0588 답 ③

$(3+a)x^2+(b-4)x+3$이 x에 대한 일차식이 되려면

$3+a=0$, $b-4\neq0$이어야 하므로

$a=-3$, $b\neq4$

0589 답 ③, ⑤

③ $-\dfrac{1}{2}(6x-8)=-\dfrac{1}{2}\times 6x-\left(-\dfrac{1}{2}\right)\times 8=-3x+4$

⑤ $(4x-10)\div(-6)=(4x-10)\times\left(-\dfrac{1}{6}\right)=-\dfrac{2}{3}x+\dfrac{5}{3}$

따라서 옳지 않은 것은 ③, ⑤이다.

0590 답 -54

$(8x-12)\div\left(-\dfrac{4}{3}\right)=(8x-12)\times\left(-\dfrac{3}{4}\right)$
$\qquad\qquad\qquad\quad=-6x+9$

따라서 $a=-6$, $b=9$이므로
$ab=(-6)\times 9=-54$

0591 답 ③

$-3(x-2)=-3x+6$

① $(x-2)\times 3=3x-6$

② $(x-2)\div(-3)=(x-2)\times\left(-\dfrac{1}{3}\right)=-\dfrac{1}{3}x+\dfrac{2}{3}$

③ $(x-2)\div\left(-\dfrac{1}{3}\right)=(x-2)\times(-3)=-3x+6$

④ $(2x-1)\div\dfrac{1}{3}=(2x-1)\times 3=6x-3$

⑤ $-2(3x+1)=-6x-2$

따라서 계산 결과가 같은 것은 ③이다.

0592 답 ⑤

①, ② 차수가 다르므로 동류항이 아니다.

③ $\dfrac{3}{y}$은 분모에 문자가 있으므로 다항식이 아니다.

④ 문자가 다르므로 동류항이 아니다.

⑤ 문자와 차수가 각각 같으므로 동류항이다.

따라서 동류항끼리 짝 지어진 것은 ⑤이다.

0593 답 ⑤

동류항이려면 문자와 차수가 각각 같아야 하므로 $4x$와 동류항인 것은 ⑤ $-\dfrac{x}{5}$이다.

0594 답 ②

ㄱ. 차수가 다르므로 동류항이 아니다.

ㄴ. 문자와 차수가 각각 같으므로 동류항이다.

ㄷ. $\dfrac{4}{x}$는 분모에 문자가 있으므로 다항식이 아니다.

ㄹ. 상수항끼리는 동류항이다.

ㅁ. 문자가 다르므로 동류항이 아니다.

ㅂ. 각 문자의 차수가 다르므로 동류항이 아니다.

따라서 동류항끼리 짝 지어진 것은 ㄴ, ㄹ이다.

0595 답 -15

$3(1-2x)-\dfrac{1}{4}(4x-20)=3-6x-x+5$
$\qquad\qquad\qquad\qquad\qquad=-7x+8$

따라서 $a=-7$, $b=8$이므로
$a-b=-7-8=-15$

0596 답 $-2x+5y-1$

$2x-(y-3)-4x+6y-4=2x-y+3-4x+6y-4$
$\qquad\qquad\qquad\qquad\qquad=-2x+5y-1$

0597 답 ⑤

① $-6x+9+5x-11=-6x+5x+9-11=-x-2$

② $(3x+7)+(2x-4)=3x+7+2x-4=5x+3$

③ $(4x+1)-(3x-5)=4x+1-3x+5=x+6$

④ $\dfrac{1}{2}(2x-4)-3+x=x-2-3+x=2x-5$

⑤ $8\left(6x-\dfrac{3}{4}\right)-9\left(\dfrac{2}{3}x-2\right)=48x-6-6x+18=42x+12$

따라서 옳지 않은 것은 ⑤이다.

0598 답 3

$(ax+7)-(2x+b)=ax+7-2x-b$
$\qquad\qquad\qquad\qquad=(a-2)x+7-b$ ...... ❶

이때 x의 계수는 2, 상수항은 6이므로

$a-2=2$에서 $a=4$ ...... ❷

$7-b=6$에서 $b=1$ ...... ❸

$\therefore a-b=4-1=3$ ...... ❹

채점 기준	
❶ 동류항끼리 모아서 계산하기	30 %
❷ a의 값 구하기	30 %
❸ b의 값 구하기	30 %
❹ $a-b$의 값 구하기	10 %

0599 답 ②

$3x-[5x-2\{-x+2(-x+4)\}]$
$=3x-\{5x-2(-x-2x+8)\}$
$=3x-\{5x-2(-3x+8)\}$
$=3x-(5x+6x-16)$
$=3x-(11x-16)$
$=3x-11x+16$
$=-8x+16$

0600 답 $-x+6$

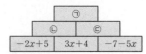

$ⓛ=(-2x+5)+(3x+4)$
$\quad=-2x+5+3x+4$
$\quad=x+9$

$ⓒ=(3x+4)+(-7-5x)$
$\quad=3x+4-7-5x$
$\quad=-2x-3$

$\therefore ⓐ=ⓛ+ⓒ$
$\quad=(x+9)+(-2x-3)$
$\quad=x+9-2x-3$
$\quad=-x+6$

0601 답 ③

$$\frac{2(x-3)}{3}-\frac{1-x}{2}=\frac{4(x-3)}{6}-\frac{3(1-x)}{6}=\frac{4x-12-3+3x}{6}$$
$$=\frac{7x-15}{6}=\frac{7}{6}x-\frac{5}{2}$$

0602 답 ①

$$\frac{3x-1}{5}-0.3\left(2x+\frac{5}{3}\right)=\frac{3}{5}x-\frac{1}{5}-\frac{3}{10}\left(2x+\frac{5}{3}\right)$$
$$=\frac{3}{5}x-\frac{1}{5}-\frac{3}{5}x-\frac{1}{2}$$
$$=-\frac{1}{5}-\frac{1}{2}=-\frac{7}{10}$$

따라서 $a=0$, $b=-\frac{7}{10}$이므로

$$b-a=-\frac{7}{10}-0=-\frac{7}{10}$$

0603 답 $-\dfrac{11}{12}$

$$\frac{3x-5y}{2}-\frac{2x-y}{4}+\frac{x+y}{6}$$
$$=\frac{6(3x-5y)}{12}-\frac{3(2x-y)}{12}+\frac{2(x+y)}{12}$$
$$=\frac{18x-30y-6x+3y+2x+2y}{12}$$
$$=\frac{14x-25y}{12}=\frac{7}{6}x-\frac{25}{12}y \quad\cdots\cdots ❶$$

따라서 x의 계수는 $\frac{7}{6}$, y의 계수는 $-\frac{25}{12}$이므로 구하는 합은

$$\frac{7}{6}+\left(-\frac{25}{12}\right)=\frac{14}{12}+\left(-\frac{25}{12}\right)=-\frac{11}{12} \quad\cdots\cdots ❷$$

채점 기준

❶ 주어진 식 계산하기	60 %
❷ x의 계수와 y의 계수의 합 구하기	40 %

0604 답 $(8a+30)$ cm, $(41a+1)$ cm²

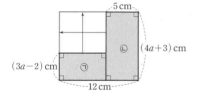

$$\begin{aligned}(둘레의\ 길이)&=2\times\{12+(4a+3)\}\\&=2\times(4a+15)\\&=8a+30(cm)\end{aligned}$$

$$\begin{aligned}(넓이)&=(㉠의\ 넓이)+(㉡의\ 넓이)\\&=(12-5)\times(3a-2)+5\times(4a+3)\\&=21a-14+20a+15\\&=41a+1(cm^2)\end{aligned}$$

다른 풀이

$$\begin{aligned}(구하는\ 넓이)&=(큰\ 직사각형의\ 넓이)-(작은\ 직사각형의\ 넓이)\\&=12\times(4a+3)-(12-5)\times\{(4a+3)-(3a-2)\}\\&=48a+36-7(a+5)\\&=48a+36-7a-35\\&=41a+1(cm^2)\end{aligned}$$

0605 답 ④

(학용품의 전체 무게)
= (자선 단체 A에 보내는 학용품의 무게)
 + (자선 단체 B에 보내는 학용품의 무게)
$$=20\times(x+3)+15\times(2x-1)$$
$$=20x+60+30x-15$$
$$=50x+45(kg)$$

0606 답 $(38-6x)$ cm

직사각형의 가로의 길이는 $(8-x)$ cm
직사각형의 세로의 길이는
$$8-(2x-3)=8-2x+3=11-2x(cm)$$
따라서 직사각형의 둘레의 길이는
$$2\times\{(8-x)+(11-2x)\}=2\times(19-3x)$$
$$=38-6x(cm)$$

0607 답 $18x+51$

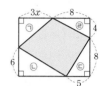

직사각형의 가로의 길이는 $3x+8$,
세로의 길이는 $4+8=12$이므로
$$\begin{aligned}(직사각형의\ 넓이)&=(3x+8)\times12\\&=36x+96 \quad\cdots\cdots ❶\end{aligned}$$

또 네 직각삼각형 ㉠, ㉡, ㉢, ㉣의
넓이의 합은
(㉠의 넓이)+(㉡의 넓이)+(㉢의 넓이)+(㉣의 넓이)
$$=\frac{1}{2}\times3x\times(12-6)+\frac{1}{2}\times(3x+8-5)\times6+\frac{1}{2}\times5\times8+\frac{1}{2}\times8\times4$$
$$=9x+9x+9+20+16$$
$$=18x+45 \quad\cdots\cdots ❷$$

$\therefore$ (색칠한 부분의 넓이)
$$=(직사각형의\ 넓이)-(㉠,\ ㉡,\ ㉢,\ ㉣의\ 넓이의\ 합)$$
$$=36x+96-(18x+45)$$
$$=36x+96-18x-45$$
$$=18x+51 \quad\cdots\cdots ❸$$

채점 기준

❶ 직사각형의 넓이를 x를 사용한 식으로 나타내기	30 %
❷ 네 직각삼각형의 넓이의 합을 x를 사용한 식으로 나타내기	50 %
❸ 색칠한 부분의 넓이를 x를 사용한 식으로 나타내기	20 %

0608 답 ①

$$\begin{aligned}3A-2(A-B)&=3A-2A+2B\\&=A+2B\\&=-2x-5+2(x-2)\\&=-2x-5+2x-4=-9\end{aligned}$$

0609 답 ④

$$\begin{aligned}2A-3B&=2(-3x+2)-3(2x-3)\\&=-6x+4-6x+9\\&=-12x+13\end{aligned}$$

따라서 $a=-12$, $b=13$이므로
$$a+b=-12+13=1$$

0610 답 ③

$$-A+4B=-\frac{-x+2}{3}+4\times\frac{3x-5}{8}$$
$$=\frac{x-2}{3}+\frac{3x-5}{2}$$
$$=\frac{2x-4+9x-15}{6}$$
$$=\frac{11x-19}{6}$$

0611 답 $-8x+2y$

어떤 다항식을 $\boxed{}$라 하면

$\boxed{}+(5x-3y)=-3x-y$

$\therefore \boxed{}=-3x-y-(5x-3y)$
$$=-3x-y-5x+3y$$
$$=-8x+2y$$

따라서 어떤 다항식은 $-8x+2y$이다.

0612 답 ②

$(-4x+1)-\boxed{}=3x-2$에서

$\boxed{}=(-4x+1)-(3x-2)$
$$=-4x+1-3x+2$$
$$=-7x+3$$

0613 답 $5x+15$

$B+(-4x+6)=-5x-1$이므로

$B=(-5x-1)-(-4x+6)$
$$=-5x-1+4x-6$$
$$=-x-7$$

$A+B=3x+1$에서

$A+(-x-7)=3x+1$이므로

$A=(3x+1)-(-x-7)$
$$=3x+1+x+7$$
$$=4x+8$$

$\therefore A-B=(4x+8)-(-x-7)$
$$=4x+8+x+7$$
$$=5x+15$$

0614 답 $10x+6$

㈏에서 $B+(-4x+3)=9x+4$이므로

$B=(9x+4)-(-4x+3)$
$$=9x+4+4x-3$$
$$=13x+1$$

㈎에서 $A-(3x-5)=B$이므로

$A=B+(3x-5)$
$$=(13x+1)+(3x-5)$$
$$=16x-4$$

$\therefore 2A-(3A-2B)=2A-3A+2B$
$$=-A+2B$$
$$=-(16x-4)+2(13x+1)$$
$$=-16x+4+26x+2$$
$$=10x+6$$

0615 답 ⑤

어떤 다항식을 $\boxed{}$라 하면

$\boxed{}-(5a-2)=3a-2$

$\therefore \boxed{}=3a-2+(5a-2)=8a-4$

따라서 바르게 계산한 식은

$8a-4+(5a-2)=13a-6$

0616 답 -12

어떤 다항식을 $\boxed{}$라 하면

$3x-6+\boxed{}=x+5$

$\therefore \boxed{}=x+5-(3x-6)$
$$=x+5-3x+6=-2x+11$$

즉, 어떤 다항식은 $-2x+11$이다. ······ ❶

따라서 바르게 계산한 식은

$3x-6-(-2x+11)=3x-6+2x-11$
$$=5x-17$$ ······ ❷

이때 x의 계수는 5, 상수항은 -17이므로 구하는 합은

$5+(-17)=-12$ ······ ❸

채점 기준

❶	어떤 다항식 구하기	40 %
❷	바르게 계산한 식 구하기	40 %
❸	x의 계수와 상수항의 합 구하기	20 %

0617 답 $-7x+54$

어떤 다항식을 $\boxed{}$라 하면

$\boxed{}+\dfrac{1}{3}\times(3x-15)=3x+4$에서

$\boxed{}+x-5=3x+4$

$\therefore \boxed{}=3x+4-(x-5)$
$$=3x+4-x+5=2x+9$$

따라서 바르게 계산한 식은

$2x+9-3\times(3x-15)=2x+9-9x+45$
$$=-7x+54$$

AB 유형 점검
86~88쪽

0618 답 ③

ㄱ. $3\times x=3x$

ㄴ. $a\times a\times b\times a\times b\times(-1)=-a^3b^2$

ㅁ. $x\div y\div(-3z)=x\times\dfrac{1}{y}\times\left(-\dfrac{1}{3z}\right)=-\dfrac{x}{3yz}$

따라서 옳은 것은 ㄷ, ㄹ이다.

0619 답 ①, ③

② 밑변의 길이가 $a\,\mathrm{cm}$, 높이가 $h\,\mathrm{cm}$인 삼각형의 넓이는 $\dfrac{1}{2}ah\,\mathrm{cm}^2$이다.

④ 15명이 a원씩 내서 b원짜리 생일 케이크 2개를 사고 남은 돈은 $(15a-2b)$원이다.

⑤ (거리)=(속력)×(시간)이므로 시속 13 km로 x시간 동안 달린
거리는 $13x$ km이다.
따라서 옳은 것은 ①, ③이다.

0620 답 15
$$3x^2-\frac{2y}{x}=3\times(-2)^2-\frac{2\times3}{-2}=12+3=15$$

0621 답 ⑤
$$\frac{5}{x}-\frac{2}{y}=5\div x-2\div y=5\div\frac{1}{2}-2\div\left(-\frac{6}{5}\right)$$
$$=5\times2-2\times\left(-\frac{5}{6}\right)=10+\frac{5}{3}=\frac{35}{3}$$

0622 답 ①
$20t-5t^2$에 $t=3$을 대입하면
$20\times3-5\times3^2=60-45=15$(m)

0623 답 $(500+0.4x)$ mm, 510 mm
사람의 머리카락이 하루에 0.4 mm씩 자라고, 50 cm는 500 mm이
므로 x일 후의 선우의 머리카락의 길이는
$500+0.4\times x=500+0.4x$(mm)
$500+0.4x$에 $x=25$를 대입하면
$500+0.4\times25=500+10=510$(mm)
따라서 지금으로부터 25일 후의 선우의 머리카락의 길이는 510 mm
이다.

0624 답 ④, ⑤
④ x의 계수는 $-\frac{2}{3}$이다.
⑤ 상수항은 -1이다.
따라서 옳지 않은 것은 ④, ⑤이다.

0625 답 ①, ④
② $1-3a+3a=1$은 상수항이므로 일차식이 아니다.
③ 분모에 문자가 있는 식은 다항식이 아니므로 일차식이 아니다.
④ $0\times y^2+y=y$는 일차식이다.
⑤ 상수항은 일차식이 아니다.
따라서 일차식인 것은 ①, ④이다.

0626 답 ④
① $9x\times\left(-\frac{2}{3}\right)=-6x$
② $(-2)\times(3x-1)=(-2)\times3x-(-2)\times1=-6x+2$
③ $\frac{1}{3}(9x-2)=\frac{1}{3}\times9x-\frac{1}{3}\times2=3x-\frac{2}{3}$
④ $8x\div\left(-\frac{4}{5}\right)=8x\times\left(-\frac{5}{4}\right)=-10x$
⑤ $(6x-4)\div(-2)=(6x-4)\times\left(-\frac{1}{2}\right)$
$$=6x\times\left(-\frac{1}{2}\right)-4\times\left(-\frac{1}{2}\right)$$
$$=-3x+2$$
따라서 옳은 것은 ④이다.

0627 답 ④
① 문자가 다르므로 동류항이 아니다.
② $xy=x\times y$, $x^2=x\times x$에서 문자가 다르므로 동류항이 아니다.
③, ⑤ 차수가 다르므로 동류항이 아니다.
④ 문자와 차수가 각각 같으므로 동류항이다.
따라서 동류항끼리 짝 지어진 것은 ④이다.

0628 답 $-8x+1$
$(4x-2)\div\left(-\frac{2}{5}\right)+\frac{1}{3}(6x-12)$
$$=(4x-2)\times\left(-\frac{5}{2}\right)+\frac{1}{3}(6x-12)$$
$$=-10x+5+2x-4$$
$$=-8x+1$$

0629 답 $\frac{5}{12}$, $\frac{2}{3}$
$$\frac{2a-1}{3}-\frac{a-4}{4}=\frac{4(2a-1)}{12}-\frac{3(a-4)}{12}$$
$$=\frac{8a-4-3a+12}{12}$$
$$=\frac{5a+8}{12}$$
$$=\frac{5}{12}a+\frac{2}{3}$$
따라서 a의 계수는 $\frac{5}{12}$, 상수항은 $\frac{2}{3}$이다.

0630 답 $(28a+24)\text{m}^2$
산책로를 포함한 큰 직사각형의 넓이는
$7a\times10=70a(\text{m}^2)$
직사각형 모양의 화단의 넓이는
$(7a-2\times2)\times(10-2\times2)=(7a-4)\times6$
$$=42a-24(\text{m}^2)$$
따라서 산책로의 넓이는
$70a-(42a-24)=70a-42a+24$
$$=28a+24(\text{m}^2)$$

0631 답 ②
$2A-B=2(2x+3)-(-3x+5)$
$$=4x+6+3x-5$$
$$=7x+1$$
따라서 $a=7$, $b=1$이므로
$a+b=7+1=8$

0632 답 $2x-17$
어떤 다항식을 $\boxed{}$라 하면
$\boxed{}-(4x-9)=-2x-8$
$\therefore \boxed{}=-2x-8+(4x-9)$
$$=-2x-8+4x-9$$
$$=2x-17$$
따라서 어떤 다항식은 $2x-17$이다.

0633 답 $x-3$

$A+(2x+3)=-x-4$이므로

$A=(-x-4)-(2x+3)=-x-4-2x-3=-3x-7$

$B=(-x-4)+5x+8=4x+4$

$\therefore A+B=(-3x-7)+(4x+4)=x-3$

0634 답 $16x-15$

어떤 다항식을 $\boxed{}$라 하면

$\boxed{}+(-6x+7)=4x-1$

$\therefore \boxed{}=4x-1-(-6x+7)$

$\qquad\quad =4x-1+6x-7$

$\qquad\quad =10x-8$

따라서 바르게 계산한 식은

$10x-8-(-6x+7)=10x-8+6x-7$

$\qquad\qquad\qquad\qquad\quad =16x-15$

0635 답 (1) $5x+3$ (2) $\dfrac{3}{2}ab$

(1) $5\times x+3=5x+3$ $\qquad\qquad\qquad$ ······ ❶

(2) $\dfrac{1}{2}\times a\times 3b=\dfrac{3}{2}ab$ $\qquad\qquad$ ······ ❷

채점 기준

❶ 딸기의 개수를 간단히 나타내기	50 %
❷ 마름모의 넓이를 간단히 나타내기	50 %

0636 답 14

$\dfrac{2}{3}(6x-21)=\dfrac{2}{3}\times 6x-\dfrac{2}{3}\times 21=4x-14$

즉, x의 계수는 4이므로 $a=4$ $\qquad\qquad$ ······ ❶

$\left(\dfrac{x}{2}-\dfrac{5}{3}\right)\div\left(-\dfrac{1}{6}\right)=\left(\dfrac{x}{2}-\dfrac{5}{3}\right)\times(-6)$

$\qquad\qquad\qquad\qquad\quad =\dfrac{x}{2}\times(-6)-\dfrac{5}{3}\times(-6)$

$\qquad\qquad\qquad\qquad\quad =-3x+10$

즉, 상수항은 10이므로 $b=10$ $\qquad\qquad$ ······ ❷

$\therefore a+b=4+10=14$ $\qquad\qquad\qquad$ ······ ❸

채점 기준

❶ a의 값 구하기	40 %
❷ b의 값 구하기	40 %
❸ $a+b$의 값 구하기	20 %

0637 답 -1

$x-[3+x-\{2-(x-1)\}]=x-\{3+x-(2-x+1)\}$

$\qquad\qquad\qquad\qquad\qquad =x-\{3+x-(-x+3)\}$

$\qquad\qquad\qquad\qquad\qquad =x-(3+x+x-3)$

$\qquad\qquad\qquad\qquad\qquad =x-2x=-x$ ······ ❶

따라서 $a=-1$, $b=0$이므로 $\qquad\qquad$ ······ ❷

$a-b=-1$ $\qquad\qquad\qquad\qquad\qquad$ ······ ❸

채점 기준

❶ 주어진 식 계산하기	60 %
❷ a, b의 값 구하기	20 %
❸ $a-b$의 값 구하기	20 %

0638 답 $\left(3x+\dfrac{15}{2}y\right)\text{mg}$

멸치 $1\,\text{g}$당 마그네슘 함량은 $\dfrac{300}{100}=3(\text{mg})$

다시마 $1\,\text{g}$당 마그네슘 함량은 $\dfrac{750}{100}=\dfrac{15}{2}(\text{mg})$

따라서 멸치 $x\,\text{g}$과 다시마 $y\,\text{g}$을 섭취하였을 때 섭취한 마그네슘의 양은

$3\times x+\dfrac{15}{2}\times y=3x+\dfrac{15}{2}y(\text{mg})$

0639 답 $76a-38$

(구하는 도형의 넓이)

$=(㉠의 넓이)$

$\quad +(㉡, ㉢의 넓이의 합)$

$=15\times(4a-2)$

$\quad +(15-2-3-2)\times(2a-1)$

$=60a-30+8\times(2a-1)$

$=60a-30+16a-8$

$=76a-38$

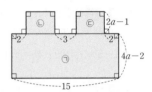

0640 답 31개

정사각형을 만드는 데 필요한 성냥개비의 개수는 다음과 같다.

정사각형 1개 ➡ 4개

정사각형 2개 ➡ $4+3$(개)

정사각형 3개 ➡ $4+3+3=4+3\times 2$(개)

정사각형 4개 ➡ $4+3+3+3=4+3\times 3$(개)

$\qquad\qquad\qquad \vdots$

정사각형 a개 ➡ $4+3(a-1)=3a+1$(개)

따라서 정사각형을 10개 만드는 데 필요한 성냥개비는

$3a+1$에 $a=10$을 대입하면

$3\times 10+1=31$(개)

0641 답 $(16n+24)\,\text{cm}$

종이 n장을 이어 붙이면 겹치는 부분이 $(n-1)$개 생기므로 완성된 직사각형의 가로의 길이는

$10\times n-2\times(n-1)=10n-2n+2$

$\qquad\qquad\qquad\qquad\qquad =8n+2(\text{cm})$

따라서 완성된 직사각형의 둘레의 길이는

$2\times\{(8n+2)+10\}=2\times(8n+12)$

$\qquad\qquad\qquad\qquad\quad =16n+24(\text{cm})$

다른 풀이 완성된 직사각형의 가로의 길이 구하기

한 변의 길이가 $10\,\text{cm}$인 정사각형 모양의 종이를 $2\,\text{cm}$만큼 겹치도록 이어 붙이므로 종이를 1장씩 이어 붙일 때마다 가로의 길이가

$10-2=8(\text{cm})$씩 늘어난다.

따라서 처음 한 장에 $(n-1)$장의 종이를 이어 붙인 직사각형의 가로의 길이는

$10+8\times(n-1)=10+8n-8$

$\qquad\qquad\qquad\qquad =8n+2(\text{cm})$

06 / 일차방정식

A 개념 확인

90~91쪽

0642 답 ㄱ, ㄴ

ㄷ. 다항식

ㄹ. 부등호를 사용한 식

따라서 등식인 것은 ㄱ, ㄴ이다.

0643 답 $3x+1=5x$

0644 답 $x-16=13$

0645 답 $500x+700y=4600$

0646 답 $5x=20$

0647 답 ×　　　　**0648** 답 ○

0649 답 ○　　　　**0650** 답 ○

0651 답 ○

$a=b$의 양변에 3을 더하면 $a+3=b+3$

0652 답 ○

$2a+1=b+1$의 양변에서 1을 빼면 $2a=b$

0653 답 ×

$\dfrac{a}{2}=4b$의 양변에 2를 곱하면 $a=8b$

0654 답 ×

$3a=2b$의 양변을 3으로 나누면 $a=\dfrac{2}{3}b$

0655 답 풀이 참조

$$3x-1=2$$
$$3x-1+\boxed{1}=2+\boxed{1} \quad\longleftarrow\text{양변에 }\boxed{1}\text{을 더한다.}$$
$$3x=\boxed{3}$$
$$\therefore x=\boxed{1} \quad\longleftarrow\text{양변을 }\boxed{3}\text{으로 나눈다.}$$

0656 답 $x=1-2$

0657 답 $5x-3x=-8$

0658 답 $2x-4x=9+7$

0659 답 ㄱ, ㄴ

ㄱ. $6x-7=5$에서 $6x-12=0$ ➡ 일차방정식

ㄴ. $3x+7=x-1$에서 $2x+8=0$ ➡ 일차방정식

ㄷ. 부등호를 사용한 식이므로 일차방정식이 아니다.

ㄹ. $x^2+4=-2x$에서 $x^2+2x+4=0$ ➡ 일차방정식이 아니다.

따라서 일차방정식인 것은 ㄱ, ㄴ이다.

0660 답 $x=-1$

$9x+3=6x$에서 $9x-6x=-3$

$3x=-3$　　∴ $x=-1$

0661 답 $x=4$

$2(x-7)=-(x+2)$에서

$2x-14=-x-2$

$2x+x=-2+14$, $3x=12$

∴ $x=4$

0662 답 $x=-6$

$0.1x+2.3=1.7$의 양변에 10을 곱하면

$x+23=17$, $x=17-23$

∴ $x=-6$

0663 답 $x=4$

$\dfrac{3}{2}x+3=-\dfrac{1}{4}x+10$의 양변에 4를 곱하면

$6x+12=-x+40$, $6x+x=40-12$

$7x=28$　　∴ $x=4$

B 유형 완성

92~99쪽

0664 답 ②, ④

① 다항식

③, ⑤ 부등호를 사용한 식

따라서 등식인 것은 ②, ④이다.

0665 답 ③

0666 답 ③

① (정삼각형의 둘레의 길이)=(한 변의 길이)×3이므로

　　$3x=51$

② (거리)=(속력)×(시간)이므로

　　$4x=12$

④ 100g에 x원인 돼지고기 800g의 가격은 $8x$원이므로

　　$8x=12000$

⑤ (직사각형의 넓이)=(가로의 길이)×(세로의 길이)이므로

　　$5x=40$

따라서 옳은 것은 ③이다.

0667 답 ④

주어진 방정식에 $x=-10$을 각각 대입하면

① $-10+2\neq10$

② $-2\times(-10)+5\neq4$

③ $-(-10)+9\neq2\times(-10)+6$

④ $\dfrac{-10}{10}+8=-2\times(-10)-13$

⑤ $\dfrac{-10}{3}+11\neq\dfrac{2}{7}\times(-10)-4$

따라서 해가 $x=-10$인 방정식은 ④이다.

0668 답 ⑤

주어진 방정식에 [ ] 안의 수를 각각 대입하면

① $-3\times(-3)-2=7$ ② $1-0=0+1$

③ $3\times4-5=15-2\times4$ ④ $2\times(2-1)=-2+4$

⑤ $3\times1\neq5\times(1+1)-3$

따라서 [ ] 안의 수가 주어진 방정식의 해가 아닌 것은 ⑤이다.

0669 답 $x=1$

x의 값이 -1, 0, 1, 2이므로 ...... ❶

주어진 방정식에

$x=-1$을 대입하면 $\dfrac{3}{2}\times(-1+1)\neq2\times(-1)+1$

$x=0$을 대입하면 $\dfrac{3}{2}\times(0+1)\neq2\times0+1$

$x=1$을 대입하면 $\dfrac{3}{2}\times(1+1)=2\times1+1$

$x=2$를 대입하면 $\dfrac{3}{2}\times(2+1)\neq2\times2+1$ ...... ❷

따라서 주어진 방정식의 해는 $x=1$이다. ...... ❸

채점 기준

❶ x의 값 나열하기	20 %
❷ x의 값을 방정식에 대입하기	60 %
❸ 방정식의 해 구하기	20 %

0670 답 ⑤

② (좌변)$=4x-x=3x$이므로 (좌변)$\neq$(우변)

③ (좌변)$=-(x+1)=-x-1$이므로 (좌변)$\neq$(우변)

④ (좌변)$=2(x-1)=2x-2$이므로 (좌변)$\neq$(우변)

⑤ (우변)$=(2x+3)+(x+2)=3x+5$이므로 (좌변)$=$(우변)

따라서 항등식인 것은 ⑤이다.

0671 답 ⑤

x의 값에 관계없이 항상 참인 등식은 항등식이다.

ㄱ. (좌변)$=x+2x=3x$이므로 (좌변)$\neq$(우변)

ㄴ. (좌변)$=5x-x=4x$, (우변)$=x+3x=4x$이므로

(좌변)$=$(우변)

ㄹ. (좌변)$=2(x-3)=2x-6$이므로 (좌변)$=$(우변)

ㅁ. (좌변)$=2(3x-2)=6x-4$, (우변)$=4\left(\dfrac{3}{2}x-1\right)=6x-4$이므로

(좌변)$=$(우변)

따라서 항등식은 ㄴ, ㄹ, ㅁ이다.

0672 답 -7

$-2x+a=2(bx-3)$이 x에 대한 항등식이므로

$-2x+a=2bx-6$에서

$-2=2b$, $a=-6$ ∴ $a=-6$, $b=-1$

∴ $a+b=-6+(-1)=-7$

0673 답 ④

$4x+a=2bx+7$이 x에 대한 항등식이므로

$4=2b$, $a=7$ ∴ $a=7$, $b=2$

∴ $ab=7\times2=14$

0674 답 4

$6x+2=a(1+2x)+b$가 x에 대한 항등식이므로

$6x+2=2ax+a+b$에서 ...... ❶

$6=2a$, $2=a+b$

∴ $a=3$, $b=-1$ ...... ❷

∴ $a-b=3-(-1)=4$ ...... ❸

채점 기준

❶ 우변 정리하기	30 %
❷ a, b의 값 구하기	50 %
❸ $a-b$의 값 구하기	20 %

0675 답 $x+2$

(좌변)$=-3x+2(3x+1)=3x+2$이므로

$3x+2=2x+A$

∴ $A=(3x+2)-2x=x+2$

0676 답 ⑤

① $\dfrac{x}{2}=y$의 양변에 2를 곱하면 $x=2y$

② $-x=y$의 양변에 3을 더하면 $3-x=y+3$

③ $x=y$의 양변에 -1을 곱하면 $-x=-y$

이 식의 양변에 1을 더하면 $1-x=1-y$

④ $3x=2y$의 양변을 6으로 나누면 $\dfrac{x}{2}=\dfrac{y}{3}$

⑤ $x=3y$의 양변에서 3을 빼면 $x-3=3y-3$

즉, $x-3=3(y-1)$이므로 $x-3\neq3(y-3)$

따라서 옳지 않은 것은 ⑤이다.

0677 답 ④

① $a=2b$의 양변에 $\dfrac{3}{2}$을 곱하면 $\dfrac{3}{2}a=3b$

② $a=2b$의 양변에 5를 곱하면 $5a=10b$

이 식의 양변에 1을 더하면 $5a+1=10b+1$

③ $a=2b$의 양변에서 6을 빼면 $a-6=2b-6$

∴ $a-6=2(b-3)$

④ $a=2b$의 양변에 -2를 곱하면 $-2a=-4b$

이 식의 양변에 2를 더하면 $-2a+2=-4b+2$

∴ $-2a+2\neq-4b+4$

⑤ $a=2b$의 양변을 2로 나누면 $\dfrac{a}{2}=b$

이 식의 양변에서 5를 빼면 $\dfrac{a}{2}-5=b-5$

따라서 옳지 않은 것은 ④이다.

0678 답 5

$3(a-2)=3b+3$에서 $3a-6=3b+3$

이 식의 양변에 6을 더하면 $3a=3b+9$

이 식의 양변을 3으로 나누면 $a=b+3$

이 식의 양변에서 8을 빼면 $a-8=b-5$

∴ $\square=5$

0679 답 ㈎ ㄱ, ㈏ ㄹ
㈎ 등식의 양변에 3을 더한다. ➡ ㄱ
㈏ 등식의 양변을 5로 나눈다. ➡ ㄹ

0680 답 11
$$\frac{1}{2}x+3=5$$
$$\frac{1}{2}x+3-\boxed{3}=5-\boxed{3}$$
$$\frac{1}{2}x=\boxed{2}$$
$$\frac{1}{2}x\times\boxed{2}=\boxed{2}\times\boxed{2}$$
$$\therefore x=\boxed{4}$$
∴ ㈎ 3, ㈏ 2, ㈐ 2, ㈑ 4
따라서 구하는 합은
$3+2+2+4=11$

0681 답 7
$a=3$, $b=4$이므로
$a+b=3+4=7$

0682 답 ③
① $x\underline{-4}=3$ ➡ $x=3+4$
② $2x=\underline{-x}+4$ ➡ $2x+x=4$
④ $3x\underline{-2}=2x-5$ ➡ $3x-2x=-5+2$
⑤ $4\underline{-x}=2x-1$ ➡ $4+1=2x+x$
따라서 밑줄 친 항을 바르게 이항한 것은 ③이다.

0683 답 ④
$-5x-7=2$의 양변에 7을 더하면
$-5x-7+7=2+7$에서 $-5x=2+7$
따라서 이용된 등식의 성질은 '$a=b$이면 $a+c=b+c$이다.'이다.

0684 답 13
$6x-8=3x+2$에서 -8과 $3x$를 각각 이항하면
$6x-3x=2+8$ $\quad\therefore 3x=10$ $\quad\cdots\cdots$ ⅰ
$\therefore a=3$, $b=10$ $\quad\cdots\cdots$ ⅱ
$\therefore a+b=3+10=13$ $\quad\cdots\cdots$ ⅲ

채점 기준

ⅰ $ax=b$ 꼴로 고치기		50 %
ⅱ a, b의 값 구하기		30 %
ⅲ $a+b$의 값 구하기		20 %

0685 답 ②, ⑤
① 분모에 문자가 있는 식은 다항식이 아니므로 일차방정식이 아니다.
② $x^2+x=x^2+3$에서 $x-3=0$ ➡ 일차방정식
③ $2(x-1)=2x-2$에서 $2x-2=2x-2$
$0\times x=0$ ➡ 일차방정식이 아니다.
④ $x+(-x)=0$에서 $0\times x=0$ ➡ 일차방정식이 아니다.
⑤ $x^2-8x+1=x(7+x)$에서 $x^2-8x+1=7x+x^2$
$-15x+1=0$ ➡ 일차방정식
따라서 일차방정식인 것은 ②, ⑤이다.

0686 답 ②
① $x\times 3+5=40$에서 $3x-35=0$ ➡ 일차방정식
② (정사각형의 넓이)=(한 변의 길이)×(한 변의 길이)이므로
$x\times x=36$에서 $x^2-36=0$ ➡ 일차방정식이 아니다.
③ (거리)=(속력)×(시간)이므로 $x\times 5=250$에서
$5x-250=0$ ➡ 일차방정식
④ (직사각형의 둘레의 길이)$=2\times\{$(가로의 길이)+(세로의 길이)$\}$
이므로 $2\times\{(x+3)+x\}=50$에서
$2\times(2x+3)=50$, $4x+6=50$, $4x-44=0$ ➡ 일차방정식
⑤ $12000\times x=84000$에서 $12000x-84000=0$ ➡ 일차방정식
따라서 일차방정식이 아닌 것은 ②이다.

0687 답 $a\neq -3$
$2x+1=4-(a+1)x$에서 $(a+3)x-3=0$
이 등식이 x에 대한 일차방정식이 되려면
$a+3\neq 0$이어야 하므로 $a\neq -3$

0688 답 ②
괄호를 풀면 $6x-9=2x-2+1$
$4x=8$ $\quad\therefore x=2$

0689 답 ⑤
괄호를 풀면 $x-12x-4=7$
$-11x=11$ $\quad\therefore x=-1$
① $x-2=-1$에서 $x=1$
② $2x+13=3x$에서 $-x=-13$ $\quad\therefore x=13$
③ 괄호를 풀면 $3x+6=2x+1$ $\quad\therefore x=-5$
④ 괄호를 풀면 $-5x+7=4x-20$
$-9x=-27$ $\quad\therefore x=3$
⑤ 괄호를 풀면 $2x+12=-x+9$
$3x=-3$ $\quad\therefore x=-1$
따라서 주어진 일차방정식과 해가 같은 것은 ⑤이다.

0690 답 4
$2x-\{x-(4x+3)\}=7$에서
$2x-(x-4x-3)=7$
$2x-(-3x-3)=7$
$2x+3x+3=7$, $5x=4$ $\quad\therefore x=\frac{4}{5}$
$\therefore a=\frac{4}{5}$ $\quad\cdots\cdots$ ⅰ
$\therefore -\frac{5}{4}a+5=-\frac{5}{4}\times\frac{4}{5}+5=-1+5=4$ $\quad\cdots\cdots$ ⅱ

채점 기준

ⅰ a의 값 구하기		70 %
ⅱ $-\frac{5}{4}a+5$의 값 구하기		30 %

0691 답 ①
양변에 10을 곱하면 $3(x-2)=4(x+2)+15$
$3x-6=4x+8+15$, $-x=29$
$\therefore x=-29$

0692 답 $x=4$

양변에 100을 곱하면 $5x-20=-3x+12$

$8x=32$ ∴ $x=4$

0693 답 ⑤

$0.1x-0.2=-2.4(x-2)$의 양변에 10을 곱하면

$x-2=-24(x-2)$

$x-2=-24x+48$

$25x=50$ ∴ $x=2$

∴ $a=2$

$-0.2(x+1)=0.8x-3.2$의 양변에 10을 곱하면

$-2(x+1)=8x-32$

$-2x-2=8x-32$

$-10x=-30$ ∴ $x=3$

∴ $b=3$

∴ $ab=2\times3=6$

0694 답 $x=-\dfrac{2}{7}$

양변에 6을 곱하면 $2(x+2)-9x=6$

$2x+4-9x=6,\ -7x=2$

∴ $x=-\dfrac{2}{7}$

0695 답 ③

양변에 $\boxed{10}$을 곱하면 $2x=5(2-x)+\boxed{60}$

괄호를 풀면 $2x=10-5x+\boxed{60}$

$-5x$를 이항하면 $2x+5x=10+\boxed{60}$

양변을 정리하면 $x=\boxed{10}$

∴ ㉠ 10, ㉡ 60, ㉢ 10

따라서 구하는 합은

$10+60+10=80$

0696 답 ⑤

① $3x=-x-4$에서 $4x=-4$ ∴ $x=-1$

② 괄호를 풀면 $x-5=3x-3$

  $-2x=2$ ∴ $x=-1$

③ 양변에 2를 곱하면 $7(x-1)=2(2x-5)$

  $7x-7=4x-10,\ 3x=-3$ ∴ $x=-1$

④ 양변에 10을 곱하면 $15x+10=2x-3$

  $13x=-13$ ∴ $x=-1$

⑤ 양변에 6을 곱하면 $3(x+5)-18=2(2-2x)$

  $3x+15-18=4-4x$

  $7x=7$ ∴ $x=1$

따라서 해가 나머지 넷과 다른 하나는 ⑤이다.

0697 답 ④

소수를 분수로 고치면 $\dfrac{2}{3}x+3=\dfrac{1}{2}x+\dfrac{11}{3}$

양변에 6을 곱하면 $4x+18=3x+22$

∴ $x=4$

0698 답 $x=-7$

소수를 분수로 고치면 $\dfrac{1}{5}\left(\dfrac{7}{5}x-\dfrac{17}{10}\right)=\dfrac{2}{5}x+\dfrac{1}{2}$

양변에 50을 곱하면 $10\left(\dfrac{7}{5}x-\dfrac{17}{10}\right)=20x+25$

$14x-17=20x+25,\ -6x=42$ ∴ $x=-7$

0699 답 -8

$0.1(7x-1)=\dfrac{x+3}{2}$에서 소수를 분수로 고치면

$\dfrac{1}{10}(7x-1)=\dfrac{x+3}{2}$

양변에 10을 곱하면 $7x-1=5(x+3)$

$7x-1=5x+15,\ 2x=16$ ∴ $x=8$

∴ $a=8$ ……❶

$\dfrac{2}{3}(x+1)=1.5-\dfrac{2-x}{2}$에서 소수를 분수로 고치면

$\dfrac{2}{3}(x+1)=\dfrac{3}{2}-\dfrac{2-x}{2}$

양변에 6을 곱하면 $4(x+1)=9-3(2-x)$

$4x+4=9-6+3x$ ∴ $x=-1$

∴ $b=-1$ ……❷

∴ $ab=8\times(-1)=-8$ ……❸

채점 기준

❶ a의 값 구하기		40 %
❷ b의 값 구하기		40 %
❸ ab의 값 구하기		20 %

0700 답 -6

$(3x-6):(7x+2)=3:5$에서

$5(3x-6)=3(7x+2)$

$15x-30=21x+6$

$-6x=36$ ∴ $x=-6$

0701 답 ③

$(x+3):4=\dfrac{3x-1}{2}:2$에서

$2(x+3)=4\times\dfrac{3x-1}{2}$

$2(x+3)=2(3x-1)$

$2x+6=6x-2$

$-4x=-8$ ∴ $x=2$

0702 답 ②

① 괄호를 풀면 $2x+10=-x-5$

  $3x=-15$ ∴ $x=-5$

② 양변에 10을 곱하면 $3x=5x-14$

  $-2x=-14$ ∴ $x=7$

③ 양변에 2를 곱하면 $4-6x=3-x+6$

  $-5x=5$ ∴ $x=-1$

④ 소수를 분수로 고치면 $\dfrac{x-6}{4}-\dfrac{3}{2}x=-1$

  양변에 4를 곱하면 $x-6-6x=-4$

  $-5x=2$ ∴ $x=-\dfrac{2}{5}$

⑤ $(x+2):(4x-7)=2:3$에서

$3(x+2)=2(4x-7)$

$3x+6=8x-14$

$-5x=-20$ ∴ $x=4$

따라서 x의 값이 가장 큰 것은 ②이다.

0703 답 ③

$-\frac{1}{2}x+a=\frac{2}{5}x+\frac{17}{10}$에 $x=-1$을 대입하면

$\frac{1}{2}+a=-\frac{2}{5}+\frac{17}{10}$, $\frac{1}{2}+a=\frac{13}{10}$

∴ $a=\frac{4}{5}$

0704 답 ④

$ax+6=4(x-1)$에 $x=5$를 대입하면

$5a+6=16$, $5a=10$ ∴ $a=2$

∴ $2a^2-a+3=2\times2^2-2+3=8-2+3=9$

0705 답 $x=4$

$a(2x-1)+5x=-x-7$에 $x=3$을 대입하면

$a(6-1)+15=-3-7$

$5a+15=-10$, $5a=-25$

∴ $a=-5$ ······ ❶

$2.4x+a=1.7x-2.2$에 $a=-5$를 대입하면

$2.4x-5=1.7x-2.2$

양변에 10을 곱하면 $24x-50=17x-22$

$7x=28$ ∴ $x=4$ ······ ❷

채점 기준

❶ a의 값 구하기	50%
❷ 일차방정식 풀기	50%

0706 답 ④

$0.2x+0.5=0.7x+2.5$의 양변에 10을 곱하면

$2x+5=7x+25$

$-5x=20$ ∴ $x=-4$

따라서 $\frac{x}{2}-\frac{x-2a}{4}=1$의 해가 $x=-4$이므로 이를 대입하면

$\frac{-4}{2}-\frac{-4-2a}{4}=1$, $-2+1+\frac{1}{2}a=1$

$\frac{1}{2}a=2$ ∴ $a=4$

0707 답 ③

$x-1=3x-7$에서 $-2x=-6$ ∴ $x=3$

따라서 $ax-2=4x+1$의 해가 $x=3$이므로 이를 대입하면

$3a-2=12+1$, $3a=15$ ∴ $a=5$

0708 답 8

$\frac{x-1}{4}=x+2$의 양변에 4를 곱하면

$x-1=4(x+2)$, $x-1=4x+8$

$-3x=9$ ∴ $x=-3$

따라서 세 방정식의 해는 모두 $x=-3$이다.

$6(2x+3)=ax-3$에 $x=-3$을 대입하면

$-18=-3a-3$, $3a=15$ ∴ $a=5$

$0.2(x-b)=x+1.8$에 $x=-3$을 대입하면

$0.2(-3-b)=-1.2$

양변에 10을 곱하면 $2(-3-b)=-12$

$-6-2b=-12$, $-2b=-6$ ∴ $b=3$

∴ $a+b=5+3=8$

0709 답 ⑤

$2(7-x)=a$에서 $14-2x=a$

$-2x=a-14$ ∴ $x=\frac{14-a}{2}$

이때 $\frac{14-a}{2}$가 자연수가 되려면 $14-a$는 2의 배수이어야 한다.

그런데 a는 자연수이므로

$14-a=2, 4, 6, 8, 10, 12$

따라서 자연수 a의 값은 12, 10, 8, 6, 4, 2이므로 구하는 합은

$12+10+8+6+4+2=42$

0710 답 1, 2

$x+2a=3x+6$에서 $-2x=-2a+6$

∴ $x=a-3$ ······ ❶

이때 $a-3$이 음의 정수이려면 자연수 a의 값은 1 또는 2이어야 한다.

······ ❷

채점 기준

❶ 일차방정식 풀기	50%
❷ a의 값 구하기	50%

0711 답 ③

$4(x-3)=8-a$에서

$4x-12=8-a$, $4x=20-a$

∴ $x=\frac{20-a}{4}$

이때 $\frac{20-a}{4}$가 자연수가 되려면 $20-a$는 4의 배수이어야 한다.

그런데 a는 자연수이므로

$20-a=4, 8, 12, 16$

따라서 자연수 a는 16, 12, 8, 4의 4개이다.

AB 유형 점검

100~102쪽

0712 답 ②

ㄴ, ㅂ. 다항식

ㄷ, ㄹ, ㅅ. 부등호를 사용한 식

따라서 등식인 것은 ㄱ, ㅁ, ㅇ의 3개이다.

0713 답 ④

④ $2000-300x=500$

0714 답 ③

주어진 방정식에 [ ] 안의 수를 각각 대입하면

① $-3 \times 3 - 2 \neq 5$

② $0 - 5 \neq 5 + 2 \times 0$

③ $\dfrac{-5+1}{2} = \dfrac{-5}{5} - 1$

④ $2 \times (-2-1) \neq -(-2) + 4$

⑤ $3 \times 1 + 1 \neq 4 \times (1+1) - 3$

따라서 [ ] 안의 수가 주어진 방정식의 해인 것은 ③이다.

0715 답 ㄱ, ㄷ, ㄹ

ㄱ. (좌변)$=5x+2x=7x$이므로 (좌변)=(우변)

ㄷ. (좌변)$=-(x+3)=-x-3$이므로 (좌변)=(우변)

ㄹ. (우변)$=x+6-4x=-3x+6$이므로 (좌변)=(우변)

따라서 항등식인 것은 ㄱ, ㄷ, ㄹ이다.

0716 답 ①

$(a-3)x+24=4(x+3b)+5x$에서

$(a-3)x+24=4x+12b+5x$

∴ $(a-3)x+24=9x+12b$

이 식이 x에 대한 항등식이므로

$a-3=9,\ 24=12b$ ∴ $a=12,\ b=2$

∴ $b-a=2-12=-10$

0717 답 ⑤

$5a-15=10(b+3)$에서 $5a-15=10b+30$

이 식의 양변에 15를 더하면 $5a=10b+45$

이 식의 양변을 5로 나누면 $a=2b+9$

이 식의 양변에 $2b$를 더하면 $a+2b=4b+9$

따라서 $a+2b$와 같은 것은 ⑤이다.

0718 답 ③, ④

① $c=0$일 때는 성립하지 않는다.

　예를 들어 $a=3,\ b=4,\ c=0$이면 $ac=bc$이지만 $a \neq b$이다.

② $c=0$일 때는 성립하지 않는다.

③ $5a=4b$의 양변을 20으로 나누면

　$\dfrac{5a}{20} = \dfrac{4b}{20}$ ∴ $\dfrac{a}{4} = \dfrac{b}{5}$

④ $a=b$의 양변에 -1을 곱하면 $-a=-b$

　이 식의 양변에 7을 더하면 $7-a=7-b$

⑤ $a=2b$의 양변에서 2를 빼면 $a-2=2b-2$

　즉, $a-2=2(b-1)$이므로 $a-2 \neq 2(b-2)$

따라서 옳은 것은 ③, ④이다.

0719 답 ㉠

㉠ 등식의 양변에 3을 곱한다.

㉡ 등식의 양변에서 6을 뺀다.

㉢ 등식의 양변을 2로 나눈다.

따라서 주어진 등식의 성질을 이용한 곳은 ㉠이다.

참고 '㉢ 등식의 양변에 $\dfrac{1}{2}$을 곱한다.'와 같이 생각할 수도 있지만 문제의
　　　조건에서 c는 자연수이므로 답이 될 수 없다.

0720 답 ②

② $4x\underline{-3}=9 \Rightarrow 4x=9+3$

0721 답 2개

ㄱ. (일차식)$=0$ 꼴의 등식이 아니므로 일차방정식이 아니다.

ㄴ. $\dfrac{x}{2}=4$에서 $\dfrac{x}{2}-4=0 \Rightarrow$ 일차방정식

ㄷ. 분모에 문자가 있는 식은 다항식이 아니므로 일차방정식이 아니다.

ㄹ. $x^2-1=x+1$에서 $x^2-x-2=0 \Rightarrow$ 일차방정식이 아니다.

ㅁ. $2x^2-2=3x+2x^2$에서 $-3x-2=0 \Rightarrow$ 일차방정식

ㅂ. $3(2x-2)=2(3x-3)$에서 $6x-6=6x-6$

　$0 \times x=0 \Rightarrow$ 일차방정식이 아니다.

따라서 일차방정식인 것은 ㄴ, ㅁ의 2개이다.

0722 답 $x=2$

괄호를 풀면 $2x+4-6+3x=8$

$5x=10$ ∴ $x=2$

0723 답 ④

양변에 10을 곱하면 $4(x+3)-3x=13$

$4x+12-3x=13$ ∴ $x=1$

0724 답 ②

양변에 10을 곱하면 $5(x+3)-10=2(2x-1)$

$5x+15-10=4x-2$ ∴ $x=-7$

0725 답 ⑤

① 소수를 분수로 고치면 $\dfrac{9}{5}x-\dfrac{3}{5}=\dfrac{1}{5}(x-4)$

　양변에 5를 곱하면 $9x-3=x-4$

　$8x=-1$ ∴ $x=-\dfrac{1}{8}$

② 괄호를 풀면 $-5x+15=2x+1$

　$-7x=-14$ ∴ $x=2$

③ 양변에 10을 곱하면 $3x+35=10x+7$

　$-7x=-28$ ∴ $x=4$

④ 양변에 12를 곱하면 $2x-3=4x+9$

　$-2x=12$ ∴ $x=-6$

⑤ 양변에 15를 곱하면 $5(x-2)=6x-15$

　$5x-10=6x-15,\ -x=-5$ ∴ $x=5$

따라서 해가 가장 큰 것은 ⑤이다.

0726 답 ⑤

$5-\dfrac{x-a}{3}=2a-x$에 $x=5$를 대입하면

$5-\dfrac{5-a}{3}=2a-5$

양변에 3을 곱하면 $15-(5-a)=6a-15$

$15-5+a=6a-15$

$-5a=-25$ ∴ $a=5$

0727 답 6

$3(8-2x)=a$에서 $24-6x=a$

$-6x=a-24$ ∴ $x=\dfrac{24-a}{6}$

이때 $\dfrac{24-a}{6}$가 자연수가 되려면 $24-a$는 6의 배수이어야 한다.

그런데 a는 자연수이므로

$24-a=6,\ 12,\ 18$

따라서 자연수 a의 값은 18, 12, 6이므로 가장 작은 자연수 a의 값은 6이다.

0728 답 $x=-3$

$0.1(x-3)=\dfrac{1}{6}(x+1)$에서 소수를 분수로 고치면

$\dfrac{1}{10}(x-3)=\dfrac{1}{6}(x+1)$

양변에 30을 곱하면 $3(x-3)=5(x+1)$

$3x-9=5x+5,\ -2x=14$ ∴ $x=-7$

∴ $a=-7$ ‧‧‧‧‧‧ ⓘ

따라서 $-7x-21=0$을 풀면

$-7x=21$ ∴ $x=-3$ ‧‧‧‧‧‧ ⓘ

채점 기준	
ⓘ a의 값 구하기	70%
ⓘ 일차방정식 $ax-21=0$ 풀기	30%

0729 답 -9

$0.2x+0.77=-0.17x-0.34$의 양변에 100을 곱하면

$20x+77=-17x-34,\ 37x=-111$ ∴ $x=-3$

∴ $a=-3$ ‧‧‧‧‧‧ ⓘ

$(x-8):2=(4x+3):3$에서

$3(x-8)=2(4x+3)$

$3x-24=8x+6,\ -5x=30$ ∴ $x=-6$

∴ $b=-6$ ‧‧‧‧‧‧ ⓘ

∴ $a+b=-3+(-6)=-9$ ‧‧‧‧‧‧ ⓘ

채점 기준	
ⓘ a의 값 구하기	40%
ⓘ b의 값 구하기	40%
ⓘ $a+b$의 값 구하기	20%

0730 답 5

$2(x+3)=-(x-12)$에서 $2x+6=-x+12$

$3x=6$ ∴ $x=2$ ‧‧‧‧‧‧ ⓘ

따라서 $ax+\dfrac{2}{3}=\dfrac{4-x}{2}$의 해가 $x=2$이므로 이를 대입하면

$2a+\dfrac{2}{3}=1,\ 2a=\dfrac{1}{3}$ ∴ $a=\dfrac{1}{6}$ ‧‧‧‧‧‧ ⓘ

∴ $6a+4=6\times\dfrac{1}{6}+4=1+4=5$ ‧‧‧‧‧‧ ⓘ

채점 기준	
ⓘ 일차방정식 $2(x+3)=-(x-12)$ 풀기	40%
ⓘ a의 값 구하기	40%
ⓘ $6a+4$의 값 구하기	20%

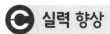
0731 답 ②

$a-2x=b-3x$에서 $x=b-a$

이때 주어진 방정식의 해가 $x=2a$이므로

$b-a=2a$ ∴ $b=3a$

$\dfrac{b-a}{2b-5a}$에 $b=3a$를 대입하면

$\dfrac{3a-a}{2\times3a-5a}=\dfrac{2a}{a}=2$

0732 답 ③

$5-2x=2(x-1)+1$에서

$5-2x=2x-2+1$

$-4x=-6$ ∴ $x=\dfrac{3}{2}$

즉, $12x-2=4x+2a$의 해가 될 수 있는 것은

$x=-\dfrac{3}{2}$ 또는 $x=\dfrac{3}{2}$

(i) 해가 $x=-\dfrac{3}{2}$인 경우

   $12x-2=4x+2a$에 $x=-\dfrac{3}{2}$을 대입하면

   $-18-2=-6+2a$

   $-2a=14$ ∴ $a=-7$

(ii) 해가 $x=\dfrac{3}{2}$인 경우

   $12x-2=4x+2a$에 $x=\dfrac{3}{2}$을 대입하면

   $18-2=6+2a$

   $-2a=-10$ ∴ $a=5$

따라서 (i), (ii)에서 모든 상수 a의 값의 합은

$-7+5=-2$

0733 답 5개

$x+8=\dfrac{1}{7}(a-x)$의 양변에 7을 곱하면

$7(x+8)=a-x$

$7x+56=a-x,\ 8x=a-56$

∴ $x=\dfrac{a-56}{8}$

이때 $\dfrac{a-56}{8}$이 자연수가 되려면 $a-56$은 8의 배수이어야 한다.

∴ $a-56=8,\ 16,\ 24,\ 32,\ 40,\ 48,\ \cdots$

따라서 a의 값은 64, 72, 80, 88, 96, 104, …이므로 이 중에서 두 자리의 자연수는 5개이다.

0734 답 ④

우변의 x의 계수 5를 a로 잘못 보았다고 하면

$2x+5=ax-7$

이 방정식에 $x=3$을 대입하면

$6+5=3a-7$

$-3a=-18$ ∴ $a=6$

따라서 5를 6으로 잘못 보았다.

06

일차방정식

A 개념 확인

104~105쪽

0735 답 (1) $2(x+6)+4=20$ (2) $x=2$ (3) 2

(1) 어떤 수에 6을 더하면 $x+6$

이 수를 2배 하면 $2(x+6)$

다시 4를 더하면 $2(x+6)+4=20$

(2) $2(x+6)+4=20$에서

$2x+12+4=20$, $2x=4$ ∴ $x=2$

(3) 어떤 수는 2이다.

0736 답 (1) x, $x+1$, $x+2$

(2) $x+(x+1)+(x+2)=21$

(3) $x=6$

(4) 6, 7, 8

(3) $x+(x+1)+(x+2)=21$에서

$3x+3=21$, $3x=18$ ∴ $x=6$

(4) $x=6$이므로 세 자연수는 6, 7, 8이다.

0737 답 $2(5+x)=24$, $x=7$

(직사각형의 둘레의 길이)$=2\times\{($가로의 길이$)+($세로의 길이$)\}$

이므로

$2(5+x)=24$, $10+2x=24$

$2x=14$ ∴ $x=7$

0738 답 $2x+24=36$, $x=6$

2점짜리 숫 x개의 점수는 $2x$점, 3점짜리 숫 8개의 점수는 24점이므로

$2x+24=36$, $2x=12$ ∴ $x=6$

0739 답 $50-11x=6$, $x=4$

11명에게 x자루씩 나누어 준 연필은 $11x$자루이므로

$50-11x=6$, $-11x=-44$ ∴ $x=4$

0740 답 $3000-700x=200$, $x=4$

700원짜리 음료수 x개의 가격은 $700x$원이므로

$3000-700x=200$

$-700x=-2800$ ∴ $x=4$

0741 답 (1)

	갈 때	올 때
거리	x km	x km
속력	시속 4 km	시속 2 km
시간	$\dfrac{x}{4}$시간	$\dfrac{x}{2}$시간

(2) $\dfrac{x}{4}+\dfrac{x}{2}=6$ (3) $x=8$ (4) 8 km

(2) 두 지점 A, B 사이를 왕복하는 데 총 6시간이 걸렸으므로

$\dfrac{x}{4}+\dfrac{x}{2}=6$

(3) $\dfrac{x}{4}+\dfrac{x}{2}=6$의 양변에 4를 곱하면

$x+2x=24$, $3x=24$ ∴ $x=8$

(4) 두 지점 A, B 사이의 거리는 8 km이다.

0742 답 (1)

	남학생 수	여학생 수
작년	$380-x$	x
변화량	$-\dfrac{6}{100}(380-x)$	$\dfrac{5}{100}x$

(2) $-\dfrac{6}{100}(380-x)+\dfrac{5}{100}x=-3$

(3) $x=180$ (4) 180

(2) 전체 학생이 3명 감소했으므로

$-\dfrac{6}{100}(380-x)+\dfrac{5}{100}x=-3$

(3) $-\dfrac{6}{100}(380-x)+\dfrac{5}{100}x=-3$의 양변에 100을 곱하면

$-6(380-x)+5x=-300$

$-2280+6x+5x=-300$

$11x=1980$ ∴ $x=180$

(4) 작년의 여학생 수는 180이다.

B 유형 완성

106~115쪽

0743 답 ③

어떤 수를 x라 하면

$2x+6=5x-6$

$-3x=-12$ ∴ $x=4$

따라서 어떤 수는 4이다.

0744 답 15 g

공 1개의 무게를 x g이라 하면

$30+5x=x+30\times3$

$4x=60$ ∴ $x=15$

따라서 공 1개의 무게는 15 g이다.

0745 답 $\dfrac{133}{8}$

아하의 값을 x라 하면

$x+\dfrac{1}{7}x=19$

$\dfrac{8}{7}x=19$ ∴ $x=\dfrac{133}{8}$

따라서 아하의 값은 $\dfrac{133}{8}$이다.

0746 답 3

어떤 수를 x라 하면

$5x-4=2(4x-5)$ ⸱⸱⸱⸱⸱⸱ ❶

$5x-4=8x-10$

$-3x=-6$ ∴ $x=2$ ⸱⸱⸱⸱⸱⸱ ❷

따라서 어떤 수가 2이므로 처음 구하려고 했던 수는
$4 \times 2 - 5 = 3$ ······ ⓘ

채점 기준	
ⓘ 일차방정식 세우기	40 %
ⓘ 일차방정식 풀기	40 %
ⓘ 처음 구하려고 했던 수 구하기	20 %

0747 답 181, 183, 185
연속하는 세 홀수를 $x-2$, x, $x+2$라 하면
$(x-2)+x+(x+2)=549$
$3x=549$ ∴ $x=183$
따라서 연속하는 세 홀수는 181, 183, 185이다.

0748 답 ①
연속하는 두 자연수를 x, $x+1$이라 하면
$x+(x+1)=\dfrac{1}{2}x+28$
$2x+1=\dfrac{1}{2}x+28$
$\dfrac{3}{2}x=27$ ∴ $x=18$
따라서 연속하는 두 자연수는 18, 19이므로 구하는 합은
$18+19=37$

0749 답 84
연속하는 세 자연수를 $x-1$, x, $x+1$이라 하면
$(x-1)+x+(x+1)=126$
$3x=126$ ∴ $x=42$
따라서 연속하는 세 자연수는 41, 42, 43이므로 구하는 합은
$43+41=84$

0750 답 ④
처음 수의 십의 자리의 숫자를 x라 하면 처음 수는 $10x+3$, 바꾼 수는 $30+x$이므로
$30+x=(10x+3)-36$
$30+x=10x-33$
$-9x=-63$ ∴ $x=7$
따라서 처음 수는 73이다.

0751 답 26
십의 자리의 숫자를 x라 하면
$10x+6=3(x+6)+2$
$10x+6=3x+20$
$7x=14$ ∴ $x=2$
따라서 구하는 자연수는 26이다.

0752 답 ②
일의 자리의 숫자를 x라 하면 십의 자리의 숫자는 $x+4$이므로
$10(x+4)+x=9(x+4+x)-3$
$11x+40=18x+33$
$-7x=-7$ ∴ $x=1$
따라서 구하는 자연수는 51이다.

0753 답 583
처음 수의 일의 자리의 숫자를 x라 하면
십의 자리의 숫자는 $3x-1$이고
처음 수는 $500+10(3x-1)+x$,
바꾼 수는 $100(3x-1)+50+x$이므로
$100(3x-1)+50+x=500+10(3x-1)+x+270$
$300x-100+50+x=500+30x-10+x+270$
$270x=810$ ∴ $x=3$
따라서 처음 수는 583이다.

0754 답 ②
소가 x마리 있다고 하면 닭은 $(15-x)$마리가 있으므로
$4x+2(15-x)=44$
$4x+30-2x=44$
$2x=14$ ∴ $x=7$
따라서 소는 모두 7마리 있다.

0755 답 4켤레
검은 양말을 x켤레 샀다고 하면 흰 양말은 $(14-x)$켤레를 샀으므로
$1000(14-x)+1500x=20000-4000$
$14000-1000x+1500x=16000$
$500x=2000$ ∴ $x=4$
따라서 검은 양말은 모두 4켤레 샀다.

0756 답 4개, 6개
과자를 x개 샀다고 하면 아이스크림은 $(10-x)$개를 샀으므로
$500x+700(10-x)+600 \times 3=8000$ ······ ⓘ
$500x+7000-700x+1800=8000$
$-200x+8800=8000$
$-200x=-800$
∴ $x=4$ ······ ⓘ
따라서 과자를 4개, 아이스크림을 6개 샀다. ······ ⓘ

채점 기준	
ⓘ 일차방정식 세우기	40 %
ⓘ 일차방정식 풀기	40 %
ⓘ 과자와 아이스크림을 각각 몇 개 샀는지 구하기	20 %

0757 답 ①
x년 후에 어머니의 나이가 딸의 나이의 4배가 된다고 하면
$42+x=4(9+x)$
$42+x=36+4x$
$-3x=-6$ ∴ $x=2$
따라서 어머니의 나이가 딸의 나이의 4배가 되는 것은 2년 후이다.

0758 답 ③
올해 진아의 나이를 x세라 하면 진아의 이모의 나이는 $4x$세이므로
$4x+7=3(x+7)$
$4x+7=3x+21$ ∴ $x=14$
따라서 올해 진아의 나이는 14세이다.

0759 답 46세

현재 아버지의 나이를 x세라 하면 딸의 나이는 $(60-x)$세이므로

$x+2=3\{(60-x)+2\}$

$x+2=3(-x+62)$

$x+2=-3x+186$

$4x=184$ ∴ $x=46$

따라서 현재 아버지의 나이는 46세이다.

0760 답 43세

올해 쌍둥이의 나이를 x세라 하면 수영이의 나이는 $(x+4)$세, 어머니의 나이는 $4x$세이고 아버지를 제외한 네 가족의 나이를 모두 더하면 74세이므로

$x+x+(x+4)+4x=74$

$7x+4=74$

$7x=70$ ∴ $x=10$

따라서 올해 수영이의 나이는 14세이고, 올해 아버지의 나이를 y세라 하면 15년 후의 아버지의 나이가 수영이의 나이의 2배이므로

$y+15=2(14+15)$

$y+15=58$ ∴ $y=43$

따라서 올해 아버지의 나이는 43세이다.

0761 답 ⑤

x개월 후에 형의 예금액이 동생의 예금액의 2배가 된다고 하면

$20000+8000x=2(40000+3000x)$

$20000+8000x=80000+6000x$

$2000x=60000$ ∴ $x=30$

따라서 형의 예금액이 동생의 예금액의 2배가 되는 것은 30개월 후이다.

0762 답 10일 후

x일 후에 시하와 건우의 예금액이 같아진다고 하면

$70000-5000x=50000-3000x$

$-2000x=-20000$ ∴ $x=10$

따라서 시하와 건우의 예금액이 같아지는 것은 10일 후이다.

0763 답 6

처음 직사각형의 넓이는

$6\times8=48(\text{cm}^2)$

가로의 길이를 $x\,\text{cm}$만큼, 세로의 길이를 $4\,\text{cm}$만큼 늘이면 가로의 길이는 $(6+x)\,\text{cm}$, 세로의 길이는 $12\,\text{cm}$이므로

$(6+x)\times12=3\times48$

$72+12x=144$

$12x=72$ ∴ $x=6$

0764 답 6 cm

처음 정사각형의 한 변의 길이를 $x\,\text{cm}$라 하면

$2\{(x+7)+2x\}=50$

$2(3x+7)=50$, $6x+14=50$

$6x=36$ ∴ $x=6$

따라서 처음 정사각형의 한 변의 길이는 6 cm이다.

0765 답 $\dfrac{9}{2}$ cm

사다리꼴의 윗변의 길이를 $x\,\text{cm}$라 하면 아랫변의 길이는 $(x+3)\,\text{cm}$이므로

$\dfrac{1}{2}\times\{x+(x+3)\}\times4=24$

$4x+6=24$, $4x=18$ ∴ $x=\dfrac{9}{2}$

따라서 사다리꼴의 윗변의 길이는 $\dfrac{9}{2}$ cm이다.

0766 답 42 cm

직사각형의 세로의 길이를 $x\,\text{cm}$라 하면 가로의 길이는 $3x\,\text{cm}$이므로

$2(3x+x)=112$ ······ ❶

$8x=112$ ∴ $x=14$ ······ ❷

따라서 직사각형의 세로의 길이가 14 cm이므로 가로의 길이는

$3\times14=42(\text{cm})$ ······ ❸

채점 기준

❶ 일차방정식 세우기		40 %
❷ 일차방정식 풀기		30 %
❸ 직사각형의 가로의 길이 구하기		30 %

0767 답 ④

직사각형의 짧은 변의 길이를 $x\,\text{cm}$라 하면

긴 변의 길이는 $\dfrac{24-2x}{2}=12-x(\text{cm})$

이때 정사각형의 한 변의 길이는 $5x\,\text{cm}$이므로

$5x=12-x$

$6x=12$ ∴ $x=2$

따라서 정사각형의 한 변의 길이는 $5x=5\times2=10(\text{cm})$이므로 정사각형의 넓이는

$10\times10=100(\text{cm}^2)$

다른 풀이

직사각형의 긴 변의 길이를 $x\,\text{cm}$라 하면

짧은 변의 길이는 $\dfrac{x}{5}\,\text{cm}$이고, 이 직사각형의 둘레의 길이는 24 cm이므로

$2\left(x+\dfrac{x}{5}\right)=24$, $2x+\dfrac{2x}{5}=24$

양변에 5를 곱하면

$10x+2x=120$

$12x=120$ ∴ $x=10$

따라서 정사각형의 한 변의 길이는 10 cm이므로 정사각형의 넓이는

$10\times10=100(\text{cm}^2)$

0768 답 180쪽

책이 x쪽이라 하면

$\dfrac{1}{3}x+\dfrac{1}{2}x+30=x$

양변에 6을 곱하면

$2x+3x+180=6x$

$-x=-180$ ∴ $x=180$

따라서 책은 모두 180쪽이다.

0769 답 ③

전체 회원을 x명이라 하면

$$\frac{1}{6}x+\frac{1}{4}x+\frac{1}{3}x+3=x$$

양변에 12를 곱하면

$$2x+3x+4x+36=12x$$

$$-3x=-36 \quad \therefore x=12$$

따라서 전체 회원은 12명이므로 회전목마를 타러 간 회원은

$$12\times\frac{1}{3}=4(명)$$

0770 답 210쪽

소설책이 x쪽이라 하면

$$\frac{3}{7}x+\left(1-\frac{3}{7}\right)x\times\frac{2}{3}+10=\left(1-\frac{1}{7}\right)x$$

양변에 21을 곱하면

$$9x+8x+210=18x$$

$$-x=-210 \quad \therefore x=210$$

따라서 소설책은 모두 210쪽이다.

0771 답 255 km

두 도시 A, B 사이의 거리를 x km라 하면

(갈 때 걸린 시간)+(올 때 걸린 시간)$=4\frac{15}{60}$(시간)이므로

$$\frac{x}{240}+\frac{x}{80}=4\frac{15}{60}, \ \frac{x}{240}+\frac{x}{80}=\frac{17}{4}$$

양변에 240을 곱하면 $x+3x=1020$

$$4x=1020 \quad \therefore x=255$$

따라서 두 도시 A, B 사이의 거리는 255 km이다.

0772 답 ⑴ 2 km ⑵ 6분

⑴ 두 지점 A, B 사이의 거리를 x km라 하면

(갈 때 걸린 시간)+(올 때 걸린 시간)$=\frac{16}{60}$(시간)이므로

$$\frac{x}{12}+\frac{x}{20}=\frac{16}{60}$$

양변에 60을 곱하면 $5x+3x=16$

$$8x=16 \quad \therefore x=2$$

따라서 두 지점 A, B 사이의 거리는 2 km이다.

⑵ 지점 B에서 지점 A로 오는 데 걸린 시간은 $\frac{2}{20}=\frac{6}{60}$(시간), 즉

6분이다.

0773 답 $\frac{5}{3}$ km

자전거를 끌고 간 거리를 x km라 하면 자전거를 타고 간 거리는

$(5-x)$ km이다.

(자전거를 타고 간 시간)+(자전거를 끌고 간 시간)$=\frac{30}{60}$(시간)이므로

$$\frac{5-x}{20}+\frac{x}{5}=\frac{30}{60}, \ \frac{5-x}{20}+\frac{x}{5}=\frac{1}{2} \qquad \cdots\cdots ❶$$

양변에 20을 곱하면 $5-x+4x=10$

$$3x=5 \quad \therefore x=\frac{5}{3} \qquad\qquad\qquad\qquad \cdots\cdots ❷$$

따라서 자전거를 끌고 간 거리는 $\frac{5}{3}$ km이다. $\qquad \cdots\cdots ❸$

0774 답 ④

내려온 거리를 x km라 하면 올라간 거리는 $(x-2)$ km이다.

(올라갈 때 걸린 시간)+(정상에서 머무른 시간)

$\quad$ +(내려올 때 걸린 시간)$=5$(시간)

이므로

$$\frac{x-2}{2}+\frac{40}{60}+\frac{x}{3}=5, \ \frac{x-2}{2}+\frac{2}{3}+\frac{x}{3}=5$$

양변에 6을 곱하면

$$3(x-2)+4+2x=30$$

$$3x-6+4+2x=30$$

$$5x=32 \quad \therefore x=6.4$$

따라서 내려온 거리는 6.4 km이다.

0775 답 ②

집과 학교 사이의 거리를 x km라 하면

(시속 4 km로 갈 때 걸리는 시간)

$\quad$ −(시속 12 km로 갈 때 걸리는 시간)$=1$(시간)

이므로

$$\frac{x}{4}-\frac{x}{12}=1$$

양변에 12를 곱하면

$$3x-x=12$$

$$2x=12 \quad \therefore x=6$$

따라서 집과 학교 사이의 거리는 6 km이다.

0776 답 ②

두 지점 A, B 사이의 거리를 x km라 하면

(올 때 걸린 시간)−(갈 때 걸린 시간)$=\frac{40}{60}$(시간)이므로

$$\frac{x}{30}-\frac{x}{45}=\frac{40}{60}, \ \frac{x}{30}-\frac{x}{45}=\frac{2}{3}$$

양변에 90을 곱하면

$$3x-2x=60 \quad \therefore x=60$$

따라서 두 지점 A, B 사이의 거리는 60 km이다.

0777 답 4 km

집에서 공연장까지의 거리를 x km라 하면

(시속 4 km로 갈 때 걸리는 시간)−(시속 6 km로 갈 때 걸리는 시간)

$=\frac{20}{60}$(시간)

이므로

$$\frac{x}{4}-\frac{x}{6}=\frac{20}{60}, \ \frac{x}{4}-\frac{x}{6}=\frac{1}{3}$$

양변에 12를 곱하면

$$3x-2x=4 \quad \therefore x=4$$

따라서 집에서 공연장까지의 거리는 4 km이다.

0778 답 12분 후

승우가 학교에서 출발한 지 x분 후에 여진이를 만난다고 하면

(여진이가 $(x+8)$분 동안 이동한 거리)

=(승우가 x분 동안 이동한 거리)

이므로

$60(x+8)=100x$, $60x+480=100x$

$-40x=-480$　∴ $x=12$

따라서 승우가 학교에서 출발한 지 12분 후에 여진이를 만난다.

0779 답 ④

효원이가 출발한 지 x시간 후에 정우를 마주친다고 하면

$\left(\text{정우가 } \left(x+\dfrac{40}{60}\right)\text{시간 동안 이동한 거리}\right)$

=(효원이가 x시간 동안 이동한 거리)

이므로

$60\left(x+\dfrac{40}{60}\right)=70x$, $60x+40=70x$

$-10x=-40$　∴ $x=4$

따라서 효원이는 출발한 지 4시간 후에 정우를 마주친다.

0780 답 800 m

인선이가 출발한 지 x분 후에 떡볶이집에 도착하였다고 하면

(인선이가 x분 동안 이동한 거리)

=(의준이가 $(x-6)$분 동안 이동한 거리)

이므로

$50x=80(x-6)$　……❶

$50x=80x-480$, $-30x=-480$　∴ $x=16$　……❷

따라서 인선이가 출발한 지 16분 후에 떡볶이집에 도착하였다.

이때 인선이가 걸은 거리는 $50\times16=800$ (m)이므로

학교에서 떡볶이집까지의 거리는 800 m이다.　……❸

채점 기준	
❶ 일차방정식 세우기	40 %
❷ 일차방정식 풀기	30 %
❸ 학교에서 떡볶이집까지의 거리 구하기	30 %

0781 답 20분 후

두 사람이 출발한 지 x분 후에 만난다고 하면

(대윤이가 걸은 거리)+(선영이가 걸은 거리)=(호수의 둘레의 길이)

이므로

$40x+30x=1400$, $70x=1400$　∴ $x=20$

따라서 두 사람은 20분 후에 처음으로 다시 만나게 된다.

0782 답 ④

두 사람이 출발한 지 x시간 후에 만난다고 하면

(미연이가 x시간 동안 이동한 거리)

+(효빈이가 x시간 동안 이동한 거리)=6 (km)

이므로

$5x+3x=6$, $8x=6$　∴ $x=\dfrac{3}{4}$

따라서 오후 2시에 출발하여 $\dfrac{3}{4}=\dfrac{45}{60}$(시간) 후, 즉 45분 후에 만나

므로 두 사람이 만나는 시각은 오후 2시 45분이다.

0783 답 40분 후

두 사람이 출발한 지 x분 후에 만난다고 하면

(형이 x분 동안 이동한 거리)−(동생이 x분 동안 이동한 거리)

=(트랙의 둘레의 길이)

이므로

$45x-30x=600$

$15x=600$　∴ $x=40$

따라서 형과 동생은 40분 후에 처음으로 다시 만나게 된다.

0784 답 74분 후

운주가 출발한 지 x시간 후에 두 사람이 만난다고 하면

(운주가 x시간 동안 이동한 거리)

$+\left(\text{선화가 } \left(x-\dfrac{20}{60}\right)\text{시간 동안 이동한 거리}\right)$

=(성의 둘레의 길이)

이므로

$12x+8\left(x-\dfrac{20}{60}\right)=22$　……❶

$12x+8x-\dfrac{8}{3}=22$

$20x=\dfrac{74}{3}$　∴ $x=\dfrac{74}{60}$　……❷

따라서 두 사람은 운주가 출발한 지 $\dfrac{74}{60}$시간 후, 즉 74분 후에 처음

으로 다시 만나게 된다.　……❸

채점 기준	
❶ 일차방정식 세우기	40 %
❷ 일차방정식 풀기	40 %
❸ 두 사람이 몇 분 후에 처음으로 다시 만나는지 구하기	20 %

0785 답 ④

기차의 길이를 x m라 하면 이 기차가 길이가 600 m인 터널을 완전히 통과할 때 이동한 거리는 $(600+x)$ m이고, 길이가 900 m인 터널을 완전히 통과할 때 이동한 거리는 $(900+x)$ m이다.

이때 기차의 속력은 일정하므로

$\dfrac{600+x}{5}=\dfrac{900+x}{7}$

양변에 35를 곱하면

$7(600+x)=5(900+x)$

$4200+7x=4500+5x$

$2x=300$　∴ $x=150$

따라서 기차의 길이는 150 m이다.

0786 답 70 m

기차의 길이를 x m라 하면 이 기차가 길이가 875 m인 다리를 완전히 통과할 때 이동한 거리는 $(875+x)$ m이므로 기차의 속력은

$\dfrac{875+x}{35}=27$

양변에 35를 곱하면

$875+x=945$　∴ $x=70$

따라서 기차의 길이는 70 m이다.

0787 답 600 m

철교의 길이를 x m라 하면 두 기차 A, B가 철교를 완전히 통과할 때 이동한 거리는 각각 $(x+240)$ m, $(x+100)$ m이고 두 기차의 속력은 같으므로

$$\frac{x+240}{30}=\frac{x+100}{25}$$

양변에 150을 곱하면

$5(x+240)=6(x+100)$

$5x+1200=6x+600$

$-x=-600$ ∴ $x=600$

따라서 철교의 길이는 600 m이다.

0788 답 ③

전철의 길이를 x m라 하면 이 전철이 길이가 360 m인 철교를 완전히 통과할 때 이동한 거리는 $(360+x)$ m이고, 길이가 1260 m인 터널을 통과하면서 보이지 않는 동안 이동한 거리는 $(1260-x)$ m이다.

이때 전철의 속력은 일정하므로

$$\frac{360+x}{36}=\frac{1260-x}{72}$$

양변에 72를 곱하면

$2(360+x)=1260-x$

$720+2x=1260-x$

$3x=540$ ∴ $x=180$

따라서 전철의 길이는 180 m이다.

만렙 Note

전철이 터널을 통과하면서 보이지 않는 동안 이동한 거리는 전철의 맨 뒤가 터널에 들어가기 시작할 때부터 전철의 맨 앞이 터널을 벗어나기 시작할 때까지 이동한 거리이다.

➡ (전철이 보이지 않는 동안 이동한 거리)=(터널의 길이)−(전철의 길이)

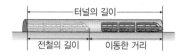

0789 답 9명

물통을 받을 학생을 x명이라 하면

3개씩 나누어 줄 때의 물통의 개수는 $3x+12$

5개씩 나누어 줄 때의 물통의 개수는 $5x-6$

이때 물통의 개수는 일정하므로

$3x+12=5x-6$, $-2x=-18$ ∴ $x=9$

따라서 학생은 모두 9명이다.

0790 답 ④

음악실에 있는 의자를 x개라 하면

한 의자에 4명씩 앉을 때의 학생 수는 $4x+3$

한 의자에 5명씩 앉을 때의 학생 수는 $5(x-1)+2$

이때 학생 수는 일정하므로

$4x+3=5(x-1)+2$

$4x+3=5x-5+2$

$-x=-6$ ∴ $x=6$

따라서 음악실에 있는 의자는 6개이다.

0791 답 ③

초콜릿을 받을 학생을 x명이라 하면

8개씩 나누어 줄 때의 초콜릿의 개수는 $8x+10$

9개씩 나누어 줄 때의 초콜릿의 개수는 $9(x-1)+8$

이때 초콜릿 개수는 일정하므로

$8x+10=9(x-1)+8$

$8x+10=9x-9+8$, $-x=-11$ ∴ $x=11$

따라서 처음에 가지고 있던 초콜릿의 개수는

$8\times11+10=98$

0792 답 68명

식탁을 x개라 하면

한 식탁에 6명씩 앉을 때의 손님 수는 $6x+2$

한 식탁에 8명씩 앉을 때의 손님 수는 $8(x-3)+4$

이때 손님 수는 일정하므로

$6x+2=8(x-3)+4$ ····· ❶

$6x+2=8x-20$, $-2x=-22$ ∴ $x=11$ ····· ❷

따라서 식탁은 11개이므로 단체 손님은

$6\times11+2=68$(명) ····· ❸

채점 기준

❶ 일차방정식 세우기		50 %
❷ 일차방정식 풀기		30 %
❸ 단체 손님이 몇 명인지 구하기		20 %

0793 답 ④

작년 남학생 수를 x라 하면 작년 여학생 수는 $1600-x$이므로

감소한 여학생 수는 $\frac{5}{100}\times(1600-x)$

증가한 남학생 수는 $\frac{3}{100}\times x$

전체 학생이 8명 감소했으므로

$$-\frac{5}{100}\times(1600-x)+\frac{3}{100}\times x=-8$$

양변에 100을 곱하면

$-8000+5x+3x=-800$

$8x=7200$ ∴ $x=900$

따라서 작년 남학생 수가 900이므로 올해 남학생 수는

$$900+\frac{3}{100}\times900=927$$

만렙 Note

작년 학생 수와 올해 학생 수를 비교하는 문제에서 작년보다 $a\%$ 증가하거나 감소했다는 조건이 주어지면 작년 학생 수를 x로 놓고 방정식을 세우는 것이 계산하기에 편리하다.

0794 답 ②

지난달 형의 휴대 전화 요금을 x원이라 하면 지난달 동생의 휴대 전화 요금은 $(60000-x)$원이므로

감소한 형의 휴대 전화 요금은 $\frac{5}{100}\times x$(원)

증가한 동생의 휴대 전화 요금은 $\frac{20}{100}\times(60000-x)$(원)

휴대 전화 요금의 합이 10 % 증가했으므로

$$-\frac{5}{100} \times x + \frac{20}{100} \times (60000 - x) = \frac{10}{100} \times 60000$$

양변에 100을 곱하면

$$-5x + 20(60000 - x) = 600000$$

$$-25x = -600000 \qquad \therefore x = 24000$$

따라서 지난달 형의 휴대 전화 요금은 24000원이므로 이번 달 형의 휴대 전화 요금은

$$24000 - \frac{5}{100} \times 24000 = 24000 - 1200 = 22800(원)$$

0795 답 20 kg

지난달 딸의 몸무게를 x kg이라 하면 지난달 어머니의 몸무게는 $(x+40)$ kg이므로

현재 어머니의 몸무게는

$$(x+40) - \frac{4}{100} \times (x+40) = \frac{96}{100}(x+40)(kg)$$

현재 딸의 몸무게는

$$x + \frac{2}{100} \times x = \frac{102}{100}x(kg)$$

현재 어머니와 딸의 몸무게의 합이 78 kg이므로

$$\frac{96}{100}(x+40) + \frac{102}{100}x = 78$$

양변에 100을 곱하면

$$96(x+40) + 102x = 7800$$

$$198x = 3960 \qquad \therefore x = 20$$

따라서 지난달 딸의 몸무게는 20 kg이다.

0796 답 ①

필통의 원가를 x원이라 하면

$$(정가) = x + \frac{25}{100}x = \frac{5}{4}x(원)$$

$$(판매 가격) = \frac{5}{4}x - 1200(원)$$

이때 (판매 가격) − (원가) = (실제 이익)이므로

$$\left(\frac{5}{4}x - 1200\right) - x = \frac{5}{100}x$$

$$\frac{1}{4}x - 1200 = \frac{1}{20}x$$

양변에 20을 곱하면

$$5x - 24000 = x, \ 4x = 24000 \qquad \therefore x = 6000$$

따라서 필통의 원가는 6000원이다.

0797 답 (1) 850원 (2) 1090원

스티커의 원가를 x원이라 하면

$$(정가) = x + \frac{40}{100}x = \frac{7}{5}x(원)$$

$$(판매 가격) = \frac{7}{5}x - 100(원)$$

(1) (판매 가격) − (원가) = (실제 이익)이므로

$$\left(\frac{7}{5}x - 100\right) - x = 240 \qquad \cdots\cdots \textbf{ⅰ}$$

$$\frac{2}{5}x = 340 \qquad \therefore x = 850$$

따라서 스티커의 원가는 850원이다. $\cdots\cdots \textbf{ⅱ}$

(2) 스티커의 판매 가격은

(원가) + (실제 이익) = 850 + 240 = 1090(원) $\cdots\cdots \textbf{ⅲ}$

채점 기준

ⅰ 일차방정식 세우기		50 %
ⅱ 스티커의 원가 구하기		30 %
ⅲ 스티커의 판매 가격 구하기		20 %

0798 답 500원

아이스크림의 원가를 x원이라 하면

$$(정가) = x + \frac{60}{100}x = \frac{8}{5}x(원)$$

$$(판매 가격) = \frac{8}{5}x - \frac{30}{100} \times \frac{8}{5}x = \frac{28}{25}x(원)$$

이때 (판매 가격) − (원가) = (실제 이익)이므로

$$\frac{28}{25}x - x = 60$$

$$\frac{3}{25}x = 60 \qquad \therefore x = 500$$

따라서 아이스크림의 원가는 500원이다.

0799 답 4시간

전체 작업의 양을 1이라 하면 지원이와 도준이가 1시간 동안 하는 작업의 양은 각각 $\frac{1}{8}$, $\frac{1}{16}$이다.

둘이 함께 작업한 시간을 x시간이라 하면

$$\frac{1}{8} \times 2 + \left(\frac{1}{8} + \frac{1}{16}\right) \times x = 1$$

$$\frac{1}{4} + \frac{3}{16}x = 1$$

양변에 16을 곱하면 $4 + 3x = 16$

$$3x = 12 \qquad \therefore x = 4$$

따라서 둘이 함께 4시간 동안 작업했다.

0800 답 2시간 40분

전체 작업의 양을 1이라 하면 재현이와 동욱이가 1시간 동안 하는 작업의 양은 각각 $\frac{1}{4}$, $\frac{1}{8}$이다.

재현이와 동욱이가 함께 입력하여 작업을 완성하는 데 걸리는 시간을 x시간이라 하면

$$\left(\frac{1}{4} + \frac{1}{8}\right) \times x = 1, \ \frac{3}{8}x = 1 \qquad \therefore x = \frac{8}{3}$$

따라서 재현이와 동욱이가 함께 입력하면 $\frac{8}{3} = 2\frac{2}{3} = 2\frac{40}{60}$(시간), 즉 2시간 40분이 걸린다.

0801 답 ⑤

스웨터 한 벌을 짜는 일의 양을 1이라 하면 언니와 동생이 하루 동안 하는 일의 양은 각각 $\frac{1}{10}$, $\frac{1}{15}$이다.

동생이 혼자 스웨터를 짠 기간을 x일이라 하면

$$\frac{1}{10} \times 2 + \frac{1}{15} \times x = 1, \ \frac{1}{5} + \frac{1}{15}x = 1$$

양변에 15를 곱하면

$$3 + x = 15 \qquad \therefore x = 12$$

따라서 동생이 혼자 스웨터를 짠 기간은 12일이다.

0802 답 4시간

물통에 가득 찬 물의 양을 1이라 하면 두 호스 A, B로 1시간 동안 각각 $\frac{1}{3}$, $\frac{1}{6}$의 물을 채울 수 있고, 호스 C로 1시간 동안 $\frac{1}{4}$의 물을 내보낼 수 있다.

물통에 물을 가득 채우는 데 걸리는 시간을 x시간이라 하면

$\left(\frac{1}{3}+\frac{1}{6}-\frac{1}{4}\right)\times x=1$, $\frac{1}{4}x=1$ $\therefore x=4$

따라서 물통에 물을 가득 채우는 데 걸리는 시간은 4시간이다.

0803 답 34번째

스티커가 계속해서 4개씩 늘어나므로 스티커의 개수는 다음과 같다.

1번째 ➡ 1

2번째 ➡ 1+4

3번째 ➡ 1+4+4=1+4×2

4번째 ➡ 1+4+4+4=1+4×3

⋮

x번째 ➡ $1+4\times(x-1)=4x-3$

이때 스티커 133개를 사용하므로

$4x-3=133$, $4x=136$ $\therefore x=34$

따라서 스티커 133개를 사용하는 것은 34번째이다.

0804 답 19

오른쪽 그림과 같이 4개의 수 중 가장 작은 수를 x라 하면

$x+(x+1)+(x+7)+(x+8)=92$

$4x=76$ $\therefore x=19$

따라서 4개의 수 중 가장 작은 수는 19이다.

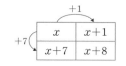

AB 유형 점검

116~118쪽

0805 답 ③

작은 수를 x라 하면 큰 수는 $x+7$이므로

$x+7=3x-5$, $-2x=-12$ $\therefore x=6$

따라서 작은 수는 6이다.

0806 답 32

연속하는 세 짝수를 $x-2$, x, $x+2$라 하면

$(x-2)+x+(x+2)=102$

$3x=102$ $\therefore x=34$

따라서 세 짝수 중 가장 작은 수는 $34-2=32$

0807 답 ④

처음 수의 일의 자리의 숫자를 x라 하면 처음 수는 $20+x$, 바꾼 수는 $10x+2$이므로

$10x+2=2(20+x)+10$

$10x+2=40+2x+10$

$8x=48$ $\therefore x=6$

따라서 처음 수는 26이므로 바꾼 수는 62이다.

0808 답 8골

2점짜리 슛을 x골 넣었다고 하면 3점짜리 슛을 $(17-x)$골 넣었으므로

$2x+3(17-x)=43$

$2x+51-3x=43$

$-x=-8$ $\therefore x=8$

따라서 2점짜리 슛은 모두 8골 넣었다.

0809 답 ①

x년 후에 아버지의 나이가 아들의 나이의 3배가 된다고 하면

$46+x=3(12+x)$

$46+x=36+3x$

$-2x=-10$ $\therefore x=5$

따라서 아버지의 나이가 아들의 나이의 3배가 되는 것은 5년 후이다.

0810 답 3개월 후

x개월 후에 언니와 동생의 예금액이 같아진다고 하면

$21000+1000x=15000+3000x$

$-2000x=-6000$ $\therefore x=3$

따라서 언니와 동생의 예금액이 같아지는 것은 3개월 후이다.

0811 답 2

$8(4+x)=(8-x)\times4\times2$

$32+8x=64-8x$

$16x=32$ $\therefore x=2$

0812 답 ③

전체 수학여행 시간을 x시간이라 하면

$\frac{1}{4}x+\frac{1}{6}x+\frac{2}{5}x+7+4=x$

$\frac{1}{4}x+\frac{1}{6}x+\frac{2}{5}x+11=x$

양변에 60을 곱하면

$15x+10x+24x+660=60x$

$-11x=-660$ $\therefore x=60$

따라서 관광 시간은

$60\times\frac{2}{5}=24$(시간)

0813 답 6 km

올라갈 때 걸은 등산로의 길이를 x km라 하면 내려올 때 걸은 등산로의 길이는 $(x+2)$ km이다.

(올라갈 때 걸린 시간)+(내려올 때 걸린 시간)=4(시간)이므로

$\frac{x}{3}+\frac{x+2}{4}=4$

양변에 12를 곱하면

$4x+3(x+2)=48$

$4x+3x+6=48$

$7x=42$ $\therefore x=6$

따라서 올라갈 때 걸은 등산로의 길이는 6 km이다.

0814 답 ④

두 지점 A, B 사이의 거리를 $x\,\text{km}$라 하면

(시속 $15\,\text{km}$로 가는 데 걸린 시간)

$-$(시속 $45\,\text{km}$로 가는 데 걸린 시간)$=\dfrac{56}{60}$(시간)

이므로

$\dfrac{x}{15}-\dfrac{x}{45}=\dfrac{56}{60}$, $\dfrac{x}{15}-\dfrac{x}{45}=\dfrac{14}{15}$

양변에 45를 곱하면

$3x-x=42$

$2x=42$　$\therefore x=21$

따라서 두 지점 A, B 사이의 거리는 $21\,\text{km}$이므로 지점 A에서 지점 B까지 자전거를 타고 가는 데 걸리는 시간은 $\dfrac{21}{15}=\dfrac{84}{60}$(시간), 즉 84분이다.

0815 답 ③

형이 집에서 출발한 지 x분 후에 동생을 만난다고 하면

(동생이 $(x+5)$분 동안 이동한 거리)$=$(형이 x분 동안 이동한 거리)

이므로

$60(x+5)=80x$

$60x+300=80x$

$-20x=-300$　$\therefore x=15$

따라서 형은 집에서 출발한 지 15분 후에 동생을 만난다.

0816 답 12분 후

두 사람이 출발한 지 x분 후에 만난다고 하면

(유열이가 x분 동안 걸은 거리)$+$(영수가 x분 동안 걸은 거리)

$=1500\,\text{(m)}$

이므로

$50x+75x=1500$

$125x=1500$　$\therefore x=12$

따라서 두 사람은 출발한 지 12분 후에 만난다.

0817 답 ②

기차의 길이를 $x\,\text{m}$라 하면 이 기차가 길이가 $1056\,\text{m}$인 터널을 완전히 통과할 때 이동한 거리는 $(1056+x)\,\text{m}$이고, 길이가 $480\,\text{m}$인 다리를 완전히 통과할 때 이동한 거리는 $(480+x)\,\text{m}$이다.

이때 기차의 속력은 일정하므로

$\dfrac{1056+x}{48}=\dfrac{480+x}{24}$

양변에 48을 곱하면

$1056+x=2(480+x)$

$1056+x=960+2x$

$-x=-96$　$\therefore x=96$

따라서 기차의 길이는 $96\,\text{m}$이므로 기차의 속력은 초속 $\dfrac{480+96}{24}\,\text{m}$, 즉 초속 $24\,\text{m}$이다.

0818 답 14명

이 모임의 학생을 x명이라 하면

4개씩 나누어 줄 때의 활동 도구의 개수는 $4x+8$

6개씩 나누어 줄 때의 활동 도구의 개수는 $6x-20$

이때 활동 도구의 개수는 일정하므로

$4x+8=6x-20$

$-2x=-28$　$\therefore x=14$

따라서 이 모임의 학생은 모두 14명이다.

0819 답 ③

상품의 원가를 x원이라 하면

(정가)$=x+\dfrac{30}{100}x=\dfrac{13}{10}x$(원)

(판매 가격)$=\dfrac{13}{10}x-300$(원)

이때 (판매 가격)$-$(원가)$=$(실제 이익)이므로

$\left(\dfrac{13}{10}x-300\right)-x=180$

$\dfrac{3}{10}x=480$　$\therefore x=1600$

따라서 상품의 원가는 1600원이다.

0820 답 ⑤

전체 일의 양을 1이라 하면 기계 24대가 1시간 동안 하는 일의 양은 $\dfrac{1}{10}$이므로 기계 1대가 1시간 동안 하는 일의 양은

$\dfrac{1}{10}\times\dfrac{1}{24}=\dfrac{1}{240}$

6시간만에 이 일을 끝내는 데 필요한 기계의 대수를 x라 하면

$\left(\dfrac{1}{240}\times x\right)\times 6=1$

$\dfrac{x}{40}=1$　$\therefore x=40$

따라서 필요한 기계의 대수는 40이다.

0821 답 17개

1단계에서 정육각형 1개에 사용한 성냥개비가 6개이고 각 단계에서 정육각형이 1개씩 늘어날 때마다 성냥개비가 5개씩 늘어나므로 각 단계에서 사용하는 성냥개비의 개수는 다음과 같다.

1단계 ➡ 6

2단계 ➡ $6+5$

3단계 ➡ $6+5+5=6+5\times 2$

4단계 ➡ $6+5+5+5=6+5\times 3$

　　　⋮

x단계 ➡ $6+5\times(x-1)=5x+1$

이때 86개의 성냥개비를 사용하므로

$5x+1=86$, $5x=85$　$\therefore x=17$

따라서 86개의 성냥개비를 사용하는 것은 17단계이고, 이때 만들 수 있는 정육각형은 모두 17개이다.

0822 답 16분 후

언니가 출발한 지 x분 후에 동생을 만난다고 하면

(동생이 $(x+10)$분 동안 이동한 거리)

$+$(언니가 x분 동안 이동한 거리)

$=$(호수의 둘레의 길이)

이므로

$60(x+10)+90x=3000$

$60x+600+90x=3000$

$150x=2400$ $\therefore x=16$

따라서 언니는 출발한 지 16분 후에 처음으로 다시 동생을 만난다.

····· ⅱ

0823 답 166

텐트의 개수가 a이므로

6명씩 배정할 때의 학생 수는 $6a+5$

7명씩 배정할 때의 학생 수는 $7(a-3)+3$

이때 학생 수는 일정하므로

$6a+5=7(a-3)+3$

$6a+5=7a-21+3$, $-a=-23$ $\therefore a=23$ ····· ⅰ

따라서 텐트는 23개이므로 학생 수는

$6\times23+5=143$ $\therefore b=143$ ····· ⅱ

$\therefore a+b=23+143=166$ ····· ⅲ

0824 답 330명

작년 여학생을 x명이라 하면

증가한 여학생은 $\dfrac{10}{100}\times x$(명)

감소한 남학생은 4명이고 전체 학생 수가 5 % 증가했으므로

$\dfrac{10}{100}\times x-4=\dfrac{5}{100}\times520$ ····· ⅰ

양변에 100을 곱하면

$10x-400=2600$, $10x=3000$ $\therefore x=300$ ····· ⅱ

따라서 작년 여학생이 300명이므로 올해 여학생은

$300+\dfrac{10}{100}\times300=300+30=330$(명) ····· ⅲ

🅒 실력 향상

119쪽

0825 답 8 km

(지점 A에서 지점 B로 갈 때의 속력)=(배의 속력)+(강물의 속력)

$=6+2=8$(km/h)

(지점 B에서 지점 A로 갈 때의 속력)=(배의 속력)-(강물의 속력)

$=6-2=4$(km/h)

두 지점 A, B 사이의 거리를 x km라 하면

(지점 A에서 지점 B로 갈 때 걸린 시간)

+(지점 B에서 지점 A로 갈 때 걸린 시간)=3(시간)

이므로

$\dfrac{x}{8}+\dfrac{x}{4}=3$

양변에 8을 곱하면

$x+2x=24$

$3x=24$ $\therefore x=8$

따라서 두 지점 A, B 사이의 거리는 8 km이다.

0826 답 ②

사장님이 빵 반죽 150개를 만드는 데 1시간, 즉 60분이 걸리므로

1분 동안 만들 수 있는 빵 반죽은 $\dfrac{150}{60}=\dfrac{5}{2}$(개)이다.

수제자가 빵 반죽 150개를 만드는 데 1시간 30분, 즉 90분이 걸리므로 1분 동안 만들 수 있는 빵 반죽은 $\dfrac{150}{90}=\dfrac{5}{3}$(개)이다.

사장님과 수제자가 함께 빵 반죽 500개를 만드는 데 걸리는 시간을 x분이라 하면

$\left(\dfrac{5}{2}+\dfrac{5}{3}\right)\times x=500$

$\dfrac{25}{6}x=500$ $\therefore x=120$

따라서 구하는 시간은 120분, 즉 2시간이다.

0827 답 ②

한 변의 길이가 10인 정사각형 모양의 색종이 n장을 이어 붙인다고 하자. (단, $n\geq2$)

이때 색종이 n장의 둘레의 길이는 $10\times4\times n=40n$이고, 겹쳐지는 부분의 둘레의 길이는 $5\times4\times(n-1)=20n-20$이므로 색종이 n장을 이어 붙인 도형의 둘레의 길이는

$40n-(20n-20)=20n+20$

이때 둘레의 길이가 400이 되려면

$20n+20=400$

$20n=380$ $\therefore n=19$

따라서 색종이 19장을 이어 붙이면 된다.

0828 답 ⑤

오른쪽 그림과 같이 7시 x분에 시침과 분침이 일치한다고 하면 x분 동안 분침과 시침이 이동한 각도는 각각 $6x°$, $0.5x°$이므로

$6x=210+0.5x$, $5.5x=210$

양변에 10을 곱하면

$55x=2100$ $\therefore x=\dfrac{420}{11}$

따라서 구하는 시각은 7시 $\dfrac{420}{11}$분이다.

참고 시계에서 시침과 분침이 움직이는 각도

⑴ 분침은 1시간에 360°씩 움직이므로 1분에 $\dfrac{360°}{60}=6°$ 움직인다.

⑵ 시침은 1시간에 30°씩 움직이므로 1분에 $\dfrac{30°}{60}=0.5°$ 움직인다.

A 개념 확인　122~123쪽

0829 답 $A(-4)$, $B\left(-\dfrac{5}{3}\right)$, $C\left(\dfrac{5}{2}\right)$, $D(5)$

0830 답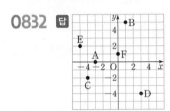

0831 답 $A(1, 0)$, $B(5, 2)$, $C(-3, 3)$, $D(-4, -4)$, $E(4, -2)$, $F(0, -3)$

0832 답

0833 답 제1사분면　　**0834** 답 제3사분면

0835 답 제2사분면　　**0836** 답 제4사분면

0837 답 제1사분면
$a>0$, $b>0$이므로 점 (a, b)는 제1사분면 위의 점이다.

0838 답 제4사분면
$a>0$, $-b<0$이므로 점 $(a, -b)$는 제4사분면 위의 점이다.

0839 답 제2사분면
$-a<0$, $b>0$이므로 점 $(-a, b)$는 제2사분면 위의 점이다.

0840 답 제3사분면
$-a<0$, $-b<0$이므로 점 $(-a, -b)$는 제3사분면 위의 점이다.

0841 답 제1사분면
$b>0$, $a>0$이므로 점 (b, a)는 제1사분면 위의 점이다.

0842 답 제2사분면
$-b<0$, $a>0$이므로 점 $(-b, a)$는 제2사분면 위의 점이다.

0843 답 $(-3, -1)$　　**0844** 답 $(3, 1)$

0845 답 $(3, -1)$

0846 답 ○　　**0847** 답 ○

0848 답 ×
12시에서 15시 사이에는 기온이 증가하고, 15시에서 18시 사이에는 기온이 감소한다.

0849 답 ×
이날 하루 중 15시일 때의 기온이 가장 높다.

0850 답 ④
$3a-2=2a+2$에서 $a=4$
$b+4=3b-3$에서 $-2b=-7$ $\therefore b=\dfrac{7}{2}$
$\therefore a-b=4-\dfrac{7}{2}=\dfrac{1}{2}$

0851 답 $(3, -1)$, $(3, 1)$, $(5, -1)$, $(5, 1)$
$|b|=1$이므로 $b=-1$ 또는 $b=1$
따라서 순서쌍 (a, b)는
$(3, -1)$, $(3, 1)$, $(5, -1)$, $(5, 1)$

0852 답 $(1, 6)$, $(2, 5)$, $(3, 4)$, $(4, 3)$, $(5, 2)$, $(6, 1)$
$7=1+6=2+5=3+4$이므로 눈의 수의 합이 7인 순서쌍은
$(1, 6)$, $(2, 5)$, $(3, 4)$, $(4, 3)$, $(5, 2)$, $(6, 1)$

0853 답 ②
② $B(4, 0)$

0854 답 ③
③ $C(0, 3)$

0855 답 ④
세 점 $A(0, 1)$, $B(3, -2)$, $C(6, 1)$을 꼭짓점으로 하는 정사각형 ABCD는 오른쪽 그림과 같으므로 꼭짓점 D의 좌표는 $(3, 4)$이다.

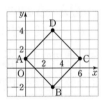

0856 답 $a=3$, $b=4$
점 $(a+3, a-3)$은 x축 위의 점이므로
$a-3=0$ $\therefore a=3$
점 $(8-2b, b+4)$는 y축 위의 점이므로
$8-2b=0$, $-2b=-8$ $\therefore b=4$

0857 답 ③

0858 답 -2
점 A는 x축 위의 점이므로
$1+2a=0$, $2a=-1$ $\therefore a=-\dfrac{1}{2}$
점 B는 x축 위의 점이므로
$4-b=0$ $\therefore b=4$
$\therefore ab=\left(-\dfrac{1}{2}\right)\times4=-2$

0859 답 $(6, 8)$
점 A는 x축 위의 점이므로
$b-3=0$ $\therefore b=3$ ······ ❶
점 B는 y축 위의 점이므로
$-4a+8=0$ $\therefore a=2$ ······ ❷

따라서 점 A의 x좌표는 $a+4=2+4=6$, 점 B의 y좌표는
$2b+2=6+2=8$이므로 구하는 점의 좌표는 $(6, 8)$이다. ······ ⓘⓘⓘ

채점 기준

ⓘ b의 값 구하기	30 %
ⓘⓘ a의 값 구하기	30 %
ⓘⓘⓘ 점 A와 x좌표과 같고 점 B와 y좌표가 같은 점의 좌표 구하기	40 %

0860 답 ④

세 점 A, B, C를 좌표평면 위에 나타내면 오른쪽
그림과 같다.

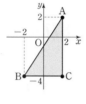

∴ (삼각형 ABC의 넓이)
$$=\frac{1}{2}\times\{2-(-2)\}\times\{2-(-4)\}$$
$$=\frac{1}{2}\times4\times6=12$$

0861 답 ④

네 점 A, B, C, D를 좌표평면 위에 나타내
면 오른쪽 그림과 같고, 이때 사각형 ABCD
는 직사각형이다.

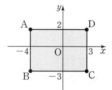

∴ (사각형 ABCD의 넓이)
$$=\{3-(-4)\}\times\{2-(-3)\}$$
$$=7\times5=35$$

0862 답 5

세 점 A, B, C를 좌표평면 위에 나타내면
오른쪽 그림과 같다.
이때 삼각형 ABC의 밑변을 선분 AC,
높이를 선분 BH라 하면
(선분 AC의 길이)$=a-(-1)=a+1$
(선분 BH의 길이)$=1-(-2)=3$
삼각형 ABC의 넓이가 9이므로
$$\frac{1}{2}\times(a+1)\times3=9$$
$a+1=6$ ∴ $a=5$

0863 답 ②

① 점 $(0, 0)$은 어느 사분면에도 속하지 않는다.
③ 점 $(0, -3)$은 어느 사분면에도 속하지 않는다.
④ 점 $(-1, 2)$는 제2사분면, 점 $(2, -1)$은 제4사분면에 속한다.
⑤ 제1사분면과 제4사분면 위의 점의 x좌표는 양수이다.
따라서 옳은 것은 ②이다.

0864 답 ①

② x축 위의 점이므로 어느 사분면에도 속하지 않는다.
③ 제4사분면 위의 점
④ 제1사분면 위의 점
⑤ 제3사분면 위의 점
따라서 제2사분면 위의 점은 ①이다.

0865 답 ④

$a=4$, $b=3$이므로 $a+b=7$

0866 답 ①

점 P(b, a)가 제3사분면 위의 점이므로 $b<0$, $a<0$
따라서 $\dfrac{a}{b}>0$, $-b>0$이므로 점 Q$\left(\dfrac{a}{b}, -b\right)$는 제1사분면 위의 점
이다.

0867 답 ④

점 (a, b)가 제1사분면 위의 점이므로 $a>0$, $b>0$
즉, $-a-b<0$, $3a>0$이므로 점 $(-a-b, 3a)$는 제2사분면 위의
점이다.
① 제4사분면 위의 점
② y축 위의 점
③ 제1사분면 위의 점
④ 제2사분면 위의 점
⑤ 제3사분면 위의 점
따라서 점 $(-a-b, 3a)$와 같은 사분면 위에 있는 점은 ④이다.

0868 답 ⑤

점 (a, b)가 제4사분면 위의 점이므로 $a>0$, $b<0$
① $-b>0$, $-a<0$이므로 점 $(-b, -a)$는 제4사분면 위의 점이다.
② $-b>0$, $a>0$이므로 점 $(-b, a)$는 제1사분면 위의 점이다.
③ $a>0$, $-ab>0$이므로 점 $(a, -ab)$는 제1사분면 위의 점이다.
④ $b-a<0$, $b<0$이므로 점 $(b-a, b)$는 제3사분면 위의 점이다.
⑤ $ab<0$, $a-b>0$이므로 점 $(ab, a-b)$는 제2사분면 위의 점이다.
따라서 제2사분면 위의 점은 ⑤이다.

0869 답 ②

점 $(x, -y)$가 제2사분면 위의 점이므로
$x<0$, $-y>0$ ∴ $x<0$, $y<0$
ㄴ. $xy>0$
ㄹ. $y-x$의 부호는 알 수 없다.
따라서 보기 중 항상 옳은 것은 ㄱ, ㄷ이다.

0870 답 ⑤

점 (a, b)가 제1사분면 위의 점이므로 $a>0$, $b>0$
점 (c, d)가 제3사분면 위의 점이므로 $c<0$, $d<0$
① $bd<0$, $ad<0$이므로 점 (bd, ad)는 제3사분면 위의 점이다.
② $d-a<0$, $c<0$이므로 점 $(d-a, c)$는 제3사분면 위의 점이다.
③ $ac<0$, $ac+bd<0$이므로 점 $(ac, ac+bd)$는 제3사분면 위의
점이다.
④ $ad+bc<0$, $c-a<0$이므로 점 $(ad+bc, c-a)$는 제3사분면
위의 점이다.
⑤ $bc<0$, $a-d>0$이므로 점 $(bc, a-d)$는 제2사분면 위의 점이다.
따라서 점이 속하는 사분면이 나머지 넷과 다른 하나는 ⑤이다.

0871 답 ②

$ab<0$이므로 a와 b의 부호는 다르다.
이때 $a-b<0$에서 $a<b$이므로 $a<0$, $b>0$
따라서 점 (a, b)는 제2사분면 위의 점이다.

0872 답 제2사분면

점 $\left(2a, -\dfrac{b}{a}\right)$가 제4사분면 위의 점이므로

$2a>0, -\dfrac{b}{a}<0$ ...... ❶

$2a>0$에서 $a>0$ ...... ❷

$-\dfrac{b}{a}<0$에서 $\dfrac{b}{a}>0$이므로 a와 b의 부호는 같고 $a>0$이므로

$b>0$ ...... ❸

이때 $-a-b<0, ab>0$이므로 점 $(-a-b, ab)$는 제2사분면 위의 점이다. ...... ❹

채점 기준	
❶ $2a, -\dfrac{b}{a}$의 부호 구하기	30 %
❷ a의 부호 구하기	20 %
❸ b의 부호 구하기	20 %
❹ 점 $(-a-b, ab)$는 제몇 사분면 위의 점인지 구하기	30 %

0873 답 ②

$\dfrac{y}{x}<0$이므로 x와 y의 부호는 다르다.

이때 $y-x>0$에서 $y>x$이므로

$x<0, y>0$

ㄱ. $-x>0, x^2>0$이므로 점 $(-x, x^2)$은 제1사분면 위의 점이다.

ㄴ. $y^2>0, -y<0$이므로 점 $(y^2, -y)$는 제4사분면 위의 점이다.

ㄷ. $3xy<0, y+8>0$이므로 점 $(3xy, y+8)$은 제2사분면 위의 점이다.

ㄹ. $x-y<0, -2x>0$이므로 점 $(x-y, -2x)$는 제2사분면 위의 점이다.

ㅁ. $-xy>0, \dfrac{xy}{5}<0$이므로 점 $\left(-xy, \dfrac{xy}{5}\right)$는 제4사분면 위의 점이다.

이때 점 $(2, -8)$은 제4사분면 위의 점이므로 같은 사분면 위에 있는 점은 ㄴ, ㅁ의 2개이다.

0874 답 ①

점 $(a+b, ab)$가 제2사분면 위의 점이므로

$a+b<0, ab>0$

이때 $ab>0$이므로 a와 b의 부호는 같고 $a+b<0$이므로

$a<0, b<0$

또 $|a|>|b|$이므로 $a<b<0$

① $-ab<0, a-b<0$이므로 점 $(-ab, a-b)$는 제3사분면 위의 점이다.

② $b-a>0, a<0$이므로 점 $(b-a, a)$는 제4사분면 위의 점이다.

③ $a+b<0, -a>0$이므로 점 $(a+b, -a)$는 제2사분면 위의 점이다.

④ $-b>0, -a-b>0$이므로 점 $(-b, -a-b)$는 제1사분면 위의 점이다.

⑤ $b<0, \dfrac{a}{b}>0$이므로 점 $\left(b, \dfrac{a}{b}\right)$는 제2사분면 위의 점이다.

따라서 제3사분면 위에 있는 점은 ①이다.

0875 답 ⑤

점 $A(a, 1)$과 y축에 대하여 대칭인 점의 좌표는

$(-a, 1)$

이때 점 $(-a, 1)$은 점 $B(-2, b-1)$과 같으므로

$-a=-2, 1=b-1$ ∴ $a=2, b=2$

∴ $ab=2\times2=4$

0876 답 ②

0877 답 7

점 $(a+2, -1)$과 x축에 대하여 대칭인 점의 좌표는

$(a+2, 1)$ ...... ❶

점 $(3, 1-b)$와 원점에 대하여 대칭인 점의 좌표는

$(-3, b-1)$ ...... ❷

이 두 점의 좌표가 같으므로

$a+2=-3, 1=b-1$

∴ $a=-5, b=2$ ...... ❸

∴ $b-a=2-(-5)=7$ ...... ❹

채점 기준	
❶ x축에 대하여 대칭인 점의 좌표 구하기	30 %
❷ 원점에 대하여 대칭인 점의 좌표 구하기	30 %
❸ a, b의 값 구하기	30 %
❹ $b-a$의 값 구하기	10 %

0878 답 12

점 $A(3, 2)$와 x축에 대하여 대칭인 점은

$P(3, -2)$

y축에 대하여 대칭인 점은

$Q(-3, 2)$

원점에 대하여 대칭인 점은

$R(-3, -2)$

따라서 세 점 P, Q, R를 좌표평면 위에 나타내면 오른쪽 그림과 같으므로

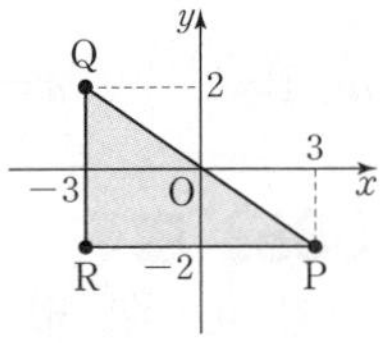

(삼각형 PQR의 넓이)

$=\dfrac{1}{2}\times\{3-(-3)\}\times\{2-(-2)\}$

$=\dfrac{1}{2}\times6\times4=12$

0879 답 ③

> 태민이 어머니가 자동차를 타고 ❶ 일정한 속력으로 가다가 태민이를 태우기 위해 ❷ 잠시 멈추고 ❸ 다시 출발하여 이전과 같은 일정한 속력으로 움직였다.

❶ 속력이 일정하므로 그래프가 x축과 평행하다.

❷ 속력이 점점 감소하다가 잠시 동안 속력이 0이므로 그래프가 오른쪽 아래로 향하다가 x축과 일치한다.

❸ 속력이 점점 증가하다가 이전과 같은 속력으로 일정하므로 그래프가 오른쪽 위로 향하다가 이전과 같은 위치에서 x축과 평행하다.

따라서 상황을 가장 잘 나타낸 것은 ③이다.

0880 답 ㄹ

> 효섭이가 우유를 사서 ❶약간 마시고 ❷책상에 두었다가 잠시 후에 ❸다시 그 우유를 마셨더니 우유의 양이 처음의 절반이 되었다.

❶ 우유의 양이 감소하므로 그래프가 오른쪽 아래로 향한다.

❷ 우유의 양이 일정하므로 그래프가 x축과 평행하다.

❸ 우유의 양이 처음의 절반이 될 때까지 감소하므로 그래프가 처음의 절반이 될 때까지 오른쪽 아래로 향한다.

따라서 상황에 알맞은 그래프는 ㄹ이다.

0881 답 ㄷ

주어진 그래프를 해석하면 다음 표와 같다.

그래프의 모양	╱	╲	─
개체 수	증가한다.	감소한다.	일정하다.

따라서 그래프에 알맞은 상황은 ㄷ이다.

0882 답 ㄴ

주어진 용기의 아랫부분은 폭이 일정하면서 넓고 윗부분은 폭이 일정하면서 좁으므로 물의 높이는 일정하게 증가하다가 어느 순간부터 이전보다 빠르면서 일정하게 증가한다.

따라서 그래프로 알맞은 것은 ㄴ이다.

0883 답 A-ㄴ, B-ㄱ, C-ㄷ

용기의 폭이 넓을수록 같은 시간 동안 물의 높이가 느리게 증가하므로 각 용기에 해당하는 그래프는

A-ㄴ, B-ㄱ, C-ㄷ

0884 답 ⑤

주어진 물통의 폭이 위로 갈수록 좁아지므로 물의 높이는 점점 빠르게 증가한다.

따라서 그래프로 알맞은 것은 ⑤이다.

0885 답 ③

주어진 그래프에서 물의 높이가 일정하게 증가하다가 어느 순간부터 점점 느리게 증가하므로 유리 기구의 아랫부분은 폭이 일정하고 윗부분은 폭이 위로 갈수록 넓어진다.

따라서 유리 기구의 모양으로 알맞은 것은 ③이다.

0886 답 ②

② 걸어간 거리의 총합은

$150+150+300+150=750(m)$

0887 답 ③

$10-5=5(초)$

0888 답 ④

④ 드론의 높이가 $5\,m$가 되는 경우는 총 4번이다.

0889 답 (1) 35m (2) 2분 후 (3) 6분

0890 답 ②, ④

① 학교는 집보다 $120\,m$ 더 높은 곳에 있다.

③ 학교는 도서관보다 $120-100=20(m)$ 더 높은 곳에 있다.

④ 도서관에서 학교까지 가는 데 걸린 시간은 $45-30=15(분)$이다.

⑤ 도서관에서 $20\,m$ 더 올라가는 데 걸린 시간은 15분이고, 집에서 도서관까지 올라가는 데 걸린 시간은 30분이다.

즉, 도서관에서 $20\,m$ 더 올라가는 데 걸린 시간은 집에서 도서관까지 올라가는 데 걸린 시간의 $\dfrac{15}{30}=\dfrac{1}{2}(배)$이다.

따라서 옳은 것은 ②, ④이다.

0891 답 ③

③ 중원이는 태준이가 출발한 지 20분 후에 출발하여 태준이가 출발한 지 60분 후에 전망대에 도착했으므로 중원이는 전망대까지 가는 데 $60-20=40(분)$이 걸렸다.

AB 유형 점검
132~134쪽

0892 답 -1

$a-5=2a-3$에서

$-a=2$ ∴ $a=-2$

$-b+1=-3b+3$에서

$2b=2$ ∴ $b=1$

∴ $a+b=-2+1=-1$

0893 답 ③

① A$(3, -2)$ ② B$(1, 2)$

④ D$(-4, 3)$ ⑤ E$(-3, -3)$

따라서 옳은 것은 ③이다.

0894 답 ③

원점이 아닌 점 (a, b)가 y축 위의 점이려면 $a=0$이고 $b\neq0$이어야 한다.

0895 답 A$(-5, 0)$, B$(0, 1)$

점 A는 x축 위의 점이므로

$2+\dfrac{1}{4}b=0, \dfrac{1}{4}b=-2$ ∴ $b=-8$

점 B는 y축 위의 점이므로

$2a-5=0, 2a=5$ ∴ $a=\dfrac{5}{2}$

이때 $a=\dfrac{5}{2}$이므로 $-2a=-2\times\dfrac{5}{2}=-5$

∴ A$(-5, 0)$

$b=-8$이므로 $-\dfrac{1}{8}b=-\dfrac{1}{8}\times(-8)=1$

∴ B$(0, 1)$

0896 답 ②

세 점 A, B, C를 좌표평면 위에 나타내면
오른쪽 그림과 같다.

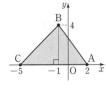

∴ (삼각형 ABC의 넓이)

$$=\frac{1}{2}\times\{2-(-5)\}\times4$$

$$=\frac{1}{2}\times7\times4=14$$

0897 답 ④

ㄱ. 좌표평면에서 원점의 좌표는 $(0, 0)$이다.

ㄷ. 점 $(-7, 0)$은 어느 사분면에도 속하지 않는다.

ㄹ. y축 위에 있는 점의 x좌표는 0이다.

따라서 옳은 것은 ㄴ, ㅁ이다.

0898 답 제4사분면

점 (a, b)가 제4사분면 위의 점이므로 $a>0$, $b<0$

따라서 $a-b>0$, $ab<0$이므로 점 $(a-b, ab)$는 제4사분면 위의
점이다.

0899 답 ②

점 $(-a, b)$가 제1사분면 위의 점이므로 $-a>0$, $b>0$

∴ $a<0$, $b>0$

① $a<0$, $ab<0$이므로 점 (a, ab)는 제3사분면 위의 점이다.

② $b-a>0$, $b>0$이므로 점 $(b-a, b)$는 제1사분면 위의 점이다.

③ $-b<0$, $a-b<0$이므로 점 $(-b, a-b)$는 제3사분면 위의 점
   이다.

④ $-b<0$, $\dfrac{a}{b}<0$이므로 점 $\left(-b, \dfrac{a}{b}\right)$는 제3사분면 위의 점이다.

⑤ $\dfrac{a}{b}<0$, $ab<0$이므로 점 $\left(\dfrac{a}{b}, ab\right)$는 제3사분면 위의 점이다.

따라서 다른 네 점과 같은 사분면 위에 있지 않은 점은 ②이다.

0900 답 ②

$\dfrac{b}{a}<0$이므로 a와 b의 부호는 다르다.

이때 $2b>0$에서 $b>0$이므로 $a<0$, $b>0$

따라서 $ab^2<0$, $-2a>0$이므로 점 $(ab^2, -2a)$는 제2사분면 위의
점이다.

① 제3사분면 위의 점

② 제2사분면 위의 점

③ y축 위의 점

④ 제4사분면 위의 점

⑤ 제1사분면 위의 점

따라서 점 $(ab^2, -2a)$와 같은 사분면 위에 있는 점은 ②이다.

0901 답 ⑤

점 $(-a+5, 3b)$와 원점에 대하여 대칭인 점의 좌표는

$(a-5, -3b)$

이때 점 $(a-5, -3b)$는 점 $(-4a, b+4)$와 같으므로

$a-5=-4a$에서 $5a=5$ ∴ $a=1$

$-3b=b+4$에서 $-4b=4$ ∴ $b=-1$

∴ $a-b=1-(-1)=2$

0902 답 ⑤

⑤ 3일에는 기온이 내려가다가 올라간 후에 다시 내려간다.

0903 답 ③

0904 답 ②

주어진 유리병의 아랫부분은 폭이 일정하고 윗부분은 폭이 위로 갈
수록 좁아지므로 물의 높이는 일정하게 증가하다가 어느 순간부터
점점 빠르게 증가한다.

따라서 그래프로 알맞은 것은 ②이다.

0905 답 ⑤

ㄱ. 집에서부터 떨어진 거리의 변화가 없는 구간은 집에서 출발한 지
   20분 후부터 30분 후까지이므로 도서관에서 머문 시간은
   $30-20=10$(분)

ㄴ. $45-30=15$(분)

0906 답 ④

ㄱ. 미세 먼지 농도가 처음으로 낮아지기 시작할 때의 미세 먼지 농
   도는 $350 \mu g/m^3$이다.

따라서 옳은 것은 ㄴ, ㄷ이다.

0907 답 5

점 A는 x축 위의 점이므로

$2a-4=0$, $2a=4$

∴ $a=2$ ...... ❶

점 B는 y축 위의 점이므로

$2a-b-6=0$에서 $2\times2-b-6=0$

$-2-b=0$, $-b=2$

∴ $b=-2$ ...... ❷

이때 점 $C\left(-\dfrac{1}{2}ab, a+b\right)$에서

$-\dfrac{1}{2}ab=-\dfrac{1}{2}\times2\times(-2)=2$

$a+b=2+(-2)=0$

∴ $C(2, 0)$ ...... ❸

따라서 세 점 $A(-3, 0)$, $B(0, 2)$, $C(2, 0)$
을 좌표평면 위에 나타내면 오른쪽 그림과
같으므로

(삼각형 ABC의 넓이)

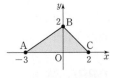

$$=\frac{1}{2}\times\{2-(-3)\}\times2$$

$$=\frac{1}{2}\times5\times2$$

$$=5$$ ...... ❹

채점 기준	
❶ a의 값 구하기	20 %
❷ b의 값 구하기	20 %
❸ 점 C의 좌표 구하기	20 %
❹ 삼각형 ABC의 넓이 구하기	40 %

0908 답 제3사분면

점 $(-b, a)$가 제4사분면 위의 점이므로

$-b>0$, $a<0$ ······ ❶

$-b>0$에서 $b<0$ ······ ❷

이때 $-ab<0$, $a+b<0$이므로 점 $(-ab, a+b)$는 제3사분면 위의 점이다.   ······ ❸

채점 기준	
❶ $-b$, a의 부호 구하기	30 %
❷ b의 부호 구하기	20 %
❸ 점 $(-ab, a+b)$는 제몇 사분면 위의 점인지 구하기	50 %

0909 답 (1) 4시간 (2) 2시간 (3) 60분 후

(1) 수상 보트는 9시에 지점 A에서 출발하여 13시에 지점 B에 도착했으므로 지점 A에서 지점 B까지 가는 데 걸린 시간은

13−9=4(시간)   ······ ❶

(2) 수상 오토바이는 10시에 지점 A에서 출발하여 12시에 지점 B에 도착했으므로 지점 A에서 지점 B까지 가는 데 걸린 시간은

12−10=2(시간)   ······ ❷

(3) 수상 오토바이는 12시에 지점 B에 도착했고 수상 보트는 13시에 지점 B에 도착했으므로 걸린 시간의 차는

13−12=1(시간)

따라서 수상 오토바이가 도착한 지 60분 후에 수상 보트가 도착한다.   ······ ❸

채점 기준	
❶ 수상 보트의 걸린 시간 구하기	30 %
❷ 수상 오토바이의 걸린 시간 구하기	30 %
❸ 수상 오토바이가 도착한 지 몇 분 후에 수상 보트가 도착하는 지 구하기	40 %

C 실력 향상

135쪽

0910 답 ②

세 점 A, B, C를 좌표평면 위에 나타내면 오른쪽 그림과 같으므로

(삼각형 ABC의 넓이)

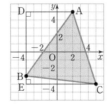

= (사각형 DECA의 넓이)

   − (삼각형 ADB의 넓이)

   − (삼각형 BEC의 넓이)

$= \dfrac{1}{2} \times [\{2-(-4)\} + \{5-(-4)\}] \times \{5-(-4)\}$

$\quad - \dfrac{1}{2} \times \{2-(-4)\} \times \{5-(-3)\}$

$\quad - \dfrac{1}{2} \times \{5-(-4)\} \times \{-3-(-4)\}$

$= \dfrac{1}{2} \times (6+9) \times 9 - \dfrac{1}{2} \times 6 \times 8 - \dfrac{1}{2} \times 9 \times 1$

$= \dfrac{135}{2} - 24 - \dfrac{9}{2} = 39$

만렙 Note

좌표평면 위에서 삼각형 ABC의 넓이를 직접 구할 수 없다면 세 점 A, B, C를 포함하는 사각형의 넓이에서 삼각형 ABC를 제외한 나머지 부분의 넓이를 빼서 구하면 된다.

0911 답 ③

점 A$(a+1, 6-2b)$는 x축 위의 점이므로

$6-2b=0$

$-2b=-6$ ∴ $b=3$

점 B$(a-1, 3b)$는 y축 위의 점이므로

$a-1=0$

∴ $a=1$

점 C$(c-5, b^2-4)$, 즉 점 C$(c-5, 5)$는 어느 사분면에도 속하지 않으므로

$c-5=0$

∴ $c=5$

따라서 점 $(a-b, -c)$는 점 $(-2, -5)$이므로 제3사분면 위의 점이다.

0912 답 9

점 $P_1(2, -8)$과 x축에 대하여 대칭인 점 P_2의 좌표는 $(2, 8)$

점 P_2와 y축에 대하여 대칭인 점 P_3의 좌표는 $(-2, 8)$

점 P_3과 원점에 대하여 대칭인 점 P_4의 좌표는 $(2, -8)$

점 P_4와 x축에 대하여 대칭인 점 P_5의 좌표는 $(2, 8)$

     ⋮

따라서 점 P_1, P_2, P_3, P_4, …의 좌표는 $(2, -8)$, $(2, 8)$, $(-2, 8)$이 이 순서대로 반복된다.

$2027=3\times675+2$이므로 점 P_{2027}의 좌표는 점 P_2의 좌표인 $(2, 8)$과 같다.

즉, $a=2$, $b=8$이므로

$\dfrac{a}{2}+b = \dfrac{2}{2}+8 = 9$

0913 답 ③

삼각형 APD의 넓이는 점 P가 꼭짓점 A에서 출발하여 꼭짓점 B까지 움직일 때는 점점 증가하고, 꼭짓점 B에서 꼭짓점 C까지 움직일 때는 일정하다가 꼭짓점 C에서 꼭짓점 D까지 움직일 때는 점점 감소하여 0이 된다.

따라서 x와 y 사이의 관계를 나타내는 그래프로 알맞은 것은 ③이다.

09 / 정비례와 반비례

0914 답

x	1	2	3	4	5	…
y	3	6	9	12	15	…

$y=3x$

0915 답

x	1	2	3	4	5	…
y	-5	-10	-15	-20	-25	…

$y=-5x$

0916 답 ○   **0917** 답 ×

0918 답 ○   **0919** 답 ○

0920 답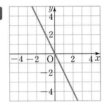

0921 답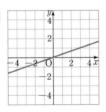

0922 답 $\dfrac{1}{2}$

$y=ax$에 $x=2$, $y=1$을 대입하면

$1=2a$ $\therefore a=\dfrac{1}{2}$

0923 답 -2

$y=ax$에 $x=2$, $y=-4$를 대입하면

$-4=2a$ $\therefore a=-2$

0924 답

x	1	2	3	4	5	…
y	120	60	40	30	24	…

$y=\dfrac{120}{x}$

0925 답

x	1	2	3	4	5	…
y	-60	-30	-20	-15	-12	…

$y=-\dfrac{60}{x}$

0926 답 ○   **0927** 답 ○

0928 답 ×   **0929** 답 ○

0930 답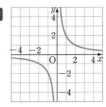

0931 답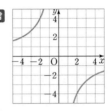

0932 답 18

$y=\dfrac{a}{x}$에 $x=3$, $y=6$을 대입하면

$6=\dfrac{a}{3}$ $\therefore a=18$

0933 답 -4

$y=\dfrac{a}{x}$에 $x=-2$, $y=2$를 대입하면

$2=\dfrac{a}{-2}$ $\therefore a=-4$

0934 답 ⑤

① $y=200-x$

② (직사각형의 넓이)$=$(가로의 길이)$\times$(세로의 길이)이므로

   $36=x\times y$ $\therefore y=\dfrac{36}{x}$

③ $y=1000x+500$

④ $y=\dfrac{60}{x}$

⑤ (거리)$=$(속력)$\times$(시간)이므로 $y=5x$

따라서 y가 x에 정비례하는 것은 ⑤이다.

0935 답 ④, ⑤

② $xy=3$에서 $y=\dfrac{3}{x}$

④ $\dfrac{y}{x}=-1$에서 $y=-x$

따라서 y가 x에 정비례하는 것은 ④, ⑤이다.

0936 답 ①, ③

② $y=-3x$에 $x=-2$를 대입하면

   $y=-3\times(-2)=6\neq-6$

③ $y=-3x$에 $y=9$를 대입하면

   $9=-3x$ $\therefore x=-3$

④ y는 x에 정비례하므로 x의 값이 3배가 되면 y의 값도 3배가 된다.

⑤ $y=-3x$에서 $\dfrac{y}{x}=-3$이므로 $\dfrac{y}{x}$의 값이 일정하다.

따라서 옳은 것은 ①, ③이다.

0937 답 8

$y=ax$로 놓고 $x=-4$, $y=8$을 대입하면

$8=-4a$ $\therefore a=-2$

따라서 $y=-2x$이므로 이 식에 $y=-16$을 대입하면

$-16=-2x$ $\therefore x=8$

0938 답 $y=\dfrac{5}{2}x$

y는 x에 정비례하므로 $y=ax$로 놓고 $x=2$, $y=5$를 대입하면

$5=2a$ $\therefore a=\dfrac{5}{2}$

따라서 x와 y 사이의 관계식은 $y=\dfrac{5}{2}x$

0939 답 -10

$y=ax$로 놓고 $x=-3$, $y=-9$를 대입하면

$-9=-3a$ $\therefore a=3$ $\therefore y=3x$ ⋯⋯ ❶

$y=3x$에 $x=-4$, $y=p$를 대입하면

$p=3\times(-4)=-12$ ⋯⋯ ❷

$y=3x$에 $x=q$, $y=-6$을 대입하면

$-6=3q$ $\therefore q=-2$ ⋯⋯ ❸

$\therefore p-q=-12-(-2)=-10$ ⋯⋯ ❹

채점 기준

❶ x와 y 사이의 관계식 구하기	30 %
❷ p의 값 구하기	30 %
❸ q의 값 구하기	30 %
❹ $p-q$의 값 구하기	10 %

0940 답 ④

④ 오른쪽 아래로 향하는 직선이다.

0941 답 ③

$y=\dfrac{2}{3}x$의 그래프는 원점을 지나고 오른쪽 위로 향하는 직선이다.

또 $x=3$일 때, $y=\dfrac{2}{3}\times3=2$이므로 그래프는 점 $(3,\ 2)$와 원점을 지나는 직선이다.

따라서 구하는 그래프는 ③이다.

0942 답 ②, ⑤

① $y=ax$에 $x=a$를 대입하면 $y=a^2$

즉, 점 $(a,\ a^2)$을 지난다.

③ $a<0$일 때, 제2사분면과 제4사분면을 지난다.

④ $a>0$이면 오른쪽 위로 향하는 직선이고,

$a<0$이면 오른쪽 아래로 향하는 직선이다.

따라서 옳은 것은 ②, ⑤이다.

0943 답 ①

정비례 관계 $y=ax\ (a\neq0)$의 그래프는 a의 절댓값이 클수록 y축에 가깝다.

이때 $\left|-\dfrac{1}{16}\right|<\left|\dfrac{1}{3}\right|<|-3|<|4|<|-5|$이므로 그래프가 y축에 가장 가까운 것은 ①이다.

0944 답 ⑤

①, ②, ③ 제2사분면과 제4사분면을 지나므로 색칠한 부분을 지나지 않는다.

④ $\left|\dfrac{1}{2}\right|<|1|$에서 $y=x$의 그래프보다 x축에 가까우므로 색칠한 부분을 지나지 않는다.

따라서 a의 값이 될 수 있는 것은 ⑤이다.

0945 답 ③

$y=ax$, $y=bx$의 그래프는 제2사분면과 제4사분면을 지나고,

$y=cx$의 그래프는 제1사분면과 제3사분면을 지나므로

$a<0,\ b<0,\ c>0$

이때 $y=bx$의 그래프가 $y=ax$의 그래프보다 y축에 가까우므로

$|a|<|b|$ $\therefore a>b$

$\therefore b<a<c$

참고 음수끼리는 절댓값이 큰 수가 더 작다.

0946 답 6

$y=ax$의 그래프가 점 $(-2,\ 3)$을 지나므로

$y=ax$에 $x=-2$, $y=3$을 대입하면

$3=-2a$ $\therefore a=-\dfrac{3}{2}$ $\therefore y=-\dfrac{3}{2}x$

$y=-\dfrac{3}{2}x$에 $x=5$, $y=b$를 대입하면

$b=-\dfrac{3}{2}\times5=-\dfrac{15}{2}$

$\therefore a-b=-\dfrac{3}{2}-\left(-\dfrac{15}{2}\right)=6$

0947 답 ㄱ, ㄷ, ㄹ

$y=-2x$에 주어진 각 점의 좌표를 대입하면

ㄱ. $0=-2\times0$

ㄴ. $-2\neq-2\times2$

ㄷ. $-\dfrac{4}{3}=-2\times\dfrac{2}{3}$

ㄹ. $1=-2\times\left(-\dfrac{1}{2}\right)$

ㅁ. $2\neq-2\times1$

ㅂ. $1\neq-2\times(-2)$

따라서 $y=-2x$의 그래프가 지나는 점은 ㄱ, ㄷ, ㄹ이다.

0948 답 ②

$y=\dfrac{4}{3}x$의 그래프가 두 점 $(a,\ -1)$, $(3,\ b)$를 지나므로

$y=\dfrac{4}{3}x$에 $x=a$, $y=-1$을 대입하면

$-1=\dfrac{4}{3}a$ $\therefore a=-\dfrac{3}{4}$

$y=\dfrac{4}{3}x$에 $x=3$, $y=b$를 대입하면

$b=\dfrac{4}{3}\times3=4$

$\therefore ab=-\dfrac{3}{4}\times4=-3$

0949 답 −1

$y=ax$의 그래프가 점 $(3, 1)$을 지나므로

$y=ax$에 $x=3$, $y=1$을 대입하면

$1=3a$ ∴ $a=\dfrac{1}{3}$ ……❶

$y=bx$의 그래프가 점 $(1, -3)$을 지나므로

$y=bx$에 $x=1$, $y=-3$을 대입하면 $b=-3$ ……❷

∴ $ab=\dfrac{1}{3}\times(-3)=-1$ ……❸

채점 기준	
❶ a의 값 구하기	40%
❷ b의 값 구하기	40%
❸ ab의 값 구하기	20%

0950 답 ③

그래프가 원점을 지나는 직선이므로 $y=ax$로 놓자.

$y=ax$의 그래프가 점 $(-3, 1)$을 지나므로

$y=ax$에 $x=-3$, $y=1$을 대입하면

$1=-3a$ ∴ $a=-\dfrac{1}{3}$

따라서 x와 y 사이의 관계식은 $y=-\dfrac{1}{3}x$

0951 답 ④

그래프가 원점을 지나는 직선이므로 $y=ax$로 놓자.

$y=ax$의 그래프가 점 $(1, -1)$을 지나므로

$y=ax$에 $x=1$, $y=-1$을 대입하면

$-1=a$ ∴ $y=-x$

$y=-x$에 $x=k$, $y=5$를 대입하면

$5=-k$ ∴ $k=-5$

0952 답 ⑤

그래프가 원점을 지나는 직선이므로 $y=ax$로 놓자.

$y=ax$의 그래프가 점 $(3, 2)$를 지나므로

$y=ax$에 $x=3$, $y=2$를 대입하면

$2=3a$ ∴ $a=\dfrac{2}{3}$

따라서 x와 y 사이의 관계식은 $y=\dfrac{2}{3}x$

$y=\dfrac{2}{3}x$에 주어진 각 점의 좌표를 대입하면

① $6=\dfrac{2}{3}\times 9$ ② $8=\dfrac{2}{3}\times 12$

③ $10=\dfrac{2}{3}\times 15$ ④ $-\dfrac{2}{9}=\dfrac{2}{3}\times\left(-\dfrac{1}{3}\right)$

⑤ $-\dfrac{1}{3}\neq\dfrac{2}{3}\times(-2)$

따라서 주어진 그래프 위의 점이 아닌 것은 ⑤이다.

0953 답 24

$B(6, 0)$이므로 점 A의 x좌표는 6이다.

$y=\dfrac{4}{3}x$에 $x=6$을 대입하면 $y=\dfrac{4}{3}\times 6=8$

따라서 $A(6, 8)$이므로

(삼각형 AOB의 넓이)$=\dfrac{1}{2}\times 6\times 8=24$

0954 답 $\dfrac{33}{8}$

두 점 A, B의 y좌표가 모두 3이므로

$y=3x$에 $y=3$을 대입하면

$3=3x$ ∴ $x=1$ ∴ $A(1, 3)$ ……❶

$y=\dfrac{4}{5}x$에 $y=3$을 대입하면

$3=\dfrac{4}{5}x$ ∴ $x=\dfrac{15}{4}$ ∴ $B\left(\dfrac{15}{4}, 3\right)$ ……❷

∴ (삼각형 AOB의 넓이)$=\dfrac{1}{2}\times\left(\dfrac{15}{4}-1\right)\times 3$

$=\dfrac{1}{2}\times\dfrac{11}{4}\times 3=\dfrac{33}{8}$ ……❸

채점 기준	
❶ 점 A의 좌표 구하기	30%
❷ 점 B의 좌표 구하기	30%
❸ 삼각형 AOB의 넓이 구하기	40%

0955 답 2

점 Q의 y좌표가 4이므로 점 P의 y좌표는 4이다.

$y=ax$에 $y=4$를 대입하면

$4=ax$ ∴ $x=\dfrac{4}{a}$ ∴ $P\left(\dfrac{4}{a}, 4\right)$

이때 삼각형 PQO의 넓이는 4이므로

$\dfrac{1}{2}\times\dfrac{4}{a}\times 4=4$, $\dfrac{8}{a}=4$ ∴ $a=2$

0956 답 $\dfrac{2}{3}$

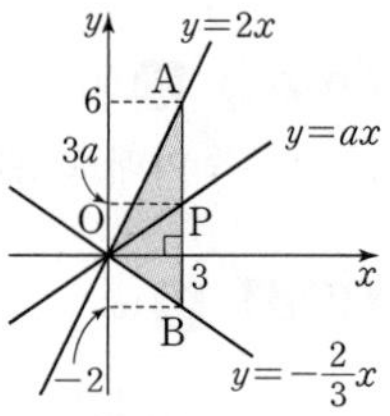

오른쪽 그림과 같이 $y=ax$의 그래프가 선분 AB와 만나는 점을 P라 하면 세 점 A, B, P의 x좌표가 모두 3이므로

$y=2x$에 $x=3$을 대입하면

$y=2\times 3=6$ ∴ $A(3, 6)$

$y=-\dfrac{2}{3}x$에 $x=3$을 대입하면

$y=-\dfrac{2}{3}\times 3=-2$ ∴ $B(3, -2)$

$y=ax$에 $x=3$을 대입하면

$y=3a$ ∴ $P(3, 3a)$

이때 (삼각형 POB의 넓이)$=\dfrac{1}{2}\times$(삼각형 AOB의 넓이)이므로

$\dfrac{1}{2}\times\{3a-(-2)\}\times 3=\dfrac{1}{2}\times\left[\dfrac{1}{2}\times\{6-(-2)\}\times 3\right]$

$\dfrac{9}{2}a+3=6$, $\dfrac{9}{2}a=3$ ∴ $a=\dfrac{2}{3}$

0957 답 $y=21x$, 21 L

5 L의 연료로 105 km를 달릴 수 있으므로 1 L의 연료로 21 km를 달릴 수 있다.

즉, x L의 연료로 $21x$ km를 달릴 수 있으므로

$y=21x$

이 식에 $y=441$을 대입하면

$441=21x$ ∴ $x=21$

따라서 필요한 연료의 양은 21 L이다.

0958 답 ⑤

우유 x mL를 정화하는 데 필요한 물의 양이 $40x$ L이므로

$y=40x$

이 식에 $x=200$을 대입하면

$y=40 \times 200=8000$

따라서 우유 200 mL를 정화하는 데 필요한 물의 양은 8000 L이다.

0959 답 10 m

y는 x에 정비례하므로 $y=ax$로 놓자.

$y=ax$에 $x=20$, $y=24$를 대입하면

$24=20a$ ∴ $a=\dfrac{6}{5}$ ∴ $y=\dfrac{6}{5}x$

이때 12 m$=1200$ cm이므로 $y=\dfrac{6}{5}x$에 $y=1200$을 대입하면

$1200=\dfrac{6}{5}x$ ∴ $x=1000$

따라서 그림자의 길이가 12 m인 깃대의 높이는 1000 cm, 즉 10 m 이다.

0960 답 $y=\dfrac{4}{3}x$

두 톱니바퀴 A, B가 서로 맞물려 돌아간 톱니의 수는 같으므로

$20 \times x=15 \times y$ ∴ $y=\dfrac{4}{3}x$

0961 답 (1) $y=3x$ (2) $\dfrac{20}{3}$ cm

(1) $y=\dfrac{1}{2} \times x \times 6$이므로 $y=3x$ ······ ❶

(2) $y=3x$에 $y=20$을 대입하면

$20=3x$ ∴ $x=\dfrac{20}{3}$

따라서 선분 BP의 길이는 $\dfrac{20}{3}$ cm이다. ······ ❷

채점 기준

❶ x와 y 사이의 관계식 구하기	50 %
❷ 선분 BP의 길이 구하기	50 %

0962 답 9분 후

두 그래프 모두 원점을 지나는 직선이므로

여학생의 그래프가 나타내는 식을 $y=ax$,

남학생의 그래프가 나타내는 식을 $y=bx$로 놓자.

여학생의 그래프가 점 $(25, 30)$을 지나므로

$y=ax$에 $x=25$, $y=30$을 대입하면

$30=25a$ ∴ $a=\dfrac{6}{5}$ ∴ $y=\dfrac{6}{5}x$

남학생의 그래프가 점 $(30, 30)$을 지나므로

$y=bx$에 $x=30$, $y=30$을 대입하면

$30=30b$ ∴ $b=1$ ∴ $y=x$

학교에서 체험 학습 장소까지의 거리는 54 km이므로

$y=\dfrac{6}{5}x$에 $y=54$를 대입하면

$54=\dfrac{6}{5}x$ ∴ $x=45$

$y=x$에 $y=54$를 대입하면 $x=54$

따라서 체험 학습 장소까지 가는 데 걸리는 시간은 여학생이 탄 버스가 45분, 남학생이 탄 버스가 54분이므로 남학생이 탄 버스는 여학생이 탄 버스가 체험 학습 장소에 도착한 지 $54-45=9$(분) 후에 도착한다.

0963 답 ③

서우의 그래프가 나타내는 x와 y 사이의 관계식을 $y=ax$로 놓자.

$y=ax$의 그래프가 점 $(1, 400)$을 지나므로

$y=ax$에 $x=1$, $y=400$을 대입하면

$400=a$ ∴ $y=400x$

진영이의 그래프가 나타내는 x와 y 사이의 관계식을 $y=bx$로 놓자.

$y=bx$의 그래프가 점 $(1, 100)$을 지나므로

$y=bx$에 $x=1$, $y=100$을 대입하면

$100=b$ ∴ $y=100x$

ㄱ. 서우는 1분 동안 400 m를 갔으므로 서우의 속력은 분속 400 m 이다.

ㄴ. 진영이는 1분 동안 100 m를 갔으므로 진영이의 속력은 분속 100 m이다.

ㄷ. 학교에서 분식집까지의 거리는 2 km, 즉 2000 m이므로

$y=400x$에 $y=2000$을 대입하면

$2000=400x$ ∴ $x=5$

따라서 서우는 출발한 지 5분 후에 분식집에 도착한다.

ㄹ. $y=100x$에 $y=2000$을 대입하면

$2000=100x$ ∴ $x=20$

따라서 진영이는 출발한 지 20분 후에 분식집에 도착하므로 서우보다 $20-5=15$(분) 늦게 분식집에 도착한다.

따라서 옳은 것은 ㄴ, ㄷ이다.

0964 답 ②

① 운동으로 2분에 40 kcal를 소모하면 1분에 20 kcal를 소모하므로

$y=20x$

② (삼각형의 넓이)$=\dfrac{1}{2} \times$(밑변의 길이)$\times$(높이)이므로

$12=\dfrac{1}{2} \times x \times y$ ∴ $y=\dfrac{24}{x}$

③ $y=100-x$

④ $y=\dfrac{x}{10}$

⑤ (정사각형의 둘레의 길이)$=4 \times$(한 변의 길이)이므로

$y=4x$

따라서 y가 x에 반비례하는 것은 ②이다.

0965 답 ③, ⑤

⑤ $xy=15$에서 $y=\dfrac{15}{x}$

따라서 y가 x에 반비례하는 것은 ③, ⑤이다.

0966 답 ㄱ, ㄷ, ㄹ

ㄴ. $y=\dfrac{2}{x}$에 $x=-4$를 대입하면 $y=\dfrac{2}{-4} \neq -2$

ㄹ. $y=\dfrac{2}{x}$에서 $xy=2$이므로 xy의 값이 일정하다.

따라서 옳은 것은 ㄱ, ㄷ, ㄹ이다.

0967 답 ②

$y=\dfrac{a}{x}$로 놓고 $x=9$, $y=-2$를 대입하면

$-2=\dfrac{a}{9}$ ∴ $a=-18$

따라서 $y=-\dfrac{18}{x}$이므로 이 식에 $y=3$을 대입하면

$3=-\dfrac{18}{x}$, $3x=-18$

∴ $x=-6$

다른 풀이

xy의 값은 항상 일정하므로

$9\times(-2)=x\times3$

$-18=3x$ ∴ $x=-6$

0968 답 $y=\dfrac{6}{x}$

y는 x에 반비례하므로 $y=\dfrac{a}{x}$로 놓고 $x=2$, $y=3$을 대입하면

$3=\dfrac{a}{2}$ ∴ $a=6$

따라서 x와 y 사이의 관계식은 $y=\dfrac{6}{x}$

0969 답 3

$y=\dfrac{a}{x}$로 놓고 $x=2$, $y=-4$를 대입하면

$-4=\dfrac{a}{2}$ ∴ $a=-8$

∴ $y=-\dfrac{8}{x}$ ...... ❶

$y=-\dfrac{8}{x}$에 $x=-2$, $y=p$를 대입하면

$p=-\dfrac{8}{-2}=4$ ...... ❷

$y=-\dfrac{8}{x}$에 $x=q$, $y=8$을 대입하면

$8=-\dfrac{8}{q}$, $8q=-8$ ∴ $q=-1$ ...... ❸

∴ $p+q=4+(-1)=3$ ...... ❹

채점 기준

❶ x와 y 사이의 관계식 구하기	30 %
❷ p의 값 구하기	30 %
❸ q의 값 구하기	30 %
❹ $p+q$의 값 구하기	10 %

0970 답 ②

① $y=-\dfrac{3}{x}$에 $x=1$, $y=3$을 대입하면 $3\neq-\dfrac{3}{1}$

즉, 점 $(1, 3)$을 지나지 않는다.

② $-3<0$이므로 제2사분면과 제4사분면을 지난다.

③ x축에 가까워지면서 한없이 뻗어 나가지만 만나지는 않는다.

④ 원점을 지나지 않는다.

⑤ $x>0$일 때, x의 값이 증가하면 y의 값도 증가한다.

따라서 옳은 것은 ②이다.

0971 답 ③

$y=-\dfrac{2}{x}$의 그래프는 제2사분면과 제4사분면을 지나는 한 쌍의 곡선

이고, $x=-2$일 때 $y=-\dfrac{2}{-2}=1$이므로 그래프는 점 $(-2, 1)$을

지난다.

따라서 구하는 그래프는 ③이다.

0972 답 ㄴ, ㄷ, ㅂ

정비례 관계 $y=ax$의 그래프와 반비례 관계 $y=\dfrac{a}{x}$의 그래프는

$a>0$일 때 제1사분면과 제3사분면을 지나고,

$a<0$일 때 제2사분면과 제4사분면을 지난다.

ㄴ, ㄷ, ㅂ. $a>0$이므로 제1사분면과 제3사분면을 지난다.

ㄱ, ㄹ, ㅁ. $a<0$이므로 제2사분면과 제4사분면을 지난다.

따라서 제3사분면을 지나는 것은 ㄴ, ㄷ, ㅂ이다.

0973 답 ②, ④

② $a>0$일 때, $x>0$인 범위에서 x의 값이 증가하면 y의 값은 감소

한다.

④ $y=\dfrac{a}{x}(a\neq0)$의 그래프는 y축에 가까워지면서 한없이 뻗어 나가

지만 만나지는 않는다.

0974 답 ㄷ, ㅂ

반비례 관계 $y=\dfrac{a}{x}(a\neq0)$의 그래프는 a의 절댓값이 클수록 원점에

서 멀다.

이때 $|1|<|-2|<|3|<|-4|<|6|<|-8|$이므로 그래프가 원

점에 가장 가까운 것은 ㄷ, 그래프가 원점에서 가장 먼 것은 ㅂ이다.

0975 답 ⑤

$y=ax$, $y=bx$의 그래프는 제1사분면과 제3사분면을 지나고,

$y=\dfrac{c}{x}$, $y=\dfrac{d}{x}$의 그래프는 제2사분면과 제4사분면을 지나므로

$a>0$, $b>0$, $c<0$, $d<0$

이때 $y=bx$의 그래프가 $y=ax$의 그래프보다 y축에 가까우므로

$|b|>|a|$ ∴ $b>a$

또 $y=\dfrac{c}{x}$의 그래프가 $y=\dfrac{d}{x}$의 그래프보다 원점에 가까우므로

$|c|<|d|$ ∴ $c>d$

∴ $d<c<a<b$

0976 답 ②

$y=-\dfrac{12}{x}$의 그래프가 두 점 $(a, -2)$, $(-4, b)$를 지나므로

$y=-\dfrac{12}{x}$에 $x=a$, $y=-2$를 대입하면

$-2=-\dfrac{12}{a}$ ∴ $a=6$

$y=-\dfrac{12}{x}$에 $x=-4$, $y=b$를 대입하면

$b=-\dfrac{12}{-4}=3$

∴ $a+b=6+3=9$

0977 답 ④

$y=-\dfrac{10}{x}$에 주어진 각 점의 좌표를 대입하면

① $5=-\dfrac{10}{-2}$ ② $-10=-\dfrac{10}{1}$

③ $-2=-\dfrac{10}{5}$ ④ $-\dfrac{5}{2}\neq-\dfrac{10}{-4}$

⑤ $-\dfrac{5}{3}=-\dfrac{10}{6}$

따라서 $y=-\dfrac{10}{x}$의 그래프 위의 점이 아닌 것은 ④이다.

다른 풀이

주어진 점 (x, y)에서 $xy=-10$이 성립하지 않는 점을 찾는다.

④ $(-4)\times\left(-\dfrac{5}{2}\right)\neq-10$

0978 답 $\dfrac{9}{2}$

$y=ax$의 그래프가 점 $(-2, 3)$을 지나므로

$y=ax$에 $x=-2$, $y=3$을 대입하면

$3=-2a$ $\therefore a=-\dfrac{3}{2}$

$y=\dfrac{b}{x}$의 그래프가 점 $(3, 2)$를 지나므로

$y=\dfrac{b}{x}$에 $x=3$, $y=2$를 대입하면

$2=\dfrac{b}{3}$ $\therefore b=6$

$\therefore a+b=-\dfrac{3}{2}+6=\dfrac{9}{2}$

0979 답 $(-6, -2)$

$y=\dfrac{a}{x}$의 그래프가 점 $(3, 4)$를 지나므로

$y=\dfrac{a}{x}$에 $x=3$, $y=4$를 대입하면

$4=\dfrac{a}{3}$ $\therefore a=12$ ······ ❶

즉, $y=\dfrac{12}{x}$의 그래프 위의 점 P의 x좌표가 -6이므로

$y=\dfrac{12}{x}$에 $x=-6$을 대입하면

$y=\dfrac{12}{-6}=-2$

따라서 점 P의 좌표는 $(-6, -2)$이다.   ······ ❷

채점 기준

❶ a의 값 구하기	40 %
❷ 점 P의 좌표 구하기	60 %

0980 답 ①

점 P의 y좌표가 -2이므로 $y=\dfrac{a}{x}$에 $y=-2$를 대입하면

$-2=\dfrac{a}{x}$ $\therefore x=-\dfrac{a}{2}$

점 Q의 y좌표가 -8이므로 $y=\dfrac{a}{x}$에 $y=-8$을 대입하면

$-8=\dfrac{a}{x}$ $\therefore x=-\dfrac{a}{8}$

두 점 P, Q의 x좌표의 차가 6이므로

$-\dfrac{a}{2}-\left(-\dfrac{a}{8}\right)=6$, $-\dfrac{4a}{8}+\dfrac{a}{8}=6$

$-\dfrac{3a}{8}=6$ $\therefore a=-16$

0981 답 ④

$y=\dfrac{20}{x}$의 그래프에서 x좌표와 y좌표가 모두 정수이려면 $|x|$는 20의 약수이어야 한다.

따라서 x의 값은 -20, -10, -5, -4, -2, -1, 1, 2, 4, 5, 10, 20이므로 x좌표와 y좌표가 모두 정수인 점은

$(-20, -1)$, $(-10, -2)$, $(-5, -4)$, $(-4, -5)$, $(-2, -10)$, $(-1, -20)$, $(1, 20)$, $(2, 10)$, $(4, 5)$, $(5, 4)$, $(10, 2)$, $(20, 1)$

의 12개이다.

만렙 Note

반비례 관계 $y=\dfrac{a}{x}$ $(a\neq0)$의 그래프 위의 점 (m, n) 중에서 m, n이 모두 정수이려면 $|m|$은 $|a|$의 약수이어야 한다.

0982 답 $y=\dfrac{15}{x}$

그래프가 좌표축에 가까워지면서 한없이 뻗어 나가는 한 쌍의 매끄러운 곡선이므로 $y=\dfrac{a}{x}$로 놓자.

$y=\dfrac{a}{x}$의 그래프가 점 $(3, 5)$를 지나므로

$y=\dfrac{a}{x}$에 $x=3$, $y=5$를 대입하면

$5=\dfrac{a}{3}$ $\therefore a=15$

따라서 x와 y 사이의 관계식은 $y=\dfrac{15}{x}$

0983 답 ①

그래프가 좌표축에 가까워지면서 한없이 뻗어 나가는 한 쌍의 매끄러운 곡선이므로 $y=\dfrac{a}{x}$로 놓자.

$y=\dfrac{a}{x}$의 그래프가 점 $(1, 2)$를 지나므로

$y=\dfrac{a}{x}$에 $x=1$, $y=2$를 대입하면

$2=\dfrac{a}{1}$ $\therefore a=2$ $\therefore y=\dfrac{2}{x}$

$y=\dfrac{2}{x}$에 $x=-\dfrac{2}{3}$, $y=k$를 대입하면

$k=2\div\left(-\dfrac{2}{3}\right)=2\times\left(-\dfrac{3}{2}\right)=-3$

0984 답 ㄱ, ㄹ

ㄱ. 그래프 ㉮는 좌표축에 가까워지면서 한없이 뻗어 나가는 한 쌍의 매끄러운 곡선이므로 $y=\dfrac{a}{x}$로 놓자.

$y=\dfrac{a}{x}$의 그래프가 점 $(1, 4)$를 지나므로

$y=\dfrac{a}{x}$에 $x=1$, $y=4$를 대입하면

$4=\dfrac{a}{1}$ $\therefore a=4$ $\therefore y=\dfrac{4}{x}$

ㄴ. 그래프 ㈏는 좌표축에 가까워지면서 한없이 뻗어 나가는 한 쌍의 매끄러운 곡선이므로 $y=\dfrac{b}{x}$로 놓자.

$y=\dfrac{b}{x}$의 그래프가 점 $(2, -3)$을 지나므로

$y=\dfrac{b}{x}$에 $x=2$, $y=-3$을 대입하면

$-3=\dfrac{b}{2}$ $\therefore b=-6$ $\therefore y=-\dfrac{6}{x}$

ㄷ. 그래프 ㈐는 원점을 지나는 직선이므로 $y=cx$로 놓자.

$y=cx$의 그래프가 점 $(2, 1)$을 지나므로

$y=cx$에 $x=2$, $y=1$을 대입하면

$1=2c$ $\therefore c=\dfrac{1}{2}$ $\therefore y=\dfrac{1}{2}x$

ㄹ. 그래프 ㈑는 원점을 지나는 직선이므로 $y=dx$로 놓자.

$y=dx$의 그래프가 점 $(1, -1)$을 지나므로

$y=dx$에 $x=1$, $y=-1$을 대입하면

$d=-1$ $\therefore y=-x$

따라서 옳은 것은 ㄱ, ㄹ이다.

0985 답 12

$y=\dfrac{3}{4}x$의 그래프 위의 점 P의 x좌표가 4이므로

$y=\dfrac{3}{4}x$에 $x=4$를 대입하면 $y=\dfrac{3}{4}\times 4=3$

$\therefore$ P$(4, 3)$

이때 $y=\dfrac{a}{x}$의 그래프가 점 P$(4, 3)$을 지나므로

$y=\dfrac{a}{x}$에 $x=4$, $y=3$을 대입하면

$3=\dfrac{a}{4}$ $\therefore a=12$

0986 답 ①

$y=ax$의 그래프가 점 $(2, -4)$를 지나므로

$y=ax$에 $x=2$, $y=-4$를 대입하면

$-4=2a$ $\therefore a=-2$

또 $y=\dfrac{b}{x}$의 그래프가 점 $(2, -4)$를 지나므로

$y=\dfrac{b}{x}$에 $x=2$, $y=-4$를 대입하면

$-4=\dfrac{b}{2}$ $\therefore b=-8$

$\therefore a+b=-2+(-8)=-10$

0987 답 2

$y=\dfrac{16}{x}$의 그래프가 점 $(b, 8)$을 지나므로

$y=\dfrac{16}{x}$에 $x=b$, $y=8$을 대입하면

$8=\dfrac{16}{b}$, $8b=16$ $\therefore b=2$ ······ ❶

이때 $y=ax$의 그래프가 점 $(2, 8)$을 지나므로

$y=ax$에 $x=2$, $y=8$을 대입하면

$8=2a$ $\therefore a=4$ ······ ❷

$\therefore a-b=4-2=2$ ······ ❸

0988 답 12

점 C의 x좌표를 $k\,(k>0)$라 하면 C$\left(k, \dfrac{12}{k}\right)$

$\therefore$ (직사각형 AOBC의 넓이)$=k\times\dfrac{12}{k}=12$

0989 답 32

$y=\dfrac{a}{x}$의 그래프가 점 Q$(12, 2)$를 지나므로

$y=\dfrac{a}{x}$에 $x=12$, $y=2$를 대입하면

$2=\dfrac{a}{12}$ $\therefore a=24$ $\therefore y=\dfrac{24}{x}$

점 P의 x좌표를 k라 하면 $y=\dfrac{24}{x}$의 그래프가 점 P$(k, 6)$을 지나므로

$y=\dfrac{24}{x}$에 $x=k$, $y=6$을 대입하면

$6=\dfrac{24}{k}$, $6k=24$ $\therefore k=4$

$\therefore$ (직사각형 PAQB의 넓이)$=(12-4)\times(6-2)$

$=8\times 4=32$

0990 답 -6

$y=\dfrac{a}{x}$의 그래프가 두 점 A, C를 지나고

점 A의 x좌표가 -3이므로 A$\left(-3, -\dfrac{a}{3}\right)$

점 C의 x좌표가 3이므로 C$\left(3, \dfrac{a}{3}\right)$ ······ ❶

이때 직사각형 ABCD의 넓이가 24이므로

$\{3-(-3)\}\times\left(-\dfrac{a}{3}-\dfrac{a}{3}\right)=24$ ······ ❷

$6\times\left(-\dfrac{2}{3}a\right)=24$, $-4a=24$ $\therefore a=-6$ ······ ❸

0991 답 10번

두 톱니바퀴 A, B가 서로 맞물려 돌아갈 때,

(A의 톱니의 수)$\times$(A의 회전수)$=$(B의 톱니의 수)$\times$(B의 회전수)

이므로

$20\times 5=x\times y$ $\therefore y=\dfrac{100}{x}$

$y=\dfrac{100}{x}$에 $x=10$을 대입하면 $y=\dfrac{100}{10}=10$

따라서 톱니바퀴 B는 매분 10번 회전한다.

0992 답 ③

기계 30대로 15일 동안 작업한 일의 양과 기계 x대로 y일 동안 작업한 일의 양은 같으므로

$30\times 15=x\times y$ $\therefore y=\dfrac{450}{x}$

0993 답 $y=\dfrac{120}{x}$, 60 cm³

기체의 부피는 압력에 반비례하므로 $y=\dfrac{a}{x}$로 놓고 $x=3$, $y=40$을 대입하면

$40=\dfrac{a}{3}$ ∴ $a=120$ ∴ $y=\dfrac{120}{x}$

$y=\dfrac{120}{x}$에 $x=2$를 대입하면

$y=\dfrac{120}{2}=60$

따라서 압력이 2기압일 때, 이 기체의 부피는 60 cm³이다.

0994 답 (1) $y=\dfrac{270}{x}$ (2) 270분

(1) (시간)$=\dfrac{(거리)}{(속력)}$이므로 $y=\dfrac{270}{x}$

(2) $y=\dfrac{270}{x}$에 $x=60$을 대입하면 $y=\dfrac{270}{60}=\dfrac{9}{2}$

따라서 시속 60 km로 이동하면 창민이네 집까지 $\dfrac{9}{2}$시간, 즉 270분이 걸린다.

0995 답 ②

음파의 파장은 진동수에 반비례하므로 $y=\dfrac{a}{x}$로 놓고 $x=10$, $y=34$를 대입하면

$34=\dfrac{a}{10}$ ∴ $a=340$ ∴ $y=\dfrac{340}{x}$

$x=20$일 때 $y=17$

$y=\dfrac{340}{x}$에 $x=20000$을 대입하면 $y=\dfrac{340}{20000}=\dfrac{17}{1000}$

따라서 사람이 들을 수 있는 음파의 파장의 범위는 $\dfrac{17}{1000}$ m 이상 17 m 이하이다.

AB 유형 점검

149~151쪽

0996 답 ⑤

③ $y=\dfrac{1}{2}x$에 $x=2$, $y=1$을 대입하면 $1=\dfrac{1}{2}\times 2$

즉, $y=\dfrac{1}{2}x$의 그래프는 점 (2, 1)을 지난다.

⑤ $\left|-\dfrac{1}{3}\right|<\left|\dfrac{1}{2}\right|$이므로 $y=-\dfrac{1}{3}x$의 그래프가 $y=\dfrac{1}{2}x$의 그래프보다 x축에 더 가깝다.

따라서 옳지 않은 것은 ⑤이다.

0997 답 ②

정비례 관계 $y=ax$ $(a\neq 0)$의 그래프는 a의 절댓값이 작을수록 x축에 가깝다.

이때 $\left|\dfrac{3}{5}\right|<|-1|<\left|-\dfrac{7}{6}\right|<|7|<|-9|$이므로 그래프가 x축에 가장 가까운 것은 ②이다.

0998 답 ⑤

$y=ax$에 $x=-3$, $y=-2$를 대입하면

$-2=-3a$ ∴ $a=\dfrac{2}{3}$ ∴ $y=\dfrac{2}{3}x$

$y=\dfrac{2}{3}x$에 $x=5$, $y=b$를 대입하면 $b=\dfrac{10}{3}$

∴ $a+b=\dfrac{2}{3}+\dfrac{10}{3}=4$

0999 답 $y=2x$

㉠에서 y는 x에 정비례하므로 $y=ax$로 놓자.

㉡에서 $y=ax$에 $x=-2$, $y=-4$를 대입하면

$-4=-2a$ ∴ $a=2$

따라서 x와 y 사이의 관계식은 $y=2x$

1000 답 ③

$y=3x$의 그래프 위의 점 A의 x좌표가 4이므로

$y=3x$에 $x=4$를 대입하면

$y=3\times 4=12$ ∴ A(4, 12)

$y=-\dfrac{1}{2}x$의 그래프 위의 점 B의 x좌표가 4이므로

$y=-\dfrac{1}{2}x$에 $x=4$를 대입하면

$y=-\dfrac{1}{2}\times 4=-2$ ∴ B(4, -2)

∴ (삼각형 AOB의 넓이)$=\dfrac{1}{2}\times\{12-(-2)\}\times 4$

$=\dfrac{1}{2}\times 14\times 4=28$

1001 답 12분 후

5분 후의 수면의 높이가 10 cm이므로 수면의 높이는 1분에 2 cm씩 증가한다.

즉, x분 후의 수면의 높이는 $2x$ cm이므로 $y=2x$

$y=2x$에 $y=24$를 대입하면

$24=2x$ ∴ $x=12$

따라서 수면의 높이가 24 cm가 되는 때는 물을 넣기 시작한 지 12분 후이다.

1002 답 2000 m

두 그래프 모두 원점을 지나는 직선이므로

택시의 그래프가 나타내는 식을 $y=ax$,

버스의 그래프가 나타내는 식을 $y=bx$라 하자.

택시의 그래프가 점 (20, 3400)을 지나므로

$y=ax$에 $x=20$, $y=3400$을 대입하면

$3400=20a$ ∴ $a=170$ ∴ $y=170x$

버스의 그래프가 점 (20, 2600)을 지나므로

$y=bx$에 $x=20$, $y=2600$을 대입하면

$2600=20b$ ∴ $b=130$ ∴ $y=130x$

택시와 버스가 동시에 출발한 지 50분 후에 각각 간 거리는

$y=170x$에 $x=50$을 대입하면 $y=170\times 50=8500$

$y=130x$에 $x=50$을 대입하면 $y=130\times 50=6500$

따라서 택시와 버스가 동시에 출발한 지 50분 후에 택시는 버스보다

$8500-6500=2000$(m) 앞에 있다.

1003 답 ②

ㄱ. 장난감 로봇이 x걸음을 걸었을 때 걸은 거리는 $3x\,\text{cm}$이므로
　$y=3x$ ➡ 정비례한다.

ㄴ. $x+y=24$이므로 $y=24-x$
　➡ 정비례하지도 반비례하지도 않는다.

ㄷ. (시간)$=\dfrac{(\text{거리})}{(\text{속력})}$이므로 $y=\dfrac{1}{x}$ ➡ 반비례한다.

ㄹ. $x+y=70$이므로 $y=70-x$
　➡ 정비례하지도 반비례하지도 않는다.

ㅁ. 아이스크림 1개의 가격이 1000원이므로 x개의 가격은 $1000x$원
　이다.　∴ $y=1000x$ ➡ 정비례한다.

ㅂ. (직사각형의 넓이)$=$(가로의 길이)$\times$(세로의 길이)이므로
　$100=x\times y$　∴ $y=\dfrac{100}{x}$ ➡ 반비례한다.

ㅅ. $x+y=5$에서 $y=-x+5$
　➡ 정비례하지도 반비례하지도 않는다.

ㅇ. $y=\dfrac{3}{x}$ ➡ 반비례한다.

따라서 y가 x에 정비례하는 것은 ㄱ, ㅁ의 2개, 반비례하는 것은 ㄷ, ㅂ, ㅇ의 3개, 정비례하지도 반비례하지도 않는 것은 ㄴ, ㄹ, ㅅ의 3개이므로 $a=2$, $b=3$, $c=3$

∴ $a+b-c=2+3-3=2$

1004 답 $y=-\dfrac{24}{x}$

$y=\dfrac{a}{x}$로 놓고 $x=8$, $y=-3$을 대입하면

$-3=\dfrac{a}{8}$　∴ $a=-24$

따라서 x와 y 사이의 관계식은 $y=-\dfrac{24}{x}$

다른 풀이

$y=\dfrac{a}{x}$로 놓으면 xy의 값은 a로 항상 일정하므로

$a=8\times(-3)=-24$　∴ $y=-\dfrac{24}{x}$

1005 답 ④

정비례 관계 $y=ax$의 그래프와 반비례 관계 $y=\dfrac{a}{x}$의 그래프는

$a>0$일 때 제1사분면과 제3사분면을 지나고,

$a<0$일 때 제2사분면과 제4사분면을 지난다.

ㄱ, ㄴ, ㄷ. $a>0$이므로 제1사분면과 제3사분면을 지난다.

ㄹ, ㅁ. $a<0$이므로 제2사분면과 제4사분면을 지난다.

따라서 제1사분면을 지나는 것은 ㄱ, ㄴ, ㄷ이다.

1006 답 ①, ②

③ $y=-\dfrac{7}{x}$에 $x=-1$, $y=-7$을 대입하면 $-7\neq-\dfrac{7}{-1}$

　즉, 점 $(-1,\ -7)$을 지나지 않는다.

④ 제2사분면과 제4사분면을 지난다.

⑤ 점 $(1,\ -7)$은 $y=-\dfrac{7}{x}$의 그래프 위의 점이지만 점 $(1,\ 7)$은 이

　그래프 위의 점이 아니다.

따라서 옳은 것은 ①, ②이다.

1007 답 ⑤

$y=\dfrac{a}{x}$에 $x=4$, $y=-2$를 대입하면

$-2=\dfrac{a}{4}$　∴ $a=-8$　∴ $y=-\dfrac{8}{x}$

이 식에 주어진 각 점의 좌표를 대입하면

① $4\neq-\dfrac{8}{-8}$　　② $-4\neq-\dfrac{8}{-2}$　　③ $8\neq-\dfrac{8}{1}$

④ $4\neq-\dfrac{8}{2}$　　⑤ $-1=-\dfrac{8}{8}$

따라서 $y=-\dfrac{8}{x}$의 그래프 위에 있는 점은 ⑤이다.

1008 답 2

$y=\dfrac{8}{x}$의 그래프가 점 P를 지나므로

$y=\dfrac{8}{x}$에 $x=2$를 대입하면 $y=\dfrac{8}{2}=4$

이때 $y=ax$의 그래프가 점 $\text{P}(2,\ 4)$를 지나므로

$y=ax$에 $x=2$, $y=4$를 대입하면 $4=2a$　∴ $a=2$

1009 답 ③

점 A의 x좌표를 $k\,(k<0)$라 하면 $\text{A}\left(k,\ -\dfrac{9}{k}\right)$

∴ (직사각형 ABOC의 넓이)$=(-k)\times\left(-\dfrac{9}{k}\right)=9$

1010 답 $100\,\text{L}$

매분 $30\,\text{L}$씩 20분 동안 물을 넣으면 물탱크가 가득 차므로 물탱크에 들어갈 수 있는 물의 양은

$30\times20=600\,(\text{L})$

즉, $x\times y=600$에서 $y=\dfrac{600}{x}$

$y=\dfrac{600}{x}$에 $y=6$을 대입하면

$6=\dfrac{600}{x}$, $6x=600$　∴ $x=100$

따라서 매분 $100\,\text{L}$씩 물을 넣어야 한다.

1011 답 -18

$y=ax$로 놓고 $x=-2$, $y=8$을 대입하면

$8=-2a$　∴ $a=-4$　∴ $y=-4x$　　…… ❶

$y=-4x$에 $x=A$, $y=12$를 대입하면

$12=-4A$　∴ $A=-3$　　…… ❷

$y=-4x$에 $x=B$, $y=-4$를 대입하면

$-4=-4B$　∴ $B=1$　　…… ❸

$y=-4x$에 $x=4$, $y=C$를 대입하면

$C=-4\times4=-16$　　…… ❹

∴ $A+B+C=-3+1+(-16)=-18$　　…… ❺

채점 기준

❶ x와 y 사이의 관계식 구하기		30 %
❷ A의 값 구하기		20 %
❸ B의 값 구하기		20 %
❹ C의 값 구하기		20 %
❺ $A+B+C$의 값 구하기		10 %

1012 답 20

$y=-\dfrac{20}{x}$에 $x=a$, $y=-4$를 대입하면

$-4=-\dfrac{20}{a}$ $\therefore a=5$ ······ ❶

$y=-\dfrac{20}{x}$에 $x=-5$, $y=b$를 대입하면

$b=-\dfrac{20}{-5}=4$ ······ ❷

$\therefore ab=5\times4=20$ ······ ❸

채점 기준	
❶ a의 값 구하기	40 %
❷ b의 값 구하기	40 %
❸ ab의 값 구하기	20 %

1013 답 $-\dfrac{10}{3}$

그래프가 좌표축에 가까워지면서 한없이 뻗어 나가는 한 쌍의 매끄러운 곡선이므로 $y=\dfrac{a}{x}$로 놓자.

$y=\dfrac{a}{x}$의 그래프가 점 $(5, 2)$를 지나므로

$y=\dfrac{a}{x}$에 $x=5$, $y=2$를 대입하면

$2=\dfrac{a}{5}$ $\therefore a=10$

$\therefore y=\dfrac{10}{x}$ ······ ❶

$y=\dfrac{10}{x}$에 $x=k$, $y=-3$을 대입하면

$-3=\dfrac{10}{k}$ $\therefore k=-\dfrac{10}{3}$ ······ ❷

채점 기준	
❶ x와 y 사이의 관계식 구하기	60 %
❷ k의 값 구하기	40 %

C 실력 향상
152쪽

1014 답 ①

$y=ax$의 그래프가 점 $(-6, c)$를 지나므로

$y=ax$에 $x=-6$, $y=c$를 대입하면

$c=-6a$

또 $y=\dfrac{b}{x}$의 그래프가 점 $(-6, c)$를 지나므로

$y=\dfrac{b}{x}$에 $x=-6$, $y=c$를 대입하면

$c=\dfrac{b}{-6}$

즉, $c=-6a=\dfrac{b}{-6}$이므로 a, b의 부호는 서로 같고 c의 부호는 다르다.

따라서 $\dfrac{b}{a}>0$, $-ac>0$이므로 점 $\left(\dfrac{b}{a}, -ac\right)$는 제1사분면 위의 점이다.

1015 답 $(5, 5)$

점 A의 x좌표를 a라 하면 점 A는 $y=\dfrac{5}{2}x$의 그래프 위의 점이므로

$A\left(a, \dfrac{5}{2}a\right)$

(선분 AB의 길이)$=3$에서 점 B의 y좌표는 $\dfrac{5}{2}a-3$이므로

$B\left(a, \dfrac{5}{2}a-3\right)$

(선분 BC의 길이)$=3$에서 점 C의 x좌표는 $a+3$이므로

$C\left(a+3, \dfrac{5}{2}a-3\right)$

$\therefore D\left(a+3, \dfrac{5}{2}a\right)$

이때 점 C는 $y=\dfrac{2}{5}x$의 그래프 위의 점이므로

$y=\dfrac{2}{5}x$에 $x=a+3$, $y=\dfrac{5}{2}a-3$을 대입하면

$\dfrac{5}{2}a-3=\dfrac{2}{5}(a+3)$

양변에 10을 곱하면

$25a-30=4(a+3)$

$21a=42$ $\therefore a=2$

따라서 점 D의 좌표는 $(5, 5)$이다.

1016 답 $\dfrac{8}{5}$

오른쪽 그림과 같이 $y=ax$의 그래프와 선분 AB가 만나는 점을 P라 하고, 점 P의 좌표를 (m, n) $(m>0, n>0)$이라 하자.

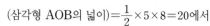

(삼각형 AOB의 넓이)$=\dfrac{1}{2}\times5\times8=20$에서

(삼각형 AOP의 넓이)$=\dfrac{1}{2}\times20=10$이므로

$\dfrac{1}{2}\times8\times m=10$, $4m=10$ $\therefore m=\dfrac{5}{2}$

또 (삼각형 POB의 넓이)$=\dfrac{1}{2}\times20=10$이므로

$\dfrac{1}{2}\times5\times n=10$, $\dfrac{5}{2}n=10$ $\therefore n=4$

따라서 $y=ax$의 그래프가 점 $P\left(\dfrac{5}{2}, 4\right)$를 지나므로

$y=ax$에 $x=\dfrac{5}{2}$, $y=4$를 대입하면

$4=\dfrac{5}{2}a$ $\therefore a=\dfrac{8}{5}$

1017 답 24

$y=\dfrac{a}{x}$에서 $xy=a$이므로 이 그래프 위의 점의 x좌표와 y좌표의 곱은 항상 a로 일정하다.

즉, 두 직사각형 AODP와 BOEQ의 넓이가 서로 같다.

$\therefore$ (직사각형 CDEQ의 넓이)

   $=$(직사각형 BOEQ의 넓이)$-$(직사각형 BODC의 넓이)

   $=$(직사각형 AODP의 넓이)$-$(직사각형 BODC의 넓이)

   $=$(직사각형 ABCP의 넓이)

   $=24$

기출 BOOK

01 / 소인수분해

2~5쪽

1 답 ⑤

소수가 적혀 있는 칸을 색칠하면 오른쪽과 같으므로 나타나는 자음은 'ㅋ'이다.

13	79	31	83
56	6	80	29
37	53	19	7
45	70	33	59

2 답 ①

10 이상 25 미만의 자연수 중에서 합성수는 10, 12, 14, 15, 16, 18, 20, 21, 22, 24의 10개이다.

3 답 23, 29, 31, 37

4 답 ④, ⑤

① 141의 약수는 1, 3, 47, 141이므로 141은 소수가 아니다.
② 가장 작은 소수는 2이다.
③ 소수가 아닌 자연수는 1 또는 합성수이다.
④ 3의 배수 중에서 소수는 3의 1개뿐이다.
⑤ 10 이하의 자연수 중에서 합성수는 4, 6, 8, 9, 10의 5개이다.
따라서 옳은 것은 ④, ⑤이다.

5 답 ①, ④

① $2+2+2=2\times3$
④ $\dfrac{2}{3}\times\dfrac{2}{3}\times\dfrac{2}{3}=\left(\dfrac{2}{3}\right)^3$

6 답 13

$2\times5\times5\times5\times5\times7\times2\times2=2\times2\times2\times5\times5\times5\times5\times7$
$\qquad\qquad\qquad\qquad\qquad\qquad =2^3\times5^4\times7$
따라서 $a=2$, $b=4$, $c=7$이므로
$a+b+c=2+4+7=13$

7 답 ②

꿀을 접을 때마다 그 가닥의 수는 이전의 2배가 되므로 꿀을 반복하여 접었을 때 그 가닥의 수는 다음과 같다.
1번 접은 경우: 2가닥
2번 접은 경우: $2\times2=2^2$(가닥)
3번 접은 경우: $2\times2\times2=2^3$(가닥)
$\qquad\qquad\vdots$
11번 접은 경우: $\underbrace{2\times2\times2\times\cdots\times2}_{\text{11개}}=2^{11}$(가닥)

8 답 ⑤

① $108=2^2\times3^3$
② $128=2^7$
③ $196=2^2\times7^2$
④ $222=2\times3\times37$
따라서 소인수분해를 바르게 한 것은 ⑤이다.

9 답 ②

$450=2\times3^2\times5^2=a\times b^2\times5^c$이므로
$a=2$, $b=3$, $c=2$
$\therefore a+b+c=2+3+2=7$

10 답 ②

① $126=2\times3^2\times7$ $\therefore \square=2$
② $144=2^4\times3^2$ $\therefore \square=4$
③ $156=2^2\times3\times13$ $\therefore \square=2$
④ $250=2\times5^3$ $\therefore \square=3$
⑤ $300=2^2\times3\times5^2$ $\therefore \square=2$
따라서 □ 안에 들어갈 수가 가장 큰 것은 ②이다.

11 답 ①

$150=2\times3\times5^2$이므로 150의 소인수는 2, 3, 5이다.
따라서 구하는 모든 소인수의 합은
$2+3+5=10$

12 답 210

소수를 작은 수부터 차례로 나열하면 2, 3, 5, 7, 11, ...이므로 서로 다른 소인수가 4개인 자연수 중에서 가장 작은 수는
$2\times3\times5\times7=210$

13 답 ④

$90=2\times3^2\times5$에 자연수를 곱하여 모든 소인수의 지수가 짝수가 되게 해야 하므로 곱할 수 있는 가장 작은 자연수는
$2\times5=10$

14 답 15

$540=2^2\times3^3\times5$를 자연수로 나누어 모든 소인수의 지수가 짝수가 되게 해야 하므로 나눌 수 있는 가장 작은 자연수는
$3\times5=15$

15 답 ②

$80\times x=2^4\times5\times x$에서 모든 소인수의 지수가 짝수이어야 하므로 x는 $5\times$(자연수)^2 꼴이어야 한다.
① $5=5\times1^2$
② $10=5\times2$
③ $20=5\times2^2$
④ $45=5\times3^2$
⑤ $125=5\times5^2$
따라서 x의 값이 될 수 없는 것은 ②이다.

16 답 ③

$160=2^5\times5$에 자연수를 곱하여 모든 소인수의 지수가 짝수가 되게 해야 하므로 곱할 수 있는 수는 $2\times5\times$(자연수)^2 꼴이어야 한다.
이때 두 자리의 자연수는
$2\times5\times1^2=10$, $2\times5\times2^2=40$, $2\times5\times3^2=90$
따라서 두 자리의 자연수의 합은
$10+40+90=140$

17 답 ④

$24=2^3 \times 3$, $90=2 \times 3^2 \times 5$이므로 $2^3 \times 3 \times a=2 \times 3^2 \times 5 \times b=c^2$이 되려면 $2^3 \times 3 \times a$, $2 \times 3^2 \times 5 \times b$의 모든 소인수의 지수가 짝수이어야 한다.

c가 가장 작은 자연수일 때 c^2의 값은

$c^2=2^4 \times 3^2 \times 5^2=3600=60^2$

$\therefore c=60$

$24 \times a=3600$에서 $a=150$

$90 \times b=3600$에서 $b=40$

$\therefore a+b+c=150+40+60=250$

18 답 ⑤

$126=2 \times 3^2 \times 7$의 약수는 (2의 약수)$\times$($3^2$의 약수)$\times$(7의 약수) 꼴이다.

⑤ $2^2 \times 3 \times 7$에서 2^2이 2의 약수가 아니므로 $2^2 \times 3 \times 7$은 $2 \times 3^2 \times 7$의 약수가 아니다.

19 답 ①

$2^4 \times 3^3 \times 5^3$의 약수는 ($2^4$의 약수)$\times$($3^3$의 약수)$\times$($5^3$의 약수) 꼴이므로

$2^4 \times 3^3 \times 5^3$의 약수를 큰 순서대로 나열하면

$2^4 \times 3^3 \times 5^3$, $2^3 \times 3^3 \times 5^3$, $2^4 \times 3^2 \times 5^3$, $2^2 \times 3^3 \times 5^3$, $\cdots$

따라서 네 번째로 큰 수는 $2^2 \times 3^3 \times 5^3$이다.

20 답 ④

$240=2^4 \times 3 \times 5$이므로 약수의 개수는

$(4+1) \times (1+1) \times (1+1)=20$

21 답 ①

① $32=2^5$이므로 32의 소인수는 2뿐이다.

② $4^2 \times 33=2^4 \times 3 \times 11$이므로 $4^2 \times 33$의 약수의 개수는

$(4+1) \times (1+1) \times (1+1)=20$

③ $2^2 \times 3^2$의 약수는 1, 2, 3, 2^2, 2×3, 3^2, $2^2 \times 3$, 2×3^2, $2^2 \times 3^2$이다.

④ $4=2^2$이므로 합성수 4의 소인수는 2의 1개뿐이다.

    즉, 합성수를 소인수분해 하면 소인수는 1개 이상이다.

⑤ 12를 소인수분해 한 결과는 순서를 생각하지 않는다면 $2^2 \times 3$의 1가지뿐이다.

따라서 옳은 것은 ①이다.

22 답 3

$8 \times 3^2 \times 5^x=2^3 \times 3^2 \times 5^x$의 약수가 48개이므로

$(3+1) \times (2+1) \times (x+1)=48$

$\therefore x=3$

23 답 ①

$560=2^4 \times 5 \times 7$의 약수의 개수는

$(4+1) \times (1+1) \times (1+1)=20$

따라서 $3^a \times 16=3^a \times 2^4$의 약수가 20개이므로

$(a+1) \times (4+1)=20$

$\therefore a=3$

24 답 ③

□=2일 때, $5^3 \times 2$의 약수의 개수는

$(3+1) \times (1+1)=8$

□=3일 때, $5^3 \times 3$의 약수의 개수는

$(3+1) \times (1+1)=8$

□=5일 때, $5^3 \times 5=5^4$의 약수의 개수는

$4+1=5$

□=7일 때, $5^3 \times 7$의 약수의 개수는

$(3+1) \times (1+1)=8$

□=9일 때, $5^3 \times 9=5^3 \times 3^2$의 약수의 개수는

$(3+1) \times (2+1)=12$

□=11일 때, $5^3 \times 11$의 약수의 개수는

$(3+1) \times (1+1)=8$

따라서 □ 안에 들어갈 수 있는 수는 2, 3, 7, 11의 4개이다.

다른 풀이

$5^3 \times$□의 약수가 8개이므로

(i) $8=7+1$인 경우

    $5^3 \times$□가 5^7이어야 하므로 □$=5^4$

(ii) $8=4 \times 2=(3+1) \times (1+1)$인 경우

    $5^3 \times$□가 $5^3 \times$ (5를 제외한 소수) 꼴이어야 하므로

    □$=2, 3, 7, 11$

따라서 □ 안에 들어갈 수 있는 수는 2, 3, 7, 11의 4개이다.

25 답 ④

약수가 4개이므로

(i) $4=3+1$인 경우

    a^3 (a는 소수) 꼴이어야 하므로 30 이하의 자연수는

    2^3, 3^3의 2개

(ii) $4=2 \times 2=(1+1) \times (1+1)$인 경우

    $a \times b$ (a, b는 서로 다른 소수) 꼴이어야 하므로 30 이하의 자연수는

    2×3, 2×5, 2×7, 2×11, 2×13, 3×5, 3×7의 7개

따라서 (i), (ii)에서

$2+7=9$(개)

---

02 / 최대공약수와 최소공배수   6~9쪽

1 답 ①

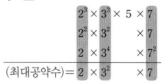

2 답 ②, ⑤

A, B의 공약수는 두 수의 최대공약수인 42의 약수이므로

1, 2, 3, 6, 7, 14, 21, 42

따라서 A, B의 공약수는 ②, ⑤이다.

3 답 1, 2, 4, 7, 14, 28

$$(최대공약수)=2^2 \qquad\times 7$$

따라서 구하는 공약수는 $2^2 \times 7 = 28$의 약수이므로

1, 2, 4, 7, 14, 28

4 답 ㄴ, ㄷ, ㅁ

2×5^2과 주어진 수의 최대공약수를 각각 구하면 다음과 같다.

ㄱ. 2   ㄴ. 1   ㄷ. 1   ㄹ. 5   ㅁ. 1   ㅂ. 2

따라서 2×5^2과 서로소인 것은 ㄴ, ㄷ, ㅁ이다.

5 답 ㄱ, ㄴ

ㄴ. 10 이하의 자연수 중에서 6과 서로소인 수는 1, 5, 7의 3개이다.

ㄷ. 8과 15는 서로소이지만 두 수는 모두 소수가 아니다.

ㄹ. 2, 9의 최대공약수는 1이지만 9는 합성수이다.

따라서 옳은 것은 ㄱ, ㄴ이다.

6 답 4개

㈎, ㈐에서 약수가 2개인 수, 즉 소수 중에서 15보다 작은 수는

2, 3, 5, 7, 11, 13

㈐에서 $21 = 3 \times 7$이므로 21과 서로소인 수는 3의 배수도 아니고 7의 배수도 아니다.

따라서 조건을 모두 만족시키는 자연수는

2, 5, 11, 13의 4개

7 답 ④

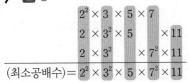

$$(최소공배수)=2^2 \times 3^2 \times 5 \times 7^2 \times 11$$

8 답 ③

$$
\begin{aligned}
&2 \ \times 3^2 \\
&2^2 \times 3 \ \times 5 \\
&2^3 \times 3 \ \times 5^2
\end{aligned}
$$

$$(최대공약수)=2 \ \times 3$$
$$(최소공배수)=2^3 \times 3^2 \times 5^2$$

따라서 $A = 2 \times 3$, $B = 2^3 \times 3^2 \times 5^2$이므로

$$\dfrac{B}{A} = \dfrac{2^3 \times 3^2 \times 5^2}{2 \times 3} = 2^2 \times 3 \times 5^2$$

9 답 ㄷ, ㄹ, ㅁ

A, B, C의 공배수는 최소공배수인 2×3^2의 배수이므로

ㄷ, ㄹ, ㅁ이다.

참고 2×3^2의 배수는 $2 \times 3^2 \times$(자연수) 꼴로 나타낼 수 있다.

ㄷ. $2^2 \times 3^2 = 2 \times 3^2 \times \underline{2}$

ㄹ. $2^2 \times 3^2 \times 7 = 2 \times 3^2 \times \underline{2 \times 7}$

ㅁ. $2^3 \times 3^3 \times 5 = 2 \times 3^2 \times \underline{2 \times 2 \times 3 \times 5}$

10 답 ①

$$(최소공배수)=2^3 \times 5^2 \times 7$$

세 수의 공배수는 최소공배수인 $2^3 \times 5^2 \times 7$의 배수이다.

① $2^3 \times 5 \times 7^2$은 $2^3 \times 5^2 \times 7$의 배수가 아니므로 주어진 세 수의 공배 수가 아니다.

11 답 ①, ⑤

$$
\begin{aligned}
&2^2 \times 3^2 \\
60 = \ &2^2 \times 3 \ \times 5 \\
&2 \ \times 3^2 \qquad \times 7
\end{aligned}
$$

$$(최대공약수)=2 \ \times 3 \qquad\qquad = 6 \ (①)$$
$$(최소공배수)=2^2 \times 3^2 \times 5 \times 7 \qquad (②)$$

③ 공약수는 최대공약수인 6의 약수이므로 1, 2, 3, 6의 4개이다.

④ $3^2 \times 5$는 세 수의 최대공약수인 6의 약수가 아니므로 $3^2 \times 5$는 세 수의 공약수가 아니다.

⑤ $2^2 \times 3^2 \times 5^2 \times 7^2$은 세 수의 최소공배수인 $2^2 \times 3^2 \times 5 \times 7$의 배수이 므로 $2^2 \times 3^2 \times 5^2 \times 7^2$은 세 수의 공배수이다.

따라서 옳은 것은 ①, ⑤이다.

12 답 ③

$$
\begin{aligned}
6 \times a &= 2 \ \times 3 \ \times a \\
9 \times a &= \qquad 3^2 \times a \\
12 \times a &= 2^2 \times 3 \ \times a
\end{aligned}
$$

$$(최소공배수)=2^2 \times 3^2 \times a$$
$$(최대공약수)= \qquad 3 \ \times a$$

이때 최소공배수가 180이므로

$$2^2 \times 3^2 \times a = 180 \qquad \therefore a = 5$$

따라서 최대공약수는 $3 \times a = 3 \times 5 = 15$이고, 공약수는 최대공약수 인 15의 약수이므로

1, 3, 5, 15의 4개

13 답 18

두 자연수를 $5 \times k$, $3 \times k$ (k는 자연수)라 하면

두 수의 최소공배수는 $k \times 5 \times 3$이므로

$$k \times 5 \times 3 = 135 \qquad \therefore k = 9$$

따라서 두 자연수는

$$5 \times k = 5 \times 9 = 45, \ 3 \times k = 3 \times 9 = 27$$

이므로 구하는 차는

$$45 - 27 = 18$$

14 답 2

$$
\begin{aligned}
&2^2 \times 3^a \qquad \times 7^b \\
&2^c \qquad \times 5 \times 7
\end{aligned}
$$

$$(최대공약수)=2 \qquad\qquad \times 7$$
$$(최소공배수)=2^2 \times 3^2 \times 5 \times 7$$

따라서 $a = 2$, $b = 1$, $c = 1$이므로

$$a + b - c = 2 + 1 - 1 = 2$$

15 답 ④

15, N의 최대공약수가 5이므로

$15=5\times3$, $N=5\times n$(n은 자연수)

이라 하면 n은 3과 서로소이다.

즉, n은 3의 배수가 아니다.

① $5=5\times1$ ② $20=5\times4$ ③ $35=5\times7$

④ $60=5\times(2^2\times3)$ ⑤ $65=5\times13$

따라서 N의 값이 될 수 없는 것은 ④이다.

16 답 ⑤

N은 5^2의 배수이고 최소공배수인 $2^2\times3^3\times5^2$의 약수이어야 한다.

⑤ $2^3\times3\times5^2$은 $2^2\times3^3\times5^2$의 약수가 아니므로 N의 값이 될 수 없다.

17 답 ③

$144=2^4\times3^2$과 $3^3\times5^2\times\square$의 최소공배수가 $2^4\times3^3\times5^2$이므로

$\square$ 안에 들어갈 수 있는 수는 2^4의 약수이다.

$\therefore \square=1, 2, 2^2, 2^3, 2^4$

따라서 구하는 합은

$1+2+4+8+16=31$

18 답 ②

A, B의 최대공약수가 4이므로

$A=4\times a$, $B=4\times b$ (a, b는 서로소)라 하자.

두 수의 곱이 48이므로

$4\times a\times4\times b=48$ $\therefore a\times b=3$

$\therefore$ (최소공배수)$=4\times a\times b=4\times3=12$

다른 풀이

(두 자연수의 곱)=(최대공약수)$\times$(최소공배수)이므로

$48=4\times$(최소공배수) $\therefore$ (최소공배수)$=12$

19 답 ③

6, 14, N의 최대공약수가 2이므로

$6=2\times3$, $14=2\times7$, $N=2\times n$(n은 자연수)이라 하자.

최소공배수가 $210=2\times3\times5\times7$이므로 n은 5의 배수이고 $3\times5\times7$의 약수이어야 한다.

$\therefore n=5, 5\times3, 5\times7, 5\times3\times7$

따라서 N의 값이 될 수 있는 수는

$2\times5, 2\times5\times3, 2\times5\times7, 2\times5\times3\times7$

즉, 10, 30, 70, 210이다.

따라서 N의 값이 될 수 없는 것은 ③이다.

만렙 Note

세 자연수 A, B, C의 최대공약수 G가 주어질 때,

$\quad A=G\times a$, $B=G\times b$, $C=G\times c$ (a, b, c는 자연수)

이라 하면 a, b, c 중 어느 두 수가 서로소이어야 하는 것은 아니다.

즉, (최소공배수)$=a\times b\times c\times G$가 항상 성립하는 것은 아니다.

20 답 ①

어떤 자연수로

281을 나누면 5가 남는다. ➡ $(281-5)$를 나누면 나누어떨어진다.

184를 나누면 4가 남는다. ➡ $(184-4)$를 나누면 나누어떨어진다.

즉, 어떤 자연수는 276과 180의 최대공약수인 $2^2\times3=12$의 공약수이다.

$\quad\lhook\!\!\!\rightarrow$ 1, 2, 3, 4, 6, 12

$276=2^2\times3\quad\quad\times23$
$180=2^2\times3^2\times5$
$\overline{\quad\quad\quad 2^2\times3}$

그런데 어떤 자연수로 281을 나누면 5가 남는다고 했으므로 어떤 자연수는 5보다 커야 한다.

따라서 5보다 큰 12의 공약수는 6, 12이므로 그 합은

$6+12=18$

21 답 **121**

2로 나눈 나머지가 1 ➡ (2의 배수)+1   …… ㉠

3으로 나눈 나머지가 1 ➡ (3의 배수)+1   …… ㉡

5로 나눈 나머지가 1 ➡ (5의 배수)+1   …… ㉢

㉠, ㉡, ㉢을 모두 만족시키는 수는 (2, 3, 5의 공배수)+1

이때 2, 3, 5의 최소공배수는 $2\times3\times5=30$이므로 공배수는

30, 60, 90, 120, …

따라서 가장 작은 세 자리의 자연수는 $120+1=121$

22 답 ④

5로 나누면 4가 남는다.

6으로 나누면 5가 남는다. | 1씩 부족 ➡ (5, 6, 7의 공배수)-1

7로 나누면 6이 남는다.

이때 5, 6, 7의 최소공배수는 $5\times6\times7=210$이므로 공배수는

210, 420, 630, …

따라서 두 번째로 작은 자연수는 $420-1=419$

23 답 **72**

곱해야 하는 수는 8, 9, 12의 공배수이다.

이때 8, 9, 12의 최소공배수는

$2^3\times3^2=72$

따라서 구하는 가장 작은 자연수는 72이다.

$8=2^3$
$9=\quad\quad 3^2$
$12=2^2\times3$
$\overline{\quad\quad 2^3\times3^2}$

24 답 ④

$\square$ 안에 공통으로 들어갈 수 있는 자연수는 24와 36의 공약수이다.

이때 24와 36의 최대공약수는

$2^2\times3=12$

즉, $\square$ 안에 공통으로 들어갈 수 있는 자연수는 최대공약수인 12의 약수이므로

1, 2, 3, 4, 6, 12

따라서 구하는 합은

$1+2+3+4+6+12=28$

$24=2^3\times3$
$36=2^2\times3^2$
$\overline{\quad\quad 2^2\times3}$

25 답 ⑤

$1\dfrac{4}{5}=\dfrac{9}{5}$, $\dfrac{36}{7}$, $1\dfrac{1}{14}=\dfrac{15}{14}$에서 a는 5, 7, 14의 최소공배수이고 b는 9, 36, 15의 최대공약수이다.

$5=\quad\quad 5$
$7=\quad\quad\quad\quad 7$
$14=2\quad\quad\times7$
$\overline{\text{(최소공배수)}=2\times5\times7}$

$9=\quad\quad 3^2$
$36=2^2\times3^2$
$15=\quad\quad 3\times5$
$\overline{\text{(최대공약수)}=\quad\quad 3}$

따라서 $a=2\times5\times7=70$, $b=3$이므로

$a+b=70+3=73$

03 / 정수와 유리수

1 답 ⑤

⑤ 서쪽으로 2 km 떨어진 것을 -2 km라 하면 동쪽으로 3 km 떨어진 것은 $+3$ km이다.

2 답 ⑤

① 지하 2 m: -2 m   ② 3일 전: -3일
③ 영하 8 ℃: -8 ℃   ④ 25 % 할인: -25 %
⑤ 8000점 적립: $+8000$점
따라서 부호가 나머지 넷과 다른 하나는 ⑤이다.

3 답 ③, ④

③ $-\dfrac{32}{8}=-4$이므로 음의 정수이다.

따라서 양수가 아닌 정수는 ③, ④이다.

4 답 양의 정수: $+\dfrac{15}{5}$, 음의 정수: $-\dfrac{24}{6}$, -7

5 답 ④

대화 내용을 모두 만족시키는 수는 정수가 아닌 음의 유리수이므로 ④이다.

6 답 ②

ㄱ. 정수는 -7, $-\dfrac{6}{3}(=-2)$, 0, $+4$, -1의 5개이다.   ∴ □$=5$

ㄴ. 자연수는 $+4$의 1개이다.   ∴ □$=1$

ㄷ. 양의 유리수는 $+2.5$, $+4$, $+\dfrac{2}{6}$의 3개이다.   ∴ □$=3$

ㄹ. 음의 유리수는 -7, $-\dfrac{6}{3}$, -1의 3개이다.   ∴ □$=3$

따라서 □ 안에 알맞은 수를 모두 더하면 $5+1+3+3=12$

7 답 ①

① A: $-\dfrac{7}{3}$

8 답 -7, 1

두 점 사이의 거리가 8이므로 -3에 대응하는 점으로부터 거리가 $4\left(=\dfrac{8}{2}\right)$인 두 점에 대응하는 두 수는 다음 그림과 같이 -7, 1이다.

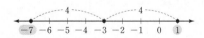

9 답 ③

두 수 4, a에 대응하는 두 점으로부터 같은 거리에 있는 점에 대응하는 수가 6이므로 오른쪽 그림과 같이 $a=8$이다.

따라서 두 수 8, b에 대응하는 두 점 사이의 거리가 14이고 $a>b$에서 $b<8$이므로 다음 그림과 같이 $b=-6$이다.

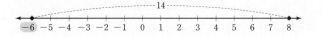

10 답 ⑤

$|a|=\left|-\dfrac{2}{3}\right|=\dfrac{2}{3}$, $|b|=|-2|=2$, $|c|=\left|\dfrac{4}{3}\right|=\dfrac{4}{3}$이므로

$|a|+|b|+|c|=\dfrac{2}{3}+2+\dfrac{4}{3}=4$

11 답 $a=3$, $b=-\dfrac{4}{3}$

12 답 ④

ㄱ. 1.5는 유리수이지만 정수가 아니다.

ㄴ. 0보다 작은 수는 -1, -2, -3, $\dots$으로 무수히 많다.

ㄷ. -1과 1 사이에는 무수히 많은 유리수가 있다.

ㅁ. 절댓값이 1보다 작은 정수는 0의 1개이다.

따라서 옳은 것은 ㄹ, ㅂ이다.

13 답 $-\dfrac{13}{4}$, $\dfrac{10}{13}$

주어진 수의 절댓값의 대소를 비교하면

$$\left|\dfrac{10}{13}\right|<|+2|<|-2.5|<|-3|<\left|-\dfrac{13}{4}\right|$$

따라서 절댓값이 가장 큰 수는 $-\dfrac{13}{4}$이고, 절댓값이 가장 작은 수는 $\dfrac{10}{13}$이다.

14 답 3

절댓값이 같고 부호가 반대인 두 수에 대응하는 두 점 사이의 거리가 6이므로 두 점은 원점으로부터 서로 반대 방향으로 각각 $3\left(=\dfrac{6}{2}\right)$만큼 떨어져 있다.

따라서 두 수는 -3, 3이고 그 중에서 큰 수는 3이다.

15 답 $a=4$, $b=-4$

a가 b보다 8만큼 크므로 수직선 위에서 두 수 a, b에 대응하는 두 점 사이의 거리는 8이다.

이때 a, b의 절댓값이 같으므로 a, b에 대응하는 두 점은 원점으로부터 서로 반대 방향으로 각각 $4\left(=\dfrac{8}{2}\right)$만큼 떨어져 있다.

따라서 a가 b보다 크므로 $a=4$, $b=-4$

16 답 ③

절댓값이 3보다 작은 정수는 절댓값이 0, 1, 2인 정수이므로 -2, -1, 0, 1, 2의 5개

17 답 -5, -4, -3, 3, 4, 5

절댓값이 3 이상 6 미만인 정수 x는 절댓값이 3, 4, 5인 정수이므로 -5, -4, -3, 3, 4, 5이다.

18 답 ⑤

① 정수는 0, 6, -7이다.

② 양수는 $\dfrac{13}{7}$, 6의 2개, 음수는 $-\dfrac{7}{8}$, -8.8, -7의 3개이다.

③ 유리수는 $-\dfrac{7}{8}$, 0, $\dfrac{13}{7}$, -8.8, 6, -7의 6개이다.

④ 절댓값이 가장 작은 수는 0이다.

⑤ 절댓값이 1보다 작은 수는 $-\dfrac{7}{8}$, 0의 2개이다.

따라서 옳은 것은 ⑤이다.

19 답 ④

① $|-9|=9$, $|2|=2$이므로 $|-9|>|2|$

② (음수)<(양수)이므로 $-\dfrac{1}{5}<\dfrac{1}{3}$

③ $|-3|<|-4|$이므로 $-3>-4$

④ $-\dfrac{1}{2}=-\dfrac{2}{4}$이고 $\left|-\dfrac{2}{4}\right|<\left|-\dfrac{3}{4}\right|$이므로 $-\dfrac{1}{2}>-\dfrac{3}{4}$

⑤ $-0.8=-\dfrac{4}{5}=-\dfrac{12}{15}$, $-\dfrac{2}{3}=-\dfrac{10}{15}$이고 $\left|-\dfrac{12}{15}\right|>\left|-\dfrac{10}{15}\right|$이

　므로 $-0.8<-\dfrac{2}{3}$

따라서 옳은 것은 ④이다.

20 답 0.1

$-\dfrac{1}{2}=-0.5$, $\dfrac{14}{5}=2.8$, $|-2|=2$이므로

$-1.3<-\dfrac{1}{2}<0.1<|-2|<\dfrac{14}{5}$

따라서 작은 수부터 차례로 나열할 때, 세 번째에 오는 수는 0.1이다.

21 답 쿠키

$-7<2$이므로 첫 번째 갈림길에서 2가 적힌 길을 택한다.

$-\dfrac{8}{3}<-\dfrac{1}{2}$이므로 두 번째 갈림길에서 $-\dfrac{1}{2}$이 적힌 길을 택한다.

따라서 지현이가 먹을 디저트는 쿠키이다.

22 답 ②, ⑤

② b는 3보다 작지 않다. ➡ $b\ge 3$

⑤ e는 9 초과이다. ➡ $e>9$

23 답 $-\dfrac{13}{4}<a\le 2.5$, 6개

주어진 문장을 부등호를 사용하여 나타내면

$-\dfrac{13}{4}<a\le 2.5$

$-\dfrac{13}{4}=-3\dfrac{1}{4}$이므로 $-\dfrac{13}{4}<a\le 2.5$를 만족시키는 정수 a는

-3, -2, -1, 0, 1, 2의 6개

24 답 ③

a의 절댓값이 $\dfrac{15}{4}$이고 $a<0$이므로 $a=-\dfrac{15}{4}$

b의 절댓값이 4이고 $b>0$이므로 $b=4$

따라서 $-\dfrac{15}{4}\left(=-3\dfrac{3}{4}\right)$와 4 사이에 있는 정수는

-3, -2, -1, 0, 1, 2, 3의 7개

25 답 c, b, a

㈎에서 $a<2$이고 ㈏에서 a의 절댓값이 2이므로

$a=-2$　　　　…… ㉠

㈎에서 $c<2$, ㈐에서 $b<-2$이고 ㈑에서 b는 c보다 2에 가까우므로

$c<b<-2$　　　…… ㉡

따라서 ㉠, ㉡에서 $c<b<a$

04 / 정수와 유리수의 계산

1 답 ④

① $(-15)+(+8)=-(15-8)=-7$

② $(-8)+(+1)=-(8-1)=-7$

③ $(-3)+(-4)=-(3+4)=-7$

④ $(+2)+(+5)=+(2+5)=+7$

⑤ $(+4)+(-11)=-(11-4)=-7$

따라서 계산 결과가 나머지 넷과 다른 하나는 ④이다.

2 답 ㈎ 교환, ㈏ 결합, ㈐ -5, ㈑ -1

3 답 ⑤

① $(-7)-(+2)=(-7)+(-2)=-9$

② $(-3.5)+(+21.1)=17.6$

③ $\left(+\dfrac{1}{2}\right)+\left(-\dfrac{3}{4}\right)=\left(+\dfrac{2}{4}\right)+\left(-\dfrac{3}{4}\right)=-\dfrac{1}{4}$

④ $\left(-\dfrac{1}{4}\right)-\left(-\dfrac{1}{5}\right)=\left(-\dfrac{5}{20}\right)+\left(+\dfrac{4}{20}\right)=-\dfrac{1}{20}$

⑤ $\left(-\dfrac{1}{6}\right)+\left(-\dfrac{3}{8}\right)+\left(+\dfrac{2}{3}\right)=\left(-\dfrac{4}{24}\right)+\left(-\dfrac{9}{24}\right)+\left(+\dfrac{16}{24}\right)$

$=\left(-\dfrac{13}{24}\right)+\left(+\dfrac{16}{24}\right)$

$=\dfrac{3}{24}=\dfrac{1}{8}$

따라서 옳은 것은 ⑤이다.

4 답 $\dfrac{3}{14}$

$-\dfrac{4}{7}+5-\dfrac{3}{14}-4=\left(-\dfrac{8}{14}\right)+(+5)+\left(-\dfrac{3}{14}\right)+(-4)$

$=\left\{\left(-\dfrac{8}{14}\right)+\left(-\dfrac{3}{14}\right)\right\}+\{(+5)+(-4)\}$

$=\left(-\dfrac{11}{14}\right)+(+1)=\dfrac{3}{14}$

다른 풀이

$-\dfrac{4}{7}+5-\dfrac{3}{14}-4=-\dfrac{8}{14}-\dfrac{3}{14}+5-4=-\dfrac{11}{14}+1=\dfrac{3}{14}$

5 답 $\dfrac{4}{5}$

㉠, ㉡, ㉢에 세 수 $-\dfrac{1}{2}$, $\dfrac{1}{5}$, $\dfrac{1}{10}$을 한 번씩 넣어 계산한 값이 가장 크려면 ㉠, ㉡에는 양수, ㉢에는 음수를 넣어야 한다.

$\therefore \boxed{㉠}+\boxed{㉡}-\boxed{㉢}=\dfrac{1}{5}+\dfrac{1}{10}-\left(-\dfrac{1}{2}\right)$

$=\dfrac{2}{10}+\dfrac{1}{10}+\dfrac{5}{10}=\dfrac{8}{10}=\dfrac{4}{5}$

6 답 ④

$a=-3-(-8)=-3+8=5$

$b=-1+\dfrac{7}{4}=\dfrac{3}{4}$

따라서 $\dfrac{3}{4}<|x|<5$인 정수 x는

-4, -3, -2, -1, 1, 2, 3, 4의 8개

7 답 ④

$a+(-1)=3$에서 $a=3-(-1)=3+1=4$

$b-(+3)=-6$에서 $b=-6+(+3)=-6+3=-3$

$\therefore a+b=4+(-3)=4-3=1$

8 답 $\dfrac{20}{7}$

어떤 수를 x라 하면 $x+\left(-\dfrac{3}{7}\right)=2$이므로

$x=2-\left(-\dfrac{3}{7}\right)=\dfrac{14}{7}+\dfrac{3}{7}=\dfrac{17}{7}$

따라서 바르게 계산하면

$\dfrac{17}{7}-\left(-\dfrac{3}{7}\right)=\dfrac{17}{7}+\dfrac{3}{7}=\dfrac{20}{7}$

9 답 $-\dfrac{21}{4}$

$|a|=5$이므로 $a=-5$ 또는 $a=5$

$|b|=\dfrac{1}{4}$이므로 $b=-\dfrac{1}{4}$ 또는 $b=\dfrac{1}{4}$

(i) $a=-5$, $b=-\dfrac{1}{4}$일 때, $a-b=-5-\left(-\dfrac{1}{4}\right)=-\dfrac{19}{4}$

(ii) $a=-5$, $b=\dfrac{1}{4}$일 때, $a-b=-5-\dfrac{1}{4}=-\dfrac{21}{4}$

(iii) $a=5$, $b=-\dfrac{1}{4}$일 때, $a-b=5-\left(-\dfrac{1}{4}\right)=\dfrac{21}{4}$

(iv) $a=5$, $b=\dfrac{1}{4}$일 때, $a-b=5-\dfrac{1}{4}=\dfrac{19}{4}$

따라서 (i)~(iv)에서 $a-b$의 값 중 가장 작은 값은 $-\dfrac{21}{4}$이다.

다른 풀이

$a-b$의 값이 가장 작을 때는 음수이면서 절댓값이 가장 클 때이므로 음수에서 양수를 뺄 때, 즉 $a=-5$, $b=\dfrac{1}{4}$일 때이다.
$\ \ \ \ \ \ \ \ \ \ \ \ \llcorner$ 음수를 더한 것과 같다.

따라서 구하는 가장 작은 값은

$-5-\dfrac{1}{4}=-\dfrac{20}{4}-\dfrac{1}{4}=-\dfrac{21}{4}$

10 답 $-\dfrac{7}{60}$

$a=-\dfrac{1}{3}-\dfrac{5}{4}=-\dfrac{4}{12}-\dfrac{15}{12}=-\dfrac{19}{12}$

$b=-\dfrac{1}{3}+\dfrac{9}{5}=-\dfrac{5}{15}+\dfrac{27}{15}=\dfrac{22}{15}$

$\therefore a+b=-\dfrac{19}{12}+\dfrac{22}{15}=-\dfrac{95}{60}+\dfrac{88}{60}=-\dfrac{7}{60}$

11 답 8

$-1+8+3+(-5)=5$이므로 사각형의 각 변에 놓인 네 수의 합은 모두 5이어야 한다.

$-6+A+10+4=5$에서 $A+8=5$ $\quad \therefore A=5-8=-3$

$-6+2+B+(-1)=5$에서 $B+(-5)=5$

$\therefore B=5-(-5)=10$

$4+C+7+(-5)=5$에서 $C+6=5$ $\quad \therefore C=5-6=-1$

$\therefore A+B-C=-3+10-(-1)=8$

12 답 ②

런던은 서울보다 9시간이 느리므로 $7-9=-2$

따라서 구하는 시각은 2월 4일 오후 10시이다.

13 답 6

$-\dfrac{11}{4}$에 가장 가까운 정수는 -3, -1.9에 가장 가까운 정수는 -2이므로 구하는 곱은

$(-3)\times(-2)=6$

14 답 $\dfrac{1}{21}$

$\underbrace{\left(-\dfrac{3}{5}\right)\times\left(-\dfrac{5}{7}\right)\times\left(-\dfrac{7}{9}\right)\times\cdots\times\left(-\dfrac{59}{61}\right)\times\left(-\dfrac{61}{63}\right)}_{\text{음수가 30개}}$

$=\dfrac{3}{5}\times\dfrac{5}{7}\times\dfrac{7}{9}\times\cdots\times\dfrac{59}{61}\times\dfrac{61}{63}$

$=\dfrac{3}{63}=\dfrac{1}{21}$

15 답 ㉠ 교환법칙, ㉡ 결합법칙

16 답 ⑤

두 수를 뽑아 곱한 값이 가장 크려면 양수이어야 하므로 양수끼리 또는 음수끼리 곱해야 한다.

(i) 양수끼리 곱하는 경우: $\dfrac{1}{4}\times\dfrac{1}{2}=\dfrac{1}{8}$

(ii) 음수끼리 곱하는 경우: $\left(-\dfrac{7}{3}\right)\times\left(-\dfrac{2}{3}\right)=\dfrac{14}{9}$

이때 $\dfrac{1}{8}<\dfrac{14}{9}$이므로 $a\times b$의 값 중 가장 큰 값은 ⑤이다.

17 답 $-\dfrac{1}{16}$

$\left(-\dfrac{1}{2}\right)^4=\dfrac{1}{16}$, $\left(-\dfrac{1}{2}\right)^2=\dfrac{1}{4}$, $-\dfrac{1}{2^3}=-\dfrac{1}{8}$,

$-\left(-\dfrac{1}{2}\right)^2=-\dfrac{1}{4}$, $-\left(-\dfrac{1}{2}\right)^3=-\left(-\dfrac{1}{8}\right)=\dfrac{1}{8}$

따라서 $a=\dfrac{1}{4}$, $b=-\dfrac{1}{4}$이므로

$a\times b=\dfrac{1}{4}\times\left(-\dfrac{1}{4}\right)=-\left(\dfrac{1}{4}\times\dfrac{1}{4}\right)=-\dfrac{1}{16}$

18 답 0

n이 홀수이므로 n, $n+2$, $n+4$, $\cdots$, $n+38$은 홀수이고 $n+1$, $n+3$, $n+5$, $\cdots$, $n+39$는 짝수이다.

$\therefore (-1)^{n+39}+(-1)^{n+38}+(-1)^{n+37}+(-1)^{n+36}+\cdots$
$\qquad\qquad\qquad\qquad\qquad\qquad\qquad +(-1)^{n+1}+(-1)^n$

$=\underbrace{1+(-1)}_{0}+\underbrace{1+(-1)}_{0}+\cdots+\underbrace{1+(-1)}_{0}$

$=\underbrace{0+0+\cdots+0}_{\text{20개}}=0$

19 답 305

$(103\times3.82-3\times3.82)-(7\times6.5+7\times4.5)$

$=(103-3)\times3.82-7\times(6.5+4.5)$

$=100\times3.82-7\times11$

$=382-77=305$

20 답 $-\dfrac{48}{5}$

a는 $-0.25=-\dfrac{1}{4}$의 역수이므로 $a=-4$

b는 $2\dfrac{2}{3}=\dfrac{8}{3}$의 역수이므로 $b=\dfrac{3}{8}$

c는 $-\dfrac{5}{2}$의 역수이므로 $c=-\dfrac{2}{5}$

$\therefore (a-c)\div b=\left\{-4-\left(-\dfrac{2}{5}\right)\right\}\div\dfrac{3}{8}=\left(-\dfrac{20}{5}+\dfrac{2}{5}\right)\times\dfrac{8}{3}$

$\qquad\qquad\qquad=\left(-\dfrac{18}{5}\right)\times\dfrac{8}{3}=-\dfrac{48}{5}$

21 답 ②

ㄱ. $(-48)\div(-6)=+(48\div6)=+8$

ㄴ. $(+3)\div(-0.5)=(+3)\div\left(-\dfrac{1}{2}\right)=(+3)\times(-2)$
$\qquad\qquad\qquad\qquad=-(3\times2)=-6$

ㄷ. $\left(-\dfrac{7}{3}\right)\div\left(+\dfrac{14}{9}\right)=\left(-\dfrac{7}{3}\right)\times\left(+\dfrac{9}{14}\right)=-\left(\dfrac{7}{3}\times\dfrac{9}{14}\right)=-\dfrac{3}{2}$

ㄹ. $(-10)\div\left(+\dfrac{4}{5}\right)\div(-5)=(-10)\times\left(+\dfrac{5}{4}\right)\times\left(-\dfrac{1}{5}\right)$
$\qquad\qquad\qquad\qquad=+\left(10\times\dfrac{5}{4}\times\dfrac{1}{5}\right)=+\dfrac{5}{2}$

따라서 계산 결과가 작은 것부터 차례로 나열하면

ㄴ, ㄷ, ㄹ, ㄱ

22 답 ③

$\left(-\dfrac{5}{2}\right)^2\times\dfrac{2}{5}\div\left(-\dfrac{1}{4}\right)=\dfrac{25}{4}\times\dfrac{2}{5}\times(-4)$
$\qquad\qquad\qquad\qquad=-\left(\dfrac{25}{4}\times\dfrac{2}{5}\times4\right)=-10$

23 답 ②

① $(-2)\times(-4)\div(-8)=(-2)\times(-4)\times\left(-\dfrac{1}{8}\right)$
$\qquad\qquad\qquad\qquad=-\left(2\times4\times\dfrac{1}{8}\right)=-1$

② $(-6)\times(-2)^3\div(+3)=(-6)\times(-8)\times\left(+\dfrac{1}{3}\right)$
$\qquad\qquad\qquad\qquad=+\left(6\times8\times\dfrac{1}{3}\right)=+16$

③ $\left(-\dfrac{8}{3}\right)\div\left(+\dfrac{4}{7}\right)\times\left(-\dfrac{3}{4}\right)=\left(-\dfrac{8}{3}\right)\times\left(+\dfrac{7}{4}\right)\times\left(-\dfrac{3}{4}\right)$
$\qquad\qquad\qquad\qquad=+\left(\dfrac{8}{3}\times\dfrac{7}{4}\times\dfrac{3}{4}\right)=+\dfrac{7}{2}$

④ $(-16)\times\left(+\dfrac{3}{4}\right)^2\div\left(-\dfrac{3}{2}\right)=(-16)\times\left(+\dfrac{9}{16}\right)\times\left(-\dfrac{2}{3}\right)$
$\qquad\qquad\qquad\qquad=+\left(16\times\dfrac{9}{16}\times\dfrac{2}{3}\right)=+6$

⑤ $\left(+\dfrac{5}{3}\right)\times\left(-\dfrac{3}{5}\right)^2\div\left(-\dfrac{1}{30}\right)=\left(+\dfrac{5}{3}\right)\times\left(+\dfrac{9}{25}\right)\times(-30)$
$\qquad\qquad\qquad\qquad=-\left(\dfrac{5}{3}\times\dfrac{9}{25}\times30\right)=-18$

따라서 계산 결과가 가장 큰 것은 ②이다.

24 답 $-\dfrac{1}{2}$

$\dfrac{9}{16}\div\square\times\left(-\dfrac{40}{21}\right)=\dfrac{15}{7}$에서

$\dfrac{9}{16}\times\dfrac{1}{\square}\times\left(-\dfrac{40}{21}\right)=\dfrac{15}{7}$, $\dfrac{1}{\square}\times\left(-\dfrac{15}{14}\right)=\dfrac{15}{7}$

$\dfrac{1}{\square}=\dfrac{15}{7}\div\left(-\dfrac{15}{14}\right)=\dfrac{15}{7}\times\left(-\dfrac{14}{15}\right)=-2$

$\therefore \square=-\dfrac{1}{2}$

25 답 $\dfrac{7}{10}$

어떤 수를 x라 하면 $x-\left(-\dfrac{2}{3}\right)=\dfrac{1}{5}$이므로

$x=\dfrac{1}{5}+\left(-\dfrac{2}{3}\right)=\dfrac{3}{15}+\left(-\dfrac{10}{15}\right)=-\dfrac{7}{15}$

따라서 바르게 계산하면

$\left(-\dfrac{7}{15}\right)\div\left(-\dfrac{2}{3}\right)=\left(-\dfrac{7}{15}\right)\times\left(-\dfrac{3}{2}\right)=\dfrac{7}{10}$

26 답 ⑤

주어진 그림에서 $a>0$, $b<0$, $|a|<|b|$이다.

① (양수)$-$(음수) ➡ (양수)이므로 $a-b>0$

② 음수의 절댓값이 더 크므로 (양수)$+$(음수) ➡ (음수)에서 $a+b<0$

③ $a^2>0$이므로 (양수)$-$(음수) ➡ (양수)에서 $a^2-b>0$

④ (양수)$\times$(음수) ➡ (음수)이므로 $a\times b<0$

⑤ (양수)$\div$(음수) ➡ (음수)이므로 $a\div b<0$

따라서 옳지 않은 것은 ⑤이다.

27 답 ⑤

$a\times b<0$에서 a와 b의 부호는 다르고 $a+b<0$에서 음수의 절댓값이 양수의 절댓값보다 크다.

이때 $|a|>|b|$이므로 a는 b보다 절댓값이 큰 음수이다.

즉, $a=-2$, $b=1$이라 하면

① $-a=-(-2)=2$ ② $a=-2$

③ $b=1$ ④ $a-b=-2-1=-3$

⑤ $b-a=1-(-2)=3$

따라서 가장 큰 것은 ⑤이다.

만렙 Note

문자로 주어진 수의 대소 관계를 판단할 때 조건을 만족시키는 적당한 수를 문자 대신 넣어 대소를 비교하면 편리하다.

28 답 -14

$-2^2+\left\{(-6)\times\left(\dfrac{7}{2}-\dfrac{5}{3}\right)-(-3)^2\right\}\div2$

$=-4+\left\{(-6)\times\dfrac{11}{6}-9\right\}\div2$

$=-4+(-11-9)\div2$

$=-4+(-20)\div2$

$=-4+(-10)=-14$

29 답 $-\dfrac{5}{6}$, $\dfrac{1}{12}$

두 점 A, B 사이의 거리는 $1-\left(-\dfrac{7}{4}\right)=1+\dfrac{7}{4}=\dfrac{11}{4}$이므로

점 C에 대응하는 수는

$-\dfrac{7}{4}+\dfrac{11}{4}\times\dfrac{1}{3}=-\dfrac{7}{4}+\dfrac{11}{12}=-\dfrac{21}{12}+\dfrac{11}{12}=-\dfrac{10}{12}=-\dfrac{5}{6}$

점 D에 대응하는 수는

$1-\dfrac{11}{4}\times\dfrac{1}{3}=1-\dfrac{11}{12}=\dfrac{1}{12}$

30 답 1점

보아가 3번 이겼으므로 은서는 2번 이기고 3번 졌다.

$\therefore$ (은서의 점수)$=(+2)\times2+(-1)\times3=4-3=1$(점)

1 답 ⑤

① $0.1 \times x = 0.1x$

② $(-1) \times x \div y \times a = (-1) \times x \times \dfrac{1}{y} \times a = -\dfrac{ax}{y}$

③ $\dfrac{1}{a} \div b \div \dfrac{1}{c} = \dfrac{1}{a} \times \dfrac{1}{b} \times c = \dfrac{c}{ab}$

④ $a - b \times c \div 3 = a - b \times c \times \dfrac{1}{3} = a - \dfrac{bc}{3}$

⑤ $a \times a \times 5 - b \div 2 = 5a^2 - \dfrac{b}{2}$

따라서 옳은 것은 ⑤이다.

2 답 ③

$\dfrac{3a^2}{a^2+b} = 3a^2 \div (a^2+b) = 3 \times a \times a \div (a \times a + b)$

3 답 ③

ㄴ. x톤의 31%는 $\dfrac{31}{100}x$톤이다.

ㄷ. 1분은 60초이므로 1분에 x mL씩 물이 채워질 때, 1초에 채워지는 물의 양은 $\dfrac{x}{60}$ mL이다.

따라서 옳은 것은 ㄱ, ㄹ이다.

4 답 ③, ⑤

③ (시간)$=\dfrac{(거리)}{(속력)}$이므로 $\left(\dfrac{x}{80} + \dfrac{y}{60}\right)$시간

⑤ $1000 + 1000 \times \dfrac{a}{100} = 1000 + 10a$(원)

따라서 옳지 않은 것은 ③, ⑤이다.

5 답 ⑤

$2 - 4x + x^2 = 2 - 4 \times (-5) + (-5)^2$
$= 2 + 20 + 25 = 47$

6 답 -12

$-a^2 + \dfrac{a}{b} = -a^2 + a \div b$

$= -(-2)^2 + (-2) \div \dfrac{1}{4}$

$= -4 + (-2) \times 4$

$= -4 - 8$

$= -12$

7 답 $8\,{}^\circ\!C$

$20 - 6h$에 $h=2$를 대입하면

$20 - 6 \times 2 = 20 - 12 = 8\,({}^\circ\!C)$

8 답 (1) $(6x+6y+2xy)$ cm² (2) 94 cm²

(1) (직육면체의 겉넓이)$= 2 \times x \times 3 + 2 \times 3 \times y + 2 \times x \times y$
$= 6x + 6y + 2xy\,(\text{cm}^2)$

(2) (1)의 식에 $x=5$, $y=4$를 대입하면

$6x + 6y + 2xy = 6 \times 5 + 6 \times 4 + 2 \times 5 \times 4$
$= 30 + 24 + 40$
$= 94\,(\text{cm}^2)$

9 답 ④

④ x^2의 계수는 -7이다.

따라서 옳지 않은 것은 ④이다.

10 답 ①

x의 계수는 $-\dfrac{1}{3}$, y의 계수는 2, 상수항은 -2이므로

$a = -\dfrac{1}{3}$, $b = 2$, $c = -2$

$\therefore a + b + c = -\dfrac{1}{3} + 2 + (-2) = -\dfrac{1}{3}$

11 답 ②

② 분모에 문자가 있는 식은 다항식이 아니므로 일차식이 아니다.

12 답 $a = -9$, $b = 6$, $c = -4$, $d = \dfrac{8}{3}$

$(ax+b) \times \left(-\dfrac{2}{3}\right) = 6x - 4$이므로

$ax + b = (6x-4) \div \left(-\dfrac{2}{3}\right)$

$= (6x-4) \times \left(-\dfrac{3}{2}\right)$

$= -9x + 6$

$\therefore a = -9$, $b = 6$

$(6x-4) \times \left(-\dfrac{2}{3}\right) = -4x + \dfrac{8}{3} = cx + d$이므로

$c = -4$, $d = \dfrac{8}{3}$

13 답 (1) $(4n-3)$개 (2) 81개

(1) 바둑돌이 계속해서 4개씩 추가되므로 바둑돌의 개수는 다음과 같다.

1번째 ➡ 1개

2번째 ➡ $1+4$(개)

3번째 ➡ $1+4+4 = 1+4\times2$(개)

4번째 ➡ $1+4+4+4 = 1+4\times3$(개)
⋮

따라서 n번째 그림에 놓인 바둑돌의 개수는

$1 + 4(n-1) = 4n - 3$(개)

(2) $4n-3$에 $n=21$을 대입하면

$4 \times 21 - 3 = 81$(개)

14 답 ③

주어진 다항식에서 동류항은 $-3x$와 $2x$, 3과 -5이다.

따라서 동류항끼리 짝 지은 것은 ③이다.

15 답 ②

$2a - 4 - 6a + 4 = (2-6)a - 4 + 4$
$= -4a$

16 답 ⑤

$$\frac{2}{5}(10x-25)-(8x+12)\div\left(-\frac{4}{3}\right)$$
$$=4x-10-(8x+12)\times\left(-\frac{3}{4}\right)$$
$$=4x-10-(-6x-9)$$
$$=4x-10+6x+9$$
$$=10x-1$$

따라서 $a=10$, $b=-1$이므로
$$a-b=10-(-1)=11$$

17 답 ④

$$2x+y-[y-2x-\{4(x-y)-3(x+y)\}]$$
$$=2x+y-\{y-2x-(4x-4y-3x-3y)\}$$
$$=2x+y-\{y-2x-(x-7y)\}$$
$$=2x+y-(y-2x-x+7y)$$
$$=2x+y-(-3x+8y)$$
$$=2x+y+3x-8y$$
$$=5x-7y$$

18 답 ②

n이 홀수이면 $n+1$은 짝수이므로
$$(-1)^n=-1, \quad (-1)^{n+1}=1$$
$$\therefore (-1)^n(3x+1)-(-1)^{n+1}(3x-1)$$
$$=(-1)\times(3x+1)-1\times(3x-1)$$
$$=-3x-1-3x+1$$
$$=-6x$$

19 답 1

$$\frac{a+1}{2}+\frac{3a-2}{5}=\frac{5(a+1)}{10}+\frac{2(3a-2)}{10}$$
$$=\frac{5a+5+6a-4}{10}$$
$$=\frac{11a+1}{10}$$
$$=\frac{11}{10}a+\frac{1}{10}$$

따라서 일차항의 계수는 $\frac{11}{10}$, 상수항은 $\frac{1}{10}$이므로 구하는 차는

$$\frac{11}{10}-\frac{1}{10}=1$$

20 답 ③

(산책로의 넓이)=(㉠의 넓이)+(㉡의 넓이)+(㉢의 넓이)
$$=(㉠의 넓이)+(㉡의 넓이)\times2$$
$$=(4x-3)\times2+1.5\times\{(x+5)-2\}\times2$$
$$=8x-6+3\times(x+3)$$
$$=8x-6+3x+9$$
$$=11x+3\,(\text{m}^2)$$

21 답 ⑤

$$2(A+B)-(3A-B)=2A+2B-3A+B$$
$$=-A+3B$$
$$=-(3x-1)+3(x+2)$$
$$=-3x+1+3x+6$$
$$=7$$

22 답 $-3x-11$

$$\boxed{}=-5x-7+(2x-4)$$
$$=-3x-11$$

23 답 ③

$A-(3x+4)=2x+1$이므로
$$A=(2x+1)+(3x+4)=5x+5$$
$B+(-2x+8)=3x-4$이므로
$$B=(3x-4)-(-2x+8)$$
$$=3x-4+2x-8$$
$$=5x-12$$
$$\therefore A-B=(5x+5)-(5x-12)$$
$$=5x+5-5x+12$$
$$=17$$

24 답 $-7x+15$

두 번째 가로줄에서 세 일차식의 합은
$$(3x-12)+(2x-3)+(x+6)=6x-9$$
즉, 가로, 세로, 대각선에 놓인 세 일차식의 합은 모두 $6x-9$이어야 한다.
오른쪽 위로 향하는 대각선에서
$$A+(2x-3)+(5x-6)=6x-9$$이므로
$$A+(7x-9)=6x-9$$
$$\therefore A=6x-9-(7x-9)$$
$$=6x-9-7x+9$$
$$=-x$$
세 번째 세로줄에서
$$A+(x+6)+B=6x-9$$이므로
$$-x+(x+6)+B=6x-9$$
$$6+B=6x-9$$
$$\therefore B=6x-9-6=6x-15$$
$$\therefore A-B=-x-(6x-15)$$
$$=-x-6x+15$$
$$=-7x+15$$

25 답 $-x+1$

어떤 다항식을 $\boxed{}$라 하면
$$\boxed{}+(3x-2)=5x-3$$
$$\therefore \boxed{}=5x-3-(3x-2)$$
$$=5x-3-3x+2$$
$$=2x-1$$
따라서 바르게 계산한 식은
$$2x-1-(3x-2)=2x-1-3x+2$$
$$=-x+1$$

1 답 ③

2 답 $6x+10=5(x+5)$

x cm씩 6번 자르면 10 cm가 남으므로 끈의 전체 길이는

$(6x+10)$ cm

$(x+5)$ cm씩 5조각으로 자르면 딱 맞으므로 끈의 전체 길이는

$5(x+5)$ cm

$\therefore 6x+10=5(x+5)$

3 답 ④

주어진 방정식에 $x=2$를 각각 대입하면

ㄱ. $2-4\neq6$

ㄴ. $2\times2+1=5$

ㄷ. $7-4\times2=2\times2-5$

ㄹ. $3\times2-2\neq2+1$

ㅁ. $2\times(2-1)\neq2+1$

ㅂ. $5\times2-4=3\times(2\times2-2)$

따라서 해가 $x=2$인 방정식은 ㄴ, ㄷ, ㅂ이다.

4 답 ②, ④

③ (우변)$=2x+1-x=x+1$이므로 (좌변)$=$(우변)

④ (우변)$=2(x-1)=2x-2$이므로 (좌변)$\neq$(우변)

⑤ (좌변)$=4(x-3)+5=4x-7$이므로 (좌변)$=$(우변)

따라서 항등식이 아닌 것은 ②, ④이다.

5 답 ①

$5x-(3x-4)=ax+2+b$에서

$5x-3x+4=ax+2+b$

$\therefore 2x+4=ax+2+b$

이 식이 x에 대한 항등식이므로

$2=a,\ 4=2+b$ $\therefore a=2,\ b=2$

$\therefore a-\dfrac{b}{2}=2-\dfrac{2}{2}=2-1=1$

6 답 ③, ④

① $a+3=b+3$의 양변에서 3을 빼면 $a=b$

② $-\dfrac{a}{2}=b$의 양변에 -2를 곱하면 $a=-2b$

③ $a=3b$의 양변에 1을 더하면 $a+1=3b+1$

즉, $a+1=3\Big(b+\dfrac{1}{3}\Big)$이므로 $a+1\neq3(b+1)$

④ $3-a=3+2b$의 양변에서 3을 빼면 $-a=2b$

이 식의 양변에 -1을 곱하면 $a=-2b$ $\therefore a\neq2b$

⑤ $a=2b+3$의 양변에 7을 더하면 $a+7=2b+10$

즉, $a+7=2(b+5)$이다.

따라서 옳지 않은 것은 ③, ④이다.

7 답 ③

① 양변에 4를 곱한 후 양변에 7을 더해서 해를 구할 수 있다.

② 양변에 4를 곱한 후 양변에서 7을 빼서 해를 구할 수 있다.

④ 양변을 4로 나눈 후 양변에 7을 더해서 해를 구할 수 있다.

⑤ 양변을 4로 나눈 후 양변에서 7을 빼서 해를 구할 수 있다.

따라서 등식의 양변에서 7을 뺀 후 양변에 4를 곱해서 해를 구할 수 있는 것은 ③이다.

8 답 ②

② ㉠에서는 양변에서 8을 뺐다.

9 답 ④

① $2x+5=3 \Rightarrow 2x=3-5$

② $x=3x-6 \Rightarrow x-3x=-6$

③ $4x+3=2x \Rightarrow 4x-2x=-3$

⑤ $-5x+1=3x-4 \Rightarrow -5x-3x=-4-1$

따라서 밑줄 친 항을 바르게 이항한 것은 ④이다.

10 답 ②, ⑤

① 분모에 문자가 있는 식은 다항식이 아니므로 일차방정식이 아니다.

② $-(x-1)=x-1$에서 $-x+1=x-1$

$-2x+2=0 \Rightarrow$ 일차방정식

③ $3x-1=4+3x$에서 $0\times x-5=0 \Rightarrow$ 일차방정식이 아니다.

④ $2x+3=x+(x+3)$에서 $0\times x=0 \Rightarrow$ 일차방정식이 아니다.

⑤ $x^2+3=x(x-1)$에서 $x^2+3=x^2-x$

$x+3=0 \Rightarrow$ 일차방정식

따라서 일차방정식인 것은 ②, ⑤이다.

11 답 ②

ㄱ. $15-6=9 \Rightarrow$ 일차방정식이 아니다.

ㄴ. $3x+2 \Rightarrow$ 일차방정식이 아니다.

ㄷ. $35=8x+3$에서 $-8x+32=0 \Rightarrow$ 일차방정식

ㄹ. $7\times3000-x>2000$에서

$21000-x>2000 \Rightarrow$ 일차방정식이 아니다.

ㅁ. (직사각형의 둘레의 길이)$=2\times\{$(가로의 길이)$+$(세로의 길이)$\}$

이므로

$2\times\{(x-2)+x\}=15$

$2\times(2x-2)=15,\ 4x-4=15$

$4x-19=0 \Rightarrow$ 일차방정식

따라서 일차방정식인 것은 ㄷ, ㅁ의 2개이다.

12 답 49

$x+1=2x+8$에서

$-x=7$ $\therefore x=-7$

$\therefore a=-7$

$3(x+3)-2=2x$에서

$3x+9-2=2x$ $\therefore x=-7$

$\therefore b=-7$

$\therefore ab=(-7)\times(-7)=49$

13 답 ②

양변에 10을 곱하면 $17x-6=9x+26$

$8x=32$ $\therefore x=4$

14 답 $x=-\dfrac{5}{13}$

양변에 4를 곱하면

$x+1-2(5x-3)=4(3+x)$

$x+1-10x+6=12+4x$

$-13x=5$ ∴ $x=-\dfrac{5}{13}$

15 답 ④

① 괄호를 풀면 $x-8x-4=10$

　$-7x=14$ ∴ $x=-2$

② 양변에 10을 곱하면 $2x+15=12-x$

　$3x=-3$ ∴ $x=-1$

③ 양변에 100을 곱하면 $-5x+14=20+x$

　$-6x=6$ ∴ $x=-1$

④ 양변에 4를 곱하면 $x-6=2x$

　$-x=6$ ∴ $x=-6$

⑤ 소수를 분수로 고치면 $\dfrac{1}{5}(2x+1)=\dfrac{3}{2}(1-x)$

　양변에 10을 곱하면 $2(2x+1)=15(1-x)$

　$4x+2=15-15x$, $19x=13$ ∴ $x=\dfrac{13}{19}$

따라서 해가 가장 작은 것은 ④이다.

16 답 ⑤

소수를 분수로 고치면 $\dfrac{1}{5}x+\dfrac{1}{2}=\dfrac{1}{4}(x+1)$

양변에 20을 곱하면 $4x+10=5(x+1)$

$4x+10=5x+5$, $-x=-5$ ∴ $x=5$

17 답 ①

소수를 분수로 고치면 $\dfrac{3-x}{2}=\dfrac{5}{8}x-3$

양변에 8을 곱하면 $4(3-x)=5x-24$

$12-4x=5x-24$, $-9x=-36$ ∴ $x=4$

따라서 $a=4$이므로 4의 약수는 1, 2, 4의 3개이다.

18 답 327

[힌트 1] $5(x+1)=4(2x-1)$에서 괄호를 풀면

　$5x+5=8x-4$, $-3x=-9$ ∴ $x=3$

[힌트 2] $\dfrac{1}{2}x-\dfrac{4}{3}=\dfrac{x-3}{3}$의 양변에 6을 곱하면

　$3x-8=2(x-3)$, $3x-8=2x-6$ ∴ $x=2$

[힌트 3] $(x-3):\dfrac{x+1}{4}=2:1$에서 $x-3=\dfrac{x+1}{2}$

　양변에 2를 곱하면 $2(x-3)=x+1$

　$2x-6=x+1$ ∴ $x=7$

따라서 자물쇠의 비밀번호는 327이다.

19 답 1

$4x-5=2(x+5)+a$에 $x=8$을 대입하면

$32-5=2\times13+a$

$27=26+a$ ∴ $a=1$

20 답 ⑤

$2:3=x:9$에서 $18=3x$ ∴ $x=6$

따라서 $-(x-a)=3(3a-x)-36$의 해가 $x=6$이므로 이를 대입하면

$-(6-a)=3(3a-6)-36$

$-6+a=9a-18-36$

$-8a=-48$ ∴ $a=6$

21 답 -4

우변의 상수항 -1을 a로 잘못 보았다고 하면

$2(x-8)+x=a$

이 방정식에 $x=4$를 대입하면

$2\times(-4)+4=a$ ∴ $a=-4$

따라서 -1을 -4로 잘못 보았다.

22 답 ④

$x-\dfrac{3(7-x)}{4}=\dfrac{14+x}{3}$의 양변에 12를 곱하면

$12x-9(7-x)=4(14+x)$

$12x-63+9x=56+4x$

$17x=119$ ∴ $x=7$

주어진 두 방정식의 해의 비가 $7:3$이므로

$\dfrac{1}{3}x-1=0.2(x-a)$의 해는 $x=3$이다.

$\dfrac{1}{3}x-1=0.2(x-a)$에 $x=3$을 대입하면

$1-1=0.2(3-a)$, $0=0.6-0.2a$

$0.2a=0.6$ ∴ $a=3$

23 답 ③

$5x-9=6(x-1)$에서 $5x-9=6x-6$

$-x=3$ ∴ $x=-3$

따라서 $x-3(2x+a)=6$의 해가 $x=-3$이므로 이를 대입하면

$-3-3(-6+a)=6$, $-3+18-3a=6$

$-3a=-9$ ∴ $a=3$

24 답 -2

$3x-7=4(3x+5)$에서 $3x-7=12x+20$

$-9x=27$ ∴ $x=-3$

따라서 $\dfrac{ax+2}{5}=-0.1(x+5)$의 해가 $x=3$이므로 이를 대입하면

$\dfrac{3a+2}{5}=-0.8$

양변에 5를 곱하면 $3a+2=-4$

$3a=-6$ ∴ $a=-2$

25 답 ④

$x+a=15-2x$에서 $3x=15-a$ ∴ $x=\dfrac{15-a}{3}$

이때 $\dfrac{15-a}{3}$가 자연수가 되려면 $15-a$는 3의 배수이어야 한다.

그런데 a는 자연수이므로

$15-a=3, 6, 9, 12$

따라서 자연수 a의 값은 12, 9, 6, 3이므로 구하는 합은

$12+9+6+3=30$

07 / 일차방정식의 활용

1 답 ④
한솔이의 몸무게를 $x\,\text{kg}$이라 하면
$2x-14=3(x-20)$
$2x-14=3x-60$
$-x=-46$ $\quad\therefore x=46$
따라서 한솔이의 몸무게는 $46\,\text{kg}$이다.

2 답 30
연속하는 세 짝수를 $x-2$, x, $x+2$라 하면
$(x-2)+x+(x+2)=84$
$3x=84$ $\quad\therefore x=28$
따라서 세 짝수 중 가장 큰 수는 $28+2=30$

3 답 46
처음 수의 십의 자리의 숫자를 x라 하면 일의 자리의 숫자는 $10-x$
이다.
처음 수는 $10x+(10-x)$, 바꾼 수는 $10(10-x)+x$이므로
$10(10-x)+x=10x+(10-x)+18$
$100-9x=9x+28$, $-18x=-72$ $\quad\therefore x=4$
따라서 처음 수의 십의 자리의 숫자는 4, 일의 자리의 숫자는 6이므
로 처음 수는 46이다.

4 답 10명
주영이네 반 여학생을 x명이라 하면 남학생은 $(x+4)$명이므로
$x+(x+4)=24$
$2x+4=24$, $2x=20$ $\quad\therefore x=10$
따라서 여학생은 10명이다.

5 답 ③
현재 아들의 나이를 x세라 하면 어머니의 나이는 $(x+36)$세이므로
$(x+36)+20=2(x+20)+2$
$x+56=2x+42$, $-x=-14$ $\quad\therefore x=14$
따라서 현재 아들의 나이는 14세이다.

6 답 ④
x년 후에 동생의 나이가 오빠의 나이의 반보다 11세 더 많아진다고
하면
$16+x=\dfrac{1}{2}(20+x)+11$
양변에 2를 곱하면 $32+2x=20+x+22$
$32+2x=x+42$ $\quad\therefore x=10$
따라서 동생의 나이가 오빠의 나이의 반보다 11세 더 많아지는 해는
$2025+10=2035$(년)이다.

7 답 300
12일 후에 영주와 현우의 저금통에 들어 있는 금액이 같아지므로
$4600+500\times12=7000+x\times12$
$4600+6000=7000+12x$
$-12x=-3600$ $\quad\therefore x=300$

8 답 8 cm
직사각형의 가로의 길이는 $25+5=30(\text{cm})$이고, 세로의 길이는
$(25-x)\,\text{cm}$이므로
$30(25-x)=240$
$750-30x=240$
$-30x=-510$ $\quad\therefore x=17$
따라서 직사각형의 세로의 길이는
$25-17=8(\text{cm})$

9 답 40 m
세로의 길이를 $x\,\text{m}$라 하면 가로의 길이는 $(3x+60)\,\text{m}$이므로
$2\{(3x+60)+x\}=440$
$2(4x+60)=440$, $8x+120=440$
$8x=320$ $\quad\therefore x=40$
따라서 수영장의 세로의 길이는 $40\,\text{m}$이다.

다른 풀이
둘레의 길이가 $440\,\text{m}$이므로 가로의 길이와 세로의 길이의 합은
$220\,\text{m}$이다.
즉, 세로의 길이를 $x\,\text{m}$라 하면 가로의 길이는 $(220-x)\,\text{m}$이다.
이때 가로의 길이가 세로의 길이의 3배보다 $60\,\text{m}$만큼 더 길므로
$220-x=3x+60$
$-4x=-160$ $\quad\therefore x=40$
따라서 세로의 길이는 $40\,\text{m}$이다.

10 답 25초 후
x초 후에 사다리꼴 ABCP의 넓이가 처음으로 $2400\,\text{cm}^2$가 된다고
하자.
점 P가 매초 $4\,\text{cm}$의 속력으로 움직이므로 x초 후에 움직인 거리는
$4x\,\text{cm}$이고, 이때 점 P가 변 CD 위에 있으므로
(선분 CP의 길이)$=4x-80(\text{cm})$
사다리꼴 ABCP의 넓이가 $2400\,\text{cm}^2$이므로
$\dfrac{1}{2}\times\{40+(4x-80)\}\times80=2400$
$160x-1600=2400$
$160x=4000$ $\quad\therefore x=25$
따라서 사다리꼴 ABCP의 넓이가 처음으로 $2400\,\text{cm}^2$가 되는 것은
25초 후이다.

다른 풀이
선분 CP의 길이를 $x\,\text{cm}$라 하면 사다리꼴 ABCP의 넓이가 $2400\,\text{cm}^2$
이므로
$\dfrac{1}{2}\times(40+x)\times80=2400$
$1600+40x=2400$
$40x=800$ $\quad\therefore x=20$
즉, 점 P가 움직인 거리는
(선분 BC의 길이)$+$(선분 CP의 길이)$=80+20=100(\text{cm})$이고
점 P가 매초 $4\,\text{cm}$의 속력으로 움직이므로 이동 시간은
$\dfrac{100}{4}=25$(초)
따라서 사다리꼴 ABCP의 넓이가 처음으로 $2400\,\text{cm}^2$가 되는 것은
25초 후이다.

11 답 180000원

전체 여행 예산을 x원이라 하자.

첫째 날에 쓰고 남은 돈은 $x-\dfrac{1}{3}x=\dfrac{2}{3}x$(원)

둘째 날에 쓰고 남은 돈은 $\left(\dfrac{2}{3}x-60000\right)$원이므로 셋째 날에 쓰고 남은 돈은

$\dfrac{1}{2}\left(\dfrac{2}{3}x-60000\right)=\dfrac{1}{3}x-30000$(원)

즉, $\dfrac{1}{3}x-30000=30000$이므로

$\dfrac{1}{3}x=60000$ ∴ $x=180000$

따라서 전체 여행 예산은 180000원이다.

12 답 2시간

올라간 거리를 $x\,\mathrm{km}$라 하면 내려온 거리도 $x\,\mathrm{km}$이고

(올라갈 때 걸린 시간)+(정상에서 머무른 시간)
+(내려올 때 걸린 시간)=4(시간)

이므로

$\dfrac{x}{2}+1+\dfrac{x}{4}=4$

양변에 4를 곱하면 $2x+4+x=16$

$3x=12$ ∴ $x=4$

따라서 올라갈 때 걸린 시간은 $\dfrac{4}{2}=2$(시간)이다.

13 답 ④

집에서 사진관까지의 거리를 $x\,\mathrm{km}$라 하면 사진관에서 삼촌 댁까지의 거리는 $(3-x)\,\mathrm{km}$이다.

(사진관까지 가는 데 걸린 시간)+(사진을 찾는 데 걸린 시간)
+(사진관에서 삼촌 댁까지 가는 데 걸린 시간)$=1\dfrac{30}{60}$(시간)

이므로

$\dfrac{x}{3}+\dfrac{20}{60}+\dfrac{3-x}{2}=1\dfrac{30}{60}$

$\dfrac{x}{3}+\dfrac{1}{3}+\dfrac{3-x}{2}=\dfrac{3}{2}$

양변에 6을 곱하면

$2x+2+3(3-x)=9$

$2x+2+9-3x=9$

$-x=-2$ ∴ $x=2$

따라서 집에서 사진관까지의 거리는 $2\,\mathrm{km}$이다.

14 답 ④

큰집에서 할머니 댁까지의 거리를 $x\,\mathrm{km}$라 하면

(시속 $80\,\mathrm{km}$로 할머니 댁까지 가는 데 걸린 시간)
$-$(시속 $90\,\mathrm{km}$로 할머니 댁까지 가는 데 걸린 시간)$=\dfrac{20}{60}$(시간)

이므로

$\dfrac{x}{80}-\dfrac{x}{90}=\dfrac{20}{60}$, $\dfrac{x}{80}-\dfrac{x}{90}=\dfrac{1}{3}$

양변에 720을 곱하면

$9x-8x=240$ ∴ $x=240$

따라서 큰집에서 할머니 댁까지의 거리는 240 km이다.

15 답 30분 후

중기가 출발한 지 x분 후에 광수를 만난다고 하면

(중기가 x분 동안 이동한 거리)=(광수가 ($x-10$)분 동안 이동한 거리)

이므로

$40x=60(x-10)$

$40x=60x-600$

$-20x=-600$ ∴ $x=30$

따라서 중기가 출발한 지 30분 후에 두 사람이 만난다.

16 답 ⑤

두 사람이 출발한 지 x분 후에 만난다고 하면

(지호가 x분 동안 걸은 거리)+(시우가 x분 동안 걸은 거리)=2750(m)

이므로

$50x+60x=2750$

$110x=2750$ ∴ $x=25$

따라서 두 사람은 출발한 지 25분 후에 만난다.

17 답 ②

열차의 길이를 $x\,\mathrm{m}$라 하면 이 열차가 길이가 $500\,\mathrm{m}$인 터널을 완전히 통과할 때 이동한 거리는 $(500+x)\,\mathrm{m}$이고, 길이가 $700\,\mathrm{m}$인 철교를 완전히 통과할 때 이동한 거리는 $(700+x)\,\mathrm{m}$이다.

이때 열차의 속력은 일정하므로

$\dfrac{500+x}{30}=\dfrac{700+x}{40}$

양변에 120을 곱하면

$4(500+x)=3(700+x)$

$2000+4x=2100+3x$ ∴ $x=100$

따라서 열차의 길이는 $100\,\mathrm{m}$이다.

18 답 800원

축구 동아리의 회원을 x명이라 하면

1500원씩 걷을 때의 축구공의 가격은 $(1500x+3200)$원

1700원씩 걷을 때의 축구공의 가격은 $(1700x-1600)$원

이때 축구공의 가격은 일정하므로

$1500x+3200=1700x-1600$

$-200x=-4800$ ∴ $x=24$

즉, 축구 동아리의 회원은 24명이므로 축구공의 가격은

$1500\times24+3200=39200$(원)

따라서 24명에게 1600원씩 걷으면 $24\times1600=38400$(원)이므로

$39200-38400=800$(원)이 부족하다.

19 답 ③

강당에 있는 의자를 x개라 하면

한 의자에 7명씩 앉을 때의 학생 수는 $7x+7$

한 의자에 9명씩 앉을 때의 학생 수는 $9(x-1)$

이때 학생 수는 일정하므로

$7x+7=9(x-1)$

$7x+7=9x-9$

$-2x=-16$ ∴ $x=8$

따라서 강당에 있는 의자는 8개이다.

20 답 ⑤

작년 남학생 수를 x라 하면 작년 여학생 수는 $850-x$이므로

증가한 남학생 수는 $\dfrac{6}{100} \times x$

감소한 여학생 수는 $\dfrac{8}{100} \times (850-x)$

전체 학생이 16명 증가했으므로

$$\dfrac{6}{100} \times x - \dfrac{8}{100} \times (850-x) = 16$$

양변에 100을 곱하면

$6x - 6800 + 8x = 1600$

$14x = 8400$ ∴ $x = 600$

따라서 작년 남학생 수는 600이다.

21 답 8000원

제품의 원가를 x원이라 하면

$(정가) = x + \dfrac{20}{100}x = \dfrac{6}{5}x(원)$

$(판매 가격) = \dfrac{6}{5}x - 800(원)$

이때 $(판매 가격) - (원가) = (실제 이익)$이므로

$\left(\dfrac{6}{5}x - 800\right) - x = \dfrac{10}{100}x$

$\dfrac{1}{5}x - 800 = \dfrac{1}{10}x$

양변에 10을 곱하면

$2x - 8000 = x$ ∴ $x = 8000$

따라서 제품의 원가는 8000원이다.

22 답 2일

전체 일의 양을 1이라 하면 주빈이와 민형이가 하루에 하는 일의 양은 각각 $\dfrac{1}{4}$, $\dfrac{1}{8}$이다.

주빈이가 x일 동안 일했다고 하면 민형이는 $(x+2)$일 동안 일했으므로

$\dfrac{1}{4} \times x + \dfrac{1}{8} \times (x+2) = 1$

$\dfrac{1}{4}x + \dfrac{1}{8}x + \dfrac{1}{4} = 1$

양변에 8을 곱하면

$2x + x + 2 = 8$

$3x = 6$ ∴ $x = 2$

따라서 주빈이는 2일 동안 일했다.

23 답 24시간

물건 한 상자를 만드는 일의 양을 1이라 하면 세 기계 A, B, C가 1시간 동안 하는 일의 양은 각각 $\dfrac{1}{48}$, $\dfrac{1}{72}$, $\dfrac{1}{144}$이다.

세 기계 A, B, C를 동시에 가동시켜 물건 한 상자를 만드는 데 걸리는 시간을 x시간이라 하면

$\left(\dfrac{1}{48} + \dfrac{1}{72} + \dfrac{1}{144}\right) \times x = 1$

$\dfrac{6}{144}x = 1$, $\dfrac{1}{24}x = 1$ ∴ $x = 24$

따라서 세 기계 A, B, C를 동시에 가동시키면 물건 한 상자를 만드는 데 24시간이 걸린다.

24 답 ④

1단계에서 정삼각형 1개를 만드는 데 사용한 성냥개비가 3개이고 각 단계에서 정삼각형이 1개씩 늘어날 때마다 성냥개비가 2개씩 늘어나므로 각 단계에서 사용하는 성냥개비의 개수는 다음과 같다.

1단계 ➡ 3

2단계 ➡ 3+2

3단계 ➡ 3+2+2 = 3+2×2

4단계 ➡ 3+2+2+2 = 3+2×3

⋮

x단계 ➡ $3 + 2 \times (x-1) = 2x+1$

이때 101개의 성냥개비를 사용하므로

$2x+1 = 101$, $2x = 100$ ∴ $x = 50$

따라서 101개의 성냥개비를 사용하는 것은 50단계이고, 이때 만들 수 있는 정삼각형은 모두 50개이다.

25 답 13, 14, 21, 28

오른쪽 그림과 같이 맨 윗줄의 오른쪽 수를 x라 하면

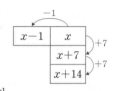

$(x-1) + x + (x+7) + (x+14) = 76$

$4x + 20 = 76$, $4x = 56$ ∴ $x = 14$

따라서 선택한 4개의 수는 13, 14, 21, 28이다.

08 / 좌표와 그래프
30~33쪽

1 답 ④

4의 약수는 1, 2, 4의 3개

8의 약수는 1, 2, 4, 8의 4개

따라서 순서쌍 (x, y)는

$3 \times 4 = 12(개)$

2 답 ⑤

$1 = y+3$에서 $y = -2$

$5-x = 4$에서 $-x = -1$ ∴ $x = 1$

∴ $x - 2y = 1 - 2 \times (-2) = 5$

3 답 ⑤

① A$(-1, 3)$ ② B$(1, 1)$

③ C$(3, 2)$ ④ D$(3, -2)$

따라서 옳은 것은 ⑤이다.

4 답 ④

오른쪽 그림에서 다섯 개의 점 A, B, C, D, E의 좌표는

A$(-5, -2)$, B$(-4, -2)$,

C$(-4, 0)$, D$(0, 5)$, E$(1, 3)$

따라서 옳지 않은 것은 ④이다.

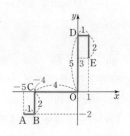

5 답 −9

점 A는 x축 위의 점이므로
$5a=0$　∴ $a=0$
따라서 점 A의 x좌표는
$-3a-9=-3\times0-9=-9$

6 답 ②

7 답 3

세 점 A, B, C를 좌표평면 위에 나타내면 오
른쪽 그림과 같다.
이때 삼각형 ABC의 밑변을 선분 BC, 높이
를 선분 AH라 하면
(선분 BC의 길이)$=3-(-4)=7$
(선분 AH의 길이)$=a-(-3)=a+3$
삼각형 ABC의 넓이가 21이므로
$\dfrac{1}{2}\times7\times(a+3)=21$
$a+3=6$　∴ $a=3$

8 답 ④

① 제2사분면
② y축 위의 점으로 어느 사분면에도 속하지 않는다.
③ 제4사분면
⑤ 제3사분면
따라서 옳은 것은 ④이다.

9 답 ㄱ, ㄴ, ㄷ

ㄹ. 점 $(-3, -4)$는 제3사분면에 속한다.
따라서 옳은 것은 ㄱ, ㄴ, ㄷ이다.

10 답 ②

세 점 A, B, C를 좌표평면 위에 나타내면
오른쪽 그림과 같으므로 평행사변형의 꼭
짓점 D의 좌표는
$D_1(2, 2)$ ➡ 제1사분면
$D_2(-4, -4)$ ➡ 제3사분면
$D_3(6, -4)$ ➡ 제4사분면
따라서 점 D가 속하지 않는 사분면은 제2사분면이다.

11 답 ⑤

점 (a, b)가 제2사분면 위의 점이므로
$a<0, b>0$
즉, $b>0, ab<0$이므로 점 (b, ab)는 제4사분면 위의 점이다.
따라서 점 (b, ab)와 같은 사분면 위에 있는 점은 ⑤이다.

12 답 ①

점 $(a, -b)$가 제3사분면 위의 점이므로
$a<0, -b<0$
즉, $a<0, b>0$이므로 $a^2>0, b-a>0$
따라서 점 $(a^2, b-a)$는 제1사분면 위의 점이다.

13 답 ⑤

$ab<0$이므로 a와 b의 부호는 다르다.
이때 $a-b>0$에서 $a>b$이므로 $a>0, b<0$
따라서 점 $P(a, b)$는 제4사분면 위의 점이므로 ⑤이다.

14 답 ③

$\dfrac{a}{b}>0$이므로 a와 b의 부호는 같다.
이때 $a+b>0$이므로 $a>0, b>0$
① $a>0$이므로 점 (a, a) ➡ 제1사분면
② $-a<0, b>0$이므로 점 $(-a, b)$ ➡ 제2사분면
③ $b>0, a>0$이므로 점 (b, a) ➡ 제1사분면
④ $b>0, -a<0$이므로 점 $(b, -a)$ ➡ 제4사분면
⑤ $ab>0, -b<0$이므로 점 $(ab, -b)$ ➡ 제4사분면
따라서 옳지 않은 것은 ③이다.

15 답 ③

점 $(ab, a+b)$가 제4사분면 위의 점이므로 $ab>0, a+b<0$
이때 $ab>0$이므로 a와 b의 부호는 같고 $a+b<0$이므로
$a<0, b<0$
즉, $-b>0, -a>0$이므로 점 $(-b, -a)$는 제1사분면 위의 점이다.
따라서 점 $(-b, -a)$와 같은 사분면 위에 있는 점은 ③이다.

16 답 ④

점 $\left(b-a, \dfrac{b}{a}\right)$가 제3사분면 위의 점이므로 $b-a<0, \dfrac{b}{a}<0$
이때 $\dfrac{b}{a}<0$이므로 a와 b의 부호는 다르고 $b-a<0$에서 $b<a$이므로
$a>0, b<0$
또 점 $(-ac, d)$는 제1사분면 위의 점이므로 $-ac>0, d>0$
∴ $c<0, d>0$
① 점 $(0, -b)$는 y축 위의 점이므로 어느 사분면에도 속하지 않는다.
② $c-a<0, -d<0$이므로 점 $(c-a, -d)$ ➡ 제3사분면 위의 점
③ $a>0, d-b>0$이므로 점 $(a, d-b)$ ➡ 제1사분면 위의 점
④ $\dfrac{d}{b}<0, -c>0$이므로 점 $\left(\dfrac{d}{b}, -c\right)$ ➡ 제2사분면 위의 점
⑤ $ad>0, b+c<0$이므로 점 $(ad, b+c)$ ➡ 제4사분면 위의 점
따라서 제2사분면 위의 점은 ④이다.

17 답 ①

점 A와 x축에 대하여 대칭인 점은 $B(7, 1)$이므로
$a=7, b=1$
점 A와 원점에 대하여 대칭인 점은 $C(-7, 1)$이므로
$c=-7, d=1$
∴ $-ad+bc=-7\times1+1\times(-7)$
$\qquad\qquad\qquad=-7-7=-14$

18 답 ①

점 $(-3, a)$와 x축에 대하여 대칭인 점의 좌표는 $(-3, -a)$
이때 점 $(-3, -a)$는 점 $(b, 5)$와 같으므로
$-3=b, -a=5$　∴ $a=-5, b=-3$
∴ $a+b=-5+(-3)=-8$

19 답 ㄴ, ㄷ

ㄱ. ㈎: 사자의 속력이 일정하다.

따라서 옳은 것은 ㄴ, ㄷ이다.

20 답 ㄷ

• 몸무게의 변화가 없을 때: 그래프가 수평이다.

• 몸무게가 줄어들 때: 그래프가 오른쪽 아래로 향한다.

• 다시 몸무게의 변화가 없을 때: 그래프가 수평이다.

• 몸무게가 늘어날 때: 그래프가 오른쪽 위로 향한다.

따라서 주어진 상황을 나타낸 그래프로 알맞은 것은 ㄷ이다.

21 답 ㈎ - ㄱ, ㈏ - ㄷ

용기 ㈎는 폭이 일정하므로 물의 높이가 일정하게 증가한다.

∴ ㈎ - ㄱ

용기 ㈏는 폭이 위로 갈수록 넓어지므로 물의 높이가 점점 느리게 증가한다.

∴ ㈏ - ㄷ

22 답 ③

물통의 윗부분은 폭이 넓고 일정하고, 아랫부분은 폭이 좁고 일정하다.

따라서 물의 높이가 느리고 일정하게 감소하다가 빠르고 일정하게 감소하므로 그래프로 알맞은 것은 ③이다.

23 답 ㄷ, ㄹ

ㄱ. 해수면이 가장 높았던 때는 7시 30분, 19시 40분으로 두 번 있었다.

ㄷ. 오후에 해수면이 가장 높았던 때는 16시와 20시 사이이다.

ㄹ. 해수면이 가장 낮아진 1시 25분 이후 다시 가장 낮아진 13시 55분이 될 때까지 12시간 30분이 걸렸다.

따라서 옳지 않은 것은 ㄷ, ㄹ이다.

24 답 ㄱ, ㄷ

ㄴ. ㈏: 1시간 동안 한 곳에 머물렀다.

ㄷ. ㈐: 1시간 동안 $50-40=10(km)$를 이동했다.

ㄹ. ㈑: 30분 동안 한 곳에 머물렀다.

ㅁ. ㈒: 30분 동안 $70-50=20(km)$를 이동했다.

따라서 옳은 것은 ㄱ, ㄷ이다.

25 답 (1) 혜나 (2) 창엽 (3) 8초 (4) 6초 후

(1) 음료수를 마시기 시작한 지 4초 후에 남아 있는 음료수의 양이 가장 적은 사람은 혜나이므로 처음 4초 동안 음료수를 가장 빨리 마신 사람은 혜나이다.

(2) 혜나는 음료수를 다 마시지 못했고, 윤희는 20초 만에, 창엽이는 18초 만에 다 마셨으므로 음료수를 가장 빨리 다 마신 사람은 창엽이다.

(3) 윤희의 음료수의 양은 음료수를 마시기 시작한 지 4초 후부터 12초 후까지 변함없으므로 윤희는 음료수를 마시다가 중간에 $12-4=8$(초) 동안 마시지 않았다.

(4) 창엽이와 윤희의 음료수의 양이 같아지는 때는 두 그래프가 만나는 때, 즉 두 사람의 음료수의 양이 모두 $300\,mL$일 때이므로 음료수를 마시기 시작한 지 6초 후이다.

---

09 / 정비례와 반비례

1 답 ②

ㄱ. $y=x+12$

ㄴ. $y=30x$

ㄷ. (직육면체의 부피)=(밑넓이)×(높이)이므로

$$20=x\times y \qquad \therefore y=\frac{20}{x}$$

ㄹ. $y=0.4x$

따라서 y가 x에 정비례하지 않는 것은 ㄱ, ㄷ이다.

2 답 ②, ④

x의 값이 2배, 3배, 4배, ...로 변함에 따라 y의 값도 2배, 3배, 4배, ...로 변하므로 y는 x에 정비례한다.

③ $xy=5$에서 $y=\frac{5}{x}$

따라서 y가 x에 정비례하는 것은 ②, ④이다.

3 답 $y=7x$

$y=ax$로 놓고 $x=2$, $y=14$를 대입하면

$14=2a \qquad \therefore a=7$

따라서 x와 y 사이의 관계식은 $y=7x$

4 답 ②, ③

① 원점을 지난다.

④ $y=2x$에 $x=2$, $y=-4$를 대입하면 $-4\neq2\times2$

즉, 점 $(2, -4)$를 지나지 않는다.

⑤ 오른쪽 위로 향하는 직선이다.

따라서 옳은 것은 ②, ③이다.

5 답 1

$y=3x$에 $x=2a$, $y=9-3a$를 대입하면

$9-3a=6a$, $-9a=-9$ $\quad\therefore a=1$

6 답 ③

$y=ax$에 $x=2$, $y=-6$을 대입하면

$-6=2a \qquad \therefore a=-3$

즉, $y=-3x$이므로 이 식에 주어진 각 점의 좌표를 대입하면

① $2\neq-3\times(-6)$　　　　　② $-9\neq-3\times(-3)$

③ $3=-3\times(-1)$　　　　　　④ $1\neq-3\times0$

⑤ $-2\neq-3\times6$

따라서 $y=-3x$의 그래프 위에 있는 점은 ③이다.

7 답 -1

그래프가 원점을 지나는 직선이므로 $y=ax$로 놓자.

$y=ax$에 $x=-3$, $y=-9$를 대입하면

$-9=-3a \qquad \therefore a=3 \qquad \therefore y=3x$

$y=3x$에 $x=k$, $y=-3$을 대입하면

$-3=3k \qquad \therefore k=-1$

8 답 60

두 점 A, B의 y좌표가 모두 -6이므로

$y=\dfrac{3}{4}x$에 $y=-6$을 대입하면

$-6=\dfrac{3}{4}x$ $\therefore x=-8$ $\therefore$ A$(-8,\ -6)$

$y=-\dfrac{1}{2}x$에 $y=-6$을 대입하면

$-6=-\dfrac{1}{2}x$ $\therefore x=12$ $\therefore$ B$(12,\ -6)$

$\therefore$ (삼각형 OAB의 넓이)$=\dfrac{1}{2}\times\{12-(-8)\}\times 6$

$\qquad\qquad\qquad\qquad\qquad =\dfrac{1}{2}\times 20\times 6=60$

9 답 ④

두 점 A, B의 x좌표가 모두 -3이므로

$y=ax$에 $x=-3$을 대입하면

$y=-3a$ $\therefore$ A$(-3,\ -3a)$

$y=-\dfrac{2}{3}x$에 $x=-3$을 대입하면

$y=-\dfrac{2}{3}\times(-3)=2$ $\therefore$ B$(-3,\ 2)$

이때 삼각형 ABO의 넓이가 6이므로

$\dfrac{1}{2}\times(-3a-2)\times 3=6$

$-\dfrac{9}{2}a-3=6,\ -\dfrac{9}{2}a=9$

$\therefore a=-2$

10 답 ③

그래프가 원점을 지나는 직선이므로 $y=ax$로 놓자.

$y=ax$의 그래프가 점 $(400,\ 12000)$을 지나므로

$y=ax$에 $x=400$, $y=12000$을 대입하면

$12000=400a$ $\therefore a=30$

즉, $y=30x$에 $y=42000$을 대입하면

$42000=30x$ $\therefore x=1400$

따라서 삼겹살을 1400 g 살 수 있다.

11 답 $y=4x$, 450장

종이의 무게는 25장에 100 g이므로 1장에 $\dfrac{100}{25}=4$(g)이다.

즉, 종이 x장의 무게는 $4x$ g이므로

$y=4x$

이때 1.8 kg은 1800 g이므로 $y=4x$에 $y=1800$을 대입하면

$1800=4x$ $\therefore x=450$

따라서 종이는 모두 450장이다.

12 답 ㄴ, ㄷ

그래프는 모두 원점을 지나는 직선이므로 정비례 관계이다.

ㄱ. 속력이 가장 빠른 학생은 같은 시간 동안 가장 많은 거리를 이동한 A이다.

ㄴ. 점 $(2,\ 900)$을 지나는 그래프는 학생 B의 그래프이므로 2분 동안 900 m를 이동한 학생은 B이다.

ㄷ. 학생 C의 그래프가 나타내는 식을 $y=ax$로 놓자.

학생 C의 그래프가 점 $(4,\ 1500)$을 지나므로

$y=ax$에 $x=4$, $y=1500$을 대입하면

$1500=4a$ $\therefore a=375$

$\therefore y=375x$

ㄹ. 3분 동안 학생 A는 1500 m를, 학생 D는 900 m를 이동했으므로

학생 A는 학생 D가 이동한 거리의 $\dfrac{1500}{900}=\dfrac{5}{3}$(배)를 이동하였다.

따라서 옳은 것은 ㄴ, ㄷ이다.

13 답 ③, ⑤

① $y=x+1$

② (거리)$=$(속력)$\times$(시간)이므로 $y=60x$

③ (삼각형의 넓이)$=\dfrac{1}{2}\times$(밑변의 길이)$\times$(높이)이므로

$20=\dfrac{1}{2}\times x\times y$ $\therefore y=\dfrac{40}{x}$

④ $y=4x$

⑤ (소금물의 농도)$=\dfrac{(소금의 양)}{(소금물의 양)}\times 100$이므로

$y=\dfrac{10}{x}\times 100$ $\therefore y=\dfrac{1000}{x}$

따라서 y가 x에 반비례하는 것은 ③, ⑤이다.

14 답 ①

y가 x에 반비례하므로 $y=\dfrac{a}{x}$로 놓자.

$y=\dfrac{a}{x}$에 $x=4$, $y=-4$를 대입하면

$-4=\dfrac{a}{4}$ $\therefore a=-16$

따라서 x와 y 사이의 관계식은 $y=-\dfrac{16}{x}$

15 답 ㄴ, ㄹ

ㄱ. 원점을 지나지 않는다.

ㄷ. $y=\dfrac{10}{x}$에 $x=2$, $y=-5$를 대입하면 $-5\neq\dfrac{10}{2}$

즉, 점 $(2,\ -5)$를 지나지 않는다.

따라서 옳은 것은 ㄴ, ㄹ이다.

16 답 ③

①, ②, ④, ⑤ 제1사분면과 제3사분면을 지난다.

③ 제2사분면과 제4사분면을 지난다.

따라서 그래프가 지나는 사분면이 나머지 넷과 다른 하나는 ③이다.

17 답 $-\dfrac{4}{5}$

$y=\dfrac{8}{x}$의 그래프가 점 $(-a,\ 10)$을 지나므로

$y=\dfrac{8}{x}$에 $x=-a$, $y=10$을 대입하면

$10=\dfrac{8}{-a}$, $-10a=8$

$\therefore a=-\dfrac{4}{5}$

18 답 8개

$y=\dfrac{a}{x}$에 $x=10$, $y=-\dfrac{3}{2}$을 대입하면

$-\dfrac{3}{2}=\dfrac{a}{10}$ $\therefore a=-15$

즉, $y=-\dfrac{15}{x}$의 그래프에서 x좌표와 y좌표가 모두 정수이려면 $|x|$는 15의 약수이어야 하므로 x의 값은 -15, -5, -3, -1, 1, 3, 5, 15이다.

따라서 구하는 점은 $(-15, 1)$, $(-5, 3)$, $(-3, 5)$, $(-1, 15)$, $(1, -15)$, $(3, -5)$, $(5, -3)$, $(15, -1)$의 8개이다.

19 답 ④

y는 x에 반비례하므로 $y=\dfrac{a}{x}$로 놓자.

$y=\dfrac{a}{x}$의 그래프가 점 $(-4, 8)$을 지나므로

$y=\dfrac{a}{x}$에 $x=-4$, $y=8$을 대입하면

$8=\dfrac{a}{-4}$ $\therefore a=-32$

즉, $y=-\dfrac{32}{x}$이므로 이 식에 주어진 각 점의 좌표를 대입하면

① $-32=-\dfrac{32}{1}$ ② $-16=-\dfrac{32}{2}$

③ $-8=-\dfrac{32}{4}$ ④ $3\neq-\dfrac{32}{-8}$

⑤ $2=-\dfrac{32}{-16}$

따라서 주어진 그래프 위의 점이 아닌 것은 ④이다.

20 답 ④

① 그래프가 좌표축에 가까워지면서 한없이 뻗어 나가는 한 쌍의 매끄러운 곡선이므로 $y=\dfrac{a}{x}$로 놓자.

$y=\dfrac{a}{x}$의 그래프가 점 $(2, 6)$을 지나므로

$y=\dfrac{a}{x}$에 $x=2$, $y=6$을 대입하면

$6=\dfrac{a}{2}$ $\therefore a=12$ $\therefore y=\dfrac{12}{x}$

② $y=\dfrac{12}{x}$에 $x=3$, $y=4$를 대입하면 $4=\dfrac{12}{3}$

즉, 점 $(3, 4)$를 지난다.

④ $y=\dfrac{12}{x}$의 그래프 위의 점 A의 x좌표가 -4이므로

$y=\dfrac{12}{x}$에 $x=-4$를 대입하면

$y=\dfrac{12}{-4}=-3$ $\therefore$ A$(-4, -3)$

따라서 옳지 않은 것은 ④이다.

21 답 -24

$y=-\dfrac{1}{2}x$의 그래프가 점 $(b, 3)$을 지나므로

$y=-\dfrac{1}{2}x$에 $x=b$, $y=3$을 대입하면

$3=-\dfrac{1}{2}b$ $\therefore b=-6$

이때 $y=\dfrac{a}{x}$의 그래프가 점 $(-6, 3)$을 지나므로

$y=\dfrac{a}{x}$에 $x=-6$, $y=3$을 대입하면

$3=\dfrac{a}{-6}$ $\therefore a=-18$

$\therefore a+b=-18+(-6)=-24$

22 답 ④

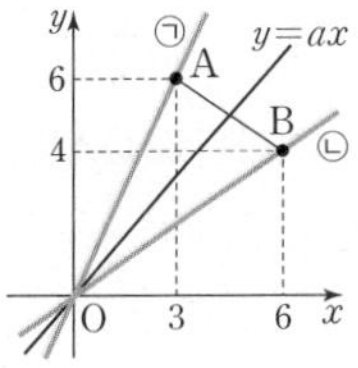

$y=ax$의 그래프가 선분 AB와 만나려면 $a>0$
이어야 한다.

또 $y=ax$의 그래프는 a의 절댓값이 클수록 y축에 가깝다.

즉, 오른쪽 그림에서 직선 ㉠과 같이 점 A를 지날 때의 a의 값이 가장 크므로

$y=ax$에 $x=3$, $y=6$을 대입하면

$6=3a$ $\therefore a=2$

또 직선 ㉡과 같이 점 B를 지날 때의 a의 값이 가장 작으므로

$y=ax$에 $x=6$, $y=4$를 대입하면

$4=6a$ $\therefore a=\dfrac{2}{3}$

따라서 a의 값의 범위는 $\dfrac{2}{3}\leq a\leq2$이다.

만렙 Note

정비례 관계 $y=ax\,(a\neq0)$의 그래프가 하나의 사분면 위의 선분 AB와 만날 때 a의 값의 범위를 구하는 순서는 다음과 같다.

❶ $a>0$인지 $a<0$인지 알아본다.

❷ $y=ax$의 그래프가 두 점 A, B 중 어느 점을 지날 때 a의 값이 가장 크고, 어느 점을 지날 때 a의 값이 가장 작은지 판단한다.

❸ $y=ax$의 그래프가 두 점 A, B를 지날 때의 a의 값을 이용하여 a의 값의 범위를 구한다.

23 답 ③

점 C의 x좌표를 $k(k>0)$라 하면 C$\left(k, \dfrac{a}{k}\right)$

직각삼각형 ABC의 넓이가 10이므로

$\dfrac{1}{2}\times k\times\dfrac{a}{k}=10$, $\dfrac{1}{2}a=10$ $\therefore a=20$

24 답 12

$y=\dfrac{a}{x}$의 그래프가 두 점 A, C를 지나고 점 A의 x좌표가 2, 점 C의 x좌표가 -2이므로

A$\left(2, \dfrac{a}{2}\right)$, C$\left(-2, -\dfrac{a}{2}\right)$

이때 직사각형 ABCD의 넓이가 48이므로

$\{2-(-2)\}\times\left\{\dfrac{a}{2}-\left(-\dfrac{a}{2}\right)\right\}=48$

$4a=48$ $\therefore a=12$

25 답 ④

$9\times14=x\times y$ $\therefore y=\dfrac{126}{x}$

$y=\dfrac{126}{x}$에 $x=6$을 대입하면 $y=\dfrac{126}{6}=21$

따라서 6명이 초대장을 돌리면 한 사람이 21장씩 돌려야 한다.

공부 기억이
오 ㅡ 래 남는
메타인지 학습

성적 향상
96.8%* **온리원중등**을 **만나봐**

베스트셀러 교재로 진행되는
1타 선생님 강의와
메타인지 시스템으로
완벽히 알 때까지 학습해
성적 향상을 이끌어냅니다.

유형만렙 다양한 유형 문제로 가득 찬(滿) 만렙으로 수학 실력 Level up

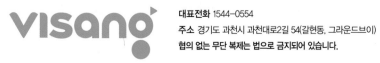

대표전화 1544-0554
주소 경기도 과천시 과천대로2길 54(갈현동, 그라운드브이)